소음 · 진동
기사 · 산업기사
실기

머리말...

본서는 한국산업인력공단 최근 출제기준에 맞추어 구성하였으며 소음·진동 기사 및 산업기사 실기시험을 준비하는 수험생 여러분들이 효율적으로 공부할 수 있도록 필수내용만 정성껏 담았습니다.

● 본 교재의 특징

1. 최근 출제경향에 맞춘 핵심이론 및 계산문제·풀이 수록
2. 각 단원별로 출제비중 높은 계산문제 상세풀이 수록
3. 기초가 부족한 수험생들도 쉽게 학습할 수 있는 내용 구성

차후 실시되는 시험문제들의 해설을 통해 미흡하고 부족한 점을 계속 수정·보완해 나가도록 하겠습니다.

끝으로, 이 책을 출간하기까지 끊임없는 성원과 배려를 해주신 예문사 관계자 여러분, 주경야독 윤동기 대표님, 달팽이 박수호님, 아들 서지운, 미소천사 이가현님에게 깊은 감사를 전합니다.

저자 **서 영 민**

● 소음진동기사 출제기준(실기)

직무분야	환경·에너지	중직무분야	환경	자격종목	소음진동기사	적용기간	2022.1.1~2026.12.31

- 직무내용

  쾌적하고 정온한 자연환경과 생활환경을 보전하기 위하여 공장, 공사장, 사업장, 항공기, 철도, 도로 및 생활환경에서 발생하는 소음·진동을 조사, 측정, 예측, 분석 및 평가하여 현황파악 및 개선대책을 제시하며, 관련 법규 등에서 규정된 소음·진동의 배출허용기준, 규제기준 및 관리기준 이내로 관리하고, 방음·방진시설 설계·시공·유지관리 및 개선하는 직무이다.

- 수행준거
  1. 위치, 피해현황, 발생원 및 전파경로 등을 사전예측 및 조사할 수 있다.
  2. 소음·진동 측정자료를 검토하고, 자료를 분석한 후 측정결과서를 작성할 수 있다.
  3. 소음·진동 측정자료를 분석 검토한 후, 관련법 기준과 비교·평가하여, 측정결과서를 작성할 수 있다.
  4. 소음 분석장비와 분석프로그램 등을 이용하여 정밀분석 할 수 있다.
  5. 소음측정목적에 따라 측정된 자료에 대하여, 보정자료를 분석하고, 법적 기준과 선정된 기준에 적합한지 여부를 평가할 수 있다.
  6. 분석장비와 분석프로그램을 운용하며 그 결과를 분석·정리할 수 있다.
  7. 진동측정목적에 계획을 수립하고 측정된 자료에 대하여 법적 기준과 선정된 기준 비교할 수 있다.
  8. 진동측정목적에 따라 측정된 자료에 대하여, 보정자료를 분석하고, 적합성 여부를 검토할 수 있다.
  9. 소음측정자료와 보정자료를 검토하고, 소음 분석장비와 분석프로그램 등을 이용하여 분석할 수 있다.
  10. 분석계획을 수립, 측정자료 분류와 보정자료를 파악하고 정리할 수 있다.
  11. 소음·진동측정방법, 인원투입, 측정일정, 소요예산 및 평가계획 등을 수립하고 배경 및 대상소음·진동과 발생원을 측정할 수 있다.
  12. 방음방진대책을 수립, 예측해석 평가하고 설계하며, 설계도서를 작성 후 보고할 수 있다.
  13. 자료를 입력하여 예측을 실시한 후 관련법 기준과 최적대책안을 비교평가하여, 예측평가결과서를 작성할 수 있다.

실기검정방법	필답형	시험시간	3시간

실기과목명	주요항목	세부항목	세세항목
소음진동 방지 실무	1. 현황조사 모니터링	1. 영향조사하기	1. 소음·진동이 신체기관에 미치는 영향 정도를 확인할 수 있다. 2. 소음·진동이 수면방해, 시끄러움, 청취방해, 학습방해 등(일상생활)에 끼치는 영향 정도를 확인할 수 있다. 3. 소음·진동이 가축, 어류 등에 끼치는 영향 정도를 확인할 수 있다. 4. 소음·진동이 기업활동 방해, 건물균열 등 재산에 끼치는 영향 정도를 확인할 수 있다.

실기과목명	주요항목	세부항목	세세항목
			5. 소음·진동으로 인한 상기 1~4의 노출시간을 확인할 수 있다.
		2. 발생원조사하기	1. 발생원의 성상(기류음, 고체음, 공명, 충격가진력, 불평형력 등)을 물리적 관점에서 파악할 수 있다. 2. 소음·진동 발생원을 공장, 사업장, 교통(도로, 철도, 항공기, 선박), 공사장, 기타 발생원별로 구분할 수 있다. 3. 소음·진동 발생원의 가동(지속)시간, 발생형태, 운전조건, 위치도면 등을 확인할 수 있다. 4. 소음·진동 발생원 중 주거시설의 층간충격소음, 급배수소음 등의 실내소음을 확인할 수 있다.
		3. 전파경로조사하기	1. 물리적, 구조적, 음향학적 측면에서 전파경로 형태 및 특성을 파악할 수 있다. 2. 흡음, 차음, 방음벽, 차진, 방진구 등 기술적인 분류 측면에서 전파경로를 구분할 수 있다. 3. 전파경로상 매질, 매질의 변경, 간섭물체의 형태, 종류, 규모 등을 조사할 수 있다.
		4. 사전예측하기	1. 조사 대상(건축음향시설·연구실험실 등)의 시설에 대한 공사 및 운영 시 예상되는 소음·진동을 사전 예측하기 위해 해당 지역, 관련 법규를 파악하고 계획자료를 면밀히 조사할 수 있다. 2. 방음·방진 대책 수립에 필요한 자재를 비교할 수 있다. 3. 대규모 사업시행(도로, 철도, 항만, 택지, 환경기초시설, 발전소 등)시 발생하는 소음·진동 영향 정도를 사전 예측할 수 있다. 4. 기타 소음·진동 민원 요인별 계획자료를 조사할 수 있다.
	2. 소음·진동 예비조사분석	1. 측정자료 검토하기	1. 소음·진동 관련 법규 및 기준에 따라 측정자료 항목의 적합성을 검토할 수 있다. 2. 소음·진동 측정 자료에 해당하는 법적 기준을 정리할 수 있다.
		2. 측정자료 분석하기	1. 저장된 자료를 출력할 수 있다. 2. 측정자료를 이용하여 노출면적을 산출할 수 있다.

실기과목명	주요항목	세부항목	세세항목
			3. 출력자료를 이용하여 통계자료를 산출할 수 있다. 4. 측정 지점과 측정 대상별로 자료를 정리할 수 있다. 5. 발생원의 특성에 따라 기여율을 작성할 수 있다.
	3. 소음·진동 예비조사평가	1. 평가계획 수립하기	1. 소음·진동 관련 법규 및 기준에 따라 소음·진동 자료 평가방법을 파악할 수 있다. 2. 소음·진동 관련 법규 및 기준에 따라 소음·진동 자료 평가계획을 수립할 수 있다.
		2. 측정자료 평가하기	1. 배경값과 측정값을 비교하여 대상소음도·진동레벨을 산출할 수 있다. 2. 대상소음도·진동레벨을 관련 보정치를 적용하여 평가량을 산출할 수 있다. 3. 측정 분석 자료로부터 기준 초과여부를 평가하여 기준 초과량에 대한 기여율 등 원인을 분석·평가할 수 있다.
		3. 측정결과서작성하기	1. 보고서 작성 지침에 따라 소음·진동 측정결과서를 작성할 수 있다. 2. 보고서 작성 지침이 없는 경우 각각의 측정 유형에 적합한 소음·진동 측정결과서를 작성할 수 있다. 3. 관련 기준별 소음·진동 측정자료 평가표를 작성할 수 있다.
	4. 소음 정밀분석	1. 소음분석 장비 운용하기	1. 소음분석 방법에 따라 분석장비를 교정할 수 있다. 2. 소음분석 방법에 따라 분석장비를 운용할 수 있다. 3. 측정목적에 따라 적합한 분석기능을 검토할 수 있다.
		2. 소음분석 프로그램 운용하기	1. 평가대상에 따라 적합한 분석프로그램을 선택할 수 있다. 2. 소음분석 프로그램 매뉴얼에 따라 필요한 자료를 정리하여 입력할 수 있다. 3. 소음분석 목적에 따라 프로그램을 적합하게 운용할 수 있다. 4. 관련규정에 따라 적합한 분석결과를 산출할 수 있다.

실기과목명	주요항목	세부항목	세세항목
		3. 소음측정 결과 분석하기	1. 소음·진동 공정시험기준이나 KS 등 관련 시험규격에 따라 측정결과를 분석할 수 있다. 2. 소음·진동 공정시험기준이나 KS 등 관련 시험규격에 적합하게 측정이 이루어졌는지를 분석할 수 있다. 3. 소음·진동 공정시험기준에 따라 이상값이 나왔을 때 원인을 분석하여 재측정할 수 있다. 4. 소음측정 목적에 따라 결과의 불확실성을 표현할 수 있는 측정불확도를 산출할 수 있다.
	5. 소음평가 모니터링	1. 소음평가 계획 수립하기	1. 소음측정목적에 따라 소음평가 계획을 수립할 수 있다. 2. 소음측정대상에 따라 소음평가 계획을 수립할 수 있다. 3. 소음측정기준에 따라 소음평가 계획을 수립할 수 있다. 4. 국내·외의 소음관련기준에 따라 소음 평가 계획을 수립할 수 있다.
		2. 소음평가 기준 선정하기	1. 소음관련 법규나 KS 등 관련 규격에 따라 대상별 소음평가 기준을 선정할 수 있다. 2. 소음관련 법규에 따라 소음측정 대상에 적합한 소음평가기준을 선정할 수 있다. 3. 소음관련 법규에 따라 소음측정 목적에 적합한 소음평가기준을 선정할 수 있다.
	6. 소음 정밀평가 보완	1. 소음 측정·분석 자료 평가하기	1. 관련 법규나 KS 등 관련 시험규격에 따라 측정·분석 자료를 평가할 수 있다. 2. 관련 법규나 KS 등 관련 시험규격에 적합하게 측정·분석이 이루어졌는지를 평가할 수 있다. 3. 관련 법규에 따라 이상값이 나왔을 때 원인을 분석·평가하여 재측정할 수 있다. 4. 소음측정 목적에 따라 결과의 불확실성을 표현할 수 있는 측정불확도를 산출·평가할 수 있다.
		2. 소음 측정·분석 평가 자료 적합성 검토하기	1. 소음측정 목적에 따라 평가결과의 적합성 여부를 판단할 수 있다. 2. 소음측정 목적에 따라 소음원의 종류별 평가방법을 정리할 수 있다. 3. 소음측정 목적에 따라 이상값이 나왔을 때 원인을 분석하여 재평가할 수 있다.

실기과목명	주요항목	세부항목	세세항목
	7. 진동정밀 분석	1. 진동 분석 장비 운용하기	1. 진동분석 방법에 따라 분석장비를 교정할 수 있다. 2. 진동분석 방법에 따라 분석장비를 운용할 수 있다. 3. 측정목적에 따라 적합한 분석기능을 검토할 수 있다.
		2. 진동 분석 프로그램 운용하기	1. 평가대상에 따라 적합한 분석프로그램을 선택할 수 있다. 2. 진동분석 프로그램 매뉴얼에 따라 필요한 자료를 정리하여 입력할 수 있다. 3. 진동분석 목적에 따라 프로그램을 적합하게 운용할 수 있다. 4. 관련규정에 따라 적합한 분석결과를 산출할 수 있다.
		3. 진동측정 결과 분석하기	1. 소음·진동 공정시험기준이나 KS 등 관련 시험규격에 따라 측정결과를 분석할 수 있다. 2. 소음·진동 공정시험기준이나 KS 등 관련 시험규격에 따라 측정목적에 적합하게 측정이 이루어졌는지를 분석할 수 있다. 3. 소음·진동 공정시험기준에 따라 이상값이 나왔을 때 원인을 분석하여 재측정할 수 있다. 4. 소음측정 목적에 따라 결과의 불확실성을 표현할 수 있는 측정불확도를 산출할 수 있다.
	8. 진동평가 모니터링	1. 진동평가 계획 수립하기	1. 진동측정목적에 따라 진동평가 계획을 수립할 수 있다. 2. 진동측정대상에 따라 진동평가 계획을 수립할 수 있다. 3. 진동측정기준에 따라 진동평가 계획을 수립할 수 있다. 4. 국내·외의 진동관련기준에 따라 진동 평가 계획을 수립할 수 있다.
		2. 진동평가 기준 선정하기	1. 진동관련 법규나 KS 등 관련 규격에 따라 대상별 진동평가 기준을 선정할 수 있다. 2. 진동관련 법규에 따라 진동측정 대상에 적합한 진동평가기준을 선정할 수 있다. 3. 진동관련 법규에 다라 진동측정 목적에 적합한 진동평가기준을 선정할 수 있다.

실기과목명	주요항목	세부항목	세세항목
	9. 진동정밀 평가보완	1. 진동 측정·분석 자료 평가하기	1. 관련 법규나 KS 등 관련 시험규격에 따라 측정·분석 자료를 평가할 수 있다. 2. 관련 법규나 KS 등 관련 시험규격에 따라 측정목적에 적합하게 측정·분석이 이루어졌는지를 평가할 수 있다. 3. 관련 법규에 따라 이상값이 나왔을 때 원인을 분석·평가하여 재측정할 수 있다. 4. 진동측정 목적에 따라 결과의 불확실성을 표현할 수 있는 측정불확도를 산출·평가할 수 있다.
		2. 진동 측정·분석 평가 자료 적합성 검토하기	1. 진동측정 목적에 따라 평가결과의 적합성 여부를 판단할 수 있다. 2. 진동측정 목적에 따라 진동원의 종류별 평가방법을 정리할 수 있다. 3. 진동측정 목적에 따라 이상값이 나왔을 때 원인을 분석하여 재평가할 수 있다.
	10. 소음 분석	1. 소음분석 계획 수립하기	1. 소음측정목적에 따라 소음분석 계획을 수립할 수 있다. 2. 소음측정대상에 따라 소음분석 계획을 수립할 수 있다. 3. 소음측정기준에 따라 소음분석 계획을 수립할 수 있다. 4. 국내·외의 소음관련기준에 따라 소음 분석 계획을 수립할 수 있다.
		2. 소음측정 자료 분류하기	1. 소음측정목적에 따라 소음측정 자료를 분류할 수 있다. 2. 소음측정대상에 따라 소음측정 자료를 분류할 수 있다. 3. 소음측정기준에 따라 소음측정 자료를 분류할 수 있다. 4. 국내·외의 소음관련기준에 따라 소음측정 자료를 분류할 수 있다.
		3. 소음 보정자료 파악하기	1. 관련 규정에서 정하는 보정 방법에 따라 배경소음 보정을 할 수 있다. 2. 관련 규정에서 정하는 보정 방법에 따라 가동시간율을 보정할 수 있다. 3. 관련 규정에서 정하는 보정 방법에 따라 관련 시간대를 보정할 수 있다. 4. 관련 규정에서 정하는 보정 방법에 따라 충격소음을 보정할 수 있다.

실기과목명	주요항목	세부항목	세세항목
			5. 관련 규정에서 정하는 보정 방법에 따라 발파횟수를 보정할 수 있다. 6. 관련 규정에 따라 바닥충격음 측정결과에는 잔향음 보정을 할 수 있다.
	11. 진동 분석	1. 진동 분석 계획 수립하기	1. 진동측정목적에 따라 진동분석 계획을 수립할 수 있다. 2. 진동측정대상에 따라 진동분석 계획을 수립할 수 있다. 3. 진동측정기준에 따라 진동분석 계획을 수립할 수 있다. 4. 국내·외의 진동관련기준에 따라 진동 분석 계획을 수립할 수 있다.
		2. 진동 측정 자료 분류하기	1. 진동측정목적에 따라 진동측정 자료를 분류할 수 있다. 2. 진동측정대상에 따라 진동측정 자료를 분류할 수 있다. 3. 진동측정기준에 따라 진동측정 자료를 분류할 수 있다. 4. 국내·외의 진동관련 기준에 따라 진동측정 자료를 분류할 수 있다.
		3. 진동 보정자료 파악하기	1. 관련 규정에서 정하는 보정 방법에 따라 배경진동 보정을 할 수 있다. 2. 관련 규정에서 정하는 보정 방법에 따라 가동시간율을 보정할 수 있다. 3. 관련 규정에서 정하는 보정 방법에 따라 관련 시간대를 보정할 수 있다. 4. 관련 규정에서 정하는 보정 방법에 따라 발파횟수를 보정할 수 있다.
	12. 소음·진동 측정	1. 측정방법파악하기	1. 소음·진동 측정대상과 측정목적을 확인할 수 있다. 2. 소음·진동 측정대상이나 측정목적에 적합하게 측정방법을 검토할 수 있다.
		2. 측정계획수립하기	1. 측정 대상의 특성이나 조건을 파악하여 최적의 측정 절차와 방법 및 장비 운용계획, 시간계획, 인력투입계획, 소요예산 계획을 수립할 수 있다. 2. 측정 목적에 적합한 장비를 선정할 수 있으며, 대상장비의 검·교정 여부를 확인할 수 있다.

실기과목명	주요항목	세부항목	세세항목
		3. 배경·대상 소음·진동측정하기	1. 배경 및 대상소음·진동을 측정할 수 있는 환경조건을 확인할 수 있다. 2. 소음·진동 관련법 및 기준에 따라 배경 및 대상소음·진동을 측정할 수 있다.
		4. 발생원 측정하기	1. 관련법 및 기준에 따라 발생원의 소음·진동 크기 정도를 측정할 수 있다.
	13. 방음·방진 시설설계	1. 측정 및 예측결과 해석하기	1. 측정·분석 또는 예측한 결과를 검토 후, 예측결과를 파악할 수 있다. 2. 공인된 예측식을 활용하여, 소음·진동관련의 기준 또는 요구수준을 충족하기 위한 저감량을 산출할 수 있다. 3. 소음·진동 분야에서 사용하고 있는 컴퓨터 해석프로그램을 활용할 수 있다. 4. 소음·진동의 전파에 영향을 미치는 인자 및 재료의 음향특성을 고려할 수 있다.
		2. 대책수립 및 설계하기	1. 발생원, 전파경로, 수음(진)원 대책 등 다양한 방안을 검토하여 적합한 대책을 수립할 수 있다. 2. 목표 저감효과를 달성하기 위해 필요한 자재, 기술, 공법을 선정할 수 있다. 3. 대책별 저감량과 비용을 분석하여 경제성을 평가할 수 있다. 4. 저감대책을 실시함으로서 발생되는 생산성 및 환경조건의 변화를 고려할 수 있다. 5. 저감대책 수립 시 타 분야 관련 전문가의 의견을 검토할 수 있다.
		3. 설계도서 작성하기	1. 최적 대책안을 설계하기 위한 실시설계서(구조계산서, 해석 및 예측결과물 등), 시방서, 설계도면을 작성할 수 있다. 2. 설계도면을 근거로 수량산출서 및 내역서를 작성할 수 있다.
		4. 보고하기	1. 설계과정을 쉬운 용어를 사용하여 설명할 수 있다. 2. 대책방안별 비용효과분석을 설명하고 최적의 방안을 제안할 수 있다. 3. 저감대책수립 후 예상되는 문제점을 설명할 수 있다.

실기과목명	주요항목	세부항목	세세항목
	14. 소음·진동 예측평가	1. 자료입력하기	1. 평가 대상에 적합한 예측 모델을 선택할 수 있다. 2. 프로그램 매뉴얼에 따라 목적에 필요한 자료를 정리하여 입력할 수 있다. 3. 자료입력 시, 평가 대상 물체로부터 해석 모델 작성에 필요한 부위를 취사선택할 수 있다.
		2. 결과산출 및 검토하기	1. 관련법과 기준에 적합한 해석 결과를 산출할 수 있다. 2. 예측치를 실측치나 기준치와 비교·분석하여 모델 교정 후 적합한 해석 결과를 산출할 수 있다. 3. 교정된 모델을 사용하여 설계인자의 민감도 및 기여율을 산출한 후 방음방진 대책 시 개선 효과를 예측할 수 있다. 4. 효과 예측 시 설계인자의 민감도 및 기여율을 산출하여 방음·방진 대책에 활용할 수 있다.
		3. 자료분석하기	1. 해석 모델의 여러 조건을 검토하여 해석 모델의 신뢰성을 확인할 수 있다. 2. 검증된 해석모델에 따라 적합한 방음·방진 방안을 선택할 수 있다.
		4. 종합평가하기	1. 해석 결과가 관련기준법에 부합하는지를 비교평가할 수 있다. 2. 관련 예측 모델의 종류별 적합성을 판정할 수 있다. 3. 관련 법에 따라 선정된 모델의 신뢰성을 평가할 수 있다. 4. 대책안 적용 시별 최적 결과물을 산출할 수 있다.
		5. 예측평가결과서 작성하기	1. 보고서 작성 지침에 따라 예측결과서를 작성할 수 있다. 2. 관련 기대효과 및 결론을 도출하여 문서를 작성할 수 있다.

◉ 소음진동산업기사 출제기준(실기)

직무 분야	환경·에너지	중직무 분야	환경	자격 종목	소음진동산업기사	적용 기간	2024.1.1 ~ 2025.12.31

• 직무내용

쾌적하고 정온한 자연환경과 생활환경을 보전하기 위하여 공장, 공사장, 사업장, 항공기, 철도, 도로 및 생활환경에서 발생하는 소음·진동을 조사, 측정, 시뮬레이션, 분석 및 평가하여 현황파악 및 개선대책을 제시하며, 관계법규에서 규정된 소음진동의 배출허용기준, 규제기준 및 관리기준 이내로 관리하고, 방음·방진시설을 설계·시공·유지관리 및 개선하는 직무이다.

• 수행준거
1. 소음·진동에 대한 전문적 지식을 토대로 소음·진동에 대한 현황을 조사, 측정, 예측, 평가할 수 있다.
2. 소음·진동에 대한 전문적 지식을 토대로 적합한 소음·진동방지 대책을 수립할 수 있다.
3. 소음·진동에 대한 전문적 지식을 토대로 소음·진동 방지시설을 설계, 시공, 관리할 수 있다.

실기검정방법	필답형	시험시간	2시간 30분

실기 과목명	주요 항목	세부 항목	세세 항목
소음진동 방지실무	1. 소음진동 영향평가	1. 현황조사하기	1. 조사 및 계획을 수립할 수 있다. 2. 영향을 조사할 수 있다. 3. 발생원을 조사할 수 있다. 4. 전파경로를 조사할 수 있다.
		2. 소음진동 측정 및 예측하기	1. 측정방법을 이해할 수 있다. 2. 측정계획을 수립할 수 있다. 3. 대상소음, 진동을 측정할 수 있다. 4. 소음·진동을 예측할 수 있다.
	2. 방지재료	1. 방지재료의 특성 파악 및 선정하기	1. 방지재료의 특성을 파악할 수 있다. 2. 방지재료를 선정할 수 있다.
	3. 방지시설	1. 방지시설 파악하기	1. 방음·방진에 대한 이론을 이해할 수 있다. 2. 경제성을 고려하여 방지시설의 시공 등을 파악할 수 있다. 3. 친환경공법을 이해할 수 있다. 4. 기타 방음 및 방진기술을 습득할 수 있다.
	4. 방지대책	1. 방음·방진시설 설계하기	1. 분석자료를 토대로 설계의 기본업무를 습득할 수 있다.

목차...

PART 01 소음개론 및 방지기술

[소음개론 및 방지공학]

01 역학적 인자 ·· 1-3
02 소음의 물리적 성질 ·· 1-6
03 음의 단위 및 소음의 기초 용어 ·· 1-22
04 소음단위와 표현 ·· 1-35
05 소음의 발생과 특성 ··· 1-59
06 소음의 거리감쇠 ·· 1-68
07 소음의 계산 ·· 1-76
08 소음의 감각 ·· 1-81
09 소음공해의 특징 및 발생원 ··· 1-90
10 소음의 영향 ·· 1-94
11 소음의 평가 ·· 1-96
12 소음의 음향파워레벨 측정 ··· 1-109
13 음장의 종류와 특징 ·· 1-116
14 소음대책의 순서 및 공장 설계 시 고려사항 ···································· 1-122
15 소음 방지대책의 방법 ··· 1-123
16 공장소음 방지계획 ··· 1-126
17 실내 평균흡음률 계산 방법 ··· 1-127
18 흡음률 측정법 ··· 1-129
19 흡음기구의 종류와 특성 ··· 1-145
20 투과손실(TL) 및 총합투과손실($\overline{TL}$) ··································· 1-154
21 단일벽 및 중공이중벽의 차음 ·· 1-162
22 벽체의 투과손실 측정 ··· 1-175
23 방음벽 ·· 1-183

24 실내소음 방지 ·········· 1-193
25 소음기(Silencer) ·········· 1-203
26 밀폐상자 ·········· 1-221
27 방음 Lagging ·········· 1-223

PART 02 진동개론 및 방지기술

01 공해진동 ·········· 2-3
02 진동의 크기를 나타내는 단위(진동크기 3요소) ·········· 2-4
03 진동량의 표현식 ·········· 2-5
04 조화진동(조화운동) ·········· 2-7
05 진자 ·········· 2-9
06 기타 진동계 ·········· 2-11
07 진동 크기 표현 ·········· 2-24
08 진동의 영향 ·········· 2-33
09 가진력의 발생과 대책 ·········· 2-36
10 방진대책 ·········· 2-42
11 진동방지계획 ·········· 2-43
12 탄성지지 이론 ·········· 2-44
13 탄성지지의 설계요소 ·········· 2-100
14 방진재료(탄성지지 재료) ·········· 2-106
15 진동절연과 제진합금 ·········· 2-113
16 지반(지표)을 전파하는 파동 ·········· 2-117
17 진동파의 거리감쇠 ·········· 2-119
18 기타 진동 ·········· 2-121

PART 03 소음·진동 공정시험기준

[소음]

- 01 용어정의 ··· 3-3
- 02 분석기기 및 기구 ··· 3-6

▶ 환경기준 중 소음측정방법 / 3-10

- 01 분석기기 및 기구 ··· 3-10
- 02 시료채취 및 관리 ··· 3-11
- 03 분석절차 ··· 3-12

▶ 배출허용기준 중 소음측정방법 / 3-15

- 01 분석기기 및 기구 ··· 3-14
- 02 시료채취 및 관리 ··· 3-15
- 03 분석절차 ··· 3-16
- 04 결과보고 ··· 3-18

▶ 규제기준 중 생활소음 측정방법 / 3-21

- 01 분석기기 및 기구 ··· 3-21
- 02 시료채취 및 관리 ··· 3-22
- 03 측정자료 분석 및 배경소음 보정 ·· 3-23
- 04 결과보고 ··· 3-25

▶ 규제기준 중 발파소음 측정방법 / 3-27

- 01 분석기기 및 기구 ··· 3-27
- 02 시료채취 및 관리 ··· 3-28
- 03 분석절차 ··· 3-29
- 04 결과보고 ··· 3-31

▶ 규제기준 중 동일 건물 내 사업장 소음측정방법 / 3-33

- 01 분석기기 및 기구 ··· 3-33
- 02 시료채취 및 관리 ··· 3-34

03 분석절차 ··· 3-35
　　　04 결과보고 ··· 3-36

▶ 도로교통소음 관리기준 측정방법 / 3-37

　　　01 분석기기 및 기구 ·· 3-37
　　　02 시료채취 및 관리 ·· 3-38
　　　03 분석절차 ··· 3-39
　　　04 결과보고 ··· 3-40

▶ 철도소음 관리기준 측정방법 / 3-41

　　　01 분석기기 및 기구 ·· 3-41
　　　02 시료채취 및 관리 ·· 3-42
　　　03 분석절차 ··· 3-43
　　　04 결과보고 ··· 3-44

▶ 항공기소음 관리기준 측정방법 / 3-46

　　　01 분석기기 및 기구 ·· 3-46
　　　02 시료채취 및 관리 ·· 3-47
　　　03 분석절차 ··· 3-48
　　　04 결과보고 ··· 3-50

[진동]

　　　01 용어정의 ··· 3-52
　　　02 분석기기 및 기구 ·· 3-54

▶ 배출허용기준 중 진동측정방법 / 3-58

　　　01 분석기기 및 기구 ·· 3-58
　　　02 시료채취 및 관리 ·· 3-59
　　　03 분석절차 ··· 3-60
　　　04 결과보고 ··· 3-64

▶ 규제기준 중 생활진동 측정방법 / 3-67

　　　01 분석기기 및 기구 ·· 3-67
　　　02 시료채취 및 관리 ·· 3-68
　　　03 분석절차 ··· 3-69

04 결과보고 ·· 3-74

▶ 규제기준 중 발파진동 측정방법 / 3-76

01 분석기기 및 기구 ·· 3-76
02 시료채취 및 관리 ·· 3-77
03 분석절차 ·· 3-78
04 결과보고 ·· 3-84

▶ 도로교통진동 관리기준 측정방법 / 3-87

01 분석기기 및 기구 ·· 3-87
02 시료채취 및 관리 ·· 3-88
03 분석절차 ·· 3-89
04 결과보고 ·· 3-93

▶ 철도진동 관리기준 측정방법 / 3-95

01 분석기기 및 기구 ·· 3-95
02 시료채취 및 관리 ·· 3-96
03 분석절차 ·· 3-97
04 결과보고 ·· 3-97

PART 04 소음·진동 관계 법규

▶ 환경정책 기본법 / 4-3

▶ 소음환경기준 / 4-4

▶ 소음·진동관리법 / 4-5

PART 05 핵심실전 필수문제

핵심 실전 필수문제 ·· 5-3

PART 01

소음개론 및 방지기술

제1편 소음개론 및 방지기술

소음개론 및 방지공학

01 역학적 인자

(1) F(Force) : 힘

① 질량 1 kg인 물체에 1 m/sec²의 가속도가 작용하면 1 N (1 kg×1 m/sec²)의 힘이 발생한다는 의미이며, Newton의 가속도 법칙(제2법칙)으로 물체 질량에 가속도가 작용하면 힘(Force : F)이 발생한다.

② 관련식

$$F = m \times a$$

여기서, F : 힘(Force, N)
m : 질량(kg)
a : 가속도(m/sec²)

(2) P(Pressure) : 압력

① 물체의 단위면적에 작용하는 수직방향의 힘을 말한다.

② 관련식

$$P = \frac{F}{A}$$

여기서, P : 압력(Pressure, N/m²)
F : 힘(N)
A : 단위면적(m²)

③ 압력단위환산

$$1\,N/m^2 = 1\,Pa(Pascal) = 10^{-5}\,bar = 10\,dyne/cm^2 = 10\,\mu bar$$
$$= 1.020 \times 10^{-1}\,mmH_2O = 9.869 \times 10^{-6}\,atm$$

(3) W(Weight) : 무게(중량)

① 무게는 물체가 지구의 중력에 의해 끌리는 힘이고 질량은 물체를 구성하는 물질의 양이다.

② 관련식

$$W = m \times g$$

여기서, W : 무게(kgf)
m : 질량(kg)
g : 중력가속도(9.8 m/sec²)

(4) E(Energy) : 일(에너지)

① 물체가 힘(F)에 의해 거리 L만큼 이동하면 그 물체는 일을 얻어 에너지를 갖는다. 즉, 일과 에너지는 가역적 관계에 있다.(에너지＝힘×이동거리)

② 관련식

$$E = F \times L$$

여기서, E : 에너지(J)
F : 힘(N)
L : 거리(m)

(5) W(Power) : 출력(동력)

① 단위시간당 한 일을 말한다. 즉, 일이 얼마나 빠르게 이루어지는가를 의미한다.

② 관련식

$$W = \frac{E}{t} \text{ (Watt, J/sec)}$$

여기서, W : 출력(Watt)
E : 에너지(J)
t : 시간(sec)

기출 필수문제 출제율 20% 이상

01 바닥면적이 200 m² 이고, 천장높이가 10 m 인 교실이 있다. 교실 바닥 면적이 받는 공기압력(N/m²)의 크기는?(단, 공기밀도 1.25 kg/m³)

풀이 압력$(P) = \dfrac{F}{A}$

$F = m \times a$

a : 중력가속도 9.8 m/sec^2

m : 질량 → $\rho = \dfrac{m}{V}$ 에서

$m = \rho \cdot V$
$= 1.25 \text{ kg/m}^3 \times (200 \times 10) \text{ m}^3 = 2{,}500 \text{ kg}$
$= 2{,}500 \text{ kg} \times 9.8 \text{ m/sec}^2 \ (24{,}500 \text{ N})$

$A =$ 면적(200 m^2)

$= \dfrac{24{,}500 \text{ N}}{200 \text{ m}^2} = 122.5 \text{ N/m}^2 (\text{Pa})$

02 소음의 물리적 성질

(1) 소리(Sound)와 소음(Noise)

① 소리
  ㉠ 물체의 진동에 의하여 발생한 파동으로서 인간의 청력기관이 감지할 수 있는 공기압력의 변화이다.
  ㉡ 소리는 물리적 측면에서 음파라고 한다.
  ㉢ 탄성체를 통해서 전달되는 밀도 변화에 의해서 발생한다.
  ㉣ 인간의 의사전달에 있어서 매우 중요한 역할을 한다.

② 소음
  ㉠ 인간에게 불쾌감을 주고, 작업능률을 저하시키는 소리이다.
  ㉡ 인간이 감각적으로 원하지 않는 소리(Unwanted sound)의 총칭이다.
  ㉢ 소음은 주관적으로 심리적·감각적인 면이 내포된다.
  ㉣ 인간의 일상생활을 방해하고 청력저하를 초래하는 요소이다.

(2) 음의 용어

① 파동(Wave)
  ㉠ 매질 자체가 이동하는 것이 아니고 음이 전달되는 매질의 변화운동으로 이루어지는 에너지 전달이다.
  ㉡ 매질의 운동에너지와 위치에너지의 교번작용으로 이루어진다.
  ㉢ 파동과 더불어 전달되는 것은 매질이 아니고 매질의 상태변화에 의한 것이다. 즉, 파동에 의해 운반되는 것은 물질이 아니고 에너지이다.

② 파동의 종류
  모든 파동은 매질입자의 진동방향과 파동의 진행방향 사이의 상호관계에 따라 두 가지(종파, 횡파)로 구분된다.

㉠ 종파 *중요내용*
ⓐ 파동의 진행방향과 매질의 진동방향이 평행한 파동이다.
ⓑ 물체의 체적(부피) 변화에 의해 전달되는 파동이다.
ⓒ 소밀파, P파, 압력파라고도 한다.
ⓓ 종파의 대표적 파동은 음파, 지진파의 P파이다.
ⓔ 종파는 매질이 있어야만 전파된다.
ⓕ 음파는 공기 등의 매질을 통하여 전파하는 소밀파(압력파)이며, 순음의 경우 그 음압은 정현파적으로 변한다.

㉡ 횡파 *중요내용*
ⓐ 파동의 진행방향과 매질의 진동방향이 수직한 파동이다.
ⓑ 물체의 형상탄성변화에 의해 전달되는 파동이다.
ⓒ 고정파, S파라고도 한다.
ⓓ 횡파의 대표적 파동은 물결파(수면파), 전자기파(광파, 전파), 지진파의 S파이다.
ⓔ 횡파의 매질이 없어도 전파된다.

③ 파면
파동의 위상이 같은 점들을 연결한 면을 의미한다.

④ 음선
음의 진행방향을 나타내는 선으로 파면에 수직한다.

⑤ 음파의 종류 *중요내용*
음파는 공기 등의 매질을 통하여 전파하는 소밀파이며 순음의 경우 정현파적으로 변화한다.
㉠ 평면파(Plane Wave)
긴 실린더의 피스톤운동에 의해 발생하는 파와 같이 음파의 파면들이 서로 평행한 파, 즉 파면이 평행이 되는 파동이다.
㉡ 발산파(Diverging Wave)
음원으로부터 거리가 멀어질수록 더욱 넓은 면적으로 퍼져나가는 파이다.

ⓒ 구면파(Spherical Wave)
음원에서 모든 방향으로 동일한 에너지를 방출할 때 발생하는 파동, 즉 파면의 평면이 되는 파동이다.

ⓔ 진행파(Progressive Wave)
음파의 진행방향으로 에너지를 전송하는 파이다.

ⓜ 정재파(Standing Wave) *중요내용*

ⓐ 정의
둘 또는 그 이상의 음파의 구조적 간섭에 의해 시간적으로 일정하게 음압의 최고와 최저가 반복되는 패턴의 파이다.

ⓑ 정재파의 확인
- 청각
  귀로 들어 음의 강약을 확인하면 원래 입사음보다 큰 소리가 들렸다가 작은 소리로 들리는 것으로 확인한다.
- 소음계
  벽으로부터 음원 쪽으로 일정거리씩 이동하면서 매 위치마다 음압레벨을 측정하여 음의 강약을 확인함으로써 정재파를 확인한다.

ⓒ 정재파 대책
- 벽체의 형상변화 ⇒ 불평형 벽체
- 내벽에 흡음재료 부착
- 천정에 원추모양의 흡음재나 금속반사판 설치

(3) 음의 회절

① 정의 *중요내용*

음파의 진행속도가 장소에 따라 변하고 진행방향이 변하는 현상으로 차단벽이나 창문의 틈, 벽의 구멍을 통하여 전달이 되기 쉬운데, 이것을 회절이라 한다. 음장에 장애물이 있는 경우 장애물 뒤쪽으로 음이 전파되는 현상이다.

② 특징

㉠ 파장이 길수록 회절이 잘 된다.
㉡ 소리의 주파수는 파장에 반비례하므로 낮은 주파수는 고주파음에 비하여

회절하기가 쉽다.
ⓒ 물체가 작을수록(구멍이 작을수록) 소리는 잘 회절된다.

③ 휴겐스의 원리(Huyghens Principle) 중요내용
하나의 파면상의 모든 점이 파원이 되어 각각 2차적인 구면파를 사출하여 그 파면들을 둘러싸는 면이 새로운 파면을 만드는 현상으로 음파가 진행하는 모양을 그림으로 구하는 방법을 나타내는 원리로, 음파가 장애물 뒤로 전달되는 회절현상의 좋은 예이다.

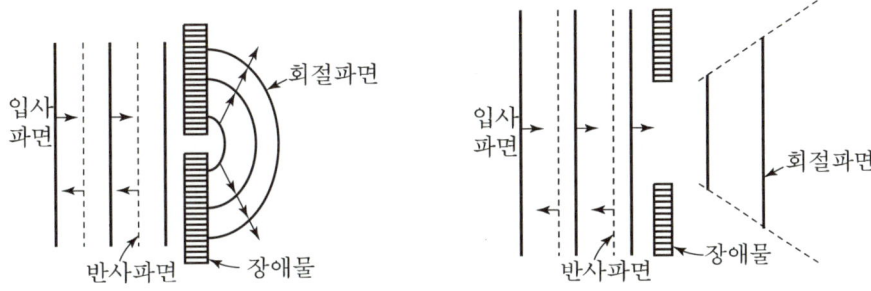

[틈새에서의 구면파 및 평면파의 회절]

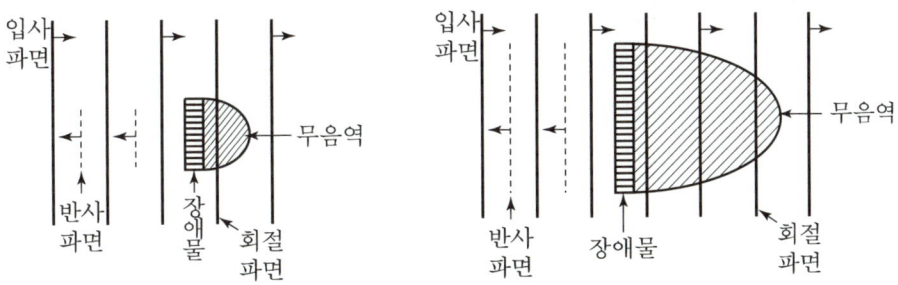

[장애물에 의한 음의 회절]

(4) 음의 굴절

① 정의
음의 굴절은 음파가 한 매질에서 다른 매질로 통과 시 음의 진행방향(음선)이 구부러지는 현상으로 매질 간에 음속 차이가 클수록, 높이에 따른 풍속 차이가 클수록 굴절도 커진다.

② Snell의 법칙(굴절의 법칙) *중요내용*

입사각과 굴절각의 sin비는 각 매질에서의 전파속도의 비와 같다.

$$\frac{C_1}{C_2} = \frac{\sin\theta_1}{\sin\theta_2}$$

여기서, C_1, θ_1 : 매질 Ⅰ에서 음속 및 입사각
C_2, θ_2 : 매질 Ⅱ에서 음속 및 입사각

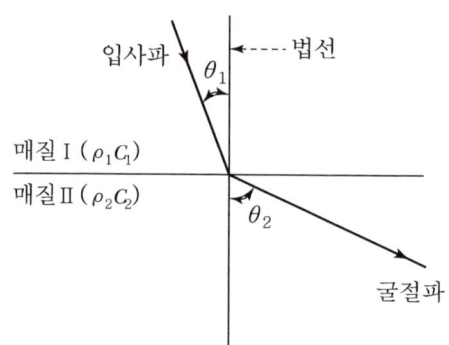

③ 굴절에 영향을 미치는 요소 *중요내용*
  ㉠ 온도차에 의한 굴절
    ⓐ 대기의 온도차에 의한 굴절은 온도가 낮은 쪽으로 굴절한다.
    ⓑ 낮에는 지표면의 온도가 상공에 비해 높으므로 음선이 상공 쪽으로 굴절하여 거리감쇠가 커진다.
    ⓒ 밤에는 지표면의 온도가 상공에 비해 낮으므로 음선이 지표면 쪽으로 굴절하여 거리감쇠가 낮시간대에 비해 작으며 소리가 크게 들린다.
  ㉡ 풍속차에 의한 굴절
    ⓐ 지표면과 상공 사이에 풍속차가 있을 경우 발생한다.
    ⓑ 음원보다 상공의 풍속이 클 때 풍상 측에서는 상공으로 굴절하여 거리감쇠가 커서 음이 작게 들린다.
    ⓒ 음원보다 상공의 풍속이 클 때 풍하 측에서는 지표면으로 굴절하여 거리감쇠가 작아 음이 크게 들린다.
  ㉢ 바람에 의한 음압레벨 변동

ⓐ 풍하에서는 암역(음영대 : Shadow Zone) 경계에 가까운 곳에서 최소가 된다.
ⓑ 바람이 약하고 맑은 밤에는 레벨변동이 5 dB 정도이다.
ⓒ 바람이 강하고 맑은 구간에는 레벨변동이 15~20 dB 정도이다.
ⓓ 상공에서 지표면으로의 전반에는 빠른 변동과 함께 몇 초 이상의 주기로 큰 변동을 수반한다.

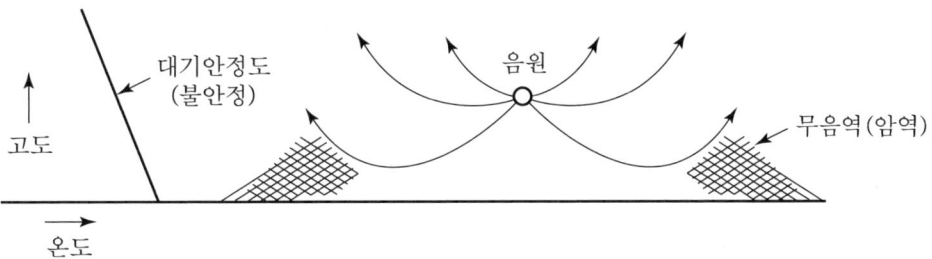

[낮시간대 굴절(온도)]

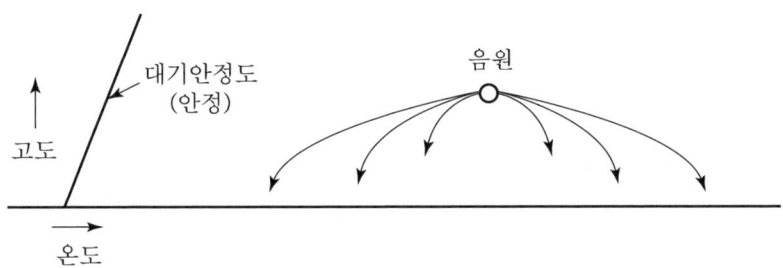

[밤시간대 굴절(온도)]

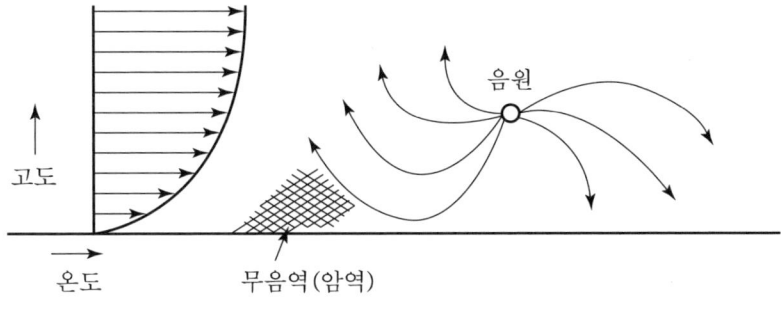

[바람에 의한 굴절]

(5) 음의 간섭

① 정의

두 개 이상의 음파가 겹쳐서 더해질 때, 파동의 합성에 의해 동위상으로 겹치면 진폭이 증대되고 역위상으로 겹치면 진폭이 감소하는 것을 말한다. 즉, 서로 다른 파동 사이의 상호작용으로 나타나는 현상이다.

② 종류

㉠ 보강간섭

여러 파동이 마루는 마루끼리, 골은 골끼리 만나 그 합성파의 진폭이 개개의 어느 파의 진폭보다 커지는 간섭이다.

㉡ 소멸간섭

여러 파동이 마루는 골과 골은 마루와 만나 그 합성파의 진폭이 개개의 어느 파의 진폭보다 작아지는 간섭이다.

㉢ 맥놀이 *중요내용*

ⓐ 주파수가 약간 상이한 2개의 음원이 만날 때 소리가 간섭을 일으켜 보강간섭과 소멸간섭이 교대로 이루어져 큰 소리와 작은 소리가 주기적으로 반복되는 현상, 즉 주파수(진동수)가 약간 다른 두 음을 동시에 듣게 되면 합성된 음의 크기가 오르내리는 현상이다.

ⓑ 맥놀이 주파수는 2개 주파수 차이의 절대치이다.

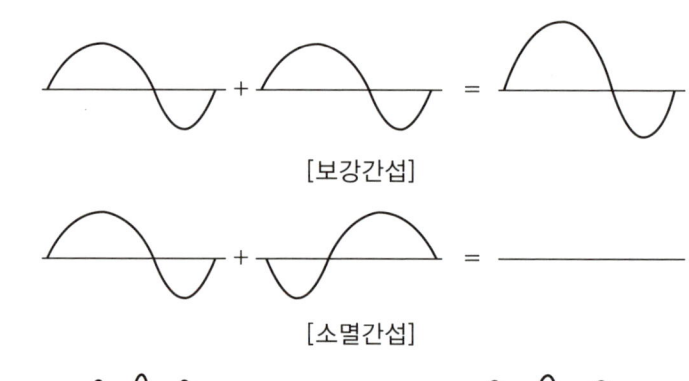

[보강간섭]

[소멸간섭]

[맥놀이(Beat)]

(6) 음의 반사와 투과 및 흡수

음의 반사, 투과, 흡수에는 음향에너지의 보존법칙(입사=반사+투과+흡수)이 성립한다.

① 반사율
  ㉠ 입사음 세기에 대한 반사음 세기의 비이다.
  ㉡ 입사음의 세기를 I_i라 하고 반사음의 세기를 I_r이라고 하면 I_r/I_i을 반사율이라고 한다.
  ㉢ 음파가 거울과 같은 매질에 입사할 때의 입사각과 반사각은 같다(반사법칙).
  ㉣ 반사율(α_r)

  $$\frac{\text{반사된 음의 세기}}{\text{입사음의 세기}} = \frac{I_r}{I_i} = \left(\frac{\rho_2 C_2 - \rho_1 C_1}{\rho_2 C_2 + \rho_1 C_1}\right)^2$$

  여기서, $\rho_1 C_1$: 입사 측 매질의 고유음향 임피던스
  $\rho_2 C_2$: 경계면으로부터 다른 매질의 고유음향 임피던스

  ㉤ 입사음의 파장이 자재 표면의 요철에 비해 클 때는 정반사가 일어나고, 작을 때는 난반사가 되어 음이 확산된다.
  ㉥ 기공이 많은 자재는 반사음이 작기 때문에 흡음률이 대체로 크다.

② 투과율(흡수율)
  ㉠ 투과율
  음입사 시 경계면에서 반사되지 않는 음파는 제2의 매질 속을 지나고 수직으로 투과하는 경우 투과음의 세기를 I_t라 하면 I_t/I_i을 투과율이라고 한다. 따라서, 투과율이 0에 가까울수록 차음성능이 좋은 것을 의미한다.
  ㉡ 흡수율
  어떤 경계면에 대하여 반사되어 돌아오지 않는 비율을 말한다. 즉, 흡수음의 세기를 I_a라 하면 흡수율은 $\dfrac{(I_a + I_t)}{I_i}$로 표현된다.

ⓒ 관련식

$$투과율(\tau : 흡수율) = \frac{I_t}{I_i} = \frac{I_i - I_r}{I_i} = 1 - \frac{I_r}{I_i}$$

$$= 1 - \left(\frac{\rho_2 C_2 - \rho_1 C_1}{\rho_2 C_2 + \rho_1 C_1}\right)^2$$

$$= \frac{4(\rho_2 C_2 \times \rho_1 C_1)}{(\rho_2 C_2 + \rho_1 C_1)^2}$$

$$투과손실(TL) = 10\log\frac{1}{\tau} = 10\log\frac{I_i}{I_t} \text{ (dB)}$$

$$\tau(투과율) = \frac{I_t}{I_i}$$

투과손실은 차음구조에 있어서 입사파와 투과파의 음압레벨 차이므로 투과손실값이 커질수록 차음성능이 좋은 것을 의미한다.

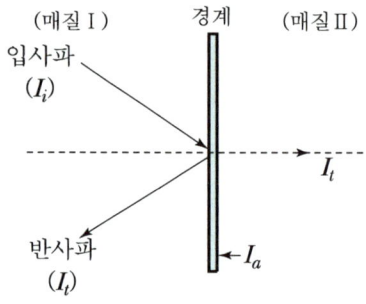

[경계면에서 음의 입사, 반사, 투과]

(7) 마스킹 효과(음폐효과) 중요내용

① 정의

두 음이 동시에 있을 때 한쪽이 큰 경우 작은 음은 더 작게 들리는 현상. 즉, 큰 음, 작은 음이 동시에 들릴 때, 큰 음만 듣고 작은 음은 잘 듣지 못하는 현상으로 음의 간섭에 의해 일어난다.

② 특징
　㉠ 주파수가 낮은 음(저음)은 높은 음(고음)을 잘 마스킹(음폐)한다.
　㉡ 두 음의 주파수가 비슷할 때는 마스킹 효과가 더욱더 커진다.
　㉢ 두 음의 주파수가 같을 때는 맥동현상에 의해 마스킹 효과가 감소한다.
　㉣ 음이 강하면 음폐되는 양도 커진다.

③ 이용
작업장 배경음악 및 자동차 내부의 오디오 음악

(8) 도플러(Doppler) 효과

음원이 움직일 때 들리는 소리의 주파수가 음원의 주파수와 다르게 느껴지는 효과이다. 즉, 발음원이 이동 시 그 진행방향 쪽에서는 원래 발음원의 음보다 고음이 되고, 반대쪽에서는 저음이 되는 현상이다.(기차역에서 기차가 지나갈 때 기차가 역쪽으로 올 때에는 기차음이 고음으로 들리고, 기차가 역을 지나친 후에는 기차음이 저음으로 들린다.)

(9) 순음(Pure Tone) 및 복합음(Multiple Tone)

① 순음이란 오직 한 개의 주파수를 갖는 진폭의 일정한 소리로서 그 음압의 파형은 정현파이다.
② 복합음은 여러 개의 정현파음이 합성된 것으로 복합음을 구성하는 음 중 주파수가 가장 낮은 음을 기본음이라 한다. 이보다 높은 주파수음들은 상음(Over Tone)이라 하고, 상음이 기본음의 정수배로 될 때를 배음이라 한다.

> **🔍 Reference | 선행음 효과(하스 효과)** *중요내용*
>
> 일반적인 스테레오 시스템에서 좌우 두 개의 스피커로 주파수와 음압이 동일한 음을 동시에 재생할 경우 인간의 귀에는 두 소리가 정중앙에서 재생되는 것처럼 느껴지지만, 이 상태에서 우측 스피커의 신호를 약간 지연시키면 음상이 왼쪽 스피커 방향으로 옮겨가는 현상을 말하며 지연음이 원음에 비해 10dB 이하의 레벨을 갖고 있을 때 유효하다.

🔍 Reference | 칵테일파티 효과 *중요내용*

다수의 음원이 공간적으로 산재하고 있을 때 그 안에 특정한 음원, 예를 들어 특정인의 음성에 주목하게 되면 여러 음원으로부터 분리되어 특정음만 들리게 되는 심리현상을 일컫는다.

🔍 Reference | 양이효과 *중요내용*

인간의 두 귀로 음원의 방향감과 입장감을 느끼게 하여 음의 입체감을 만들어 낸다.

기출 필수문제 출제율 30% 이상

01 음파의 입사각이 45°, 굴절각이 30° 이면 굴절률은?

풀이

Snell's Law(굴절률)

$$굴절률 = \frac{입사각}{굴절각} = \frac{\sin\theta_1}{\sin\theta_2} = \frac{\sin 45°}{\sin 30°} = 1.41$$

🔍 Reference | Snell의 법칙

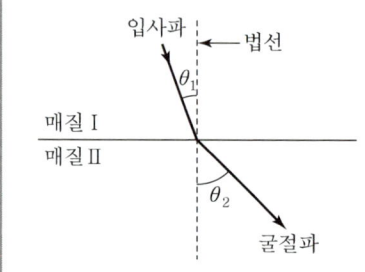

$$굴절률 = \frac{C_1}{C_2} = \frac{\sin\theta_1}{\sin\theta_2}$$

$C_1 \theta_1$: 매질 I에서 음속 및 입사각
$C_2 \theta_2$: 매질 II에서 음속 및 굴절각

기출 필수문제 출제율 30% 이상

02 배 위에서 사공이 물속에 있는 해녀에게 큰소리로 외쳤을 때 음파의 입사각이 60°, 굴절각은 45°였다면 이때의 굴절률은?

풀이 굴절률 $= \dfrac{\sin\theta_1}{\sin\theta_2} = \dfrac{\sin 60°}{\sin 45°} = \dfrac{\frac{\sqrt{3}}{2}}{\frac{\sqrt{2}}{2}} = \sqrt{\dfrac{3}{2}} = 1.2247$

기출 필수문제 출제율 30% 이상

03 배 위에서 물속에 있는 사람에게 큰소리로 외쳤다. 이때 음파의 입사각은 60°, 굴절률이 $\sqrt{\dfrac{3}{2}}$일 경우 굴절각은?

풀이 굴절률 $= \dfrac{\sin\theta_1}{\sin\theta_2}$

$\sqrt{\dfrac{3}{2}} = \dfrac{\sin 60°}{\sin\theta_2}$

$\theta_2 = \sin^{-1}\left(\dfrac{\sin 60}{\sqrt{\dfrac{3}{2}}}\right) = 45°$

기출 필수문제 출제율 40% 이상

04 주파수가 각각 100 Hz, 90 Hz인 두 음파가 중첩되어 맥놀이가 발생하였다. 이 맥놀이의 파장은 몇 m인가?(단, 온도는 30℃ 이다.)

> **풀이** 음속(c) = 주파수(f) × 파장(λ)
>
> $$\lambda = \frac{C}{f}$$
>
> $C = 331.42 + (0.6 \times t) = 331.42 + (0.6 \times 30℃) = 349.42 \, \text{m/sec}$
>
> (주파수(f)는 맥놀이 주파수를 의미)
>
> 맥놀이 주파수 = 100 − 90 = 10 Hz(1/sec)
>
> 맥놀이 파장(λ) = $\dfrac{349.42 \text{m/sec}}{10(1/\text{sec})}$ = 34.94m

기출 필수문제 출제율 48% 이상

05 두 음이 $x_1 = 2\sin 45t$, $x_2 = 3\sin 41t$ 일 때 맥놀이 주기는?

> **풀이** 맥놀이수(맥놀이 주파수)는 2개 주파수 차이의 절대값이다.
>
> $x = A \sin wt$ 에서
>
> $$w = 2\pi f, \quad f = \frac{w}{2\pi}$$
>
> 맥놀이 수(f) = $\dfrac{(45 - 41)}{2\pi}$ = 0.64Hz
>
> 맥놀이 주기(T) = $\dfrac{1}{f}$ = $\dfrac{1}{0.64}$ = 1.56 sec

기출 필수문제 출제율 50% 이상

06 입사 측의 음향임피던스를 Z_1, 투과 측의 음향임피던스를 Z_2라 하고, Z_2가 Z_1의 1/5 이라면 투과에너지 I_t와 반사에너지 I_r의 비 I_r/I_t는?(단, 경계면에서 음파의 흡수는 일어나지 않는다.)

> **풀이** $I_i = (Z_1 + Z_2)^2, \ I_r = (Z_2 - Z_1)^2, \ I_t = 4Z_1Z_2$
>
> $\dfrac{I_r}{I_t} = \dfrac{(Z_2 - Z_1)^2}{4Z_1Z_2} = \dfrac{(1/5 Z_1 - Z_1)^2}{4 \times \dfrac{1}{5} Z_1 \times Z_1} = \dfrac{4}{5}$

기출 필수문제 출제율 20% 이상

07 음파가 방음벽에 수직입사할 때 반사율(α)이 0.9543 이다. 벽체의 투과손실(dB)은?(단, 벽체에 의한 흡음은 무시한다.)

> **풀이** 투과손실(TL) $= 10 \log \dfrac{1}{\tau}$ (dB)
>
> τ(투과율) $= 1 -$ 반사율(α) $= 1 - 0.9543 = 0.0457$
>
> TL $= 10 \log \dfrac{1}{0.0457} = 13.4$ dB

기출 필수문제 출제율 20% 이상

08 어떤 벽에 입사에너지가 $5E_0$ 일 때 반사되는 에너지가 $1.5E_0$ 이고 흡수되는 에너지가 $2E_0$, 통과하는 에너지는 $1.5E_0$ 이다. 이때 흡음률(α)은?

> **풀이** 흡음률(흡수율 : α) $= \dfrac{\text{흡수에너지}(I_a) + \text{투과에너지}(I_t)}{\text{입사에너지}(I_i)}$
>
> $= \dfrac{2E_0 + 1.5E_0}{5E_0} = \dfrac{3.5E_0}{5E_0} = 0.70$

기출 필수문제 출제율 40% 이상

09 공기의 고유음향 임피던스는 408 rayls 이고, 물의 고유음향 임피던스는 1.35×10^6 rayls 이다. 음에너지가 공기에서 물로 투과할 때의 투과율을 구하시오.

풀이

$$투과율(\tau) = \frac{4(\rho_2 C_2 \times \rho_1 C_1)}{(\rho_2 C_2 + \rho_1 C_1)^2}$$

$\rho_2 C_2$: 물의 고유음향 임피던스

$\rho_1 C_1$: 공기의 고유음향 임피던스

$$= \frac{4(1.35 \times 10^6 \times 408)}{(1.35 \times 10^6 + 408)^2} = 1.21 \times 10^{-3}$$

기출 필수문제 출제율 50% 이상

10 공기 중의 어떤 음원에서 발생한 소리가 콘크리트벽($\rho = 1,000$ kg/m³, $E = 2.0 \times 10^9$ N/m²)에 수직입사할 때 이 벽체의 반사율은?(단, 공기의 밀도=1.2 kg/m³, 온도 25 ℃)

풀이

$$반사율 = \left(\frac{\rho_2 C_2 - \rho_1 C_1}{\rho_2 C_2 + \rho_1 C_1}\right)^2$$

$\rho_1 C_1$: 공기의 고유음향 임피던스

$\quad$ 1.2 kg/m³ × [331.42 + (0.6 × 25℃)] = 415.7 rayls

$\rho_2 C_2$: 콘크리트벽의 고유음향 임피던스

ρ_2 : 1,000 kg/m³

C_2 : (음속) = $\sqrt{\dfrac{E}{\rho}}$, E : 영률(N/m²)

$$= \sqrt{\frac{2.0 \times 10^9 \text{N/m}^2}{1,000 \text{kg/m}^3}} = 1,414.2135 \text{m/sec}$$

$\rho_2 C_2$: 1,000 kg/m³ × 1,414.2135 m/sec = 1,414,213.5 rayls

$$= \left(\frac{1,414,213.5 - 415.7}{1,414,213.5 + 415.7}\right)^2 = 0.998$$

11 주파수가 각각 1,000 Hz, 1,100 Hz 인 두 음파가 중첩되어 맥놀이가 발생하였다. 이 맥놀이의 파장은 몇 m인가?(단, 온도는 30℃ 이다.)

풀이

음속(c) = 주파수(f) × 파장(λ)

$$\lambda = \frac{C}{f}$$

$C = 331.42 + (0.6 \times t) = 331.42 + (0.6 \times 30℃) = 349.42 \text{ m/sec}$

(주파수(f)는 맥놀이 주파수를 의미)

맥놀이 주파수 = 1,100 − 1,000 = 100 Hz(1/sec)

맥놀이 파장(λ) = $\dfrac{349.42 \text{m/sec}}{100(1/\text{sec})}$ = 3.5m

03 음의 단위 및 소음의 기초 용어

(1) 파장(Wave length)
① 정의
  정현파의 파동에서 마루와 마루 간의 거리 또는 위상의 차이가 360°가 되는 거리를 말한다.
② 표시기호 : λ
③ 단위 : m(길이 단위)

(2) 주파수(Frequency)
① 정의
  1초 동안의 cycle 수, 즉 소밀이 1초간에 반복되는 횟수이며 가청주파수 범위는 20~20,000 Hz이다.
② 표시기호 : f
③ 단위 : Hz(cycle/sec : 계산 시에는 1/sec로 함)

(3) 주기(Period)
① 정의
  한 파장이 전파되는 데 소요되는 시간, 즉 소밀파가 1파장 진행하는 데 소요되는 시간을 말한다.
② 표시기호 : T
③ 단위 : sec
④ 주기와 주파수 관계

$$T = \frac{1}{f} \text{(sec)}$$

(4) 음속(Speed of Sound)

① 정의

　　소밀파가 진행하는 속도, 즉 음파가 1초 동안에 전파하는 거리를 말한다.

② 표시기호 : C

③ 단위 : m/sec

④ 음속 및 주파수, 파장관계 *중요내용*

$$음속(c\ ;\ m/sec) = 주파수(f:1/sec) \times 파장(\lambda:m)$$

⑤ 매질이 공기인 상태에서의 음속 *중요내용*

　　공기인 매질의 음속은 온도에 따라 영향을 받는다.

$$t℃ \text{ 일 때 음속}(C) = 331.42 + (0.6 \times t)(m/sec)$$

절대온도로 표현하면 다음과 같다.

$$C = 20.06\sqrt{T}\ [T,\ 절대온도(273+t℃)]$$

⑥ 매질이 고체, 액체인 상태에서의 음속 *중요내용*

$$C = \sqrt{\frac{E}{\rho}}\ (m/sec)$$

　　여기서, E : 영률(N/m²)
　　　　　　ρ : 매질의 밀도(kg/m³)

⑦ 각 매질(재질)에서의 음속

　㉠ 공기 ➡ 약 340 m/sec (헬륨 : 약 1,000 m/sec, 산소 : 약 310 m/sec)

　㉡ 물 ➡ 약 1,400 m/sec

　㉢ 나무 ➡ 약 3,300 m/sec

　㉣ 유리 ➡ 약 3,700 m/sec

　㉤ 강철 ➡ 약 5,000 m/sec

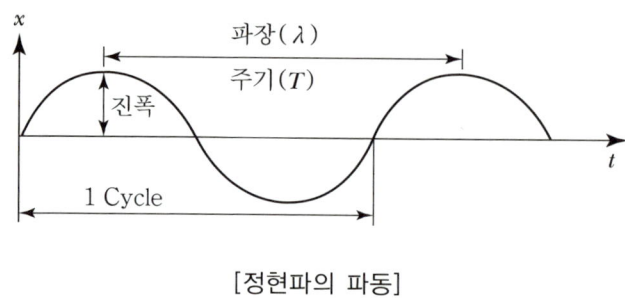

[정현파의 파동]

(5) 변위(Displacement)
① 정의

진동하는 입자(공기)의 어떤 순간의 위치와 그것의 평균위치와의 거리를 말한다.

② 표시기호 : D
③ 단위 : m(길이 단위)

(6) 진폭(Amplitude)
① 정의

진동하는 입자에 의해 발생하는 최대 변위치, 즉 진동의 중심값에서의 최대변동값을 말한다.

② 표시기호 : A or $P_{\max}$
③ 단위 : m(길이 단위)

(7) 입자속도(Particle Velocity)
① 정의

매질의 미소부분의 시시각각 움직이는 속도, 즉 시간에 대한 입자변위의 미분값을 말한다.

② 표시기호 : v
③ 단위 : m/sec

(8) 고유음향 임피던스(Specific Acoustic Impedance)
① 정의
  주어진 매질에서 입자속도에 대한 응답의 비를 말한다. 즉, 매질의 특성을 나타내는 값이다.
② 표시기호 : $Z(\rho C)$
③ 관련식 및 단위 *중요내용*

$$Z = \rho C = \frac{P}{v} \quad (\text{rayls} : \text{kg/m}^2 \text{ sec}, \text{ N} \cdot \text{sec/m}^3)$$

여기서, Z : 고유음향 임피던스(rayls)
ρ : 매질의 밀도(kg/m³)
C : 매질의 음전달속도(m/sec)
P : 음의 압력(N/m²)
v : 입자속도(m/sec)

(9) 매질
① 개요
  파동을 전달하는 물질로 매질의 탄성과 관성으로 인해 전달이 일어난다.
  일반적으로 공기(기체), 액체, 고체 등의 물질이 음파의 매질이 될 수 있고 탄성이 없는 진공 중에서는 음파가 존재하지 않는다.
② 각 매질의 특성
  ㉠ 공기를 매질로 하는 소리를 공기음, 고체 중을 전파하는 소리를 고체음, 물을 매질로 하는 소리를 수중음이라 한다.
  ㉡ 고체는 유체와 달리 전단응력이나 굽힘응력을 받을 수 있기 때문에 종파나 횡파가 모두 전달 가능하다.
  ㉢ 액체·기체에서는 음파의 진행방향에 수직한 방향의 탄성을 무시할 수 있기 때문에 횡파는 존재하지 않는다.

(10) 음압(Sound Pressure)

① 정의

음이 존재 시 음이 갖고 있는 음에너지에 의해 매질에는 미소한 압력변화가 생기는데, 이 압력변화부분을 음압이라 한다.

② 표시기호 : P

③ 단위

N/m²(=Pa), μbar, dyne/m²

④ 가청음압범위

㉠ 최저가청음압한계 : 2×10^{-5} Pa $(20 \mu Pa)$

㉡ 최고가청음압한계 : 60 Pa

⑤ 실효치(r.m.s) *중요내용*

음압은 교류적 변동을 하고 교류의 크기는 통상 실효치로 표시한다.

$$P_{rms} = \frac{P_{max}}{\sqrt{2}}$$

여기서, P_{max} = 음압의 최고값(Peak = max = 진폭)

⑥ 관계식 *중요내용*

$$Z = \frac{P}{v} \text{(rayls)} \Rightarrow P = Z(\rho c) \times v$$

여기서, $Z(\rho c)$: 고유음향 임피던스(rayls)
P : 음의 압력(실효치) (N/m² = Pa)
v : 입자속도(실효치) (m/sec)

$$I = P \times v = \frac{P^2}{\rho c} \text{(W/m}^2\text{)} = \rho c v^2, \quad P = \sqrt{\rho c \times I}$$

음압 및 입자속도는 일반적으로 실효치(rms)를 취한다.

(11) 음의 세기(Sound Intensity)
① 정의
한 점에서 주어진 방향으로 단위시간에 단위면적을 통과하는 음에너지의 시간 평균치를 말한다.
② 표시기호 : I
③ 단위 : W/m²

(12) 음의 출력(Acoustic Power)
① 정의
음원에서 단위시간당 방사하는 총 음향에너지를 말하며 음원이 갖고 있는 고유 음향 출력으로서 위치가 변경되어도 변하지 않는다.
② 표시기호 : W or Power
③ 단위 : Watt

(13) 음의 세기와 음의 출력 관계
음향출력(W)의 무지향성 음원으로부터 r(m) 떨어진 점에서의 음의 세기(I)와의 관계식

$$W = I \times S \text{ (Watt)}$$

여기서, S : 음의 전파 표면적(m²)

음원이 구면파로 전파 시, 음의 세기(I)는 단위면적당 파워이며, 실효음압으로 음의 세기를 나타내면 *중요내용*

$$I = \frac{W}{S} = \frac{W}{4\pi r^2} = \frac{P^2}{\rho c}$$

① 음원이 점음원
　㉠ 음원이 자유공간(공중, 구면파 전파)에 위치할 때

$$W = I \times S = I \times 4\pi r^2$$

　㉡ 음원이 반자유공간(바닥, 천장, 벽, 반구면파 전파)에 위치할 때

$$W = I \times S = I \times 2\pi r^2$$

② 음원이 선음원
　㉠ 음원이 자유공간(공중, 구면파 전파)에 위치할 때

$$W = I \times S = I \times 2\pi r$$

　㉡ 음원이 반자유공간(바닥, 천장, 벽, 반구면파 전파)에 위치할 때

$$W = I \times S = I \times \pi r$$

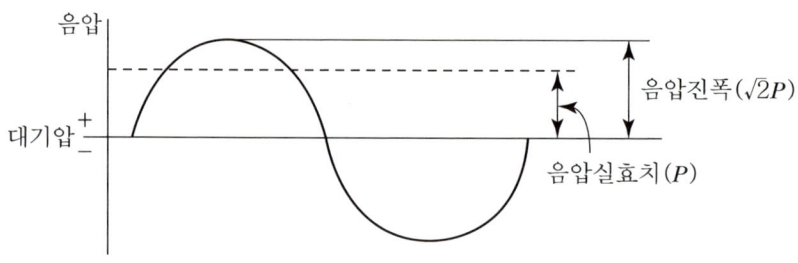

[음압의 크기]

기출 필수문제 출제율 20% 이상

01 매질 입자의 왕복운동을 1분 동안에 3,000번 일으키는 소리의 주파수(Hz)는?

풀이 주파수는 1초당 cycle 수

$$f = \frac{3{,}000\text{cycle}}{60\text{sec}} = 50\text{cycle/sec} = 50\text{Hz}$$

기출 필수문제 출제율 20% 이상

02 인간의 청각으로 들을 수 있는 주파수와 dB의 가청범위는?

풀이 소음가청 범위
① 주파수 : 20~20,000 Hz
② dB : 0~130 dB

기출 필수문제 출제율 40% 이상

03 20℃ 공기 중에서 400 Hz 음의 파장(cm)은 얼마인가?

풀이

$$C = f \times \lambda$$

$$\lambda = \frac{C}{f}$$

$C(\text{음속}) = 331.42 + (0.6 \times t\text{℃}) = 331.42 + (0.6 \times 20\text{℃}) = 343.42 \text{ m/sec}$

$f(\text{주파수}) = 400 \text{ Hz} = 400 \text{ (1/sec)}$

$$= \frac{343.42\text{m/sec}}{400/\text{sec}} = 0.8586\text{m} \times \frac{100\text{cm}}{\text{m}} = 85.86\text{cm}$$

기출 필수문제 출제율 20% 이상

04 상온(20℃) 공기 중에서 500 Hz 인 정현파 음의 파장은 약 몇 cm 인가?

풀이 상온(20℃)을 적용
$$C = f \times \lambda$$
$$\lambda = \frac{C}{f} = \frac{331.42 + (0.6 \times 20℃)}{500 \ (1/\text{sec})} = 0.686\text{m} (\fallingdotseq 69\text{cm})$$

기출 필수문제 출제율 40% 이상

05 주파수 1,000 Hz에서 공기 중의 파장에 대한 강철 속에서 파장의 비는?(단, 공기의 음속 344 m/sec, 강철의 음속 5,182 m/ses)

풀이
① 공기 중 파장
$$\lambda = \frac{c}{f} = \frac{344}{1,000} = 0.344\text{m}$$
② 강철 속에서의 파장
$$\lambda = \frac{c}{f} = \frac{5,182}{1,000} = 5.182\text{m}$$
③ 파장의 비
$$\frac{\lambda_\text{강}}{\lambda_\text{공}} = \frac{5.182}{0.344} = 15.1$$

기출 필수문제 출제율 50% 이상

06 정상적인 청력을 갖고 있는 사람이 음을 구별할 수 있는 파장의 범위(m~m)를 구하시오.(단, 20℃, 1기압 기준)

> **[풀이]** 정상적인 청력을 갖고 있는 가청음의 주파수 범위가 20~20,000 Hz 로, 주파수가 20 Hz 경우
>
> $C = f \times \lambda$
>
> $\lambda = \dfrac{C}{f} = \dfrac{331.42 + (0.6 \times 20℃)\text{m/sec}}{20\ 1/\text{sec}} = 17.17\text{m}$
>
> 주파수가 20,000 Hz 경우
>
> $C = f \times \lambda$
>
> $\lambda = \dfrac{C}{f} = \dfrac{331.42 + (0.6 \times 20℃)\text{m/sec}}{20,000\ 1/\text{sec}} = 0.017\text{m}\ (1.7\text{cm})$
>
> 범위 : 0.017 m ~ 17.17 m

기출 필수문제 출제율 30% 이상

07 25℃ 공기 중에서 음압진폭이 $50\ \text{N/m}^2$ 일 때 입자속도(m/sec)를 구하시오.

> **[풀이]**
> $Z(\rho c) = \dfrac{P}{v}$
>
> $v = \dfrac{P}{Z} = \dfrac{(50/\sqrt{2})}{400} = 0.09\text{m/sec}$

기출 필수문제 출제율 40% 이상

08 음압의 피크치가 $3 \times 10^{-4}\ \text{N/m}^2$ 인 음의 세기(w/m^2)는? (단, $\rho c = 400\ \text{N} \cdot \text{sec/m}^3$)

> **[풀이]**
> $I = \dfrac{P^2}{\rho c} = \dfrac{\left(\dfrac{3 \times 10^{-4}}{\sqrt{2}}\right)^2}{400} = 1.125 \times 10^{-10}\ \text{w/m}^2$

$$(P_{rms} = \frac{P_{\max}}{\sqrt{2}} \; ; \; \max = \text{peak} = 진폭)$$

기출 필수문제 출제율 40% 이상

09 15℃ 공기 중에서 음압진폭이 20 N/m² 일 때, 음의 세기(w/m²)는 얼마인가? (단, 0℃ 공기의 밀도는 1.293 kg/m³)

풀이

$$I = \frac{\left(\frac{P_{\max}}{\sqrt{2}}\right)^2}{\rho C}$$

$P_{\max} = 20 \text{N/m}^2$

$C = 331.42 + (0.6 \times t℃) = 331.42 + (0.6 \times 15) = 340.42 \text{ m/sec}$

$\rho = 1.293 \times \frac{273}{(273+t℃)} = 1.293 \times \frac{273}{273+15} = 1.226 \text{kg/m}^3$

$$= \frac{\left(\frac{20}{\sqrt{2}}\right)^2}{1.226 \times 340.42} = 0.48 \text{w/m}^2$$

기출 필수문제 출제율 40% 이상

10 25℃ 공기 중에서 음압 진폭이 20 N/m²인 정현음파가 있다. 이 음파의 음의 세기와 입자속도를 구하시오.(단, 0℃ 공기의 밀도는 1.293 kg/m³)

풀이

$\rho = 1.293 \text{kg/m}^3 \times \frac{273}{273+25} = 1.1845 \text{kg/m}^3$

$c = 331.42 + (0.6 \times 25℃) = 346.42 \text{m/sec}$

① 음의 세기(I)

$$I = \frac{P^2}{\rho c} = \frac{\left(\frac{20}{\sqrt{2}}\right)^2}{1.1845 \times 346.42} = 0.487 \text{W/m}^2$$

② 입자속도(v)

$$v = \frac{P}{\rho c} = \frac{\frac{20}{\sqrt{2}}}{1.1845 \times 346.42} = 0.034 \text{m/sec}$$

기출 필수문제 출제율 20% 이상

11 소리의 세기가 10^{-12} w/m² 이고, 공기의 임피던스가 400 rayls 일 때 음압(N/m²)은?

풀이

$$I = \frac{P^2}{\rho c}$$

$$P = \sqrt{\rho c \times I} = \sqrt{400 \times 10^{-12}} = 0.00002 \ (2 \times 10^{-5}) \text{N/m}^2$$

기출 필수문제 출제율 30% 이상

12 어느 공장 바닥면 위에 점음원이 있다. 이 음원을 중심으로 반경 5 m의 반구면상의 음의 세기가 6×10^{-4} w/m² 일 때, 이 점음원의 음향출력(Acoustic Power)은 몇 Watt 인가?

풀이

점음원이 반자유공간에 위치

$$W = I \times S = I \times 2\pi r^2 = (6 \times 10^{-4} \text{w/m}^2) \times (2 \times 3.14 \times 5^2) \text{m}^2$$
$$= 0.094 \text{ Watt}$$

기출 필수문제 출제율 30% 이상

13 딱딱하고 평탄한 두 벽체가 수직으로 교차하는 곳에 0.6 W의 소형 점음원이 있다. 이 음원으로부터 10 m 떨어진 지점의 음의 세기(w/m^2)를 구하시오.

풀이
$$W = I \times S$$
$$I = \frac{W}{S} = \frac{W}{\pi r^2} = \frac{0.6\,\text{Watt}}{(3.14 \times 10^2)\,\text{m}^2} = 1.91 \times 10^{-3}\,\text{w/m}^2$$

기출 필수문제 출제율 30% 이상

14 표준상태에서 점음원으로부터 5m 떨어진 지점의 음압실효치가 $0.632\,N/m^2$일 때, 이 음원의 음향파워는?(단, 자유공간으로 가정)

풀이
$$W = I \times S$$
$$I = \frac{P^2}{\rho c} = \frac{0.632^2}{400} = 9.98 \times 10^{-4}\,\text{W/m}^2$$
$$S = 4\pi r^2 = 4 \times 3.14 \times 5^2 = 314\,\text{m}^2$$
$$W = (9.98 \times 10^{-4}) \times 314 = 0.31\,\text{Watt}$$

04 소음단위와 표현

(1) dB(DeciBel) *중요내용

① dB이란 음의 전파방향에 수직한 단위면적을 단위시간에 통과하는 음의 세기량 또는 음의 압력량이며 소리(소음)의 크기를 나타내는 단위이다.
② Weber-Fechner의 법칙에 의해 사람의 감각량(반응량)은 자극량(소리크기량)에 대수적으로 비례하여 변하는 것을 기본적인 이론으로 한다.
③ 일반적으로 가청소음도는 $0 \sim 130\,dB$ 로 한다.

(2) 음의 세기 레벨(SIL ; Sound Intensity Level)

기준음의 세기(I_0)에 대한 임의의 소리의 세기(I)가 그 몇 배인가를 대수로 표현한 값이다.

$$SIL = 10\log\left(\frac{I}{I_0}\right)(dB)$$

여기서, I_0 : 정상청력을 가진 사람의 최소가청음의 세기($10^{-12}\,w/m^2$)
I : 대상음의 세기(w/m^2)

(3) 음의 압력 레벨(SPL ; Sound Pressure Level) *중요내용

음의 압력 레벨은 음압도, 음압수준의 용어와 같은 의미이며, 기준음압(P_0)을 기준치로 하여 임의의 소리의 음압(실효치)이 그 몇 배인가를 대수로 표현한 값이다.

$$SPL = 20\log\left(\frac{P}{P_0}\right)(dB) = 10\log\left(\frac{P}{P_0}\right)^2$$

여기서, P_0 : 정상청력을 가진 사람이 1,000 Hz에서 가청할 수 있는 최소음 압실효치($2 \times 10^{-5} N/m^2 = 20\mu Pa = 0.00002 dyne/cm^2$)
P : 대상음의 음압실효치(N/m^2)

(4) SIL과 SPL의 관계

SIL과 SPL은 $\rho C = 400$ rayls 일 경우 실용적으로 일치한다고 보고 SPL 이 일반적으로 사용된다.

① 관계식 *중요내용*

$$SIL = 10\log\left(\frac{I}{I_0}\right) \text{ (dB)} \cdots\cdots\cdots\cdots\cdots (1)$$

$$I = P \times v = \frac{P^2}{\rho C} \text{ (w/m}^2\text{)} \cdots\cdots\cdots\cdots (2)$$

(1)의 I에 (2)식을 대입하면

$$SIL = 10\log\left(\frac{P^2/\rho C}{I_0}\right)(\text{dB})$$

$\rho C = 400$ rayls, $I_0 = 10^{-12}$ w/m²을 대입하면

$$SIL = 10\log\left(\frac{P^2/400}{10^{-12}}\right)$$

$$= 10\log\left(\frac{P^2}{4 \times 10^{-10}}\right)$$

$$= 10\log\left(\frac{P}{2 \times 10^{-5}}\right)^2$$

$$SIL = 20\log\left(\frac{P}{2 \times 10^{-5}}\right) = SPL$$

(5) 음향파워레벨(PWL ; Sound Power Level)

기준음의 파워 $\dfrac{W}{W_0}$ 에 대한 임의의 소리의 파워(W)가 그 몇 배인가를 대수로 표현한 값이다.

$$PWL = 10\log\left(\frac{W}{W_0}\right)(\text{dB})$$

여기서, W_0 : 정상청력을 가진 사람의 최소가청음의 음향파워(10^{-12} w)
W : 대상음의 음향 파워(w)

(6) SPL과 PWL의 관계

SPL은 상대적인 특정위치에서 소음레벨이고, PWL은 측정대상의 총소음에너지를 의미한다.

① 관계식 *중요내용*

$$PWL = 10\log\left(\frac{W}{W_0}\right)(\text{dB}) \cdots\cdots\cdots\cdots (1)$$
$$W = I \times S \cdots\cdots\cdots\cdots\cdots\cdots\cdots\cdots (2)$$

(1)식에 (2)식을 대입하면

$$PWL = 10\log\left(\frac{W}{W_0}\right) = 10\log\left(\frac{IS}{I_0 S_0}\right) = 10\log\frac{I}{I_0} + 10\log\frac{S}{S_0}$$

여기서, S : 구의 표면적(m²)
S_0 : 기준 면적(1 m²)

$$PWL = 10\log\left(\frac{I}{10^{-12}}\right) + 10\log S$$

$$PWL = SIL(SPL) + 10\log S$$

② 음원이 점음원
　㉠ 음원이 자유공간(공중, 구면파 전파)에 위치할 때

$$\begin{aligned}SPL &= PWL - 10\log S \\ &= PWL - 10\log(4\pi r^2) \\ &= PWL - 20\log r - 11 \text{ (dB)}\end{aligned}$$

　㉡ 음원이 반자유공간(바닥, 천장, 벽, 반구면파 전파)에 위치할 때

$$\begin{aligned}SPL &= PWL - 10\log S \\ &= PWL - 10\log(2\pi r^2) \\ &= PWL - 20\log r - 8 \text{ (dB)}\end{aligned}$$

③ 음원이 선음원
　㉠ 음원이 자유공간(공중, 구면파 전파)에 위치할 때

$$\begin{aligned}SPL &= PWL - 10\log S \\ &= PWL - 10\log(2\pi r) \\ &= PWL - 10\log r - 8 \text{ (dB)}\end{aligned}$$

　㉡ 음원이 반자유공간(바닥, 천장, 벽, 반구면파 전파)에 위치할 때

$$\begin{aligned}SPL &= PWL - 10\log S \\ &= PWL - 10\log(\pi r) \\ &= PWL - 10\log r - 5 \text{ (dB)}\end{aligned}$$

(7) 음의 크기 레벨(LL ; Loudness Level)

① 어떤 음을 귀로 들어 1,000 Hz 순음의 크기와 평균적으로 같은 크기로 느껴질 때, 그 어떤 음의 크기를 1,000 Hz 순음의 음세기레벨(음압레벨)로 나타낸 것이 음의 크기 레벨이다. *중요내용*
② 단위는 phon으로 음의 크기를 나타낸다.
③ 1,000 Hz을 기준으로 해서 나타난 dB을 phon이라 한다.

④ dB와 phon의 관계는 주파수에 따라 달라지나, 1,000 Hz을 기준으로 해서 나타난 1 dB을 1 phon 이라고 한다. *중요내용*

⑤ phon의 수치는 음의 크기의 대소관계를 나타낼 수 있지만 심리량으로서의 합, 비의 관계를 나타낼 수는 없다.

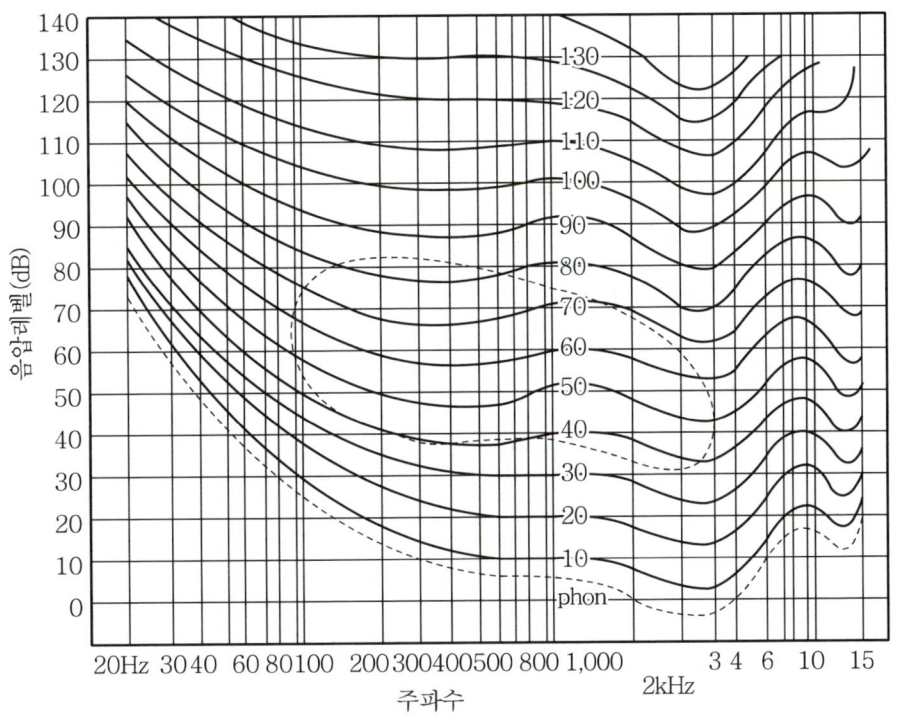

[등청감곡선]

(8) 음의 크기(S : Loudness)

① 1,000 Hz 순음의 음의 세기 레벨 40 dB의 음 크기를 1 sone 이라 한다. 즉 1,000 Hz 순음 40 phon을 1 sone 이라 한다. *중요내용*

② sone은 소음의 감각량을 나타내는 단위이다. 즉, sone 값이 2배, 3배로 증가하면 감각량의 크기도 2배, 3배로 증가한다.

③ 음의 크기를 결정할 때는 18~25세의 연령군을 대상으로 하며, 1,000 Hz를 중심으로 시험한다. 청감은 4,000 Hz 부근에서 가장 민감하게 나타난다.

④ phon과 sone의 관계 ◀중요내용

$$S = 2^{\frac{(L_L - 40)}{10}} \text{ (sone)}$$
$$L_L = 33.3 \log S + 40 \text{ (phon)}$$

(9) 소음레벨(SL ; Sound Level)

① 어떤 음에 대한 소음계의 지시값이 소음레벨이다. 즉, 소음계의 청감보정회로 A, B, C, D 등을 통하여 측정한 값을 말한다.
② 소음계에는 청감보정회로가 내장되어 있는데(주로 A청감보정회로를 이용하여 계측) A청감보정회로를 통하여 측정한 레벨로서 단위는 dB(A)로 표시한다.
③ 소음레벨은 감각량을 나타내며 단위는 국제적으로 dB(A)이 사용되고 있다.
④ 관계식 ◀중요내용

$$\text{소음레벨(SL)} = \text{SPL} + \text{보정치(A)} \ [\text{dB(A)}]$$

(10) 등청감곡선(Equal Louness Curve)

① 1,000 Hz 순음의 음압레벨과 같은 크기의 소리로 들리는 각 주파수별 음압수준을 실험적으로 나타낸 곡선이다. ◀중요내용
② 청감은 4,000 Hz 부근에서 가장 민감하고 저주파음에서 둔감하다.
③ 60 phon이라 함은 등청감곡선에서 1 kHz인 순음의 음압레벨이 60 dB이라는 것을 말한다.

(11) 청감보정회로(Weighting Network)

① 등청감곡선에 가까운 보정회로를 의미하며 주파수보정회로라고도 하며, 소음계의 마이크로폰으로부터 지시계기까지의 종합주파수 특성을 청감에 근사시키기 위한 전기회로의 형식이다.

② 실제의 소음계에는 40, 70, 85 phon의 등청감곡선에 유사한 감도를 나타내도록 주파수 보정이 되어 있는데, 이것을 각각 순서대로 A, B, C 특성이라 부르며 소음측정은 원칙적으로 A특성을 사용한다.

③ 청감보정 A특성 : 40 phon 등청감곡선 [dB(A)] ◆중요내용
    청감보정 B특성 : 70 phon 등청감곡선 [dB(B)]
    청감보정 C특성 : 85 phon 등청감곡선 [dB(C)]

  ㉠ A : 청감보정회로(A특성)
    ⓐ 저음압레벨에 대한 청감음압을 나타낸다. 즉, 저음역대 신호를 많이 보정한 특징이 있다. 즉 저주파음을 크게 낮추는 특성이 있다.
    ⓑ 인간의 주관적 반응과 잘 맞아 가장 많이 이용되며, 환경오염공정시험기준에서 채용되고 있다.
    ⓒ 주관적인 감각량과 좋은 상관관계를 보이고 있어 각종 소음평가기법의 기초척도가 된다.
  ㉡ B : 청감보정회로(B특성)
    중음압레벨에 대한 청감음압을 나타낸다. 즉, 중음역대 신호보정에 이용되나 거의 사용하지는 않는다.
  ㉢ C : 청감보정회로(C특성)
    ⓐ 주파수 변화에 따라 크게 변하지 않는다. 즉, 주파수 변화에 따라 상대응답도가 크게 변하지 않으며, 신호보정영역은 중음역이다.
    ⓑ 전주파영역에서 거의 평탄한 주파수 특성이므로 주파수 분석(소음의 물리적 특성파악), 소음등급파악을 할 때 사용하며 음압레벨과 근사한 값을 갖는다.
  ㉣ D : 청감보정회로(D특성)
    ⓐ 소음의 시끄러움을 평가하기 위한 방법인 PNL을 근사적으로 측정하기 위한 것으로 주로 항공기소음평가를 위한 기초 척도로 사용된다.

ⓑ A특성회로처럼 저주파에너지를 많이 제거시키지 않으며 1,000~12,000 Hz 범위의 고주파 음에너지를 보충시킨다.

ⓒ D특성으로 측정한 레벨은 A특성으로 측정한 레벨보다 항상 크다.

④ 소음계의 청감보정회로를 A 및 C에 넣고 측정한 소음레벨이 dB(A) 및 dB(C)라 할 때, 그 결과치가 dB(A)≪dB(C)일 경우 이 음은 저음성분(저주파음)이 많고, dB(A)=dB(C)일 경우 이 음은 고음성분(고주파음)이 주성분이다. *중요내용*

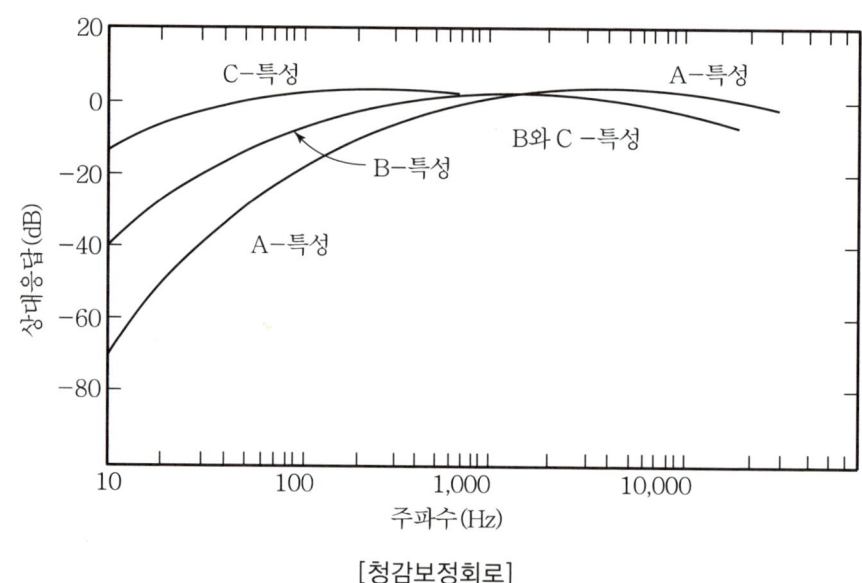

[청감보정회로]

[A특성 청감보정량 (1/1 Octave Band)]

중심주파수(Hz)	31.5	63	125	250	500	1,000	2,000	4,000	8,000
보정량(dB)	-39.4	-26.2	-16.1	-8.6	-3.2	0	+1.2	+1.0	-1.1

(12) 주파수 분석(Frequency analysis)

① 개요

소음의 방지책을 강구하는 경우나 청력손실, 청취방해 등의 영향을 알아야 할 경우에 소음레벨의 측정데이터만으로는 불충분하고 주파수 구성을 아는 것도 필요하다. 소음레벨 측정 시 대책음의 성분이 순음이 아니고 복합음으로 존재하기 때문에 이 복합음을 성분주파수별로 분석해야 하는데, 이를 주파수 분석이라 한다.

② 주파수 분석기(Frequency Filter)

주파수 분석기에는 전기적으로 어느 특정 주파수 대역의 소음 혹은 진동을 통과시키는 필터가 내장되어, 소음의 특성(스펙트라)을 분석하여 방지기술에 활용하는 필수적인 장비이다. 상한 및 하한 주파수의 관계에 따라 정비형과 정폭형이 있다.

㉠ 정비형 *중요내용*

대역(Band)의 하한 및 상한 주파수를 f_L 및 f_u라 할 때 어떤 대역에서도 f_u/f_L의 비가 일정한 필터이다.

$$\frac{f_u}{f_L} = 2^n$$

여기서, n=1/1 이면 1/1 옥타브 밴드
n=1/3 이면 1/3 옥타브 밴드

차단주파수는 하한 주파수와 상한 주파수의 범위를 의미한다.

구분	1/1 옥타브 밴드 분석기	1/3 옥타브 밴드 분석기
기본식	$f_u/f_L = 2^{\frac{1}{1}}$, $f_u = 2f_L$	$f_u/f_L = 2^{\frac{1}{3}}$, $f_u = 1.26f_L$
중심주파수 (f_c)	$f_c = \sqrt{f_L \cdot f_u} = \sqrt{f_L \cdot 2f_L}$ $= \sqrt{2}f_L$	$f_c = \sqrt{f_L \cdot f_u} = \sqrt{f_L \cdot 1.26f_L}$ $= \sqrt{1.26}f_L$

밴드 폭(bw)	$bw = f_c\left(2^{\frac{n}{2}} - 2^{-\frac{n}{2}}\right)$ $= f_c\left(2^{\frac{1}{2}} - 2^{-\frac{1}{2}}\right)$ $= 0.707 f_c$	$bw = f_c\left(2^{\frac{n}{2}} - 2^{-\frac{n}{2}}\right)$ $= f_c\left(2^{\frac{1/3}{2}} - 2^{-\frac{1/3}{2}}\right)$ $= 0.232 f_c$
%밴드 폭 (%bw)	$\%bw = \dfrac{bw}{f_c} \times 100(\%)$ $= \left(2^{\frac{n}{2}} - 2^{-\frac{n}{2}}\right)$ $= \left(2^{\frac{1}{2}} - 2^{-\frac{1}{2}}\right)$ $= 0.707 \times 100 = 70.7\%$	$\%bw = \dfrac{bw}{f_c} \times 100(\%)$ $= \left(2^{\frac{n}{2}} - 2^{-\frac{n}{2}}\right)$ $= \left(2^{\frac{1/3}{2}} - 2^{-\frac{1/3}{2}}\right)$ $= 0.232 \times 100 = 23.2\%$

  ⓒ 정폭형

각 대역의 밴드 폭(bw)이 일정한 필터, 즉 $bw = f_u - f_L$ 이 일정한 필터이다.

(13) 백색잡음 및 적색잡음

① 백색잡음(White Noise) <중요내용>

연속스펙트라를 갖는 잡음으로 단위주파수 대역(1 Hz)에 포함되는 성분의 강도가 주파수에 무관하게 일정한 성질을 갖는 잡음, 즉 단위주파수에서 음압레벨(음세기)이 일정한 음으로 고음역대로 갈수록 에너지 밀도가 높다.

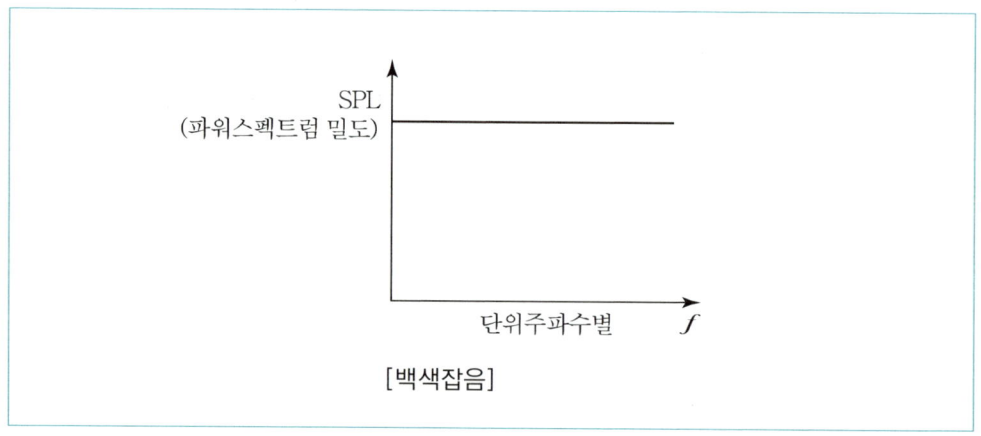

[백색잡음]

② 적색잡음(Pink Noise)

연속스펙트라를 갖는 잡음으로 단위주파수 대역(1 Hz)에 포함되는 성분의 강도가 주파수에 반비례하는 성질을 갖는 잡음, 즉 옥타브밴드 중심주파수별 음압레벨이 일정한 음으로 옥타브당 일정한 에너지를 갖는다.

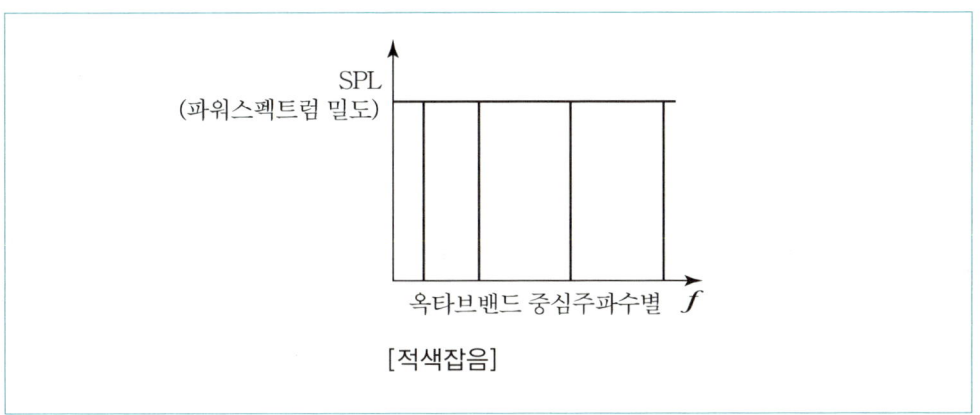

[적색잡음]

기출 필수문제 출제율 30% 이상

01 측정된 음압의 실효치가 50(N/m²)인 정현파의 음압레벨(dB)은?

> **풀이** $\text{SPL} = 20\log\dfrac{P}{P_0} = 20\log\dfrac{50}{2\times10^{-5}} = 127.9\,\text{dB}$

기출 필수문제 출제율 30% 이상

02 음원부터 방출되는 음원의 파워레벨(Power Level)이 100 dB 이었다면 음향파워(Watt)를 구하시오.

> **풀이** $\text{PWL} = 10\log\dfrac{W}{10^{-12}}$
>
> $100 = 10\log\dfrac{W}{10^{-12}}$
>
> $10^{10} = \dfrac{W}{10^{-12}}$
>
> $W = 10^{10} \times 10^{-12} = 0.01\,\text{Watt}$

기출 필수문제 출제율 50% 이상

03 무지향성 음원이 있다. 음의 세기를 2배로 하면 음세기레벨은 어떻게 되는가?

> **풀이** $\text{SIL} = 10\log\dfrac{I}{I_0}$
>
> I가 $2I$로 되고 I_0는 동일하므로
>
> $\dfrac{SIL_2}{SIL_1} = \dfrac{10\log\left(\dfrac{2I}{I_0}\right)}{10\log\left(\dfrac{I}{I_0}\right)} = 10\log 2 = 3\,\text{dB}\,(증가한다.)$

04. 음의 세기레벨이 80 dB에서 83 dB로 증가되려면 음의 세기는 몇 %가 증가되어야 하는가?

풀이

$$\text{SIL} = 10\log\frac{I}{I_0}$$

$$80 = 10\log\frac{I_1}{10^{-12}}, \quad I_1 = 10^8 \times 10^{-12} = 1 \times 10^{-4} \, (\text{W/m}^2)$$

$$83 = 10\log\frac{I_2}{10^{-12}}, \quad I_2 = 10^{8.3} \times 10^{-12} = 1.995 \times 10^{-4} \, (\text{W/m}^2)$$

$$증가율(\%) = \frac{I_2 - I_1}{I_1} = \frac{1.995 \times 10^{-4} - 1 \times 10^{-4}}{1 \times 10^{-4}} \times 100 = 99.5\%$$

05. 정상 청력을 가진 사람의 가청음압범위가 아래와 같을 때 이것을 음압레벨로 표시하면?(단, 범위 : $2 \times 10^{-5} \sim 60 \, \text{N/m}^2$)

풀이

가청음압이 $2 \times 10^{-5} \, \text{N/m}^2$ 일 경우

$$\text{SPL} = 20\log\frac{P}{2 \times 10^{-5}} = 20\log\frac{2 \times 10^{-5}}{2 \times 10^{-5}} = 0 \, \text{dB}$$

가청음압이 $60 \, \text{N/m}^2$ 일 경우

$$\text{SPL} = 20\log\frac{P}{2 \times 10^{-5}} = 20\log\frac{60}{2 \times 10^{-5}} = 129.5 \, \text{dB}$$

기출 필수문제 출제율 40% 이상

06 대기 중 공기입자의 피크 입자속도가 5.58×10^{-3} m/sec일 때 음압레벨(dB)은?(단, 공기밀도 및 음속은 1.18 kg/m³ 및 340 m/sec로 가정)

[풀이]

① $v = \dfrac{P}{\rho c}$

$P = v \times \rho c = (5.58 \times 10^{-3}) \times (1.18 \times 340) = 2.239 \, \text{N/m}^2$

② $SPL = 20\log\dfrac{P}{P_0} = 20\log\dfrac{2.239/\sqrt{2}}{2 \times 10^{-5}} = 97.9 \, \text{dB}$

기출 필수문제 출제율 40% 이상

07 소리의 세기가 10^{-8} w/m² 이고 공기의 임피던스가 410 rayls 이다. 이때의 음압레벨(dB)은?

[풀이]

$SPL = 20\log\dfrac{P}{P_0}$

$P = \sqrt{\rho c \times I} = \sqrt{410 \times 10^{-8}} = 2.025 \times 10^{-3} \, \text{N/m}^2$

$= 20\log\dfrac{2.025 \times 10^{-3}}{2 \times 10^{-5}} = 40.1 \, \text{dB}$

기출 필수문제 출제율 50% 이상

08 음압이 2배로 증가하면 음압레벨은 몇 dB 증가하는가?

[풀이] $SPL = 20\log\left(\dfrac{P}{P_0}\right)$에서 P가 2P로 되어도 P_0는 동일하므로

$SPL = \dfrac{20\log\left(\dfrac{2P}{P_0}\right)}{20\log\left(\dfrac{P}{P_0}\right)} = 20\log 2 = 6 \, \text{dB} \, (증가한다.)$

09 두 음원의 출력 Watt 비가 1 : 100 일 때 두 음원의 Power Level의 차(dB)는?

풀이 출력이 1 Watt 일 때(PWL_1)

$$PWL_1 = 10\log\frac{W_1}{10^{-12}} = 10\log\frac{1}{10^{-12}} = 120\text{dB}$$

출력이 100 Watt 일 때(PWL_2)

$$PWL_2 = 10\log\frac{W_2}{10^{-12}} = 10\log\frac{100}{10^{-12}} = 140\text{dB}$$

$$PWL_2 - PWL_1 = 140 - 120 = 20\text{dB}$$

10 어떤 점의 음압도가 80dB일 경우 음압실효치는 몇 Pa인가?

풀이 $SPL = 20\log\dfrac{P}{P_0}$ (dB)

[음압도＝음압수준＝음압레벨(SPL)]

$$80 = 20\log\frac{P}{2\times 10^{-5}}$$

$$P = 10^{\frac{80}{20}} \times (2\times 10^{-5}) = 0.2\text{Pa}(\text{N/m}^2)$$

기출 필수문제 출제율 50% 이상

11 면적 4m²의 창을 음압레벨 110dB의 음파가 통과할 때 이 창을 통과한 음파의 파워는 몇 Watt인가?

[풀이]
$$SPL = SIL = 10\log\left(\frac{I}{10^{-12}}\right)$$
$$I = 10^{-12} \times 10^{\frac{SIL}{10}} = 10^{-12} \times 10^{11} = 0.1 \, W/m^2$$
$$W = I \times S = 10^{-1} \times 4 = 0.4 \, Watt$$

기출 필수문제 출제율 60% 이상

12 출력이 0.1 Watt 인 작은 점음원으로부터 10 m 떨어진 지점에서의 SPL(dB)은?(단, 무지향성, 자유공간에 있는 것으로 가정)

[풀이] 점음원이 자유공간에 위치
$$SPL = PWL - 20\log r - 11 \, (dB)$$
$$PWL = 10\log\frac{W}{10^{-12}} = 10\log\frac{0.1}{10^{-12}} = 110 \, dB$$
$$r = 10 \, m$$
$$= 110 - 20\log 10 - 11 = 79 \, dB$$

기출 필수문제 출제율 40% 이상

13 면적이 10 m² 인 창문을 음압레벨이 120 dB 인 음파가 통과할 때, 이 창을 통과한 음파의 음향파워(W)는?

풀이

$$SPL = PWL - 10\log S \text{(dB)}$$
$$PWL = SPL + 10\log S$$
$$SPL = 120\text{dB}$$
$$S = 10\text{m}^2$$
$$= 120 + 10\log 10 = 130\text{dB}$$
$$PWL = 10\log \frac{W}{10^{-12}}$$
$$130 = 10\log \frac{W}{10^{-12}}$$
$$W = 10^{13} \times 10^{-12} = 10\text{watt}$$

기출 필수문제 출제율 60% 이상

14 무한히 넓은 콘크리트 바닥 위에 18 W의 소음원이 설치되어 있다. 소음원으로부터 25 m 떨어진 위치에서의 음압레벨은?

풀이

점음원이 반자유공간에 위치
$$SPL = PWL - 20\log r - 8 \text{ (dB)}$$
$$PWL = 10\log \frac{W}{10^{-12}} = 10\log \frac{18}{10^{-12}} = 132.5\text{dB}$$
$$r = 25\text{m}$$
$$= 132.5 - 20\log 25 - 8 = 96.6\text{dB}$$

기출 필수문제 출제율 60% 이상

15 음향출력 0.1W의 작은 음원이 자유공간과 반자유공간에 놓여 있다고 가정할 때 음원으로부터 100m 떨어진 곳의 음압레벨 차이(dB)는?

풀이

① 자유공간
$$SPL_1 = PWL - 10\log S$$
$$= PWL - 10\log(4 \times \pi \times 100^2) = PWL - 50.99$$

② 반자유공간
$$SPL_2 = PWL - 10\log S$$
$$= PWL - 10\log(2 \times \pi \times 100^2) = PWL - 47.98$$

③ SPL 차이
$$SPL_2 - SPL_1 = PWL - 47.98 - (PWL - 50.99)$$
$$= 3\text{dB}(\text{차이})$$

기출 필수문제 출제율 50% 이상

16 2개의 작은 음원의 음향파워(음향출력)비가 1 : 20일 때, 두 음원의 파워레벨차와 두 음원으로부터 각각 등거리만큼 떨어진 점의 음압레벨차(dB)를 구하시오.

풀이

(1) 파워레벨차

① 1Watt일 때 PWL_1
$$PWL_1 = 10\log\frac{W_1}{10^{-12}} = 10\log\frac{1}{10^{-12}}$$
$$= 120\text{dB}$$

② 20Watt일 때 PWL_2
$$PWL_2 = 10\log\frac{W_2}{10^{-12}} = 10\log\frac{20}{10^{-12}}$$
$$= 133\text{dB}$$

③ 차이 : $PWL_2 - PWL_1 = 133 - 120$
$$= 13\text{dB}$$

(2) 음압레벨차

등거리일 경우 출력에 비례하므로 음압레벨차는 파워레벨차와 같다.

기출 필수문제 출제율 50% 이상

17 반경이 5m인 반구형의 무지향성 음원이 견고하고 평활한 지면 위에 있다. 이 음원의 표면에서 15m 떨어진 곳의 음압레벨이 76dB일 때 이 음원의 음향파워레벨과 음향출력은?

풀이

(1) 음향파워레벨(PWL)

$$PWL = SPL + 10\log S$$
$$= 76 + 10\log(2 \times \pi \times 20^2) = 110\text{dB}$$

(2) 음향출력(Watt)

$$PWL = 10\log\frac{W}{10^{-12}}$$
$$110 = 10\log\frac{W}{10^{-12}}$$
$$W = 10^{11} \times 10^{-12} = 0.1\text{Watt}$$

기출 필수문제 출제율 70% 이상

18 음원을 무지향성 점음원으로 가정할 때, 다음 각각의 경우 음압레벨이 어떻게 변화되겠는가?

(1) 음의 세기가 2배로 될 때($I = 2I$)

(2) 음압이 2배로 될 때($P = 2P$)

(3) 음원으로부터의 거리가 2배로 될 때($r = 2r$)

(4) 동일한 소음원이 2개 더 추가될 때($n = 3$)

[풀이]

(1) $I = 2I$

$SPL = SIL$이므로

$SIL_1 = 10\log\left(\dfrac{2I}{I_0}\right) = 10\log\left(\dfrac{I}{I_0}\right) + 10\log 2$

$\quad = SIL + 3dB$

즉, 기존보다 음의 세기가 2배 높아지면 3dB 증가한다.

(2) $P = 2P$

$SPL_1 = 20\log\left(\dfrac{2P}{P_0}\right) = 20\log\left(\dfrac{P}{P_0}\right) + 20\log 2$

$\quad = SPL + 6dB$

즉, 기본다 음압이 2배 높아지면 6dB 증가한다.

(3) $r = 2r$

$SPL = PWL - 20\log r - 11$에서 거리가 2배 되면

$SPL_1 = PWL - 20\log 2r - 11$

$\quad = SPL - 20\log 2$

$\quad = SPL - 6dB$

즉, 기존보다 거리가 2배 멀어지면 6dB 감소한다.

(4) $n = 3$

음원 1개의 음압레벨(SPL), 3개의 합성음압레벨(SPL_1)

$SPL_1 = 10\log\left(10^{\frac{SPL}{10}} + 10^{\frac{SPL}{10}} + 10^{\frac{SPL}{10}}\right)$

$\quad = 10\log(3 \times 10^{\frac{SPL}{10}}) = SPL + 10\log 3$

$\quad = SPL + 4.8dB$

즉, 기존보다 2개의 소음원을 추가하면 4.8dB 증가한다.

19 Power Level이 91 dB 인 A점음원(무지향성)이 지면에 놓여 있고 이로부터 10 m 떨어진 곳에 위치한 B점음원의 음압 Level 이 65 dB로 측정되었다. B음원이 있는 지점에서 A음원과 B음원의 음압 Level 합계는?(단, 음원은 반자유공간)

> **풀이**
> A점음원의 SPL_1
> $SPL_1 = PWL - 20\log r - 8 = 91 - 20\log 10 - 8 = 63\text{dB}$
> B점음원의 SPL_2
> $SPL_2 = 65\text{dB}$
> 음압 Level의 합계$(L_p) = 10\log\left(10^{\frac{n_1}{10}} + 10^{\frac{n_2}{10}}\right)$
> $= 10\log(10^{6.3} + 10^{6.5}) = 67.1\text{dB}$

20 65 phon과 같은 크기를 갖는 음은 몇 sone 인가?

> **풀이**
> $S_{(\text{sone})} = 2^{\frac{(L_L - 40)}{10}} = 2^{\frac{(65 - 40)}{10}} = 5.65 \text{ sone}$

21 25 sone인 음은 몇 phon 인가?

> **풀이**
> $L_L = 33.3\log S + 40(\text{phon}) = (33.3 \times \log 25) + 40 = 86.6 \text{ phon}$

기출 필수문제 출제율 50% 이상

22 정상청력을 가진 사람에게 30 phon와 60 phon 음을 폭로시켰을 때 후자는 전자보다 몇 배 시끄럽게 느끼겠는가?

> **풀이** phon은 대소관계만 나타낼 수 있으므로 합·비의 관계로 변환하여 비교한다.
>
> 30 phon
> $$S = 2^{\frac{(L_L - 40)}{10}} = 2^{\frac{(30 - 40)}{10}} = 0.5 \text{sone}$$
> 60 phon
> $$S = 2^{\frac{60 - 40}{10}} = 4 \text{sone}$$
> $$\frac{4 \text{sone}}{0.5 \text{sone}} = 8$$
> 60 phon이 30 phon보다 8배 더 시끄럽다.

기출 필수문제 출제율 50% 이상

23 40 phon의 소리와 60 phon의 소리를 합치면 몇 sone의 크기로 들리는가?

> **풀이** 40 phon
> $$S = 2^{\frac{40 - 40}{10}} = 1 \text{sone}$$
> 60 phon
> $$S = 2^{\frac{60 - 40}{10}} = 4 \text{sone}$$
> sone은 합·비의 관계를 나타낼 수 있으므로 1 sone + 4 sone = 5 sone

24 1/1 옥타브밴드 분석기에서 중심주파수가 500 Hz 일 때 주파수 밴드 폭은 몇 Hz인가?

풀이

$$\text{밴드 폭}(b_w) = f_c \times \left(2^{\frac{n}{2}} - 2^{-\frac{n}{2}}\right)$$
$$= f_c \times \left(2^{\frac{1}{2}} - 2^{-\frac{1}{2}}\right) = 0.707 f_c$$
$$= 0.707 \times 500 = 353.5 \text{Hz}$$

25 1/3 옥타브대역 주파수 분석기에서 중심주파수가 2,000 Hz인 주파수 밴드 폭 및 %밴드 폭을 구하시오.

풀이

(1) 주파수 밴드 폭(b_w)

$$b_w = f_c (2^{\frac{n}{2}} - 2^{-\frac{n}{2}})$$
$$= 2,000 (2^{\frac{1/3}{2}} - 2^{-\frac{1/3}{2}}) = 463.1 \text{Hz}$$

(2) %밴드 폭(%b_w)

$$\%b_w = \frac{b_w}{f_c} \times 100 = \frac{463.1}{2,000} \times 100 = 23.2\%$$

기출 필수문제 출제율 30% 이상

26 1/1 옥타브 대역의 하한 및 상한 주파수가 각각 355 Hz, 710 Hz 라면 중심주파수(Hz)는?

> **풀이** 중심주파수(f_c) = $\sqrt{f_L \times f_u}$ = $\sqrt{355 \times 710}$ = 502.0 Hz

기출 필수문제 출제율 70% 이상

27 중심주파수가 2,500 Hz인 경우 차단 주파수(하한~상한)로 다음 중 가장 알맞은 것은?[단, 1/3 옥타브 필터(정비형) 기준]

> **풀이**
> f_c(중심 주파수) = $\sqrt{1.26}\, f_L$
>
> f_L(하한 주파수) = $f_c / \sqrt{1.26}$ = $\dfrac{2,500}{\sqrt{1.26}}$ = 2,227.2 Hz
>
> f_c(중심 주파수) = $\sqrt{f_L \times f_u}$
>
> f_u(상한 주파수) = $\dfrac{f_c^{\,2}}{f_L}$ = $\dfrac{(2,500)^2}{2,227.2}$ = 2,806.2 Hz
>
> 차단 주파수는 하한 주파수와 상한 주파수의 범위를 의미하므로
> 2,227.2~2,806.2 Hz

05 소음의 발생과 특성

(1) 소음의 발생

① 기류음

고체진동을 수반하지 않는 소음, 즉 직접적인 공기의 압력 변화에 의한 유체역학적 원인에 의해 발생하는 음이며 난류음과 맥동음이 이에 속한다.

㉠ 난류음
 ⓐ 음의 변화가 일정하지 않으며 기체흐름에서 와류에 의해 발생한다.
 ⓑ 난류음 발생 종류 *중요내용*
  • 송풍기
  • 밸브류
  • 빠른 유속
  • 관의 굴곡부 발생음

㉡ 맥동음
 ⓐ 음의 변화가 주기적이며 흡입·토출에 의해 발생한다.
 ⓑ 맥동음 발생 종류 *중요내용*
  • 압축기의 배기음
  • 엔진의 배기음
  • 진공펌프

㉢ 기류음의 방지대책 *중요내용*
 ⓐ 분출유속의 저감(흐트러짐 방지)
 ⓑ 관의 곡률 완화
 ⓒ 밸브의 다단화(압력의 다단저감)

② 고체음

기계의 운동(베어링 등의 마찰·충격)과 기계의 진동(프레임)에 의해 발생하며, 1차 고체음과 2차 고체음으로 분류한다.

㉠ 1차 고체음
 기계장치의 내부에 있어서 강제력의 주기적인 반복에 의해 이것이 가진원

이 되어 파동이 생겨 전파하고 기계면의 일부에서 고유진동수와 공진하여 지반진동을 수반하여 발생하는 음이다.

ⓒ 2차 고체음

기계의 내부에서 소음이 발생하고 있어 그 음파에 의한 면의 공기가진으로 투과음이 방사되어, 즉 기계본체의 진동에 의해 방사하는 음이다.

ⓓ 고체음의 방지대책 *중요내용*
  ⓐ 가진력 억제(가진력의 발생원인 제거 및 저감방법 검토)
  ⓑ 공명 방지(소음방사면 고유진동수 변경)
  ⓒ 방사면 축소 및 제진처리(방사면의 방사율 저감)
  ⓓ 방진(차진)

ⓔ 송풍기의 소음발생원 및 소음대책
  ⓐ 송풍기의 흡·토출구를 개방하여 운전할 경우 발생소음은 흡·토출구에서의 공기음, 바닥면 등의 1차 고체음 및 송풍기 면(Fan Casing)에서의 2차 고체음이 주된 것이다.
  ⓑ 대책 *중요내용*
    • 공기음 : 흡·토출소음기
    • 1차 고체음 : 진동절연구조물(차진, 방진)
    • 2차 고체음 : 방음 Lagging(제진 : Damping)

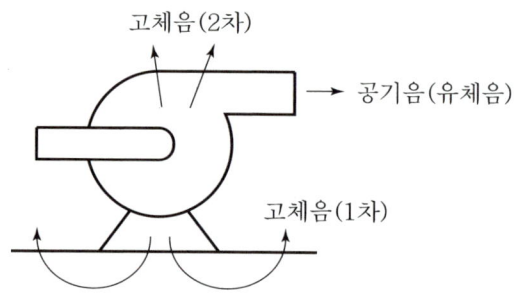

[소음의 발생 분류] *중요내용*

(2) 공명

- 공기를 매체로 해서 발생하며 진동하는 두 물체의 고유진동수가 같을 때 한쪽을 울리면 다른 한쪽도 울리는 현상을 말한다.
- 전기적·기계적 공명일 때는 공진이라고도 한다.
- 대표적인 예로 소리굽쇠를 들 수 있다.

개구관의 기본 공명음 주파수(f)
① 일단개구관 *중요내용*

$$f = \frac{C}{4L}$$

여기서, C : 공기 중의 음의 속도(m/sec)
L : 진동체의 길이(m)

② 양단개구관 *중요내용*

$$f = \frac{C}{2L}$$

(3) 분출음의 주파수(f)

①

$$f = S_t \frac{W}{d} (\text{Hz})$$

여기서, f : 분출음 주파수(Hz)
S_t : Strouhal 수(0.1~0.2)
W : 분출속도(m/sec)
d : 개구부의 직경(m)

② 분출구로부터 거리에 따른 주성분 *중요내용*
개구부 직경을 d, 개구로부터의 거리를 r 이라 하면

㉠ $r < 4d$: 고주파 주성분(혼합역)
㉡ $5d < r < 10d$: 저주파 주성분(난류역)

(4) 음의 지향성(방향성)

① **지향계수(Q)**

지향계수는 특정방향에 대한 음의 지향도를 나타내며 특정방향에너지와 평균에너지의 비를 의미한다.

$$지향계수(Q) = \log^{-1}\left(\frac{SPL_\theta - \overline{SPL}}{10}\right)$$ ◀중요내용

여기서, Q : 지향계수
SPL_θ : 등거리에서 어떤 특정방향의 SPL
$\overline{SPL}$: 음원에서 반경 r(m) 떨어진 구형면상의 여러 지점에서 측정한 SPL의 평균치

② **지향지수(DI)**

무지향성 점음원이라도 음원이 놓여 있는 위치에 따라 지향성을 갖는다.

음원의 위치에 따른 지향계수(Q) 및 지향지수의 관계식 ◀중요내용

$$DI = SPL_\theta - \overline{SPL}(\text{dB}) = 10\log Q(\text{dB})$$

지향계수(Q)와 지향지수(DI)의 예
- 음원이 자유공간에 위치 시 : $Q(1)$, $DI(0\,\text{dB})$
- 음원이 반자유공간에 위치 시 : $Q(2)$, $DI(3\,\text{dB})$
- 음원이 두 면이 접하는 구석에 위치 시 : $Q(4)$, $DI(6\,\text{dB})$
- 음원이 세 면이 접하는 구석에 위치 시 : $Q(8)$, $DI(9\,\text{dB})$

지향계수(Q) : 1
지향지수(DI) : 0dB
(음원 : 자유공간)

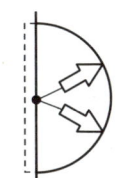
지향계수(Q) : 2
지향지수(DI) : 3dB
(음원 : 반자유공간)

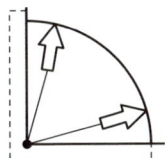
지향계수(Q) : 4
지향지수(DI) : 6dB
(음원 : 두 면 접하는 공간)

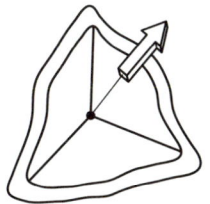
지향계수(Q) : 8
지향지수(DI) : 9dB
(음원 : 세 면 접하는 공간)

[음원의 위치별 지향성]

기출 필수문제 출제율 40% 이상

01 길이가 약 25 cm인 양단이 열린 관의 공명 기본음의 주파수(Hz)를 구하면? (단, 음속은 340 m/sec 로 한다.)

풀이 양단개구관의 공명 기본음 주파수(f)

$$f = \frac{C}{2L}$$

C(음의 속도) = 340 m/sec
L(길이) = 0.25 m

$$= \frac{340 \text{m/sec}}{2 \times 0.25 \text{m}} = 680 \text{Hz}$$

기출 필수문제 출제율 50% 이상

02 건물 내부에 공기조화용 덕트를 시설하고자 한다. 공조기에서 발생되는 저주파 소음이 덕트의 공진주파수와 일치하지 않을까 염려되어 덕트의 공명기음 주파수를 알아보고자 한다. 이때 덕트의 규격이 가로×세로×길이=0.3×0.4×10(m)이면 이 덕트의 공명기음 주파수는?(단, 기온은 18.5℃, 일단 개구관 기준)

[풀이]
일단 개구관 공명주파수(f)

$$f = \frac{c}{4L}$$

$c = 331.42 + (0.6 \times 18.5) = 342.52 \text{ m/sec}$

$L = 10 \text{ m}$

$$f = \frac{342.52}{4 \times 10} = 8.56 \text{ Hz}$$

기출 필수문제 출제율 60% 이상

03 사람의 외이도 길이가 3 cm 이다. 25℃ 공기 중에서의 공명주파수(Hz)는?

[풀이]
외이도는 일단개구관의 형태이므로 일단개구관의 공명 기본음 주파수(f)

$$f = \frac{C}{4L}$$

C(음의 속도)$= 331.42 + (0.6 \times t℃) = 331.42 + (0.6 \times 25℃) = 346.42 \text{ m/sec}$

L(길이)$= 0.03 \text{ m}$

$$= \frac{346.42 \text{m/sec}}{4 \times 0.03 \text{m}} = 2,886.8 \text{Hz}$$

기출 필수문제 출제율 50% 이상

04 15℃에서 450 Hz의 공명기본음주파수를 가지는 양단개구관의 25℃에서의 공명기본음주파수(Hz)는 약 얼마인가?

풀이

우선 15℃, 공명기본음주파수 450 Hz에서 길이를 구하며 25℃에서의 공명기본음주파수를 구함

15℃, 450 Hz에서 길이(L) : 양단개구관

$$f = \frac{C}{2L}$$

$$L = \frac{C}{2 \times f} = \frac{331.42 + (0.6 \times 15)}{2 \times 450} = 0.378 \text{m}$$

25℃, 0.378 m에서 공명기본음주파수(f)

$$f = \frac{C}{2L} = \frac{331.42 + (0.6 \times 25)}{2 \times 0.378} = 458.2 \text{Hz}$$

기출 필수문제 출제율 60% 이상

05 소형기계가 공장 바닥 위에서 가동될 때보다 세 벽이 만나는 모서리에서 가동될 때 음에너지 밀도는 몇 배 증가하는가?

풀이

공장 바닥(반자유공간)의 지향계수 Q=2
세 벽이 만나는 곳의 지향계수 Q=8

음에너지 밀도 변화 = $\frac{8}{2}$ = 4배

기출 필수문제 출제율 50% 이상

06 지향지수(DI)가 +9 dB 일 때 지향계수(Q)는?

풀이

DI = 10logQ
9 = 10logQ
Q = $10^{0.9}$ = 7.94

기출 필수문제 출제율 50% 이상

07 지향계수가 2.5 이면 지향지수는 몇 dB인가?

> **풀이** 지향지수(DI) $= 10\log Q = 10\log 2.5 = 3.97$ dB

기출 필수문제 출제율 40% 이상

08 평균 음압이 3,515 N/m² 이고, 특정 지향음압이 6,250 N/m² 일 때 지향지수(dB)는?

> **풀이** $DI = SPL_\theta - \overline{SPL}(\text{dB}) = \left(20\log\dfrac{6,250}{2\times 10^{-5}}\right) - \left(20\log\dfrac{3,515}{2\times 10^{-5}}\right) = 4.99$ dB

기출 필수문제 출제율 40% 이상

09 음원으로부터 10 m 지점의 평균음압도는 110 dB, 등거리에서 특정지향음압도는 112 dB 이다. 이때 지향계수는?

> **풀이** $DI = 10\log Q$
> $Q = 10^{\frac{DI}{10}} = 10^{\frac{(SPL_\theta - \overline{SPL})}{10}} = 10^{\frac{(112-110)}{10}} = 1.58$

기출 필수문제 출제율 40% 이상

10 자유음장에서 무지향성 점음원으로부터 같은 거리만큼 떨어진 위치에서 소음을 측정하여 다음 표와 같은 결과를 얻었다. 4번 위치 방향으로의 지향계수는 얼마인가?

측정위치	음압레벨(dB)
1	80
2	82
3	85
4	81
5	86

[풀이]

$$Q = 10^{\frac{DI}{10}}$$

$$DI = SPL_\theta - \overline{SPL}$$

$$\overline{SPL} = 10\log\left[\frac{1}{5}(10^{8.0} + 10^{8.2} + 10^{8.5} + 10^{8.1} + 10^{8.6})\right] = 83.4\,\text{dB}$$

$$= 81 - 83.4 = -2.4\,\text{dB}$$

$$= 10^{\frac{-2.4}{10}} = 0.58$$

기출 필수문제 출제율 30% 이상

11 평균 음압진폭이 3.5 N/m² 이고, 특정 지향방향의 음압진폭이 5.5 N/m² 일 때 지향지수는?

[풀이] 지향지수(DI)

$$DI = SPL_\theta - \overline{SPL}\,(\text{dB})$$

$$= 20\log\frac{P_\theta}{P_0} - 20\log\frac{\overline{P}}{P_0}$$

$$= 20\log\frac{P_\theta}{\overline{P}} = 20\log\frac{5.5}{3.5} = 3.93\,\text{dB}$$

06 소음의 거리감쇠

(1) 점음원

음원의 크기가 소리의 전파거리에 비해 아주 작은 음원을 점음원이라 한다. 점음원이 360° 방향(자유공간)으로 전파(구면파)되는 경우와 180° 방향(반자유공간)으로 전파(반구면파)되는 경우가 일반적이다.

① 음압레벨(SPL), 음향파워레벨(PWL), 지향계수(Q)의 관계식

$$SPL = PWL - 20\log r - 11 + 10\log Q$$
$$= PWL - 20\log r - 11 + DI$$

자유공간의 경우
$SPL = PWL - 20\log r - 11 + 0$ (DI = 0)

반자유공간의 경우
$SPL = PWL - 20\log r - 11 + 3$ (Q = 2, DI = 10log2 = 3 dB)

② 두 점음원 사이의 거리감쇠식 *중요내용*

$$SPL_1 - SPL_2 = 20\log \frac{r_2}{r_1} \ (r_2 > r_1)$$

여기서, SPL_1 : 음원으로부터 r_1(가까운 거리)만큼 떨어진 지점의 음압레벨(dB)
SPL_2 : 음원으로부터 r_2(먼 거리)만큼 떨어진 지점의 음압레벨(dB)

③ 역2승법칙 *중요내용*

자유음장에서 점음원으로부터 거리가 2배 멀어질 때마다 음압레벨이 6 dB(= 20log2)씩 감쇠되는데, 이를 점음원의 역2승법칙이라 한다.

(2) 선음원

교통기관(고속도로의 자동차 소음, 철도 소음)처럼 여러 개의 점음원이 모여 하나의 선으로 연결되어 있는 음원을 선음원이라 한다. 일반적으로 180° 방향(반자유공간)으로 전파(반구면파)되는 경우이다.

① 두 선음원 사이의 거리감쇠식

$$SPL_1 - SPL_2 = 10\log\frac{r_2}{r_1} \quad (r_2 > r_1)$$

② 선음원으로부터 거리가 2배 멀어질 때마다 음압레벨이 3 dB(=10log2)씩 감쇠한다.

(3) 면음원

넓은 표면상으로 음이 전파하는 것을 면음원이라 한다.

① 원형 면음원

$$SPL = PWL + 10\log\left(\frac{r}{l}\right)^2 - 3(\text{dB})$$
$$= PWL + 20\log\left(\frac{r}{l}\right) - 3$$
$$= PWL - 10\log S + 20\log\left(\frac{r}{l}\right) - 3$$

여기서, SPL : 원형 면음원으로부터 l만큼 떨어진 지점의 음압레벨(dB)
PWL : 원형 면음원의 음향파워레벨(dB)
r : 원형 면음원의 반경(m)
l : 원형 면음원에서 떨어진 거리(m)
S : 원형 면음원의 면적(m²)

② 장방형 면음원

사각 장방형 면음원의 단변의 길이를 a, 장변의 길이를 b라 하고 음원으로부터 떨어진 거리(r)와 비교하여 다음 관계식 중 조건에 맞는 식을 적용한다.

㉠ $r < \dfrac{a}{3}$

$$SPL_1 - SPL_2 = 0$$

㉡ $\dfrac{a}{3} < r < \dfrac{b}{3}$

$$SPL_1 - SPL_2 = 10\log\left(\dfrac{3r}{a}\right)$$

㉢ $r > \dfrac{b}{3}$

$$SPL_1 - SPL_2 = 20\log\left(\dfrac{3r}{b}\right) + 10\log\left(\dfrac{b}{a}\right)$$

(4) 기상조건(대기조건)에 따른 감쇠

기상조건에 따른 공기흡음 감쇠치는 주파수는 클수록, 습도와 온도는 낮을수록 감쇠치는 증가한다.

① 관계식

$$A_a = 7.4 \times \left(\dfrac{f^2 \times r}{\phi}\right) \times 10^{-8} \ (\text{dB})$$

여기서, A_a : 감쇠치(dB)
f : 주파수(Hz)
r : 음원과 관측점 사이 거리(m)
ϕ : 상대습도(%)

제1편 소음개론 및 방지기술

기출 필수문제 출제율 60% 이상

01 점음원의 출력이 2배로 증가함과 동시에 음원과 측정지점의 거리도 2배가 되면 음압도는 어떻게 변화되는가?

> 풀이
> $$\Delta dB = 10\log\frac{W}{W_0} - 20\log\frac{r_2}{r_1}$$
> $$= 10\log 2 - 20\log 2$$
> $$= -3\text{dB}\,(3\text{dB 감소})$$

기출 필수문제 출제율 60% 이상

02 벌판에 세워진 어느 공장으로부터 10 m 떨어진 지점에서 소음도는 100 dB이었다. 20 m 떨어진 지점의 소음도는?

> 풀이
> $$SPL_1 - SPL_2 = 20\log\frac{r_2}{r_1}$$
> $$100 - SPL_2 = 20\log\frac{20}{10}$$
> $$SPL_2 = 100 - 20\log 2 = 94\,\text{dB}$$

기출 필수문제 출제율 70% 이상

03 공장 내 지면 위에 소형선풍기가 있는데 여기서 발생하는 소음은 15 m 떨어진 곳에서 70 dB이었다. 이것을 58 dB 되게 하려면 이 선풍기를 약 얼마나 더 이동시켜야 하는가?(단, 대지와 지면에 의한 흡수는 무시한다.)

> 풀이
> $$SPL_1 - SPL_2 = 20\log\frac{r_2}{r_1}$$

$$70-58 = 20\log\frac{r_2}{15}$$

$$12 = 20\log\frac{r_2}{15},$$

$$r_2 = 10^{\frac{12}{20}} \times 15 = 59.7\,\text{m}$$

얼마나 더 이동시켜야 하는지를 묻는 문제이므로
$r_2 - r_1 = 59.7 - 15 = 44.7\,\text{m}$

기출 필수문제 출제율 50% 이상

04 점음원과 선음원(무한히 긴 경우)이 있다. 각각의 음원으로부터 30 m 되는 거리에서 음압레벨은 100 dB이다. 1 m 떨어진 곳에서의 음압레벨은 각각 얼마인가?

[풀이]

(1) 점음원

$$SPL_1 - SPL_2 = 20\log\left(\frac{r_2}{r_1}\right)$$

$$SPL_1 = SPL_2 + 20\log\left(\frac{r_2}{r_1}\right)$$

$$= 100 + 20\log\left(\frac{30}{1}\right) = 129.5\,\text{dB}$$

(2) 선음원

$$SPL_1 - SPL_2 = 10\log\left(\frac{r_2}{r_1}\right)$$

$$SPL_1 = SPL_2 + 10\log\left(\frac{r_2}{r_1}\right)$$

$$= 100 + 10\log\left(\frac{30}{1}\right) = 114.7\,\text{dB}$$

기출 필수문제 출제율 20% 이상

05 단단하고 평평한 지상에 작은 음원이 있다. 음원에서 80 m 떨어진 지점에서의 음압레벨은 60 dB 이었다. 공기의 흡음감쇠를 0.4 dB/10 m로 할 때 음원의 출력은 약 몇 W 인가?

풀이

$SPL = PWL - 20\log r - 8 - A \text{(dB)}$ [A : 공기흡음에 의한 감쇠치]

$PWL = SPL + 20\log r + 8 + A$

$\quad = 60 + 20\log 80 + 8 + (0.4\text{dB}/10\text{m} \times 80\text{m})$

$\quad = 109.3 \text{dB}$

$PWL = 10\log \dfrac{W}{10^{-12}}$

$109.3 = 10\log \dfrac{W}{10^{-12}}$

$W = 10^{\frac{109.3}{10}} \times 10^{-12} = 0.085 \text{W}$

기출 필수문제 출제율 40% 이상

06 무한히 긴 선음원이 있다. 이 음원으로부터 50 m 거리만큼 떨어진 위치에서의 음압레벨이 100 dB 이라면 5 m 떨어진 곳에서의 음압레벨은 몇 dB인가?

풀이

$SPL_1 - SPL_2 = 10\log \dfrac{r_2}{r_1}$

$SPL_1 - 100 = 10\log \dfrac{50}{5}$

$SPL_1 = 10\log 10 + 100 = 110 \text{dB}$

07 점음원에서 어떤 한 방향으로 같은 일직선상에 A, B, C 3개의 측정지점을 설정하였다. 음원에서 거리가 A=100 m, B=500 m, C=900 m일 때 AB 구간의 거리감쇠는 BC 구간의 거리감쇠보다 얼마만큼 큰지 구하시오.

풀이

① AB 간 거리감쇠

$$20\log\frac{r_2}{r_1} = 20\log\frac{500}{100} = 13.9\,\text{dB}$$

② BC 간 거리감쇠

$$20\log\frac{r_3}{r_2} = 20\log\frac{900}{500} = 5.1\,\text{dB}$$

AB 간이 BC 간보다 8.8dB(13.9 − 5.1) 크다.

08 가로 6 m × 세로 3 m 벽면 밖에서의 음압레벨이 100 dB이라면 17 m 떨어진 곳은 몇 dB이겠는가?

풀이

단변(a), 장변(b), 거리(r)의 관계에서

$r > \dfrac{b}{3}$; $17 > \dfrac{6}{3}$ 이 성립하므로

$$SPL_1 - SPL_2 = 20\log\left(\frac{3r}{b}\right) + 10\log\left(\frac{b}{a}\right)(\text{dB})$$

$$100 - SPL_2 = 20\log\left(\frac{3\times 17}{6}\right) + 10\log\left(\frac{6}{3}\right)$$

$$SPL_2 = 100 - 20\log\left(\frac{3\times 17}{6}\right) - 10\log\left(\frac{6}{3}\right) = 78.4\,\text{dB}$$

09 공장의 넓은 창을 통해 외부로 음이 전반되고 있다. 창의 규격은 세로 4 m, 가로 15 m 이다. 창의 중심에서 음압레벨은 92 dB 이다. 거리 3 m, 10 m 에 있어서의 음압레벨은?

풀이

(1) 단변($a=4$), 장변($b=15$), 거리($r=3$)

$$\frac{a}{3} < r < \frac{b}{3} \quad : \quad \frac{4}{3} < 3 < \frac{15}{3}$$

$$SPL_1 - SPL_2 = 10\log\frac{3r}{a}$$

$$SPL_2 = SPL_1 - 10\log\frac{3r}{a}$$

$$= 92 - 10\log\left(\frac{3\times 3}{4}\right) = 88.5 \, \text{dB}$$

(2) 단변($a=4$), 장변($b=15$), 거리($r=10$)

$$r > \frac{b}{3} \quad : \quad 10 > \frac{15}{3}$$

$$SPL_1 - SPL_2 = 20\log\left(\frac{3r}{b}\right) + 10\log\left(\frac{b}{a}\right)$$

$$SPL_2 = SPL_1 - 20\log\left(\frac{3r}{b}\right) - 10\log\left(\frac{b}{a}\right)$$

$$= 92 - 20\log\left(\frac{3\times 10}{15}\right) - 10\log\left(\frac{15}{4}\right) = 80.23 \, \text{dB}$$

07 소음의 계산

(1) 순음의 합

① 주파수가 같은 순음 2개의 합성음
합성음파의 실효치(P_{rms})

$$P_{rms} = \frac{2P_m}{\sqrt{2}} = \sqrt{2}\,P_m$$

여기서, P_m : 피크음압의 진폭

위상과 음압레벨이 같은 순음 2개를 합성하면 6 dB 상승하게 된다.

② 주파수가 다른 순음 2개의 합성음
합성음파의 실효치(P_{rms})

$$P_{rms} = \sqrt{\left(\frac{P_{m1}}{\sqrt{2}}\right)^2 + \left(\frac{P_{m2}}{\sqrt{2}}\right)^2}$$

$P_{m1} = P_{m2}$라면 음압레벨이 한 개 소음만 있을 때보다 3 dB 상승하게 된다.

③ 주파수가 다른 순음 여러 개의 합성음 실효치(P_{rms})

$$P_{rms} = \sqrt{\left(\frac{P_{m1}}{\sqrt{2}}\right)^2 + \left(\frac{P_{m2}}{\sqrt{2}}\right)^2 + \left(\frac{P_{m3}}{\sqrt{2}}\right)^2 + \cdots}$$

(2) 옴 – 헬름홀츠(Ohm – Helmholtz)의 법칙

인간의 귀는 순음이 아닌 여러 가지 복잡한 소리(파형)를 들어도 각기 순음의 성분으로 분해하여 들을 수 있는 능력을 갖고 있어 각 주파수 성분의 진폭이 서로 다른 음질로 듣게 된다는 법칙, 즉 음색에 관한 법칙이다.

(3) 소음 dB의 계산

웨버-페흐너(Weber-Fechner)의 법칙, 즉 감각량은 자극의 대수에 비례한다는 내용을 기본으로 하여 dB의 합, 차, 평균을 계산한다.

① dB의 합 *중요내용*

합성소음도의 의미이다.

관계식

$$L_{(합)} = 10\log(10^{\frac{L_1}{10}} + 10^{\frac{L_2}{10}} + \cdots + 10^{\frac{L_n}{10}}) \text{ (dB)}$$

여기서, L_1, L_2, L_n : 각각의 소음도 (dB)

동일소음도(L_1) n개의 합성소음도

$$L_{(합)} = L_1 + 10\log n$$

② dB의 차

관계식

$$L_{(차)} = 10\log(10^{\frac{L_1}{10}} - 10^{\frac{L_2}{10}}) \text{ (dB)}$$

여기서, L_1, L_2 : 각각의 소음도 (dB)
($L_1 > L_2$의 관계 시 적용)

③ dB의 평균 *중요내용*

관계식

$$\overline{L_{(평)}} = 10\log[\frac{1}{n}(10^{\frac{L_1}{10}} + 10^{\frac{L_2}{10}} + \cdots + 10^{\frac{L_n}{10}})] \text{ (dB)}$$

$$= L_{(합)} - 10\log n \text{ (dB)}$$

기출 필수문제 출제율 20% 이상

01 음압순시치 $P_i = 20\sin(2\pi ft) + 15\sin(2\pi ft) + 10\sin(2\pi ft)\,\text{N/m}^2$ 인 음파의 음압실효치는?

풀이 음압실효치(P_{rms})

$$P_{\text{rms}} = \sqrt{\left(\frac{P_{m1}}{\sqrt{2}}\right)^2 + \left(\frac{P_{m2}}{\sqrt{2}}\right)^2 + \left(\frac{P_{m3}}{\sqrt{2}}\right)^2}$$

$$= \sqrt{\left(\frac{20}{\sqrt{2}}\right)^2 + \left(\frac{15}{\sqrt{2}}\right)^2 + \left(\frac{10}{\sqrt{2}}\right)^2}$$

$$= 19\,\text{N/m}^2$$

기출 필수문제 출제율 40% 이상

02 어느 작업장 내에서 70 dB의 소음을 내는 기계가 3대, 90 dB의 소음을 내는 기계가 2대 있을 때, 같은 장소에서 동시에 이 기계들을 가동했을 때의 합성음 레벨은 약 몇 dB인가?

풀이
$$L_{(\text{합})} = 10\log(10^{\frac{L_1}{10}} + 10^{\frac{L_2}{10}} + \cdots + 10^{\frac{L_n}{10}})\,(\text{dB})$$

$$= 10\log[(3 \times 10^{\frac{70}{10}}) + (2 \times 10^{\frac{90}{10}})] = 93.1\,\text{dB}$$

기출 필수문제 출제율 50% 이상

03 작업장 내에서 80 dB의 소음을 발생하는 기계가 4대, 85 dB의 소음을 발생하는 기계가 2대, 88 dB의 소음을 발생하는 기계가 1대 있을 때, 같은 장소에서 동시에 이 기계들을 가동했을 때의 합성음레벨은?

[풀이] 합성소음도($L_합$)

$$L_합 = 10\log(10^{\frac{L_1}{10}} + 10^{\frac{L_2}{10}} + \cdots + 10^{\frac{L_n}{10}})\,(\text{dB})$$
$$= 10\log[(4 \times 10^{\frac{80}{10}}) + (2 \times 10^{\frac{85}{10}}) + (10^{\frac{88}{10}})]$$
$$= 92.2\,\text{dB}$$

기출 필수문제 출제율 40% 이상

04 $L_1 = 80\text{dB}$, $L_2 = 70\text{dB}$인 음들의 합, 평균, 차를 구하시오.

[풀이] 합성소음도

$$L_{(합)} = 10\log(10^{\frac{L_1}{10}} + 10^{\frac{L_2}{10}}) = 10\log(10^8 + 10^7) = 80.4\text{dB}$$

평균소음도

$$\overline{L_{(평)}} = L_{(합)} - 10\log n = 80.4 - 10\log 2 = 77.4\,\text{dB}$$

차소음도

$$L_{(차)} = 10\log(10^{\frac{L_1}{10}} - 10^{\frac{L_2}{10}}) = 10\log(10^8 - 10^7) = 79.5\text{dB}$$

기출 필수문제 출제율 50% 이상

05 어떤 기계 한 대로부터 발생하는 음을 그 음원으로부터 일정거리 떨어진 지점에서 측정하면 70 dB 이다. 다음에 동일한 여러 대를 동시에 작동시켜 발생된 음을 전과 동일한 거리에서 측정하였더니 75 dB 이었다. 이때 동시에 작동시킨 기계의 대수는?

풀이 동일소음도(L_1) n개의 합성소음도($L_{(합)}$)

$L_{(합)} = L_1 + 10\log n$

$L_{(합)} - L_1 = 10\log n$

$(75-70)\text{dB} = 10\log n$

$n = 10^{0.5} = 3.16$대

기출 필수문제 출제율 40% 이상

06 공장 집진기용 송풍기의 소음측정 결과, 가동 시에는 75 dB, 가동중지상태에서는 68 dB이었다. 이 송풍기만의 실제소음도(dB)는?

풀이 차소음도($L_{(차)}$)

$L_{(차)} = 10\log(10^{\frac{L_1}{10}} - 10^{\frac{L_2}{10}}) = 10\log(10^{7.5} - 10^{6.8}) = 74 \text{ dB}$

기출 필수문제 출제율 30% 이상

07 PWL 80 dB 인 기계 10대를 동시에 가동하면 몇 dB의 PWL을 갖는 기계 1대를 가동시키는 것과 같은가?

풀이 합성소음도 계산을 응용하여 풀면

$\text{PWL} = 10\log(10^8 \times n) = 10\log(10^8 \times 10) = 90 \text{ dB}$

08 소음의 감각

인간의 귀는 외이, 중이, 내이로 구성되어 있다.

(1) 청각기관의 구조와 역할
① 외이의 구성 및 음전달 매질
  ㉠ 이개(귀바퀴)
    음을 모으는 집음기 역할을 한다.
  ㉡ 외이도
    ⓐ 일단개구관의 형태를 가지며, 고막까지의 거리는 약 2.7 mm 이다.
    ⓑ 일종의 공명기로서 약 3 kHz의 소리를 증폭시켜 고막에 전달하여 진동시킨다.
  ㉢ 고막
    ⓐ 둥근 모양의 얇은 막으로 외이와 중이의 경계 사이에 위치한다.
    ⓑ 마이크로폰의 진동판과 같은 역할을 한다.
    ⓒ 고막의 진동은 망치뼈, 모루뼈, 등자뼈를 통하여 내이에 있는 난원창에 진동을 전달한다.
  ㉣ 외이의 음전달 매질 *중요내용
    공기(기체)

② 중이의 구성 및 음전달 매질
  ㉠ 고실(빈 공간)
    ⓐ 3개의 청소골(망치뼈, 모루뼈, 등자뼈=추골, 침골, 등골)을 담고 있는 공간이 고실이며, 청소골은 외이와 내이의 임피던스 매칭을 담당한다. 즉, 망치뼈(고막과 연결되어 있음)에서의 높은 임피던스를 등자뼈에서는 낮은 임피던스로 바꿈으로써 외이의 높은 압력을 내이의 유효한 속도성분으로 바꾸는 역할을 한다.
    ⓑ 3개의 뼈들은 고막에서 전달되는 소리의 진폭을 작게 하는 대신 힘을 약 10~20배 증가시켜 준다.

ⓒ 고실의 넓이는 1~2 cm²로 이소골이 있으며 이소골은 진동음압(진폭의 힘)을 약 10~20배 정도 증폭하는 임피던스 변환기의 역할을 하며 뇌신경으로 전달한다.
ⓓ 이소골은 고막의 운동진폭을 감소시키며, 그 대신 진동력을 15~20배 정도 확대시켜 타원창에 전달하기도 하고 경우에 따라 감소시키기도 한다.(이소골은 고막의 진동을 고체진동으로 변환시켜 외이와 내이를 임피던스 매칭하는 역할을 한다.)
ⓛ 이관(유스타키오관)
ⓐ 외이와 중이의 기압을 조정하여 고막의 진동을 쉽게 할 수 있도록 한다. 즉, 귀바깥 쪽 중이의 압력을 평형화시켜서 정확한 소리를 감지할 수 있도록 하는 기능을 가진 기관이다.
ⓑ 큰 음압에 대해서는 중이의 근육이 수축작용을 하여 진폭제한작용을 한다.
ⓒ 고막 내외의 기압을 같게 하는 기능이 있다.
ⓒ 중이의 음전달 매질 *중요내용
고체

③ 내이의 구성 및 음전달 매질 *중요내용
㉠ 난원창(전정창)
난원창은 이소골의 진동을 와우각(달팽이관) 중의 림프액에 전달하는 진동판 역할을 한다.
㉡ 달팽이관(와우각)
ⓐ 지름이 3 mm, 길이는 약 33~35 mm 정도이고 약 3회권이다.
ⓑ 달팽이관 내에는 기저막이 있고, 이 기저막에는 신경세포가 있어 소리의 감각을 대뇌에 전달시켜 준다.
ⓒ 상층 기저막을 덮고 있는 섬모를 림프액이 진동하면 청신경이 이를 대뇌에 전달하여 수음한다.
ⓓ 섬모(Hair Cell)는 약 23,000~24,000개 정도이며 감음기 역할을 한다.
ⓔ 음의 대소(세기)는 섬모가 받는 자극의 크기(기저막의 진폭의 크기)에 따라 결정된다.
ⓕ 음의 고저(주파수)는 와우각 내에서 자극받는 섬모의 위치(기저막의 진동위치)에 따라 결정된다.

ⓖ 고주파는 난원창의 가까이에서 최대점을 가지고 주파수가 감소됨에 따라 달팽이관 쪽으로 최대점이 이동한다.

ⓗ 내이의 세반고리관 및 전정기관은 초저주파소음의 전달과 진동에 따르는 인체의 평형을 담당한다.

ⓘ 달팽이관 내부는 청각의 핵심부라고 할 수 있는 코르티기관은 텍토리알 막과 외부섬모세포 및 나선형 섬모, 내부 섬모세포, 반경방향성 섬모, 청각신경, 나선형 인대로 이루어져 있다.

ⓒ 원형창(고실창), 인두, 평형기, 청신경 등도 내이의 구성요소이다.

ⓔ 내이의 음전달 매질 *중요내용*
액체

(2) 청력

① 음의 대소(크기)
음의 진폭(음압)의 크기에 따른다.

② 음의 고저
음의 주파수에 따라 구분하며 사람의 목소리는 100~10,000 Hz, 회화의 명료도는 200~6,000 Hz, 회화의 이해를 위해서는 500~2,500 Hz의 주파수 범위를 각각 갖는다.

㉠ 초저주파음(Infrasonic Sound)
ⓐ 0~20 Hz 범위, 즉 20 Hz보다 낮은 주파수 범위이다.
ⓑ 가청범위 주파수 범위(20~20,000 Hz)가 아니지만 때때로 초저주파음을 느낄 수 있다.
ⓒ 초저주파음에 의한 일시적 가청변위는 거의 나타나지 않으며 나타난다 하더라도 원래의 레벨로 아주 빨리 회복된다.
ⓓ 초저주파음의 자연음원은 파도, 지진, 천둥, 회오리바람 등이며 인공음원으로는 냉·난방시스템, 제트비행기, 우주선 점화 시 등이 있다. *중요내용*
ⓔ 초저주파음에 의한 영향으로는 신경피로, 구역질, 균형상실 등이 나타난다.

ⓒ 저주파음
  ⓐ 가청범위의 주파수보다 낮은 범위를 포함하여 주파수가 낮은 음파로서 대부분 100 Hz 전후보다 낮은 주파수의 음파를 말한다.
  ⓑ 저주파음의 발생원은 대형 회전기계, 전동기계, 연소기계, 댐의 방류, 고속도로, 항공기 등이다. *중요내용*

ⓒ 초음파(Ultrasonic Sound)
  ⓐ 인간의 가청범위를 넘는 고주파음을 말한다.
  ⓑ 약 20,000 Hz 이상 주파수로 직진성이 크고, X선과 같이 상을 만들기 때문에 제트엔진, 세척장비 등에서 주로 활용된다.
  ⓒ 발생원은 제트엔진, 고속드릴, 세척장비, 초음파 이용 특수공구 등이다. *중요내용*
  ⓓ 태아의 심장운동 청취, 의학적 치료, 금속체의 결함검출 등에 이용한다. *중요내용*
  ⓔ 초음파음은 공기에 의해 흡수가 잘 되므로 음원 근처에서 조사가 이루어져야 한다.

ⓔ 충격음(Impulse Noise)
  ⓐ 충격음은 지속시간이 극히 짧은, 즉 피크치에 이르는 상승시간이 100 ms 이하이고, 그 지속시간이 1 sec 이내인 음이다. *중요내용*
  ⓑ 타격, 폭발, 파열 등에 의해서 발생한다.
  ⓒ 발생횟수가 초당 10회를 넘으면 충격음 대신에 정상적인 소음으로 간주하여 단순하게 처리해도 무방하다.

ⓜ 소닉 붐(Sonic Boom, 음향 폭음) *중요내용*
  ⓐ 항공기가 음속을 초과하여 비행 시 음파는 항공기 앞으로 이동할 수 없이 원추모양의 충격파가 뱃머리에서 수면파가 진행하는 것과 유사한 형상을 이루는 충격음 또는 음파에 의한 폭발음이라고도 하고 압력의 변화가 N자형으로 되어 N파라고도 한다.
  ⓑ 입사파에 의한 압력변화는 반사파 때문에 변화한 압력이 합산되며, 측정된 피크 과도압은 입사파의 대략 2배가 된다.

③ 청력손실

청력손실이란 청력이 정상인 사람의 최소 가청치와 검사자(피검자)의 최소 가청치의 비를 dB로 나타낸 것이다. 이 청력손실이 옥타브밴드 중심주파수 500~2,000 Hz 범위에서 25 dB 이상이면 난청이라 평가한다.

㉠ 평균청력손실 4분법 평가방법 *중요내용*

$$평균청력손실 = \frac{a+2b+c}{4} \text{ (dB)}$$

여기서, a : 옥타브밴드 중심주파수 500 Hz에서의 청력손실(dB)
b : 옥타브밴드 중심주파수 1,000 Hz에서의 청력손실(dB)
c : 옥타브밴드 중심주파수 2,000 Hz에서의 청력손실(dB)
d : 옥타브밴드 중심주파수 4,000 Hz에서의 청력손실(dB)

일반적으로 4분법에 의한 청력손실이 20 dB 이하이면 정상적으로 음성청취가 가능하다고 본다.

㉡ 평균청력손실 6분법 평가방법 *중요내용*

$$평균청력손실 = \frac{a+2b+2c+d}{6} \text{ (dB)}$$

(3) 난청

청력장애는 일시적 청력손실인 청각피로에서부터 회복과 치료가 불가능한 영구적 장애까지 있다. 특히 500 Hz~2.5 kHz 대역은 인간의 언어활동에 쓰이는 부분으로 이 주파수 대역에서의 과도한 청력손상은 결국 언어 소통의 장애를 가져온다.

① **일시적 청력손실(TTS ; NITTS)**
  ㉠ 소음성 일시적 역치 상승, 즉 110 dB(A) 이상의 큰 소음에 일시적으로 폭로되면 일시적으로 청력이 저하되었다가 수초~수일 후에 정상 청력으로 회복이 가능한 일시성의 청력손실이다.
  ㉡ 강력한 소음에 노출되어 생기는 난청으로 4,000~6,000 Hz에서 가장 많이 발생한다.

ⓒ 청신경세포의 피로현상으로 회복되려면 12~24시간을 요하는 가역적인 청력저하현상이다.
ⓔ 영구적 소음성 난청의 예비신호로 볼 수 있다.

② **영구적 청력손실(PTS ; NIPTS)**
  ⓐ 소음성 난청이라고도 하며 일시적 난청으로부터 예측할 수 있다.
  ⓑ 4,000 Hz 정도에서부터 난청이 진행된다. *중요내용*
  ⓒ 소음이 높은 공장에서 장기간 일하는 근로자들에게 나타나는 직업병이다.
  ⓓ 소음에 폭로된 후 2일~3주간이 지나도 정상청력으로 회복되지 않는다. 즉, 비가역적 청력저하현상으로 청감역치가 영구적으로 변화하여 영구적인 난청을 유발하는 변위를 말한다.
  ⓔ 소음성 난청은 내이의 세포변성(내이 Corti기관의 섬모세포의 손상)이 주요한 원인이며 이 경우 음이 강해짐에 따라 정상인에 비해 음이 급격하게 크게 들리게 된다.
  ⓕ C_5 - dip현상 *중요내용*
  소음성 난청의 초기단계로서 C_5(4,096 Hz)에서 청력손실이 현저히 커지는 현상이며, C_5 부근에서 청력손실이 커져서 dip은 점점 분명해지며 약의 부작용 등의 원인에 의해서도 일어날 수 있다.

③ **노인성 난청**
  ⓐ 노화에 의한 퇴행성 질환으로 감각신경성 청력손실이 양측 귀에 대칭적 · 점진적으로 발생하는 질환이다.
  ⓑ 노인성 난청은 소음성 난청보다 높은 6,000 Hz 부근에서 청력손실이 일어난다. 즉, 난청이 시작된다는 의미이다.

(4) 양이 효과(Binaural Effect) *중요내용*

인간의 귀가 양쪽에 있기 때문에 한쪽 귀로 듣는 경우와 양쪽 귀로 듣는 경우 서로 다른 효과를 나타낸다.

(5) 소음에 대한 노출(폭로)기준

① 우리나라의 노출기준

8시간 노출에 대한 기준(고용노동부) : 90 dB (5 dB 변화율)

1일 노출시간(hr)	소음수준[dB(A)]
8	90
4	95
2	100
1	105
$\frac{1}{2}$	110
$\frac{1}{4}$	115

② 소음 노출(폭로)기준 평가

$\dfrac{C_1}{T_1} + \cdots + \dfrac{C_n}{T_n}$ 의 값이 1 이상이면 소음노출기준 '초과' 평가

1 미만이면 소음노출기준 '미만' 평가

여기서, $C_1 \sim C_n$: 각 소음노출시간(hr)

$T_1 \sim T_n$: 각 노출기준(소음수준)에 따른 노출시간(hr)

기출 필수문제 출제율 50% 이상

01 옥타브밴드 중심주파수 500 Hz, 1,000 Hz, 2,000 Hz 의 청력손실이 각각 10 dB, 20 dB, 30 dB 이라 할 때 평균청력손실은?

> **풀이** 평균청력손실(4분법) $= \dfrac{a+2b+c}{4} = \dfrac{10+(2\times 20)+30}{4} = 20\,\text{dB}$

기출 필수문제 출제율 40% 이상

02 A공장에서 근무하는 근로자의 청력을 검사하였다. 검사 주파수별 청력손실이 표와 같을 때 4분법 청력손실이 25 dB 이었다. 500 Hz에서의 청력손실은?

검사주파수(Hz)	청력손실(dB)
63	2
125	5
250	8
500	( )
1 K	30
2 K	38
4 K	56

> **풀이** 평균청력손실(4분법) $= \dfrac{a+2b+c}{4}$ (dB)
>
> $25 = \dfrac{a+(2\times 30)+38}{4}$
>
> $a(500\,\text{Hz에서 청력손실}) = 2\,\text{dB}$

기출 필수문제 출제율 50% 이상

03 중심주파수별 청력손실이 다음과 같을 때 평균청력손실을 구하면?(단, 6분법 적용)

① 250 Hz의 청력손실 : 18 dB ② 500 Hz의 청력손실 : 22 dB
③ 1,000 Hz의 청력손실 : 20 dB ④ 2,000 Hz의 청력손실 : 23 dB
⑤ 4,000 Hz의 청력손실 : 25 dB ⑥ 8,000 Hz의 청력손실 : 20 dB

풀이 평균청력손실(6분법)

$$6분법 = \frac{a+2b+2c+d}{6} \text{ (dB)}$$

$$= \frac{22+(2\times 20)+(2\times 23)+25}{6}$$

$$= 22.17 \text{ dB}$$

기출 필수문제 출제율 20% 이상

04 한 근로자가 91 dB(A) 장소에서 2시간, 94 dB(A) 장소에서 3시간 작업을 하였으며 3시간 동안은 소음에 폭로되지 않은 장소에서 작업했다면 소음폭로평가(NER)는?(단, 91 dB(A)에서는 6시간, 94 dB(A)에서는 6시간의 폭로시간이 허용된다.)

풀이 소음폭로평가(NER) $= \dfrac{C_1}{T_1} + \dfrac{C_2}{T_2} + \dfrac{C_3}{T_3} = \dfrac{2}{6} + \dfrac{3}{6} + 0 = \dfrac{5}{6}$

이 값이 1 미만이므로 '미만'으로 평가한다.

09 소음공해의 특징 및 발생원

(1) 소음공해의 특징 ★중요내용

① 듣는 사람에 따라 주관적이다.
② 축적성이 없다.
③ 감각공해이다.
④ 국소적·다발적이다.
⑤ 다른 공해에 비해서 불평 발생(민원) 건수가 많다.
⑥ 대책 후 처리할 물질이 발생되지 않는다.
⑦ 불평의 대부분은 정신적·심리적 피해에 관한 것이다.
⑧ 피해의 정도는 피해자와 가해자의 이해관계에 의해서도 영향을 받는다.

(2) 소음공해 주 발생원

① **도로교통소음**
 ㉠ 도로에서 발생되는 소음은 환경소음에 가장 큰 영향을 주고 있는 소음 중 하나이다.
 ㉡ 자동차에 의한 도로교통소음도의 증가 원인은 차량 대수의 증가, 자동차 엔진, 주행상태, 타이어 종류, 도로구조 등 복합적이다.

② **자동차 소음원에 따른 대책**
 ㉠ 엔진소음
  엔진의 구조개선에 의한 소음저감
 ㉡ 배기계소음
  배기계관의 강성증대로 소음억제
 ㉢ 흡기계소음
  흡기관의 길이, 단면적을 최적화시켜 흡기음압을 저감
 ㉣ 냉각팬소음
  냉각성능을 저하시키지 않는 범위 내에서 팬회전수 낮춤

③ 철도소음
　㉠ 철도 주행음은 차체 또는 차륜과 레일의 마찰, 레일의 이음부 충격 등에서 발생한다.
　㉡ 방지대책으로는 궤도의 직선화, 철교 제진처리, 받침목의 중량화, 자갈층 및 방진고무두께 확충 등이다.
　㉢ 철도진동의 대책으로는 장대레일, 레일표면 평활, 자갈도상, 레일패드 등이 있다.

④ 항공기 소음 *중요내용*
　㉠ 항공기는 금속성의 고주파음을 방출하고, 발생음량이 많으며, 소음원이 상공에서 이동하기 때문에 그 피해면적이 광범위하다.
　㉡ 항공기의 소음발생 특성은 간헐적이고 충격적이다.
　㉢ 제트기는 이착륙 시 발생하는 추진계의 소음으로 금속성의 고주파음을 포함한다.
　㉣ 공항 부근에 민가가 많을 경우 문제가 된다.
　㉤ PNL 값은 항공기 소음 평가의 기본값으로 많이 사용되기도 하며 국제민간항공기구에서 채택하고 있는 항공기소음 평가량은 WECPNL을 이용한다.
　㉥ 항공기 소음대책 중 음원대책으로는 엔진개량 등이 있고 운항대책으로는 소음경감운항방식의 채택으로 피해를 다소 완화시킬 수 있다.

⑤ 공장소음
　㉠ 다른 소음공해에 비해 진정건수가 많다.
　㉡ 특히 공장의 단조기는 소음피크레벨이 크며 충격적이고 진동을 수반할 때가 많다.
　㉢ 배출허용규제기준이 있어 이에 따라 관리된다.

⑥ 건설소음
　㉠ 건설소음은 일정기간 동안만 발생하고 비교적 단시간(충격적)이며 강한 진동을 수반할 때가 많다.
　㉡ 장소가 특정되어 있다.
　㉢ 특히 건설현장의 항타기소음은 소음피크레벨이 크며 충격적이고 진동을 수반할 때가 많다.

⑦ 생활소음
  ㉠ 생활소음은 주택가 내에 다양하게 산재하고 있어 주거환경을 저해한다.
  ㉡ 확성기에 의한 소음, 소규모공장 및 사업장의 작업소음, 심야의 계속적·반복적인 영업장소음, 이동소음원 등이 있다.

⑧ 발파소음 ^{중요내용}
  ㉠ 주로 댐이나 도로 등의 큰 건설현장에서 일어나는 소음원이다.
  ㉡ 대책
    ⓐ 지발당 장약량을 감소시킨다.
    ⓑ 방음벽을 설치한다.
    ⓒ 불량한 암질 풍화암 등에서 폭발가스가 새어나오지 않도록 조치한다.
    ⓓ 도폭선 사용을 피하고 완전전색이 이루어져야 한다.
    ⓔ 기폭방법에서 정기폭보다는 역기폭 방법을 사용한다.
    ⓕ 천공지름을 작게 하여 발파시킨다.
  ㉢ 발파풍압 관계식

$$P = K\left(\frac{R}{W^{1/3}}\right)^n$$

    여기서, P : 발파풍압(PSi)
    R : 거리(ft)
    W : 장약량(lb)
    k, n : 상수

⑨ 덕트소음
  ㉠ 송풍기 정압이 증가할수록 소음은 증가하므로 공기분배시스템은 저항을 최소로 하는 방향으로 설계해야 하며, 덕트계에서 소음을 효과적으로 흡수하기 위해 흡음재를 송풍기 흡입구나 플래넘에 설치한다.
  ㉡ 덕트 내의 소음 감소를 위한 흡음, 차음 등의 방법은 500 Hz 이상의 고주파 영역에서 감쇠효과가 좋다.

ⓒ 덕트 취출구 소음대책
    ⓐ 취출구 끝단에 소음기 장착
    ⓑ 취출구 끝단에 철망 등을 설치하여 음의 진행을 세분 혼합하도록 함
    ⓒ 취출구 면적을 가능한 크게 함
    ⓓ 취출구 소음의 지향성을 변경

10 소음의 영향

(1) 소음(음)의 물리적 조건 *중요내용*
① 소음도가 높을수록 시끄럽다. 즉, 인간에게 많은 영향을 미친다.
② 저주파보다는 고주파 성분이 많을 때 시끄럽다.
③ 충격성이 강할수록 시끄럽다.
④ 지속시간이 길수록 더 많은 영향을 받는다. 그러나 지속적인 소음보다는 연속적으로 반복되는 소음과 충격음의 영향을 더 많이 받는다.
⑤ 소음발생이 낮시간대보다 밤시간대에 영향이 크다.
⑥ 배경소음과 주소음의 음압도의 차가 클수록 시끄럽다.

(2) 인간의 소음에 대한 감수성
① 건강한 사람보다는 환자나 임산부가 더 민감하다.
② 남성보다 여성이 민감하다.
③ 노인보다 젊은이들이 민감하다.
④ 개인에 따라 민감도가 다르다.
⑤ 노동하는 상태보다는 휴식을 취하고 있을 때 더 민감하다.
⑥ 소음을 발생시키고 있는 측과 소음피해를 받고 있는 측이 서로 이해관계로 대립되어 있으면, 피해를 받고 있는 측이 심리적으로 감수성이 높아지게 된다.

(3) 소음에 의한 학습 및 작업능률에 미치는 영향
① 불규칙한 폭발음은 일정한 소음보다 더 위해하기 때문에 $90\,dB(A)$ 이하라도 때때로 작업을 방해하며 일정소음보다 더욱 위해하다.
② $1,000 \sim 2,000\,Hz$ 이상의 고주파역 소음은 저주파역 소음보다 작업방해를 크게 야기시킨다.
③ 단순작업보다 복잡한 작업이 소음에 의한 나쁜 영향을 받기 쉽다.
④ 특정음이 없고, $90\,dB(A)$를 넘지 않는 일정소음도에서는 작업을 방해하지 않는 것으로 본다.
⑤ 소음은 작업의 총 작업량을 줄이기보다 작업의 정밀도를 저하시킬 수 있다.

(4) 소음에 의한 인체의 생리적 영향

① 혈압 상승, 맥박 증가, 말초혈관 수축 등 자율신경계의 변화가 나타난다.
② 호흡횟수는 증가하나 호흡의 깊이는 감소한다.
③ 타액분비량의 증가, 위액산도 저하, 위수축운동 감소 등 위장의 기능을 감퇴시킨다.
④ 혈당도 상승, 백혈구 수 증가, 혈중 아드레날린 증가가 나타난다.
⑤ 두통, 불면, 기억력 감퇴 현상이 나타난다.

11 소음의 평가

(1) 회화방해레벨(SIL ; Speech Interference Level) *중요내용*

소음을 600~1,200 Hz, 1,200~2,400 Hz, 2,400~4,800 Hz의 3개 밴드로 분석한 음압레벨을 산술평균한 값이다.

(2) 우선회화방해레벨(PSIL ; Preferred Speech Interference Level) *중요내용*

소음을 1/1옥타브 밴드로 분석한 중심주파수 500, 1,000, 2,000 Hz의 음압레벨을 산술평균한 값이다.

(3) NC(Noise Criteria) *중요내용*

① 소음을 1/1옥타브 밴드로 분석한 결과에 의해 실내소음을 평가하는 방법으로 실의 소음대책 설계목표치를 나타낼 때 주로 사용된다.
② 소음기준곡선 혹은 실내의 배경소음을 평가한다.
③ PNC는 NC곡선 중의 저주파부를 더 낮은 값으로 수정한 것이다.
④ 공조기소음 등과 같은 광대역의 정상적인 소음을 평가하기 위해 베라넥(Beranek)이 제안한 것으로, 대상 소음을 옥타브 분석하여 대역음압레벨을 구한 후 밴드레벨을 기입하여 각 대역 중 최대값을 구하여 NC값으로 한다.

(4) 소음평가지수(NRN ; Noise Rating Number) *중요내용*

① 소음을 청력장애, 회화장애, 소란스러움의 3가지 관점에서 평가한 지표이다.
② NC, SIL 등을 총괄한 값이며 Sone, Noy 등과 같이 주파수 분석으로 구한다.
③ 음의 스펙트라, 피크펙터, 반복성, 습관성, 계절, 시간대, 배경소음, 지역별 등을 고려하여 구한다. 또한 NR곡선은 NC곡선을 기본으로 하고 있다.
④ 측정방법은 소음을 1/1옥타브 밴드로 분석한 음압레벨을 NR곡선에 Plotting하여 가장 큰 쪽의 곡선과 접하는 값을 구한 후 보정한다.
⑤ 측정된 소음이 반복성 연속음일 경우는 별도로 보정할 필요 없이 사용한다.

⑥ 측정된 소음에서 순음 성분이 많은 경우 +5 dB의 보정을 한다.
⑦ 측정소음이 일반적인 습관성이 아닌 소음일 경우 보정할 필요가 없다.
⑧ 소음 피해에 대한 주민들의 반응이 NRN 40 이하이면 주민 반응이 없는 것으로 판단한다.

> **Reference**
> 소음평가방법 중 NRN, Sone, Noy의 공통점은 어느 값이나 주파수 분석으로 구한다는 것이다.

(5) 교통소음지수(TNI ; Traffic Noise Index)

① 도로교통소음을 인간의 반응과 관련시켜 정량적으로 구한 값이다.
② 측정방법은 도로교통소음을 1시간마다 100초씩 24시간 측정하고 소음레벨 dB(A)의 L_{10}, L_{50}, L_{90}을 구한 후 각각의 24시간의 평균치를 구한다.
③ 관계식 *중요내용*

$$TNI = 4(L_{10} - L_{90}) + L_{90} - 30$$

여기서, L_{10} : 전 샘플시간의 10%를 초과하는 소음레벨(80% 범위의 상단치)
L_{90} : 전 샘플시간의 90%를 초과하는 소음레벨(80% 범위의 하단치)

④ 상기 계산식의 값이 74 이상이면 주민의 50% 이상이 불만을 호소한다.

(6) 등가소음레벨(L_{eq} ; Equivalent Continous Sound Level)

① 어떤 시간대에서 변동하는 소음레벨의 에너지를 동 시간대의 정상소음의 에너지로 치환한 값. 즉, 변동하는 소음의 에너지 평균레벨이다.
② 변동이 심한 소음의 평가방법으로 측정시간 동안의 변동소음에너지를 시간적으로 평균하여 이를 대수변환시킨 것이다.

③ 관계식 *중요내용*

$$L_{eq} = 10\log\left(\sum_{i=1}^{N} f_i \times 10^{\frac{L_i}{10}}\right) \text{ dB(A)}$$

여기서, f_i : 일정 소음레벨 L_i의 지속시간율
L_i : i번째의 소음레벨

④ 일반적으로 환경기준을 정할 때 이용된다.

(7) 소음통계레벨(L_N ; Percentage Noise Level)

① 총 측정시간의 N(%)를 초과하는 소음레벨, 즉 전체 측정기간 중 그 소음레벨을 초과하는 시간의 총합이 N%가 되는 소음레벨이다. *중요내용*
② L_{10}이란 총 측정시간의 10%를 초과하는 소음레벨이며 80% 범위(Range)의 상단치를 의미한다.
③ %가 클수록 작은 소음레벨을 나타낸다.($L_{10} > L_{50} > L_{90}$)
④ 소음레벨의 누적도수분포로부터 쉽게 구할 수 있다.
⑤ 일반적으로 L_{90}, L_{50}, L_{10} 값은 각각 배경소음, 중앙값, 침입소음의 레벨값을 나타낸다.

(8) 주야평균소음레벨(L_{dn} ; Day-Night Average Sound Level)

① 하루의 매시간당 등가소음도를 측정한 후, 야간(22 : 00~07 : 00)의 매시간 측정치에 10 dB의 벌칙레벨을 합산한 후 파워를 평균한 레벨이다.
② 관계식 *중요내용*

$$L_{dn} = 10\log\left[\frac{1}{24}\left\{15 \times 10^{\frac{L_d}{10}} + 9 \times 10^{\frac{L_n+10}{10}}\right\}\right] \text{ dB(A)}$$

여기서, L_d : 07:00~22:00 사이의 매시간 L_{eq} 값
L_n : 22:00~07:00 사이의 매시간 L_{eq} 값

(9) 소음공해레벨(L_{NP} ; Noise Pollution Level)

① 변동소음의 에너지와 소란스러움을 동시에 평가하는 방법, 즉 등가소음레벨과 소음레벨의 변동에 의해 발생하는 불만의 가중치를 합하여 표현하는 척도이다.

② 관계식

$$L_{NP} = L_{eq} + 2.56\sigma \; \text{dB(NP)}$$
$$= L_{eq} + (L_{10} - L_{90}) = L_{50} + \frac{d^2}{60} + d$$

여기서, σ : 측정소음의 표준편차
$d : (L_{10} - L_{90})$

(10) 감각소음레벨(PNL ; Perceived Noise Level)

① 공항 주변의 항공기소음을 평가하는 기본지표이다.

② 관계식

$$\text{PNL} = 33.3\log(N_t) + 40 \; \text{PNdB}$$
$$= \text{dB(A)} + 13$$
$$= \text{dB(D)} + 7$$

여기서, N_t : 총 noy 값

(11) NNI(Noise and Number Index)

① 영국의 항공기소음 평가방법의 지표이다.

② 관계식

$$NNI = \overline{PNL} + 15\log N - 80$$

여기서, $\overline{PNL}$: 1일 중 항공기 통과 시 PNL의 파워평균
N : 1일 중 항공기 이착륙 횟수

(12) EPNL(Effective PNL)

국제민간항공기구(ICAO)에서 제한한 항공기소음 평가치로 항공기소음 증명제도에 이용된다.

(13) NEF(Noise Exposure Forecast)

미국의 항공기소음 평가방법의 지표이다.

(14) WECPNL(Weighted Equivalent Continous Perceived Noise Level)

① 많은 항공기에 의해 장기간 연속 폭로된 소음척도이며, 국제민간항공기구 및 우리나라에서 채택하고 있는 항공기소음 평가량이다.

② 관계식 *중요내용*

$$\text{WECPNL} = \overline{dB(A)} + 10\log[N_2 + 3N_3 + 10(N_1 + N_4)] - 27$$

여기서, $\overline{dB(A)}$: 1일 중 각 항공기 통과소음의 피크치의 dB 파워평균치
N_1 : 0시~7시 사이의 비행횟수
N_2 : 7시~19시 사이의 비행횟수
N_3 : 19시~22시 사이의 비행횟수
N_4 : 22시~24시 사이의 비행횟수

> **Reference | 명료도**
>
> 1. 정의
>   무의미한 음절을 무작위로 발성하여 청취자가 이것을 받아쓰고 바르게 알아들은 수치를 백분비(%)로 표시한 것을 언어의 명료도(%-articulation)라 한다.
> 2. 관계식
>   명료도 $= 96 \times (K_e \cdot K_r \cdot K_n)$
>   여기서, K_e : 음의 세기에 의한 명료도의 저하율
> K_r : 잔향시간에 의한 명료도의 저하율
> K_n : 소음에 의한 명료도의 저하율

3. 특징 *중요내용*

① 잔향시간이 길면 언어의 명료도가 저하된다.(명료도는 실내의 잔향시간에 반비례)
② 상수 96은 완전한 실내환경에서 96%가 최대명료도임을 뜻하는 값이다.
③ 소음에 의한 명료도는 음압레벨과 소음레벨의 차이가 0 dB일 때 K_n값은 0.67이며, 이 K_n은 두 음의 차이가 커짐에 따라 증가한다.
④ 음의 세기에 의한 명료도는 음압레벨이 70~80 dB에서 가장 좋다.

기출 필수문제 출제율 30% 이상

01 어떤 실내의 옥타브대역 음압레벨이 $SPL_{500} = 55\,dB$, $SPL_{1000} = 57\,dB$, $SPL_{2000} = 60\,dB$일 때, PSIL은?

> **풀이** 우선회화방해레벨(PSIL)
> $$PSIL = \frac{1}{3}(L_{500} + L_{1,000} + L_{2,000})\,(dB)$$
> $$= \frac{1}{3}(55 + 57 + 60) = 57.3\,dB$$

기출 필수문제 출제율 20% 이상

02 다음 측정결과는 도로변에서 도로교통소음을 측정한 것이다. 이 결과를 이용하여 교통소음지수(TNI)를 구하면?

> $[L_{10} = 95\,dB \quad L_{50} = 70\,dB \quad L_{90} = 50\,dB]$

> **풀이** $TNI = 4(L_{10} - L_{90}) + L_{90} - 30 = 4(95 - 50) + 50 - 30 = 200\,dB(A)$

기출 필수문제 출제율 30% 이상

03 다음과 같은 소음도(SL_i)별 시간비(f_i)를 갖는 소음의 등가소음도는?

① $SL_1 = 80 \text{dB(A)}, f_1 = 0.2$ ② $SL_2 = 70 \text{dB(A)}, f_2 = 0.4$
③ $SL_3 = 60 \text{dB(A)}, f_3 = 0.4$

풀이 등가소음레벨(L_{eq})

$$L_{eq} = 10\log\left(\sum_{i=1}^{n} f_i \times 10^{\frac{L_i}{10}}\right) [\text{dB(A)}]$$

$= 10\log[(0.2 \times 10^8) + (0.4 \times 10^7) + (0.4 \times 10^6)]$

$= 73.9 \text{dB(A)}$

기출 필수문제 출제율 40% 이상

04 어떤 시간 동안 배경소음이 76 dB(A)이고, 그 시간의 42% 동안 기계에서 84 dB(A)의 소음이 발생하였다면, 이때의 등가소음도는?

풀이 등가소음레벨(L_{eq})

$$L_{eq} = 10\log\left(\sum_{i=1}^{n} f_i \times 10^{\frac{L_i}{10}}\right) [\text{dB(A)}]$$

$= 10\log\left[\dfrac{1}{100}\left(58 \times 10^{\frac{76}{10}} + 42 \times 10^{\frac{84}{10}}\right)\right]$

$= 81.1 \text{dB(A)}$

기출 필수문제 출제율 40% 이상

05 소음이 50 dB(A)로 2시간, 60 dB(A)로 3시간 배출될 때의 등가소음도는?

풀이 등가소음레벨(L_{eq})

$$L_{eq} = 10\log\left(\frac{1}{t}\sum f_i \times 10^{\frac{L_i}{10}}\right)[\text{dB(A)}]$$

$$= 10\log\left[\frac{1}{5}(10^{5.0}\times 2 + 10^{6.0}\times 3)\right]$$

$$= 58\,\text{dB(A)}$$

기출 필수문제 출제율 50% 이상

06 사이렌을 울리지 않을 때의 소음도가 55 dB(A)인 환경에서 95 dB(A)의 소음을 방출하는 사이렌을 울려 24시간 등가소음도가 70 dB(A)을 초과하지 않도록 하고자 한다. 사이렌을 몇 분간 울리면 되겠는가?

풀이 등가소음레벨(L_{eq})

$$L_{eq} = 10\log(\sum f_i \times 10^{\frac{L_i}{10}})$$

$$70 = 10\log(f_i \times 10^{\frac{95}{10}})$$

$$f_i(\text{지속시간율}) = \frac{10^{7.0}}{10^{9.5}} = 0.003162$$

$$24\text{hr} \times \frac{60\text{min}}{\text{hr}} \times 0.003162 = 4.55\,\text{min}$$

[다른 풀이]

$$70 = 10\log\left[\left(\frac{24-x}{24}\times 10^{5.5}\right) + \left(\frac{x}{24}\times 10^{9.5}\right)\right]$$

$$10^7 = 10^{5.5} + \left[\frac{1}{24}(10^{9.5} - 10^{5.5})x\right]$$

$$x = \frac{24\times(10^7 - 10^{5.5})}{10^{9.5} - 10^{5.5}}\text{hr} \times 60\text{min/hr} = 4.41\,\text{min}$$

07. 배경소음이 70 dB(A)로 유지되고 있는 일정시간의 15 % 동안 110 dB(A)의 소음을 방출하는 기계가 운전되었을 때 등가소음도는?

풀이 등가소음레벨(L_{eq})

$$L_{eq} = 10\log(\sum f_i \times 10^{\frac{L_i}{10}})$$
$$= 10\log[(0.15 \times 10^{11}) + (0.85 \times 10^7)]$$
$$= 101.76 \, dB(A)$$

08. 소음도 범위가 40~45 dB(A)일 경우 등가소음측정 기록지 기입란의 $\left(\frac{1}{100} \times \times 10^{0.1L_i}\right)$의 값은 얼마인가?

풀이 등가소음도(L_{eq})

$$L_{eq} = 10\log\sum_{i=1}^{n}\left(\frac{1}{100} \times 10^{\frac{L_i}{10}} \times f_i\right) dB(A)$$

$$L_{eq} \Rightarrow 42.5 \, dB(A), \, f_i \Rightarrow 100$$

$$42.5 = 10\log\frac{1}{100} \times 10^{\frac{L_i}{10}} \times 100$$

$$\left(\frac{1}{100} \times 10^{\frac{L_i}{10}}\right) \times 100 = 10^{4.25} = 17,782$$

$$\frac{1}{100} \times 10^{\frac{L_i}{10}} = 0.178 \times 10^3$$

09 소음도 범위별 빈도율이 다음과 같을 때 등가소음도는?

소음도 범위[dB(A)]	빈도율(%)
60~65	25
65~70	35
70~75	25
지시판 위쪽	15

풀이 등가소음도(L_{eq})

$$L_{eq} = 10\log \sum_{i=1}^{n} \left(\frac{1}{100} \times 10^{\frac{L_i}{10}} \times f_i \right) [dB(A)]$$

(소음도 범위로 주어지면 범위의 중앙값을 적용)

$$= 10\log \left[\frac{1}{100} (10^{6.25} \times 25 + 10^{6.75} \times 35 + 10^{7.25} \times 25) \right]$$

$$= 68.4 \, dB(A)$$

지시판 위쪽 빈도율이 10% 이상이므로 보정치 [+2dB(A)]을 고려하면,
$L_{eq} = 68.4 + 2 = 70.4 \, dB(A)$

10 1시간 동안에 변동하는 소음레벨이 그림과 같이 처음 30분 동안은 85dB(A), 다음 30분 동안은 78 dB(A)이었다면 L_{eq}는?

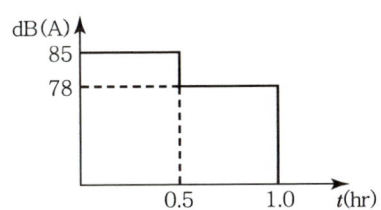

> **풀이** 등가소음도(L_{eq})
>
> $$L_{eq} = 10\log\left[\frac{1}{t}\sum(f_i \times 10^{\frac{L_i}{10}})\right]$$
>
> $$= 10\log\left[\frac{1}{1}(10^{8.5} \times 0.5 + 10^{7.8} \times 0.5)\right]$$
>
> $$= 82.8\,dB(A)$$

기출 필수문제 출제율 40% 이상

11 다음 표와 같은 소음측정 기록지의 자료를 얻었다. 등가소음도는 몇 dB(A)인가?

[소음측정 기록지]

소음도[dB(A)]	기록란
65~70	V
70~75	V V V V
75~80	V V
80~85	V V V

> **풀이**
> ① 소음측정 기록지의 결과는 다음과 같이 표현할 수 있다.
>   67.5dB(A) : 10%   72.5dB(A) : 40%
>   77.5dB(A) : 20%   82.5dB(A) : 30%
>
> ② $L_{eq} = 10\log\sum_{i=1}^{n}\left(\frac{1}{100} \times 10^{\frac{L_i}{10}} \times f_i\right)$
>
> $= 10\log\left[\frac{1}{100}(10^{6.75} \times 10 + 10^{7.25} \times 40 + 10^{7.75} \times 20 + 10^{8.25} \times 30)\right]$
>
> $= 79\,dB(A)$

제1편 소음개론 및 방지기술

기출 필수문제 출제율 30% 이상

12 항공기 소음을 소음계의 D특성으로 측정한 값이 100 dB(D)이었다. 이때 감각소음레벨(PNL)은 대략 몇 PN dB인가?

풀이 $PNL = dB(D) + 7 = 100 + 7 = 107 \, PN \, dB$

기출 필수문제 출제율 30% 이상

13 등가소음도가 69 dB(A) 이고, 표준편차가 1.8 dB(A) 일 때 소음공해레벨(L_{NP})은?

풀이 소음공해레벨(L_{NP})
$$L_{NP} = L_{eq} + 2.56\sigma \, dB(NP) = 69 + (2.56 \times 1.8) = 73.6 \, dB(NP)$$

기출 필수문제 출제율 30% 이상

14 도로변에서 측정한 소음도가 $L_{10} = 73 dB(A)$, $L_{50} = 62 dB(A)$, $L_{90} = 53 dB(A)$ 일 때 소음공해레벨(L_{NP})은?(단, 순간레벨의 분포가 정규레벨에 가깝다고 가정한다.)

풀이 소음공해레벨(L_{NP})
$$L_{NP} = L_{eq} + 2.56\sigma \, (dB(NP))$$
$$= L_{eq} + (L_{10} - L_{90}) = L_{50} + \frac{d^2}{60} + d$$
$$= 62 + \frac{(73-53)^2}{60} + (73-53) = 88.7 \, dB(NP)$$

기출 필수문제 출제율 50% 이상

15 낮시간대의 매시간 등가소음도가 60 dB(A), 밤시간대의 매시간 등가소음도가 40 dB(A)일 때, 주야간평균소음도[dB(A)]는?(단, 밤시간대는 22 : 00~07 : 00)

풀이
$$L_{dn} = 10\log[\frac{1}{24}(15 \times 10^{\frac{L_d}{10}} + 9 \times 10^{\frac{L_d+10}{10}})]\,\text{dB(A)}$$
$$= 10\log[\frac{1}{24}(15 \times 10^{\frac{60}{10}} + 9 \times 10^{\frac{40+10}{10}})]$$
$$= 58.2\,\text{dB(A)}$$

기출 필수문제 출제율 50% 이상

16 1일 동안의 평균 최고소음도가 95 dB(A)이고, N_1, N_2, N_3, N_4 항공기 통과횟수가 각각 50, 300, 40, 10회일 때 1일 단위의 WECPNL(dB)은?

풀이 1일 단위 $\text{WECPNL(dB)} = \overline{L}_{\max} + 10\log N - 27$
$$\overline{L}_{\max} = 95\,\text{dB(A)}$$
$$N = N_2 + 3N_3 + 10(N_1 + N_4)$$
$$= 300 + (3 \times 40) + 10(50 + 10)$$
$$= 1,020$$
$$= 95\,\text{dB(A)} + 10\log 1020 - 27$$
$$= 98.08\,\text{WECPNL(dB)}$$

12 소음의 음향파워레벨 측정

(1) 자유음장법 *중요내용*

① 소음발생원이 옥외에 있는 경우에 적용한다.
② 관련식

$$PWL = SPL - 10\log\left(\frac{Q}{4\pi r^2}\right)(\text{dB})$$
$$= SPL + 20\log r + 11 - 10\log Q$$

여기서, PWL : 음향파워레벨(dB)
SPL : 음압레벨(dB)
r : 소음원에서 측정점까지의 거리(m)
Q : 지향계수

(2) 확산음장법 *중요내용*

① 소음발생원이 반사율이 큰 실내(잔향실)에 있는 경우에 적용한다.
② 관련식

$$PWL = SPL - 10\log\left(\frac{4}{R}\right)(\text{dB})$$
$$= SPL + 10\log R - 6$$

여기서, R : 실정수

$$R = \left(\frac{\bar{a} \cdot S}{1 - \bar{a}}\right)(\text{m}^2,\ \text{sabin})$$

여기서, $\bar{a}$: 실내의 평균흡음률
S : 실내의 전 표면적(m²)

(3) 반확산음장법 *중요내용*

① 소음발생원이 공장 내, 일반실 내에 있는 경우에 적용한다.
② 관련식

$$PWL = SPL - 10\log\left(\frac{Q}{4\pi r^2} + \frac{4}{R}\right) \text{ (dB)}$$

기출 필수문제 출제율 60% 이상

01 실정수가 120 m² 인 방에 파워레벨이 100 dB 인 음원이 있을 때 실내(확산음장)의 평균음압레벨(dB)은?(단, 실내의 전체 내면의 반사음이 아주 큰 잔향실 기준)

풀이

확산음장법 이론식
PWL = SPL + 10log R − 6
SPL = PWL − 10log R + 6
　　 = 100 − 10log 120 + 6
　　 = 85.2 dB

기출 필수문제 출제율 60% 이상

02 평균흡음률 $\bar{\alpha} = 0.15$, 실내의 전 표면적이 360 m²의 중앙에 음향출력(PWL)이 80 dB 인 음원이 있다. 이 음원의 실내평균음도(확산음)는?(단, 확산음장 기준)

풀이

$SPL = PWL - 10\log R + 6$

$R(\text{실정수}) = \dfrac{\bar{\alpha} \cdot S}{1 - \bar{\alpha}} = \dfrac{0.15 \times 360}{1 - 0.15} = 63.5 \, \text{m}^2$

$= 80 - 10\log 63.5 + 6 = 68 \, \text{dB}$

기출 필수문제 출제율 50% 이상

03 기계 10대가 있는 공장의 실정수가 30 m² 일 때 확산음압이 50 dB 이었다. 기계를 20대로 하고 실정수가 300 m² 일 때의 음압레벨은?(단, 두 실은 모두 확산음장)

풀이 확산음장법
① 기계 10대인 경우의 PWL
$$PWL = SPL + 10\log R - 6$$
$$= 50 + 10\log 30 - 6$$
$$= 58.77\,\text{dB}$$
② 기계 20대인 경우의 SPL
$$SPL = PWL - 10\log R + 6 + 10\log(\text{기계대수 변화})$$
$$= 58.77 - 10\log 300 + 6 + 10\log\frac{20}{10}$$
$$= 43.01\,\text{dB}$$

기출 필수문제 출제율 60% 이상

04 실 내부의 표면적이 50 m², 평균흡음률이 0.1인 방 안에 음향출력이 0.15 W인 음원이 있는 경우 평균음압레벨은 몇 dB이 되겠는가?(단, 확산음장이라 가정한다.)

풀이 확산음장법
$$SPL = PWL - 10\log R + 6$$
$$PWL = 10\log\frac{0.15}{10^{-12}} = 111.7\,\text{dB}$$
$$R = \frac{\bar{\alpha} \cdot S}{1 - \bar{\alpha}} = \frac{0.1 \times 50}{1 - 0.1} = 5.55\,\text{m}^2$$
$$SPL = 111.7 - 10\log 5.55 + 6 = 110.3\,\text{dB}$$

05 실정수 250 m² 인 실내 중앙의 바닥 위에 설치되어 있는 소형 기계의 음향파워레벨이 90 dB 일 때, 이 기계로부터 30 m 떨어진 점의 SPL은?

풀이 반확산음장법

$$SPL = PWL + 10\log\left(\frac{Q}{4\pi r^2} + \frac{4}{R}\right) \text{(dB)}$$

$$= 90 + 10\log\left(\frac{2}{4 \times 3.14 \times 30^2} + \frac{4}{250}\right)$$

$$= 72.1 \text{ dB}$$

06 비교적 큰 공장 내부에 PWL 이 100 dB 인 무지향성 소형음원이 있다. 이 음원은 공장 실내의 세 면이 만나는 구석의 바닥에 놓여져 가동되고 있다. 공장 내부의 실정수 R 이 20 m² 일 때 음원으로부터 15 m 지점에서의 음압레벨은?

풀이 공장 내부이므로 반확산음장법이론식을 적용한다.

$$SPL = PWL + 10\log\left(\frac{Q}{4\pi r^2} + \frac{4}{R}\right) \text{(dB)}$$

$PWL : 100 \text{ dB}$
Q : 세 면이 만나는 지점 $Q = 8$
$r : 20 \text{ m}$
$R : 15 \text{ m}^2$

$$= 100 + 10\log\left(\frac{8}{4 \times 3.14 \times 15^2} + \frac{4}{20}\right) = 93.1 \text{ dB}$$

07

바닥 면적이 20×20(m²)이고 높이가 7 m 인 실이 있다. 이 실의 $\bar{\alpha}$가 0.06이고 잔향음압의 실효치가 1.5 N/m² 일 때, 이 실내에 있는 음원의 음향파워는?(단, $\rho c = 400 \text{ rayls}$, $c = 340 \text{ m/sec}$로 가정한다.)

풀이 확산음장법

① $PWL = SPL + 10\log R - 6 \text{(dB)}$

$$SPL = 20\log\frac{1.5}{2\times 10^{-5}} = 97.5 \text{ dB}$$

$$R = \frac{\bar{\alpha} \cdot S}{1-\bar{\alpha}} = \frac{0.06 \times 1,360}{1-0.06} = 86.8 \text{ m}^2$$

$PWL = 97.5 + 10\log 86.8 - 6 = 110.9 \text{ dB}$

② $110.9 = 10\log\dfrac{W}{10^{-12}}$

$W = 10^{11.09} \times 10^{-12} = 0.123 \text{ Watt}$

08

가로 30 m, 세로 40 m, 천장높이 3 m의 바닥중앙에 PWL 90 dB인 기계를 설치하려고 한다. 기계(무지향성) 중심에서 8 m 떨어진 곳의 음압레벨은?(단, 실내의 평균흡음률은 0.4 이다.)

풀이 문제에 소음원의 위치에 대한 언급이 없는 경우 반확산음장법 이론식을 적용한다.

$$SPL = PWL + 10\log\left(\frac{Q}{4\pi r^2} + \frac{4}{R}\right) \text{(dB)}$$

PWL : 90 dB
Q : 바닥중앙 $Q = 2$
r : 8 m

$$R : \frac{\overline{a} \cdot S}{1-\overline{a}} = \frac{0.4 \times 2{,}820}{1-0.4} = 1{,}880 \, \text{m}^2$$

$a : 0.4$

$s : (30 \times 40) \times 2 + (30 \times 3) \times 2 + (40 \times 3) \times 2 = 2{,}820 \, \text{m}^2$

$$= 90 + 10\log\left(\frac{2}{4 \times 3.14 \times 8^2} + \frac{4}{1{,}880}\right) = 66.6 \, \text{dB}$$

기출 필수문제 출제율 70% 이상

09 가로 40 m, 세로 30 m, 높이 10 m의 체육관 중앙 바닥에 PWL 100 dB의 무지향성 점음원이 있으며, 이 체육관의 평균흡음률이 0.2 일 때 직접음과 반사음이 같은 지점의 거리와 그곳의 SPL을 구하면?

풀이

(1) 실반경(r)

$$r = \sqrt{\frac{Q \cdot R}{16\pi}}$$

$Q = 2$ (중앙 바닥)

$$R = \frac{\overline{\alpha} \cdot S}{1-\overline{\alpha}} = \frac{0.2 \times 3{,}800}{1-0.2} = 950 \, \text{m}^2$$

$$S = (40 \times 30 \times 2) + (40 \times 10 \times 2) + (30 \times 10 \times 2) = 3{,}800 \, \text{m}^2$$

$$= \sqrt{\frac{2 \times 950}{16 \times 3.14}} = 6.15 \, \text{m}$$

(2) 음압레벨(SPL)

$$SPL = PWL + 10\log\left(\frac{Q}{4\pi r^2} + \frac{4}{R}\right)$$

$$= 100 + 10\log\left(\frac{2}{4 \times 3.14 \times 6.15^2} + \frac{4}{950}\right)$$

$$= 79.3 \, \text{dB}$$

기출 필수문제 출제율 70% 이상

10 공장 내의 음원에서 거리 r(m)만큼 떨어진 곳의 감음효과는 실정수 R(m²)을 알면 구할 수 있다. 실정수를 300 m² 에서 900 m² 로 개선하였을 때, 음원에서 5 m 위치와 20 m 위치의 감음효과는?(단, 음원의 위치는 공중으로 가정한다.)

풀이

(1) 5 m

① 실정수 $300\,\text{m}^2$

$$SPL_1 = PWL + 10\log\left(\frac{Q}{4\pi r^2} + \frac{4}{R}\right)$$
$$= PWL + 10\log\left(\frac{1}{4\times 3.14\times 5^2} + \frac{4}{300}\right)$$
$$= PWL - 17.82\,(\text{dB})$$

② 실정수 $900\,\text{m}^2$

$$SPL_2 = PWL + 10\log\left(\frac{Q}{4\pi r^2} + \frac{4}{R}\right)$$
$$= PWL + 10\log\left(\frac{1}{4\times 3.14\times 5^2} + \frac{4}{900}\right)$$
$$= PWL - 21.17\,(\text{dB})$$

③ SPL_1과 SPL_2의 차 $= 21.17 - 17.82 = 3.35\,\text{dB}$

(2) 20 m

① 실정수 $300\,\text{m}^2$

$$SPL_1 = PWL + 10\log\left(\frac{1}{4\times 3.14\times 20^2} + \frac{4}{300}\right)$$
$$= PWL - 18.68\,(\text{dB})$$

② 실정수 $900\,\text{m}^2$

$$SPL_2 = PWL + 10\log\left(\frac{1}{4\times 3.14\times 20^2} + \frac{4}{900}\right)$$
$$= PWL - 23.33\,(\text{dB})$$

③ SPL_1과 SPL_2의 차 $= 23.33 - 18.68 = 4.65\,\text{dB}$

13 음장의 종류와 특징

(1) 근음장(Near Field)
① 음원과 근접한 거리(일반적 1~2파장)에서 발생하는 음장이다.
② 입자속도는 음의 전파속도와 관련이 없고 위치에 따라 음압 변동이 심하여 음의 세기는 음압의 제곱과 비례관계가 거의 없는 음장이다.
③ 음압레벨이 음원의 크기, 주파수와 방사면의 위상에 큰 영향을 받는 음장이다.

(2) 원음장(Far Field) *중요내용*
① 음원에서 거리가 2배가 될 때마다 음압레벨이 6 dB씩 감소(역2승법칙)가 시작되는 위치부터 원음장이라 한다.
② 입자속도는 음의 전파방향과 관련성이 있으며 음의 세기는 음압의 제곱에 비례하는 음장이다.
　㉠ 자유음장(Free Field)
　　ⓐ 음압레벨이 음원에서부터 거리가 2배로 되면 6 dB씩 감소하는 음장, 즉 원음장 중 역2승법칙이 만족되는 구역이다.
　　ⓑ 음의 반사면이 없는 자유공간과 같이 전파된다.
　㉡ 잔향음장(Reverberant Field)
　　음원의 직접음과 벽에 의한 반사음이 중복되는 구역을 말한다.
③ 확산음장(Diffuse Field)
　㉠ 밀폐된 실내의 모든 표면에서 입사음이 거의 100% 반사되어 실내 모든 위치에서 음에너지 밀도가 일정하다.
　㉡ 잔향음장에 속하며 잔향실이 대표적이다.
　㉢ 음의 에너지 밀도가 각 위치에서 일정하다.

(3) 잔향실
① 실내표면의 흡음률을 0에 가깝게 하여 표면에 입사한 음을 완전히 반사시켜 확산음장이 형성되도록 만들어진 실이 잔향실이다. *중요내용*

② 잔향실 실내는 충분한 확산을 얻을 수 있도록 확산판을 사용한다.
③ 잔향실의 주요한 벽면은 평행이 되지 않게 하며 실내에 음에너지밀도가 일정하게 한다.
④ 잔향실의 용도 *중요내용*
  ㉠ 흡음률 측정 ㉡ 음향출력 측정
  ㉢ 투과손실 측정 ㉣ 바닥충격음 측정

(4) 무향실

① 자유공간에서처럼 음원으로부터 거리가 멀어짐에 따라 일정하게 감쇠되는 역 2승법칙이 성립하도록 인공적으로 만든 실을 무향실이라 한다. *중요내용*
② 무향실은 자유음장을 유지하기 위한 실, 즉 음의 반사가 없는(100% 흡음) 실을 말한다.
③ 무향실의 용도 *중요내용*
  ㉠ 음원의 방사지향성 측정
  ㉡ 음원의 음향파워레벨 측정
  ㉢ 각종 재료의 차음성능 측정
  ㉣ 각종 음향기기의 특성시험 측정
  ㉤ 소음발생부위 탐사 및 소음원의 정확한 음향특성 측정

(5) 실내음장의 음에너지밀도

① 실내의 음장을 이해하는 수단으로 음에너지밀도가 이용된다.
② 관련식 *중요내용*

$$음에너지밀도(\delta) = \frac{I}{C} = \frac{P^2}{\rho C^2} \, (\text{w} \cdot \text{sec/m}^2 \, ; \, \text{J/m}^3)$$

여기서, I : 음의 세기(w/m²)
C : 음속(m/sec)
P : 음의 압력(N/m²)
ρ : 음장의 밀도(kg/m³)

㉠ 직접음장의 에너지밀도(δ_d)

$$\delta_d = \frac{QW}{4\pi r^2 C}$$

여기서, Q : 지향계수
W : 음향출력(Watt)
C : 음속(m/sec)
r : 음원으로부터 거리(m)

㉡ 잔향음장의 에너지밀도(δ_r)

$$\delta_r = \frac{4W}{CR}$$

여기서, R : 실정수(m² · sabin)

(6) 실반경

① 음원으로부터 어떤 거리 r(m) 떨어진 위치에서 직접음장 및 잔향음장에 의한 음압레벨이 같을 때 이 거리를 실반경이라 한다. *중요내용*

$SPL = PWL + 10\log\left(\dfrac{Q}{4\pi r^2} + \dfrac{4}{R}\right)$(dB)식에서

$\dfrac{Q}{4\pi r^2} = \dfrac{4}{R}$ 로부터 실반경 r을 구하면

$$r = \sqrt{\frac{QR}{16\pi}} \text{ (m)}$$ *중요내용*

② 직접음과 잔향음이 같은 거리는 지향계수의 평방근에 비례한다.

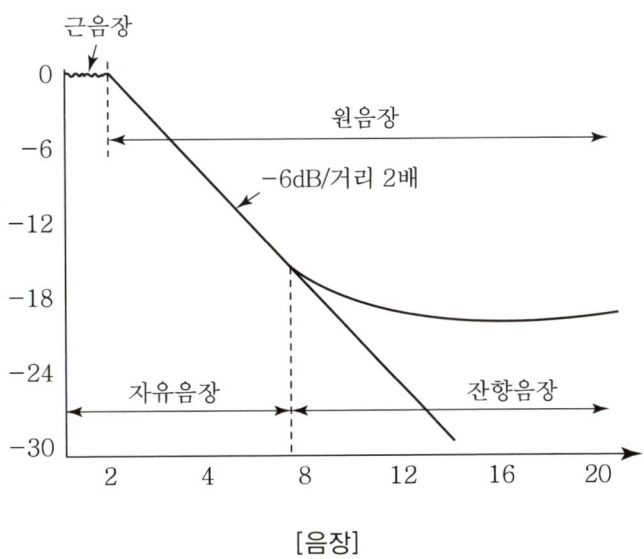

[음장]

기출 필수문제 출제율 60% 이상

01 바닥 면적이 25×25(m²)이고 높이가 2 m 인 실 안의 중앙 바닥에 음향파워 1 W 의 무지향성 음원이 있다. 이 음원으로부터 15 m 떨어진 지점의 음에너지 밀도는?(단, 평균흡음률은 0.2 이고, 음속은 340 m/sec 이다.)

풀이 음에너지 밀도(δ)

$\delta = \delta_d + \delta_r$

$= \dfrac{QW}{4\pi r^2 c} + \dfrac{4W}{cR}$ (J/m³)

$R = \dfrac{\overline{\alpha} \cdot S}{1 - \overline{\alpha}} = \dfrac{0.2 \times 1,450}{1 - 0.2} = 362.5 \, \text{m}^2$

$S = (25 \times 25 \times 2) + (25 \times 2 \times 4) = 1,450 \, \text{m}^2$

$\delta = \dfrac{2 \times 1}{4 \times 3.14 \times 15^2 \times 340} + \dfrac{4 \times 1}{340 \times 362.5} = 3.45 \times 10^{-5} \, \text{J/m}^3$

기출 필수문제 출제율 50% 이상

02 자유공간에서 지향성 음원의 지향계수가 2.0 이고 이 음원의 음향파워레벨이 125 dB 일 때 이 음원으로부터 20 m 떨어진 지점에서의 에너지 밀도(J/m³)는?(단, C=340 m/sec로 한다.)

> **풀이** 자유공간이므로 직접음장의 음에너지 밀도를 구하면
> $$\delta_d = \frac{QW}{4\pi r^2 C}(\text{J/m}^3)$$
> $Q : 2$
> $r : 20\,\text{m}$
> $C : 340\,\text{m/sec}$
> $W : \text{PWL} = 10\log\frac{W}{10^{-12}}$
> $125 = 10\log\frac{W}{10^{-12}} \quad W = 3.16\,\text{Watt}$
> $= \frac{2 \times 3.16}{4 \times 3.14 \times 20^2 \times 340} = 0.000003699(3.7 \times 10^{-6})\text{J/m}^3$

기출 필수문제 출제율 30% 이상

03 실효압력이 0.25 N/m² 일 때 실내 평균음향에너지밀도(J/m³)는?
($\rho C = 411$ rayls, $C = 346$ m/s)

> **풀이** 음향에너지밀도(δ)
> $$\delta = \frac{P^2}{\rho C^2} = \frac{0.25^2}{411 \times 346} = 4.39 \times 10^{-7}\,\text{J/m}^3$$

기출 필수문제 출제율 60% 이상

04 가로 20 m, 세로 20 m, 높이 4 m인 방중앙 바닥에 PWL 90 dB인 무지향성 점음원이 놓여 있다. 이 음원으로부터 10 m 지점에서의 음향에너지밀도(J/m³)는?(단, 실내의 평균흡음률은 0.1, 음속은 340 m/s)

풀이 음향에너지밀도(δ)

$$\delta = \delta_d + \delta_r = \frac{QW}{4\pi r^2 C} + \frac{4W}{RC}$$

$$R = \frac{\overline{\alpha} \cdot S}{1 - \overline{\alpha}} = \frac{0.1 \times 1{,}120}{1 - 0.1} = 124.4 \text{m}^2$$

$$S = (20 \times 20 \times 2) + (20 \times 4 \times 4) = 1{,}120 \text{m}^2$$

$$Q = 2$$

$$PWL = 10\log\frac{W}{10^{-12}}, \quad 90 = 10\log\frac{W}{10^{-12}}$$

$$W = 10^{-12} \times 10^9 = 0.001 W$$

$$= \left(\frac{2 \times 0.001}{4 \times 3.14 \times 10^2 \times 340}\right) + \left(\frac{4 \times 0.001}{124.4 \times 340}\right)$$

$$= 9.9 \times 10^{-8} \text{ J/m}^3$$

기출 필수문제 출제율 50% 이상

05 공장 내부의 바닥 위에 점음원이 있다. 실정수가 316 m² 일 때 실반경(m)은?

풀이 $r = \sqrt{\dfrac{QR}{16\pi}} = \sqrt{\dfrac{2 \times 316}{16 \times 3.14}} = 3.5 \text{m}$

14 소음대책의 순서 및 공장 설계 시 고려사항

(1) 소음대책의 순서 *중요내용*

① 소음이 문제되는 지점의 위치를 귀로 판단하여 확인한다.
② 수음점에서 소음계, 주파수 분석기 등을 이용하여 실태를 조사한다.
③ 수음점의 규제기준을 확인한다.
④ 대책의 목표레벨을 설정한다.
⑤ 문제주파수의 발생원을 탐사(주파수 대역별 소음 필요량 산정)한다.
⑥ 적정 방지기술의 선정
⑦ 시공 및 재평가

(2) 공장 건물 내부에 소음배출시설 설치 시 고려사항

① 소음원
  부지경계선에서 가장 멀리 이격시킨다.
② 부지경계선과의 거리
  현실적으로 큰 거리를 유지하기 어렵다.
③ 건물구조
  건물구조의 차음성은 TL(투과손실) 및 $\overline{TL}$(총합 투과손실)을 고려한 우수한 재료를 사용한다.
④ 개구부 위치
  개구부에 소음기를 부착하고 피해예상지역의 반대측으로 설치한다.
⑤ 타 건물에 의한 차음
  부지경계선에서 목표기준치 이하로 저감이 불가능할 경우 건물(창고, 사무실)이나 방음벽을 설치하여 저감시킨다.

15 소음 방지대책의 방법

(1) 소음원(발생원) 대책 *중요내용

① 소음기 사용(설치)
② 방진처리(15 dB 정도 저감 효과) 및 소음발생원 밀폐
③ 발생원 자체의 유속저감, 마찰력 감소, 공진 방진
④ 음향출력의 저감(저소음장비의 사용)
⑤ 방음박스(커버) 및 흡음덕트 설치
⑥ 운전스케줄의 변경
⑦ 소음원 대책의 예
  ㉠ 해머를 프레스로 대체
  ㉡ 기계프레스를 유압프레스로 대체
  ㉢ 사각절단기를 회전전달기로 대체
  ㉣ 소형, 고속기기를 대형, 저속기기로 대체

(2) 전파경로 대책 *중요내용

① 흡음(공장 건물 내벽의 흡음 처리로 실내 SPL 저감)
② 차음[공장 벽체의 차음성(투과손실) 강화]
③ 방음벽 설치
④ 거리감쇠(소음원과 수음점의 거리를 멀리 띄움)
⑤ 지향성 변환(고주파음에 약 15 dB 정도 저감 효과)
⑥ 주위에 잔디를 심어 음반사를 차단

(3) 수음자 대책 *중요내용

① 청력보호구(귀마개, 귀덮개) 착용
② 정기 청력 검사 실시

(4) 음향출력 및 음압레벨의 변화 이론식

소음이 많이 발생되고 있는 소음방사부에 소음장치를 부착하여 음향출력이 W에서 W'으로 변하고 음압레벨도 SPL에서 SPL'로 변하는 이론적인 식은 다음과 같다.

$$SPL' = 10 \log w - 10 \log\left(\frac{W}{W'}\right) + 10 \log\left(\frac{Q}{4\pi r^2} + R_i\right) + 120 \quad (dB)$$

(5) 소음제어를 위한 자재류의 기능 특성 *중요내용*

① 흡음재
  ㉠ 성상
    경량의 다공성 자재이며, 차음재로는 바람직하지 않다.
  ㉡ 기능
    ⓑ 음에너지를 열에너지로 변환시킨다.
    ⓐ 소음의 흡음 처리는 음파를 흡수하여 감쇠시키는 것이다. 음파를 흡수한다는 것은 음파의 파동에너지를 감소시켜 매질입자의 운동에너지를 열에너지로 전환한다는 것이다.
  ㉢ 용도
    잔향음의 에너지 저감에 사용된다.

② 차음재
  ㉠ 성상
    상대적으로 고밀도이며 가공이 없고 흡음재로는 바람직하지 않다.
  ㉡ 기능
    음에너지를 감쇠시킨다.
  ㉢ 용도
    음의 투과율을 저감(투과손실 증가)에 사용된다.

③ 제진재
  ㉠ 성상
    상대적으로 큰 내부손실을 가진 신축성이 있는 점탄성 자재이다.

ⓒ 기능

진동에너지의 변환, 즉 자재의 점성 흐름손실이나 내부마찰에 의해 열에너지로 변환되는 것을 의미한다.

ⓒ 용도

ⓐ 진동으로 판넬에서 발생하는 음에너지의 저감에 사용된다.
ⓑ 공기전파음에 의해 발생하는 공진진폭의 저감에 사용된다.
ⓒ 판넬 가장자리나 구성요소 접속부의 진동에너지 전달의 저감에 사용된다.

④ 차진재

㉠ 성상

방진고무, 금속 및 공기스프링의 형태이다.

㉡ 기능

구조적 진동과 진동 전달력을 저감시켜 진동에너지를 감소시킨다.

㉢ 용도

일반 회전기계류의 전달률 저감에 사용된다.

⑤ 소음기

㉠ 성상

반사작용이나 형태를 직렬 또는 병렬로 조합한 구조이다.

㉡ 기능

기체의 정상흐름 상태에서 음에너지의 전환으로 감소시킨다.

㉢ 용도

덕트소음, 엔진의 흡배기음, 회전기계(송풍기, 터빈) 등에 사용하여 저감시킨다.

> **Reference | 능동소음제어 *중요내용**
>
> ① 원래의 소음에 제어음을 생성하여 두 음을 중첩, 상쇄시켜 의도한 위치에서의 음압을 감소시킨다.
> ② 원래의 소음 음장과 제어음장과의 상호 선형적인 성질이 있어야 한다.
> ③ 제어대상 소음과 제어음 사이에 180도의 위상차가 있어야 한다.
> ④ 500 Hz 이하의 저주파수 영역의 소음 저감에 적합하다.

16 공장소음 방지계획

(1) 공장의 신설 및 증설의 경우

① 지역 구분에 따른 부지 경계선에서의 소음레벨이 규제기준 이하가 되도록 설계한다.
② 특정 공장인 경우는 방지계획 및 설계도를 첨부한다.
③ 공장건축물·구조물에 의한 방음설계, 기계자체 및 조합에 의한 방음설계의 계획을 세운다.

(2) 기존 공장의 경우

① 지역 구분에 따른 부지경계선에서의 소음레벨이 규제기준 이하가 되도록 설계한다.
② 특정 공장인 경우는 방지계획 및 설계도를 첨부한다.
③ 공장 내에서 기계의 배치를 바꾸든가, 소음레벨이 큰 기계를 부지경계선에서 먼 곳으로 이전 설치한다.

(3) 방음설계 안전율

일반적으로 공장의 방음설계를 할 경우 소음필요량에 가하는 안전율은 5 dB 정도이다.

(4) 공장건설 시 공장소음 방지를 위한 고려사항

① 주 소음원이 될 것으로 예상되는 것은 가급적 부지경계선에서 멀리 배치한다.
② 개구부나 환기부는 주택가와 반대측에 설치하는 것이 바람직하다.
③ 거리감쇠도 소음 방지를 위해서 이용하는 편이 좋다.
④ 공장의 건물은 공장의 부지경계선과 가능한 이격시키는 것이 좋다.

17 실내 평균흡음률 계산 방법

(1) 재료별 면적과 흡음률 계산에 의한 방법 *중요내용

① 평균흡음률($\bar{\alpha}$)

$$\bar{\alpha} = \frac{\sum S_i \alpha_i}{\sum S_i} = \frac{S_1\alpha_1 + S_2\alpha_2 + S_3\alpha_3 + \cdots}{S_1 + S_2 + S_3 + \cdots}$$

여기서, S_1, S_2, S_3 : 실내 각부의 면적(m^2)
　　　　　　　　　　　일반적으로 실내는 천장, 바닥, 벽면을 고려
　　　　α_1, α_2, α_3 : 실내 각부의 흡음률

② 흡음력(A)

$$A = S\bar{\alpha} = \sum_{i=1}^{n} S_i \alpha_i (m^2, \text{ sabin})$$

여기서,　S : 실내 내부의 전 표면적(m^2)
　　　　$\bar{\alpha}$: 평균흡음률
　　　　S_i, α_i : 각 흡음재의 면적과 흡음률

③ 실정수(R)

$$R = \frac{S\bar{\alpha}}{1-\bar{\alpha}} (m^2, \text{ sabin})$$

여기서, S : 실내 내부의 전 표면적(m^2)
　　　　$\bar{\alpha}$: 평균흡음률

(2) 잔향시간 측정에 의한 방법 *중요내용*

① 잔향시간(T)
  ㉠ 잔향시간은 실내에서 음원을 끈 순간부터 직선적으로 음압레벨이 60 dB(에너지밀도가 10^{-6} 감소) 감쇠되는 데 소요되는 시간(sec)이다.
  ㉡ 잔향시간을 이용하면 대상 실내의 평균흡음률을 측정할 수 있다.

② 관계식

$$T = \frac{0.161\,V}{A} = \frac{0.161\,V}{S\,\bar{\alpha}}\,(\sec)$$

$$\bar{\alpha} = \frac{0.161\,V}{ST}$$

여기서, T : 잔향시간(sec)
  V : 실의 체적(부피)(m^3)
  A : 총 흡음력($\sum \alpha_i S_i$)(m^2, sabin)
  S : 실내 내부의 전 표면적(m^2)

(3) 표준음원(파워레벨을 알고 있는 음원)에 의한 방법

$$\bar{\alpha} = \frac{\log^{-1}\left(\dfrac{PWL_0 - SPL_0 + 6}{10}\right)}{S + \log^{-1}\left(\dfrac{PWL_0 - SPL_0 + 6}{10}\right)}$$

여기서, PWL_0 : 표준음원의 음향파워레벨(dB)
  SPL_0 : 표준음원에서 멀리 떨어진 곳에서의 음압레벨(dB)
  S : 실내 내부의 전 표면적(m^2)

18 흡음률 측정법

(1) 정재파법(관내법)

① 수직입사 흡음률 측정방법을 주로 이용한 것이다.
② 관의 한쪽 끝에 시료 충전 후, 다른 한쪽 끝에 부착된 스피커에 순음이 발생하면 관 내에 정재파가 생겨 $\lambda/4$ 간격으로 음압의 고·저 차가 생긴다.
③ 음압 고·저의 정재파비(n)

$$n = \frac{P_{\max}}{P_{\min}} = \frac{A+B}{A-B}$$

④ 흡음률(α_t)

$$\alpha_t = \frac{4}{n + \dfrac{1}{n} + 2} \left(= 1 - \frac{(1-n)^2}{(1+n)^2} \right)$$

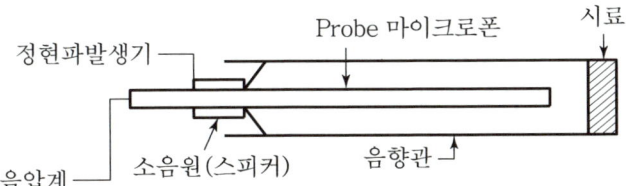

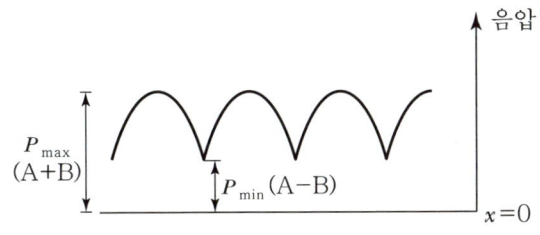

[정재파법의 흡음률 측정]

(2) 잔향실법 중요내용

① 난입사 흡음률 측정법으로 실제 현장에서 적용되고 있다.
② 시료 부착 전 잔향실의 평균흡음률($\overline{\alpha_0}$)

$$\overline{\alpha_0} = \frac{0.161\,V}{S T_0}$$

여기서, V : 실의 체적(m³)
S : 잔향실 내부의 표면적(m²)
T_0 : 시료 부착 전의 잔향시간(sec)

③ 시료 부착 후 시료의 흡음률(α_r)

$$\alpha_r = \frac{0.161\,V}{S'}\left(\frac{1}{T} - \frac{1}{T_0}\right) + \overline{\alpha_0}$$

여기서, T : 시료 부착 후의 잔향시간(sec)
S' : 시료의 면적(m²)

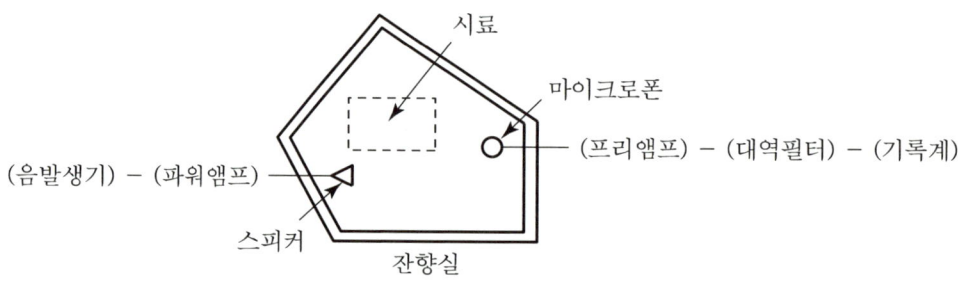

[잔향실법의 흡음률 측정]

제1편 소음개론 및 방지기술

기출 필수문제 출제율 50% 이상

01 바닥면적이 6 m×7 m 이고 높이가 2.5 m 인 방이 있다. 바닥, 벽, 천장의 흡음률이 각각 0.1, 0.35, 0.55 일 때 이 방의 평균흡음률은?

풀이

$$\bar{\alpha} = \frac{S_{천}\alpha_{천} + S_{벽}\alpha_{벽} + S_{바}\alpha_{바}}{S_{천} + S_{벽} + S_{바}}$$

$S_{천} = 6 \times 7 = 42\,\text{m}^2$

$S_{벽} = (6 \times 2.5 \times 2) + (7 \times 2.5 \times 2) = 65\,\text{m}^2$

$S_{바} = 6 \times 7 = 42\,\text{m}^2$

$$= \frac{(42 \times 0.55) + (65 \times 0.35) + (42 \times 0.1)}{42 + 65 + 42} = 0.34$$

기출 필수문제 출제율 70% 이상

02 가로, 세로, 높이가 각각 8 m, 10 m, 4 m 인 작업장의 바닥, 벽, 천장의 흡음률이 각각 0.01, 0.25, 0.3 이다. 천장에 흡음 처리를 하여서 흡음률을 0.6 으로 증가시켰을 때 이 작업장 내부의 평균흡음률 증가량은?

풀이

천장흡음률 증가 전 평균흡음률($\bar{\alpha_1}$)

$S_{천} = 8 \times 10 = 80\,\text{m}^2$

$S_{벽} = (8 \times 4 \times 2) + (10 \times 4 \times 2) = 144\,\text{m}^2$

$S_{바} = 8 \times 10 = 80\,\text{m}^2$

$$\bar{\alpha_1} = \frac{(80 \times 0.3) + (144 \times 0.25) + (80 \times 0.01)}{80 + 144 + 80} = 0.2$$

천장흡음률 증가 후 평균흡음률

$$\bar{\alpha_2} = \frac{(80 \times 0.6) + (144 \times 0.25) + (80 \times 0.01)}{80 + 144 + 80} = 0.28$$

증가량 $= \bar{\alpha_2} - \bar{\alpha_1} = 0.28 - 0.2 = 0.08$

기출 필수문제 출제율 50% 이상

03 바닥면적이 5 m×5 m 이고 높이가 3 m 인 방이 있다. 바닥 및 천장의 흡음률이 0.3 일 때 벽체에 흡음재를 부착하여 실내의 평균흡음률을 0.55 이상으로 하고자 한다면 벽체 흡음재의 흡음률은 얼마 정도가 되어야 하는가?

풀이

$$\bar{\alpha} = \frac{S_{천}\alpha_{천} + S_{벽}\alpha_{벽} + S_{바}\alpha_{바}}{S_{천} + S_{벽} + S_{바}}$$

$S_{천} = 5 \times 5 = 25\,\text{m}^2$

$S_{벽} = 5 \times 3 \times 4 = 60\,\text{m}^2$

$S_{바} = 5 \times 5 = 25\,\text{m}^2$

$$0.55 = \frac{(25 \times 0.3) + (60 \times \alpha_{벽}) + (25 \times 0.3)}{25 + 60 + 25}$$

$\alpha_{벽} = 0.76$

기출 필수문제 출제율 50% 이상

04 어느 작업장의 용적이 400 m³, 표면적이 200 m², 벽면의 평균흡음률이 0.15 이면 잔향시간(sec)은?

풀이

잔향시간(T)

$$T = \frac{0.161 \times V}{A} = \frac{0.161 \times V}{S\bar{\alpha}} = \frac{0.161 \times 400}{200 \times 0.15} = 2.15\,\text{sec}$$

기출 필수문제 출제율 60% 이상

05 가로, 세로, 높이가 5 m, 7 m, 2 m 인 방의 벽, 바닥, 천장의 500 Hz 밴드에서의 흡음률이 각각 0.25, 0.05, 0.10 일 때 500 Hz 음의 잔향시간(sec)은?

풀 이

잔향시간(T)

$$T = \frac{0.161 \times V}{S\bar{\alpha}}$$

S(실내 전 표면적) : $S_\text{벽} = (5 \times 2 \times 2) + (7 \times 2 \times 2) = 48\,\text{m}^2$

$S_\text{바} = 5 \times 7 = 35\,\text{m}^2$

$S_\text{천} = 5 \times 7 = 35\,\text{m}^2$

$$\bar{\alpha} = \frac{(48 \times 0.25) + (35 \times 0.05) + (35 \times 0.1)}{48 + 35 + 35} = 0.146$$

$$= \frac{0.161 \times (5 \times 7 \times 2)}{(48 + 35 + 35) \times 0.146} = 0.65\,\text{sec}$$

기출 필수문제 출제율 50% 이상

06 실내 총 표면적이 300 m² 인 회의실이 있다. 이 회의실의 벽체 면적은 100 m² 로 흡음률이 0.5 이고, 나머지 바닥과 천장의 흡음률은 각각 0.3 일 때, 이 회의실의 흡음력(m²)은?

풀 이

흡음력(A)

$A = S \cdot \bar{\alpha}$

S(실내 전 표면적) : 300 m²

$$\bar{\alpha} = \frac{(100 \times 0.5) + (100 \times 0.3) + (100 \times 0.3)}{300} = 0.37$$

$= 300 \times 0.37 = 111\,\text{m}^2$

기출 필수문제 출제율 60% 이상

07 18m×12m×5m의 홀에 30명의 청중이 있으며 이 홀의 sabin 흡음률이 천장 0.2, 벽 0.15, 바닥 0.12 이다. 잔향시간(sec)을 구하면?(단, 청중 1인당 흡음력은 0.5 sabin 으로 한다.

풀이 잔향시간

$$T = \frac{0.161 \times V}{A} (\sec)$$

$V = 18 \times 12 \times 5 = 1{,}080 \, m^3$

$A = S \cdot \overline{\alpha}$

$S = (18 \times 12 \times 2) + (18 \times 5 \times 2) + (12 \times 5 \times 2) = 732 \, m^2$

$\overline{\alpha} = \dfrac{(216 \times 0.2) + (300 \times 0.15) + (216 \times 0.12)}{216 + 300 + 216} = 0.16$

$A = 732 \times 0.16 = 117.12 \, m^2$

청중흡음력 $= 0.5 \, m^2 / 1인 \times 30인 = 15 \, m^2$

$= \dfrac{0.161 \times 1{,}080}{(117.12 + 15)} = 1.32 \sec$

기출 필수문제 출제율 60% 이상

08 $4m^L \times 5m^W \times 3m^H$ 인 방에서 측정한 잔향시간이 500 Hz에서 0.33초 일 때 이 방의 평균흡음률은?

풀이 평균흡음률($\overline{\alpha}$)

$$\overline{\alpha} = \frac{0.161 \, V}{S \cdot T}$$

V(실의 체적) : $4 \times 5 \times 3 = 60 \, m^3$

T(잔향시간) : $0.33 \sec$

S(실내 전 표면적) : $(4 \times 5 \times 2) + (4 \times 3 \times 2) + (5 \times 3 \times 2) = 94 \, m^2$

$= \dfrac{0.161 \times 60}{94 \times 0.33} = 0.31$

기출 필수문제 출제율 60% 이상

09 용적 125 m³, 표면적 150 m² 인 잔향실의 잔향시간은 5.5초이다. 이 잔향실의 바닥에 10 m²의 흡음재를 부착하여 측정한 잔향시간이 3.0초 되었을 때, 이 흡음재의 흡음률은?

풀이 시료 부착 후 시료의 흡음률(α_r)

$$\alpha_r = \frac{0.161\,V}{S'}\left(\frac{1}{T} - \frac{1}{T_0}\right) + \overline{\alpha_0}$$

V(실의 체적) : 125 m³
S'(시료의 면적) : 10 m²
T(시료 부착 후 잔향시간) : 3.0 sec
T_0(시료 부착 전 잔향시간) : 5.5 sec
$\overline{\alpha_0}$(시료 부착 전 평균흡음률) : 0.024
S(실 내부 표면적) : 150 m²

$$\overline{\alpha_0} = \frac{0.161\,V}{ST_0} = \frac{0.161 \times 125}{150 \times 5.5} = 0.024$$

$$= \frac{0.161 \times 125}{10}\left(\frac{1}{3.0} - \frac{1}{5.5}\right) + 0.024 = 0.33$$

기출 필수문제 출제율 70% 이상

10 가로, 세로, 높이가 5 m, 7 m, 2 m 인 방의 벽, 바닥, 천장의 500 Hz 밴드에서의 흡음률이 각각 0.25, 0.05, 0.15 이다. 벽의 80%를 500 Hz 밴드에서의 흡음률이 0.65 인 재료로 처리했을 때 500 Hz 음의 잔향시간(sec)은?

풀이 잔향시간(T)

$$T = \frac{0.161 \times V}{S \cdot \overline{\alpha}}$$

V(실의 체적) $= 5 \times 7 \times 2 = 70$ m³
S(실 내부 표면적) $= (5 \times 7 \times 2) + (5 \times 2 \times 2) + (7 \times 2 \times 2) = 118$ m²

$$\bar{\alpha}(\text{평균흡음률}) = \frac{(9.6 \times 0.25) + (38.4 \times 0.65) + (35 \times 0.05) + (35 \times 0.15)}{118} = 0.291$$

벽의 표면적 : $(5 \times 2 \times 2) + (7 \times 2 \times 2) = 48 \, m^2$
$(48 \, m^2 \times 0.8 = 38.4 \, m^2)$
$[48 \, m^2 - 38.4 \, m^2 = 9.6 \, m^2]$

$$= \frac{0.161 \times 70}{118 \times 0.291} = 0.33 \sec$$

기출 필수문제 출제율 70% 이상

11 어떤 공장 내에 아래의 조건을 만족하는 A실과 B실이 있다. A실의 잔향시간을 1초라 할 때, B실의 잔향시간은?

- 〈A실〉 실용적 240 m^3, 건물 내부 표면적 256 m^2
- 〈B실〉 실용적 1,920 m^3, 건물 내부 표면적 1,024 m^2
  단, A실과 B실의 내벽은 동일 재료로 되어 있다.

풀이 A실의 평균흡음률($\bar{\alpha}$)

$$\bar{\alpha} = \frac{0.161 V}{ST} = \frac{0.161 \times 240}{256 \times 1} = 0.151$$

B실의 잔향시간(T)

$$T = \frac{0.161 V}{S\bar{\alpha}} = \frac{0.161 \times 1,920}{1,024 \times 0.151} = 2 \sec$$

기출 필수문제 출제율 60% 이상

12 바닥 면적이 15m×20m이고, 높이가 3 m 인 실이 있다. 이 실의 잔향시간은 1초일 때 실정수는?

> **[풀이]** 실정수(R)
>
> $$R = \frac{\overline{\alpha} \times S}{1 - \overline{\alpha}} \, (\text{m}^2)$$
>
> $$T = \frac{0.161 \times V}{S \times \overline{\alpha}}$$
>
> $$\overline{\alpha} = \frac{0.161 \times V}{S \times T}$$
>
> $V = 15 \times 20 \times 3 = 900 \, \text{m}^3$
>
> $S = (15 \times 20 \times 2) + (15 \times 3 \times 2) + (20 \times 3 \times 2) = 810 \, \text{m}^2$
>
> $T = 1 \, \text{sec}$
>
> $\overline{\alpha} = \dfrac{0.161 \times 900}{810 \times 1} = 0.1789$
>
> $= \dfrac{0.1789 \times 810}{1 - 0.1789} = 176.47 \, \text{m}^2$

기출 필수문제 출제율 70% 이상

13 확산음장으로 볼 수 있는 공장의 부피가 3,000 m³, 내부 표면적이 1,700 m², 그 평균 흡음률이 0.1 일 때, 다음을 구하시오.

(1) 실내 음선의 평균자유전파경로

(2) 실정수

(3) 잔향시간

(4) 실내에 PWL 100 dB인 음원을 설치할 때 실내의 평균음압레벨

> **[풀이]** (1) 평균자유전파경로(P)
>
> $$P = \frac{4V}{S} = \frac{4 \times 3,000}{1,700} = 7.05 \, \text{m}$$
>
> (2) 실정수(R)
>
> $$R = \frac{\overline{\alpha} \cdot S}{1 - \overline{\alpha}} = \frac{0.1 \times 1,700}{1 - 0.1} = 188.9 \, \text{m}^2$$

(3) 잔향시간(T)

$$T = \frac{0.161 \times V}{S \cdot \bar{\alpha}} = \frac{0.161 \times 3,000}{1,700 \times 0.1} = 2.84 \, \text{sec}$$

(4) 실내의 평균음압레벨(SPL)

$$SPL = PWL + 10\log\left(\frac{4}{R}\right)$$

$$= 100 + 10\log\left(\frac{4}{188.9}\right) = 83.3 \, \text{dB}$$

기출 필수문제 출제율 70% 이상

14 어느 전자공장 내 소음대책으로 다공질재료로 흡음매트공법을 벽체와 천장부에 각각 적용하였다. 작업장 규격은 25 L×12 W×5 H(m) 이고, 대책 전 바닥 벽체 및 천장부의 평균흡음률은 각각 0.02, 0.05 와 0.1 이었다면 잔향시간 비(대책 전/대책 후)는?(단, 흡음매트의 평균흡음률은 0.65로 한다.)

[풀이] 대책 전 잔향시간(T_1)

$$T_1 = \frac{0.161 \times V}{S\bar{\alpha}}$$

S(실내의 전 표면적) : $S_{바} = 25 \times 12 = 300 \, \text{m}^2$

$S_{벽} = (25 \times 5 \times 2) + (12 \times 5 \times 2) = 370 \, \text{m}^2$

$S_{천} = 25 \times 12 = 300 \, \text{m}^2$

V(실내의 체적) : $25 \times 12 \times 5 = 1,500 \, \text{m}^3$

$\bar{\alpha}$(평균흡음률) :

$$\bar{\alpha} = \frac{(300 \times 0.02) + (370 \times 0.05) + (300 \times 0.1)}{300 + 370 + 300} = 0.056$$

$$= \frac{0.161 \times 1,500}{970 \times 0.056} = 4.45 \, \text{sec}$$

대책 후 잔향시간(T_2)

$$T_2 = \frac{0.161 \times V}{S\bar{\alpha}}$$

$\bar{\alpha}$ (평균흡음률) :

$$\bar{\alpha} = \frac{(300 \times 0.02) + (370 \times 0.65) + (300 \times 0.65)}{300 + 370 + 300} = 0.455$$

$$= \frac{0.161 \times 1,500}{970 \times 0.455} = 0.54 \sec$$

$$\frac{대책\ 전\ 잔향시간}{대책\ 후\ 잔향시간} = \frac{4.45}{0.54} = 8.24$$

기출 필수문제 출제율 60% 이상

15 가로×세로×높이가 각각 20 m×15 m×5 m 인 방의 바닥 및 천장의 흡음률은 0.1 이고, 벽의 흡음률은 0.3 이다. 이 방의 바닥중앙에 음향파워레벨이 90 dB인 무지향성 점음원이 있을 때 평균흡음률은 얼마인가?

풀이 평균흡음률($\bar{\alpha}$)

$$\bar{\alpha} = \frac{(300 \times 0.1) + (300 \times 0.1) + (350 \times 0.3)}{300 + 300 + 350} = 0.174$$

기출 필수문제 출제율 70% 이상

16 가로×세로×높이가 각각 6 m×7 m×5 m 인 실내의 잔향시간이 2초였다. 이 실내에 음향파워레벨이 100 dB 인 음원이 있을 경우, 이 실내의 음압레벨(dB)은?

풀이 실내의 음압레벨(SPL)

$$SPL = PWL + 10 \log\left(\frac{4}{R}\right)$$

$$실정수(R) = \frac{S \cdot \overline{\alpha}}{1-\overline{\alpha}}$$

실내 전 표면적(S)
$$= (6\times7\times2) + (6\times5\times2) + (7\times5\times2) = 214\,\mathrm{m^2}$$

잔향시간(T) $= \dfrac{0.161 \times V}{S \cdot \overline{\alpha}}$

$$\overline{\alpha} = \frac{0.161 \times V}{S \cdot T} = \frac{0.161 \times 210}{214 \times 2} = 0.079$$

$$= \frac{214 \times 0.079}{1-0.079} = 18.35\,\mathrm{m^2}$$

$$= 100 + 10\log\left(\frac{4}{18.35}\right) = 93.4\,\mathrm{dB}$$

기출 필수문제 출제율 50% 이상

17 크기가 7 m×8 m×6 m 이고 3초의 잔향시간을 갖는 잔향실 내에 소음원을 가동시킨 후 측정한 평균음압레벨이 80 dB 이었다. 이 소음원의 음향파워는 몇 Watt 인가?

풀이 실내 음향파워레벨(PWL)

$$\mathrm{PWL} = \mathrm{SPL} - 10\log\left(\frac{4}{R}\right)$$

$$R = \frac{S \cdot \overline{\alpha}}{1-\overline{\alpha}}$$

$$T = \frac{0.161\,V}{S \cdot \overline{\alpha}}$$

$$\overline{\alpha} = \frac{0.161\,V}{S \cdot T} = \frac{0.161 \times (7\times8\times6)}{[(7\times8\times2)+(7\times6\times2)+(8\times6\times2)]\times 3} = 0.062$$

$$= \frac{292 \times 0.062}{1-0.062} = 19.30\,\mathrm{m^2}$$

$$= 80 - 10 \log\left(\frac{4}{19.30}\right) = 86.83 \, \text{dB}$$

$$86.83 = 10 \log \frac{W}{10^{-12}}$$

$$W = 10^{8.683} \times 10^{-12} = 0.0004819 \, \text{Watt} = 4.82 \times 10^{-4} \, \text{Watt}$$

기출 필수문제 출제율 70% 이상

18 가로 20 m, 세로 15 m, 높이 5 m 인 방의 바닥 및 천장의 흡음률은 0.1 이고, 벽의 흡음률은 0.3 이다. 이 방의 바닥 중앙에 음향파워레벨 90 dB 인 무지향성 점음원이 놓여 있을 때 다음을 구하시오.

(1) 평균흡음률   (2) 실정수
(3) 실반경   (4) 실반경에서의 음압도

풀이

(1) 평균흡음률($\bar{\alpha}$)

$$\bar{\alpha} = \frac{\sum S_i \alpha_i}{\sum S_i}$$

$$= \frac{(300 \times 0.1) + (300 \times 0.1) + (350 \times 0.3)}{300 + 300 + 350} = 0.173$$

(2) 실정수(R)

$$R = \frac{\bar{\alpha} \cdot S}{1 - \bar{\alpha}} = \frac{0.173 \times 950}{1 - 0.173} = 198.73 \, \text{m}^2$$

(3) 실반경(r)

$$r = \sqrt{\frac{Q \cdot R}{16\pi}}$$

$$Q = 2$$

$$= \sqrt{\frac{2 \times 198.73}{16 \times 3.14}} = 2.81 \, \text{m}$$

(4) 실반경에서의 음압도(SPL)

$$SPL = PWL + 10\log\left(\frac{Q}{4\pi r^2} + \frac{4}{R}\right)$$

$$= 90 + 10\log\left(\frac{2}{4\times 3.14 \times 2.82^2} + \frac{4}{199.5}\right)$$

$$= 76.02\,dB$$

기출 필수문제 출제율 60% 이상

19 2 kHz 옥타브밴드에서 잔향시간이 3초의 공장지면 내에 음향파워레벨이 120 dB 인 소형 압축기가 가동되고 있다. 이 공장의 가로×세로×높이가 각각 5 m ×7 m×2 m 일 때, 음원으로부터 10 m 떨어진 곳에서의 음압레벨은?

[풀이] 실내 일정거리의 음압레벨(SPL)

$$SPL = PWL + 10\log\left(\frac{Q}{4\pi r^2} + \frac{4}{R}\right)$$

PWL : 120 dB

r : 10 m

Q : 지면(2)

$$R = \frac{S \cdot \overline{\alpha}}{1 - \overline{\alpha}}$$

$$\overline{\alpha} = \frac{0.161 \times V}{S \cdot T} = \frac{0.161 \times (5\times 7\times 2)}{[(5\times 7\times 2)+(5\times 2\times 2)+(7\times 2\times 2)]\times 3}$$

$$= 0.0318$$

$$= \frac{118 \times 0.0318}{1 - 0.0318} = 3.88\,m^2$$

$$= 120 + 10\log\left(\frac{2}{4\times 3.14\times 10^2} + \frac{4}{3.88}\right) = 120.1\,dB$$

20 공간이 큰 작업실의 바닥면 한가운데에 설치되어 있는 소형 기계의 음향파워 레벨이 90 dB 이고, 이 기계로부터 4 m 떨어진 점의 음압레벨이 74.7 dB 이라면 실내의 실정수(m^2)는 얼마인가?

풀이
$$SPL = PWL + 10\log\left(\frac{Q}{4\pi r^2} + \frac{4}{R}\right)$$
$$74.7 = 90 + 10\log\left(\frac{2}{4\times 3.14\times 4^2} + \frac{4}{R}\right)$$
$$R = 204.5 m^2$$

21 어느 재료의 흡음성능을 측정하기 위하여 정재파 관내법을 사용하였을 때 1,000 Hz 순음인 sine파의 정재파 비가 1.5 이었다면 이 흡음재의 흡음률은?

풀이 흡음률(α_t)
$$\alpha_t = \frac{4}{n + \frac{1}{n} + 2} = \frac{4}{1.5 + \frac{1}{1.5} + 2} = 0.96$$

22 관내법에 의한 시료의 흡음률 측정에서 입사음의 진폭이 2×10^{-1} Pa, 반사음의 진폭이 1×10^{-1} Pa 일 때 이 시료의 흡음률은?

풀이
$$정재파비(n) = \frac{P_{max}}{P_{min}} - \frac{A+B}{A-B} = \frac{(2\times 10^{-1}) + (1\times 10^{-1})}{(2\times 10^{-1}) - (1\times 10^{-1})} = 3$$
$$흡음률(\alpha_t) = \frac{4}{n + \frac{1}{n} + 2} = \frac{4}{3 + \frac{1}{3} + 2} = 0.75$$

기출 필수문제 출제율 30% 이상

23 실내의 평균흡음률을 구하기 위하여 이미 알고 있는 표준음원을 이용하였다. 표준음원의 음향파워레벨이 100 dB, 실내의 평균음압레벨이 86 dB, 실내의 표면적이 450 m² 일 때, 실내의 평균흡음률은?

풀이

$$\bar{\alpha} = \frac{\log^{-1}\left(\dfrac{PWL_0 - SPL_0 + 6}{10}\right)}{S + \log^{-1}\left(\dfrac{PWL_0 - SPL_0 + 6}{10}\right)}$$

$$= \frac{\log^{-1}\left(\dfrac{100 - 86 + 6}{10}\right)}{450 + \log^{-1}\left(\dfrac{100 - 86 + 6}{10}\right)}$$

$$= \frac{(\log 2)^{-1}}{450 + (\log 2)^{-1}} = \frac{3.3}{450 + 3.3} = 0.0073$$

19 흡음기구의 종류와 특성

(1) 다공질형 흡음 *중요내용

① 흡음원리
다공질 흡음재료는 음파가 재료 중을 통과할 때 재료의 다공성에 따른 저항 때문에 에너지가 감쇠하는 원리, 즉 음에너지를 운동에너지로 바꾸어 열에너지로 전환된다.

② 흡음 특성
중·고음역에서 흡음성이 좋다.

③ 종류
석면, 암면, 섬유 및 뿜칠섬유재료, 발포수지재료, 유리솜

④ 특징
㉠ 다공질 재료를 벽에 밀착할 경우 주파수가 높아질수록 일반적으로 흡음률이 증가된다.
㉡ 재료의 두께를 증가시키면 넓은 영역에서 흡음률이 증가한다. 또한 밀도를 증가시켜도 두께를 증가시키는 것과 같은 효과를 얻을 수 있다.
㉢ 벽과의 사이에 공기층을 두고 흡음재를 설치할 경우 그 두께에 따라 저주파영역까지 흡음효과가 증대된다.
㉣ 시공 시에는 벽면에 바로 부착하는 것보다 입자속도가 최대로 되는 1/4 파장의 홀수 배 간격으로 배후공기를 두고 설치하면 음파의 운동에너지를 가장 효율적·경제적으로 열에너지로 전환시킬 수 있으며, 저음역의 흡음률도 개선된다.
㉤ 다공질 재료의 흡음특성은 통기저항, 두께, 배후 조건 등에 따라 크게 변화된다.

(2) 판(막)진동형 흡음 ^{중요내용}

① 흡음 원리

벽이 공기층을 두고 통기성이 없는 판 또는 막을 팽팽하게 설치하면 판은 질량, 공기층의 탄성은 스프링으로 작용하는 공진계가 형성되며, 이때 판 자체의 내부손실이나 접합부의 마찰저항에 의해 진동에너지가 열에너지로 변환되어 흡음효과가 발생한다.

② 흡음 특성

저음역(80~300 Hz에서 최대흡음률 0.2~0.5)에서 흡음성이 좋다.

③ 종류

비닐시트, 석고보드, 석면슬레이트, 합판

④ 특징
  ㉠ 판은 진동에 민감한, 얇고 가벼울수록 흡음률이 우수하다.
  ㉡ 판상재료의 판이 두껍거나 판 뒤에 공기층이 클수록 흡음특성은 저음역으로 이동한다.
  ㉢ 판상재료의 뒤에 공기층을 두면 판의 치수와 강성에 의한 고유진동으로 비교적 낮은 음을 흡수하기 쉽다.
  ㉣ 판상재료의 뒤에 둔 공기층에 다공질 흡음재료를 삽입하면 흡음 피크가 상당히 개선된다.

⑤ 관련식

흡음주파수(f)

$$f = \frac{c}{2\pi}\sqrt{\frac{\rho}{m \cdot d}} = \frac{60}{\sqrt{m \cdot d}}\,(\text{Hz})$$

여기서, f : 판, 막 흡음재의 흡음주파수(Hz)
  C : 음속(m/sec) ρ : 공기밀도(kg/m³)
  d : 공기층(m) m : 면밀도(kg/m²)

(3) 공명흡음

① **흡음 원리**

Helmholtz 공명기라 하며 목부분의 공기를 질량, 공동부의 공기를 탄성 스프링으로, 음이 입사될 때 공명이 일어나 목부분의 공기는 격하게 진동하며, 공기의 진동이 심하면 마찰에 의한 열에너지 변환율도 증대되어 흡음효과가 발생한다.

② **흡음 특성**

저음역에서 흡음성이 좋다.

③ **종류**

단일공명기, 다공판(유공판)공명기, 격자 및 슬릿 흡음공명기

④ **특징**
  ㉠ 공명주파수 저음역 부근에서는 날카롭고 뾰족한 산 형태의 특성을 가진다.
  ㉡ 공명주파수 부근에서만 흡음하게 되므로 매우 부자연스러운 실내음향특성이 조성될 수 있으므로 주의할 필요가 있다.
  ㉢ 유공판(다공판)구조체 흡음일 경우 흡음특성을 규정하는 주된 요소는 흡음주파수 영역과 흡음 영역에서의 흡음률이고 흡음특성은 중음역이며 유공석고보드, 유공하드보드 등이 있다.

(4) 흡음재의 선정 및 사용상 주의점

① 흡음률은 시공 시에 있어서 배후 공기층의 상황에 따라서 변화하는 것이므로 시공할 때와 동일한 조건인 흡음률 데이터를 이용해야 한다.
② 흡음재료를 벽면에 부착할 때는, 한곳에 집중시키는 것보다 전벽에 분산시켜 부착하면 흡음력이 증가하고 반사음은 확산된다.
③ 실(방)의 모서리(구석)나 가장자리 부분에 흡음재를 부착하면 효과가 좋아진다.
④ 흡음재(흡음 tex) 등은 다공질 재료로서의 흡음작용 외에, 판진동에 의한 흡음작용도 발생되므로 진동하기 쉬운 방법이 바람직하다. 예를 들면 전면을 접착재로 부착하는 것보다는 못으로 고정시키는 것이 좋다.

⑤ 다공질 재료는 산란하기 쉬우므로 표면에 얇은 직물로 피복을 하는 것이 바람직하고, 이로 인하여 흡음률이 저하되어서는 안 된다.
⑥ 비닐시트나 캔버스로 피복을 하는 경우에는 수백 Hz 이상의 고음역에서는 흡음률의 저하를 각오해야 하나 저음역에서는 판진동 때문에 오히려 흡음률이 증대하는 수가 많다.
⑦ 다공질 재료의 표면을 도장하면 고음역의 흡음률이 저하된다.
⑧ 막진동이나 판진동형의 흡음기구는 도장을 해도 지장이 없다.
⑨ 다공질 재료의 표면에 종이를 바르는 것은 피해야 한다.
⑩ 다공질 재료의 표면을 다공판으로 피복할 때에는 개구율은 20% 이상으로 하고 공명흡음의 경우에는 3~20%의 범위로 하는 것이 좋다.

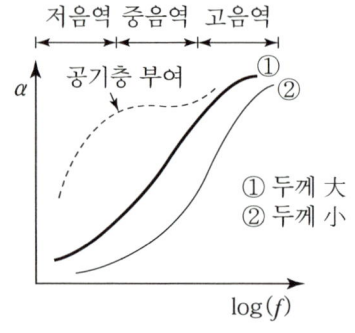

[다공질형 흡음재의 흡음특성]

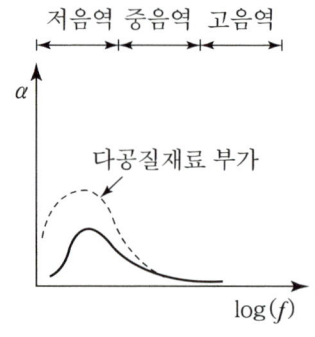

[판(막) 진동형 흡음재의 흡음특성]

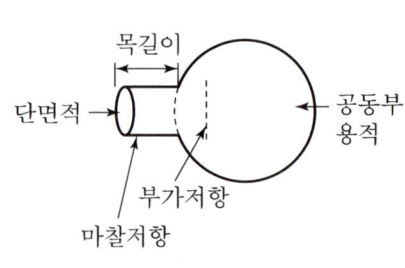

[단일공명기]

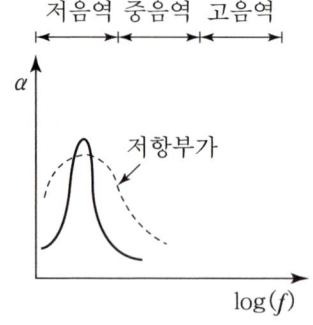

[단일공명기의 흡음특성]

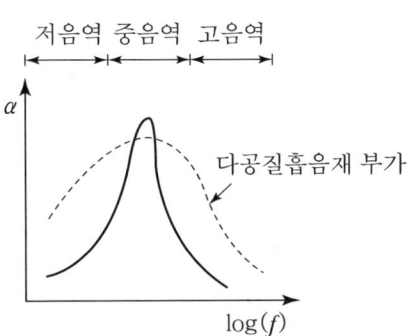

[유공판(다공판)의 흡음특성]

(5) 감음계수(소음저감계수, NRC) *중요내용

① 주파수에 따라 상이한 흡음률을 평균적으로 나타내는 방법이다.
② NRC는 1/3옥타브 대역으로 측정한 중심주파수 250, 500, 1,000, 2,000 Hz에서의 흡음률의 산술평균치이다.
③ 관련식

$$\text{감음계수(NRC)}$$
$$\text{NRC} = \frac{1}{4}(\alpha_{250} + \alpha_{500} + \alpha_{1,000} + \alpha_{2,000})$$

④ 일반적으로 실내 벽면에 흡음대책을 세워 감음을 하고자 할 때 실내흡음대책에 의해 기대할 수 있는 경제적인 감음량의 한계는 5~10 dB 정도이다.

(6) 흡음챔버 *중요내용

$$\text{흡음챔버감쇠치}(\Delta L)$$
$$\Delta L = -10\log\left[S_0\left(\frac{\cos\theta}{2\pi d^2} + \frac{1-\overline{\alpha}}{\overline{\alpha} \cdot S_w}\right)\right] \text{dB}$$

여기서, $\overline{\alpha}$: 챔버 내부 흡음재의 평균흡음률
S_0 : 챔버 출구의 단면적(m²)

S_w : 챔버 내부 전체 표면적(m²)
d : 출구 - 입구 사이의 경사길이(m)
θ : 출구 - 입구 사이의 각도(θ)

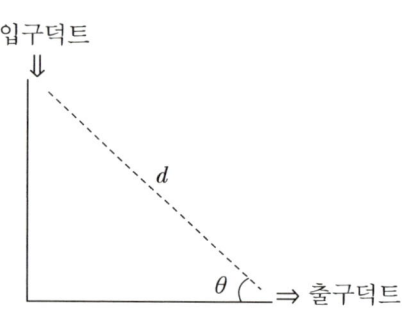

[흡음챔버의 입·출구]

기출 필수문제 출제율 70% 이상

01 막진동 흡음효과를 얻기 위해 면밀도 20 kg/m²인 석면슬레이트를 기존 벽체로부터 0.06 m 이격한 후 설치하였다. 이때 석면슬레이트에 의해 흡음되는 주파수(Hz)는?(단, 공기 중의 음속 340 m/sec, 공기밀도 1.3 kg/m³ 이다.)

풀이 흡음주파수(f)

$$f = \frac{c}{2\pi}\sqrt{\frac{\rho}{m \cdot d}} = \frac{60}{\sqrt{m \cdot d}} \text{(Hz)}$$

여기서, c : 340 m/sec
ρ : 1.3 kg/m³
m : 20 kg/m³
d : 0.06 m

$$= \frac{340}{2\pi}\sqrt{\frac{1.3}{20 \times 0.06}} = 56.4 \text{ Hz}$$

제1편 소음개론 및 방지기술

기출 필수문제 출제율 50% 이상

02 밀도가 120 kg/m³ 이고 두께가 3 mm 인 얇은 판을 벽체로부터 5 cm의 공기층을 두어 판진동을 할 수 있도록 시공할 경우 진동에 의한 흡음주파수는?(단, 기온은 20 ℃ 이다.)

풀이 흡음주파수(f)

$$f = \frac{60}{\sqrt{m \cdot d}}$$

$m = 120\,\text{kg/m}^3 \times 0.003\,\text{m} = 0.36\,\text{kg/m}^2$

$d = 0.05\,\text{m}$

$$f = \frac{60}{\sqrt{0.36 \times 0.05}} = 447.2\,\text{Hz}$$

기출 필수문제 출제율 40% 이상

03 판진동에 의한 흡음주파수가 100 Hz 이다. 이 판의 면밀도는 10 kg/m² 일 때 판과 벽체의 최적 공기층 d는 몇 mm로 하는 것이 좋은가?(단, 음속은 340 m/sec, 공기밀도는 1.23 kg/m³이다.)

풀이
$$f = \frac{c}{2\pi}\sqrt{\frac{\rho}{m \cdot d}}$$

$$100 = \frac{340}{2 \times 3.14} \times \sqrt{\frac{1.23}{10 \times d}}$$

$$\frac{1.23}{10 \times d} = 1.847^2$$

$d = 0.03605\,\text{m} \times 1{,}000\,\text{mm/m} = 36.05\,\text{mm}$

1-151

기출 필수문제 출제율 70% 이상

04 $\frac{1}{3}$ 옥타브밴드로 측정한 각 중심주파수에서의 흡음률이 아래의 표와 같을 때 NRC값은 얼마인가?

중심주파수(Hz)	125	250	500	1,000	2,000	4,000
흡음률(α)	0.2	0.3	0.7	0.9	0.9	0.8

풀이
$$NRC = \frac{1}{4}(\alpha_{250} + \alpha_{500} + \alpha_{1,000} + \alpha_{2,000})$$
$$= \frac{1}{4}(0.3 + 0.7 + 0.9 + 0.9) = 0.7$$

기출 필수문제 출제율 60% 이상

05 팬소음을 옥타브밴드 대역별로 측정하였더니, 중심주파수 2,000 Hz 에서 가장 높은 음압레벨이 측정되었다. 흡음형 소음기를 이용하여 소음대책을 수립하고자 한다면 경제적으로 가장 최적의 흡음재 두께(cm)는?(단, 표준상태 기준)

풀이 입사파 파장의 $\frac{\lambda}{4}$에 부착하는 것이 바람직하다.

$c = \lambda \cdot f$

$\lambda = \dfrac{c}{f} = \dfrac{331.42 + (0.6 \times 0℃)}{2,000} = 0.17\text{m}$

$\dfrac{\lambda}{4} = \dfrac{0.17}{4} = 0.0425\text{m}(4.25\text{cm})$

06 소음을 저감시키기 위해 흡음챔버를 설계하고자 한다. 챔버 내의 전체 표면적이 20 m²이고, 챔버 내부 평균흡음률이 0.7인 흡음재로 흡음처리하였다. 흡음챔버의 규격 등이 다음과 같을 때 이 흡음챔버에 의한 소음감쇠치는 몇 dB로 예상하는가?(단, 챔버 출구의 단면적 : 0.5 m², 출구-입구 사이의 경사길이(d) : 5 m, 출구-입구 사이의 각도(θ) : 30°)

풀이 흡음챔버 감쇠치(ΔL)

$$\Delta L = -10 \log \left[S_0 \left(\frac{\cos \theta}{2\pi d^2} + \frac{1-\overline{\alpha}}{\overline{\alpha} \cdot S_w} \right) \right] \text{(dB)}$$

$$= -10 \log \left[0.5 \times \left(\frac{\cos 30}{2 \times 3.14 \times 5^2} + \frac{1-0.7}{0.7 \times 20} \right) \right]$$

$$= 18.7 \text{ dB}$$

20 투과손실(TL) 및 총합투과손실($\overline{TL}$)

(1) 투과손실(Transmission Loss) 〔중요내용〕

투과손실은 투과율(τ)의 역수를 상용대수로 취한 후 10을 곱한 값으로 정의한다.

$$\text{투과손실}(TL) = 10\log\frac{1}{\tau} = 10\log\left(\frac{I_i}{I_t}\right) \text{ (dB)}$$

$$\tau(\text{투과율}) = \frac{\text{투과음의 세기}(I_t)}{\text{입사음의 세기}(I_i)} \quad \left(\tau = 10^{-\frac{TL}{10}}\right)$$

(2) 총합투과손실($\overline{TL}$) 〔중요내용〕

벽이 여러 가지 재료로 구성되어 있는 경우 벽 전체의 투과손실을 총합투과손실이라 한다.

$$\text{총합투과손실}(\overline{TL}) = 10\log\frac{1}{\overline{\tau}}$$

$$\overline{\tau}(\text{평균투과율}) = \frac{\sum S_i \overline{\tau_i}}{\sum S_i} = \frac{S_1\overline{\tau_1} + S_2\overline{\tau_2} + \cdots}{S_1 + S_2 + \cdots}$$

$$= 10\log\frac{\sum S_i}{\sum S_i \overline{\tau}} = \frac{S_1 + S_2 + \cdots}{S_1\overline{\tau_1} + S_2\overline{\tau_2} + \cdots}$$

여기서, S_i : 벽체 각 구성부의 면적(m²)
$\overline{\tau_i}$: 해당 각 벽체의 투과율

벽에 개구부가 있는 경우에는 그 면적이 작을지라도 투과율(τ)이 1이 되기 때문에 총합투과손실은 현저히 저하된다.

(3) 차음구조 선정 시 주의사항

① 커다란 차음성능을 실현시키자면 중량이 있는 구조체가 필요하다.
② 커다란 차음구조를 실현시키자면 이중 이상의 복합구조가 필요하다.
③ 차음성능이 커질수록 틈에서 소리가 새어나오지 않으므로 차음성능의 증가가 현저하게 나타난다.
④ 차음구조를 설치하는 것은 통기성의 차단을 의미한다.

기출 필수문제 출제율 50% 이상

01 투과손실이 35 dB 인 벽의 투과율은?

풀이
$$TL = 10\log\frac{1}{\tau}$$
$$\tau = 10^{-\frac{TL}{10}} = 10^{-\frac{35}{10}} = 0.000316$$

기출 필수문제 출제율 50% 이상

02 입사음의 80%를 흡음하고 10%를 반사하며 10%를 투과시키는 음향재료를 이용하여 방음벽을 만들었다. 이 방음벽의 투과손실은?

풀이
투과손실(TL)
$$TL = 10\log\frac{1}{\tau} = 10\log\frac{I_i}{I_t}$$
$$= 10\log\frac{1}{0.1} = 10\,\text{dB}$$

기출 필수문제 출제율 50% 이상

03 음파가 방음벽에 수직입사할 때 반사율 α_r이 0.9937 이다. 이때 벽체의 투과손실(dB)은?(단, 경계면에서 음이 흡수되지 않는다.)

풀이
$$TL = 10\log\frac{1}{\tau}$$
$$\tau = 1 - 0.9937 = 0.0063$$
$$= 10\log\frac{1}{0.0063} = 22\,\text{dB}$$

기출 필수문제 출제율 40% 이상

04 벽의 투과손실이 23 dB 이고 입사음의 세기가 1 일 때 투과음의 세기는?

풀이
$$TL = 10\log\frac{I_i}{I_t}$$
$$23 = 10\log\frac{1}{I_t}$$
$$\frac{1}{I_t} = 10^{2.3}$$
$$I_t = 0.005$$

기출 필수문제 출제율 40% 이상

05 차음재를 이용하여 투과음 세기를 입사음 세기의 $\frac{1}{1,000}$ 로 줄이고자 한다. 이때 이 차음재의 투과손실(dB)은?

> **[풀이]** $TL = 10\log\dfrac{1}{\tau}$
>
> 투과음 세기를 입사음의 세기의 $\dfrac{1}{1,000}$; τ
>
> $TL = 10\log\dfrac{1}{\left(\dfrac{1}{1,000}\right)} = 10\log 1,000 = 30\text{dB}$

기출 필수문제 출제율 30% 이상

06 건물벽의 투과손실이 20 dB 인 경우 건물 내에서 입사음의 강도를 1 이라 할 때, 건물 밖으로의 투과음의 강도는 입사음 강도의 몇 배가 되겠는가?(단, 건물 벽의 투과손실만을 고려한다.)

> **[풀이]** $TL = 10\log\dfrac{1}{\tau} = 10\log\left(\dfrac{I_i}{I_t}\right)$
>
> $20 = 10\log\dfrac{1}{I_t}$
>
> $I_t = 0.01$

기출 필수문제 출제율 80% 이상

07 벽체면적 100 m² 중 유리창의 면적이 20 m² 이다. 벽체의 투과손실은 35 dB 이고 유리창의 투과손실이 20 dB 이라고 할 때 총합 투과손실(dB)은 얼마인가?

> **[풀이]** $\overline{TL} = 10\log\dfrac{1}{\tau} = 10\log\dfrac{S_1 + S_2}{S_1\tau_1 + S_2\tau_2}$

구분	면적(m²)	투과손실(dB)	투과율
벽체	80	35	$10^{-\frac{35}{10}}$
유리창	20	20	$10^{-\frac{20}{10}}$

$$\overline{TL} = 10\log\frac{80+20}{\left(80\times10^{-\frac{35}{10}}\right)+\left(20\times10^{-\frac{20}{10}}\right)} = 26.5\text{dB}$$

기출 필수문제 출제율 70% 이상

08 공장벽면(높이 5 m, 폭 20 m)이 콘크리트벽(면적 58 m², TL=50 dB), 유리(면적 40 m², TL=30 dB), 그리고 환기구(면적 2 m², TL=0 dB)로 구성되어 있다. 이 벽면의 총합 투과손실(dB)은?

[풀이]

$$\overline{TL} = 10\log\frac{1}{\tau} = 10\log\frac{S_1+S_2+S_3}{S_1\tau_1+S_2\tau_2+S_3\tau_3}$$

구분	면적(m²)	투과손실(dB)	투과율
콘크리트벽	58	50	$10^{-\frac{50}{10}}$
유리	40	30	$10^{-\frac{30}{10}}$
환기구	2	0	$10^{-\frac{0}{10}}$

$$\overline{TL} = 10\log\frac{58+40+2}{(58\times10^{-5})+(40\times10^{-3})+(2\times10^{-0})} = 17\text{dB}$$

09 어떤 벽체가 콘크리트벽(면적 150 m², 투과손실 35 dB)과 유리창(면적 : 50 m², 투과손실 15 dB)으로 구성되어 있는데 이 유리창의 10%가 파손되었을 때의 총합투과손실(dB)을 구하면?

풀이

$$\overline{TL} = 10\log\frac{1}{\tau} = 10\log\frac{S_1 + S_2 + S_3}{S_1\tau_1 + S_2\tau_2 + S_3\tau_3}$$

유리창의 10% 파손 의미 : 유리창 면적 50 m² 중 10%, 즉 5 m²이 열려 있는 것이며 투과율은 1이다.

구분	면적(m²)	투과손실(dB)	투과율
콘크리트벽	150	35	$10^{-\frac{35}{10}}$
유리창	45	15	$10^{-\frac{15}{10}}$
열린 유리창	5	0	$10^{-\frac{0}{10}}$

$$\overline{TL} = 10\log\frac{150+45+5}{(150\times10^{-3.5})+(45\times10^{-1.5})+(5\times10^{-0})} = 14.9\,\text{dB}$$

10 콘크리트벽(면적=20 m², TL=40 dB)과 유리창(면적=2 m², TL=20 dB)으로 구성되어 있는 벽체의 총합투과손실을 구하시오. 또 유리창이 1 m²만큼 Open되었을 때 총합투과손실은?

풀이

(1) 유리창 열기 전 총합투과손실($\overline{TL}$)

$$\overline{TL} = 10\log\left(\frac{\sum S_i}{\sum S_i\tau_i}\right)(\text{dB})$$

$$= 10\log\left(\frac{20+2}{(20\times10^{-4})+(2\times10^{-2})}\right)$$

$$= 30\,\text{dB}$$

(2) 유리창 열린 후 총합투과손실($\overline{TL}$)

$$\overline{TL} = 10\log\left(\frac{20+1+1}{(20\times 10^{-4})+(1\times 10^{-2})+(1\times 1)}\right)$$

(open ⇒ $\tau = 1$이란 의미)

$= 13.4\,\text{dB}$

기출 필수문제 출제율 70% 이상

11 어떤 공장의 벽체가 다음과 같이 구성되어 있다. 이 벽체의 총합투과손실을 구하고, 2개소의 창(면적은 같음) 중 1개소를 콘크리트벽 구조로 할 경우 총합투과손실(dB)은?

구분	창문(2개소)	출입문	콘크리트벽
S_i(면적)	10	2	48
TL_i(투과손실)	20	10	40

풀이

(1) 총합투과손실($\overline{TL}$)

$$\overline{TL} = 10\log\frac{1}{\tau} = 10\log\left(\frac{\sum S_i}{\sum S_i \tau_i}\right)(\text{dB})$$

$$= 10\log\left(\frac{10+2+48}{(10\times 10^{-2})+(2\times 10^{-1})+(48\times 10^{-4})}\right) = 22.9\,\text{dB}$$

(2) 2개소의 창 중 1개소를 콘크리트벽 구조로 할 경우 총합투과손실

$$\overline{TL} = 10\log\frac{1}{\tau} = 10\log\left(\frac{\sum S_i}{\sum S_i \tau_i}\right)(\text{dB})$$

$$= 10\log\left(\frac{5+2+48+5}{(5\times 10^{-2})+(2\times 10^{-1})+(48\times 10^{-4})+(5\times 10^{-4})}\right)$$

$= 23.7\,\text{dB}$

기출 필수문제 출제율 60% 이상

12 40 m×12 m인 콘크리벽의 투과손실은 47 dB 이며 이 벽 중앙의 크기 3 m×7 m의 문을 달아 총합투과손실이 38 dB 되게 하고자 할 때 이 문의 투과손실(dB)은?

[풀이] 총합투과손실($\overline{TL}$)

$$\overline{TL} = 10\log\frac{1}{\tau} = 10\log\left(\frac{\sum S_i}{\sum S_i \tau_i}\right) \text{dB}$$

$$38 = 10\log\left[\frac{480}{(459 \times 10^{-4.7}) + (21 \times 10^{-\frac{TL}{10}})}\right]$$

$$10^{-\frac{TL}{10}} = -277.6$$

$$TL = \log 227.6 \times 10 = 23.57 \text{dB}$$

기출 필수문제 출제율 40% 이상

13 크기가 5 m×4 m 이고 투과손실이 40 dB 인 벽체에서 서류를 주고받기 위한 개구부를 설치하려고 한다. 이때 벽체의 투과손실을 20 dB 정도로 유지하기 위해 필요한 개구부의 크기(m²)는?

[풀이] $\overline{TL} = 10\log\frac{1}{\tau}$

$$20 = 10\log\left[\frac{20}{[(20-x) \times 10^{-4.0}] + (x \times 1)}\right]$$

$$\frac{20}{[(20-x) \times 10^{-4}] + x} = 10^2$$

$$x(1 - 10^{-4}) = 0.198$$

$$x = 0.198 \text{m}^2$$

21 단일벽 및 중공이중벽의 차음

(1) 단일벽 투과손실

① 음파가 수직입사할 경우
  ㉠ 단일 벽체의 전부가 피스톤 진동을 하고 양쪽 면에 입사하는 공기의 속도는 동일하다고 가정하면 단일벽 투과손실은 다음과 같다.
  ㉡ 관계식 *중요내용*

$$TL = 20\log(m \cdot f) - 43 \text{(dB)}$$

  여기서, TL : 투과손실(dB)
  m : 벽체의 면밀도(kg/m²)
  f : 벽체에 수직입사되는 주파수(Hz)

  ㉢ 투과손실은 벽의 면밀도와 주파수의 곱의 대수값에 비례한다. 이것을 단일벽의 수직 입사음에 대한 차음의 질량법칙(Mass Law)이라 한다.
  ㉣ 벽체의 면밀도가 2배 증가할 때마다 투과손실은 약 6 dB씩 증가한다.

② 음파가 난입사할 경우
  ㉠ 벽의 법선에 대한 음파의 입사각을 θ라 하면, $\theta = 0 \sim 90°$의 범위에서 TL의 평균치

$$TL_\alpha = TL - 10\log(0.23 \times TL)\text{(dB)}$$

  ㉡ $\theta = 0 \sim 78°$일 때의 평균치

$$TL_\alpha = TL - 5 \text{(dB)}$$

  이 식을 음장입사에 대한 질량법칙이라 한다.
  ㉢ 실용식 *중요내용*

$$TL = 18\log(m \cdot f) - 44 \text{(dB)}$$

③ 일치효과(Coincidence Effect)
  ㉠ 벽체는 실제적으로 피스톤운동이 아닌 굴곡운동을 하기 때문에 투과손실은 질량법칙에 의한 값보다 현저히 감소한다.
  ㉡ 일치효과 *중요내용*
    벽체에 음파가 입사하면 음압의 강약에 의해 소밀파가 벽체에 발생하게 되는데 이로 인해 벽체에 굴곡진동이 발생한다. 만약 입사음의 파장과 굴곡파의 파장이 일치하면 벽체의 굴곡과 진폭은 입사파의 진폭과 동일하게 진동하는 일종의 공진상태가 되어 차음성능이 현저히 저하되는데 이를 일치효과(Coincidence Effect)라 한다.
  ㉢ 일치주파수(f_c) *중요내용*

$$f_c = \frac{C^2}{2\pi h \sin^2\theta} \cdot \sqrt{\frac{12 \cdot \rho(1-\sigma^2)}{E}}$$

여기서, C : 공기 중 음속(m/sec)
       h : 벽의 두께(m)
       ρ : 벽의 밀도(kg/m³)
       E : 영률(N/m²)
       σ : 푸아송비

  ㉣ 일치주파수는 입사각 θ에 따라 변화한다. sin90° 일 때(평행입사에 가까워질 때) 일치주파수가 최저가 되는데 이때의 주파수를 일치효과의 한계주파수라고 하며 이 주파수보다 높은 주파수에서는 일치효과가 발생한다.
  ㉤ 벽체에 사용한 재료의 밀도가 클수록 일치주파수는 고음역으로 이동한다.

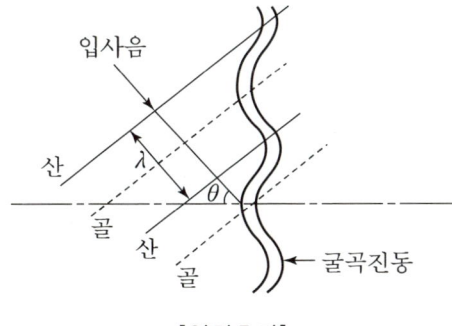

[일치효과]

④ 단일벽의 차음특성 *중요내용*
  ㉠ 강성제어영역
    ⓐ 저주파 대역에서는 사용자재의 강성에 지배되는 공진영역이다.
    ⓑ 공진영역이므로 차음성능이 저하된다.
    ⓒ 공진주파수는 벽체의 면밀도, 벽체 길이, 벽체의 폭에 영향을 받는다.
  ㉡ 질량제어영역
    ⓐ 질량법칙영역이다.
    ⓑ 투과손실이 옥타브당 6 dB씩 증가된다.
    ⓒ 질량법칙에 의한 차음특성은 벽체의 면밀도 혹은 벽체에 입사되는 주파수가 증가할수록 투과손실이 크다.
  ㉢ 일치효과영역
    ⓐ 일치효과 현상이 일어나는 영역이다.
    ⓑ 일치효과에 의한 투과손실이 현저히 감소된다.

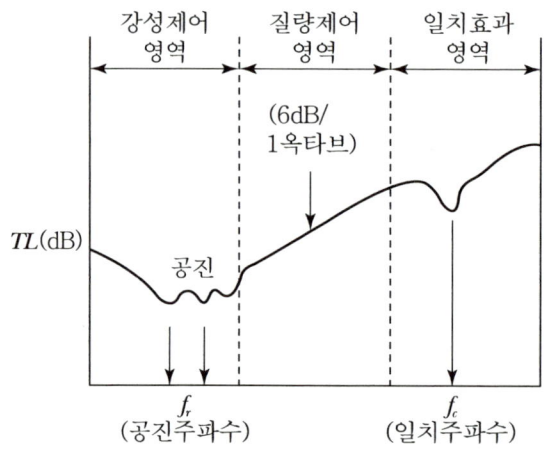

[단일벽의 차음특성]

(2) 중공이중벽 투과손실

① 두 벽을 독립시킨 중공이중벽 구조의 투과손실은 단일벽의 2배에 달한다.
② 중공이중벽은 일반적으로 동일 중량의 단일벽에 비해 5~10 dB 정도 투과손실이 증가하는 경향이 있다. 또한 공기층 내에 다공질흡음재(암면, 유리솜 등)를

충전하면 3~10 dB 정도 투과손실이 증가한다.(공명주파수 부근의 투과손실이 어느 정도 개선)
③ 중공이중벽은 공명주파수 부근에서 투과손실이 현저하게 저하된다.
④ 두 벽 사이의 내부공기층은 10 cm 이상으로 하는 것이 바람직하다.
⑤ 설계 시에는 처음 목적주파수가 공명주파수와 일치주파수의 범위를 벗어나도록 하여야 한다.
⑥ $\sqrt{2} \times f_r$의 주파수에서는 질량법칙과 일치하는 투과손실을 갖는다. *중요내용*

㉠ 중공이중벽의 투과손실 *중요내용*

$$TL = 18 \log(2m \cdot f) - 44 \ (dB)$$

벽 사이의 간격(d)이 10 cm 보다 클 때 투과손실

$$TL = [18 \log(m \cdot f) - 44] \times 2 \ (dB)$$

㉡ 저음역의 공명주파수(f_r) *중요내용*
  ⓐ 두 벽의 면밀도가 같을 때($m_1 = m_2$)

$$f_r = \frac{c}{2\pi} \sqrt{\frac{2\rho}{m \cdot d}} \ (Hz)$$

여기서, c : 공기 중 음속(m/sec)
  ρ : 공기 밀도(kg/m³)
  m : 면밀도(kg/m²)
  d : 두 벽 사이의 거리(m)

  ⓑ 두 벽의 면밀도가 다를 때($m_1 \neq m_2$)

$$f_r = 60 \sqrt{\frac{m_1 + m_2}{m_1 \times m_2} \cdot \frac{1}{d}} \ (Hz)$$

여기서, m_1, m_2 : 두 벽 각각의 면밀도(kg/m²)

ⓒ 고음역에서 투과손실의 최소 및 최고
  ⓐ 투과손실 최소($TL_{\min}$)

$$TL_{\min} = 10\log\left[1 + \left(\frac{w \cdot m}{\rho c}\right)^2\right] \text{ (dB)}$$

공기층 두께(d)

$$d = \frac{n\lambda}{2} \text{ (m)}$$

고음역 통과주파수(f)

$$f = \frac{nc}{2d} \text{ (Hz)}$$

여기서, $w : 2\pi f$
    m : 벽의 면밀도(kg/m²)
    ρ : 공기의 밀도(kg/m³)
    c : 공기 중 음속(m/sec)
    d : 공기층 두께(m)
    λ : 파장(m)
    n : 정수

  ⓑ 투과손실 최대($TL_{\max}$)

$$TL_{\max} = 10\log\left[1 + \frac{1}{4}\left(\frac{w \cdot m}{\rho c}\right)^4\right] \text{ (dB)}$$

공기층 두께(d)

$$d = \frac{(2n-1)\lambda}{4} \text{ (m)}$$

고음역 통과주파수(f)

$$f = \frac{(2n-1)}{4} \cdot \frac{c}{d} \text{ (Hz)}$$

㉣ 중공이중벽의 차음특성
  ⓐ Ⅰ영역
  - 2개의 벽체가 하나로 되어 진동하는 범위이다.
  - 면밀도가 $m_1 + m_2$인 단일벽에 대한 질량법칙으로 계산되는 값이 된다.
  ⓑ Ⅱ영역
  투과손실이 저하되는데 이는 2개의 벽체가 질량, 벽 사이의 공기는 스프링으로 진동계의 공진과 같은 현상이 일어나기 때문이다. 이러한 현상을 저음역에서의 공명투과라 하며 이중벽에서는 반드시 일어나는 현상이다.
  ⓒ Ⅲ영역
  주파수에 따라 TL이 급속히 증대되어 면밀도가 $m_1 + m_2$인 단일벽의 TL보다 훨씬 크게 된다.
  ⓓ Ⅳ영역
  - Ⅲ영역에 비해 주파수에 따른 TL 증가가 완만하게 된다.
  - 각 벽체에서의 일치효과가 나타나므로 TL은 더욱 감소한다.

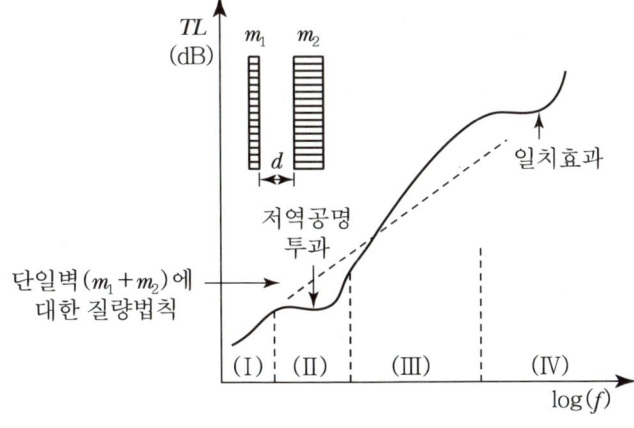

[중공이중벽의 차음특성]

(3) 벽체의 틈으로 새는 음

① 관련식 *중요내용*

$$SPL_2 = SPL_1 - 10\log n \text{ (dB)}$$

여기서, SPL_1, SPL_2 : 벽 밖, 안쪽에서의 음압레벨(dB)

n : 벽 전체 면적의 $\dfrac{1}{n}$ 만큼 틈새가 있을 경우의 의미

② 겨울철에 창문, 출입문의 틈새에서 강한 소음 발생 시 그 주원인은 실내·외의 밀도차에 의한 연돌효과 때문이다.
③ 벽 구성 중 가장 먼저 대책을 세워야 되는 곳은 틈새부분(환기구 등)이다.
즉, 틈새부분의 TL이 0 dB 이기 때문이다.

기출 필수문제 출제율 50% 이상

01 면밀도가 7.5 kg/m² 인 단일벽면에 600 Hz 의 순음이 수직입사한다고 할 때, 단일벽의 투과손실(dB)은?(단, 일치효과는 없다.)

풀이 수직입사 시 투과손실(TL)
$TL = 20\log(m \cdot f) - 43 \text{(dB)}$
$= 20\log(7.5 \times 600) - 43 = 30.0 \text{ dB}$

기출 필수문제 출제율 50% 이상

02 비중 2.25인 22 cm 두께의 단일벽체에 500 Hz 순음이 수직입사할 경우 벽체의 투과손실(dB)은?

> **풀이**
> $TL = 20\log(m \cdot f) - 43$
> $m = 2.25\,\text{g/cm}^3 \times 22\,\text{cm} = 495\,\text{kg/m}^2$
> $= 20\log(495 \times 500) - 43$
> $= 64.87\,\text{dB}$

기출 필수문제 출제율 50% 이상

03 두께 0.1 m, 밀도 $0.28 \times 10^{-2}\,\text{kg/cm}^3$ 의 콘크리트 단일벽에 300 Hz 의 순음이 수직입사할 때 이 벽의 투과손실(dB)은?

> **풀이**
> $TL = 20\log(m \cdot f) - 43$
> $m = 0.28 \times 10^{-2}\,\text{kg/cm}^3 \times 10\,\text{cm} \times 10^4\,\text{cm}^2/\text{m}^2 = 280\,\text{kg/m}^2$
> $= 20\log(280 \times 300) - 43$
> $= 55.49\,\text{dB}$

기출 필수문제 출제율 50% 이상

04 밀도가 1,000 kg/m³ 인 벽체(두께 : 30 cm)에 500 Hz 의 순음이 통과할 때의 TL(dB)은?(단, 음파는 벽면에 난입사한다.)

> **풀이**
> 난입사 시 투과손실(TL)
> $TL = 18\log(m \cdot f) - 44\,(\text{dB})$
> $m(\text{면밀도}) = \text{밀도} \times \text{두께} = 1{,}000\,\text{kg/m}^3 \times 0.3\,\text{m} = 300\,\text{kg/m}^2$
> $= 18\log(300 \times 500) - 44 = 49.2\,\text{dB}$

기출 필수문제 출제율 60% 이상

05 투과손실은 중심주파수 대역에서는 질량법칙(Mass Law)에 따라 변화한다. 음파가 단일벽면에 수직입사 시 면밀도가 2배 증가하면 투과손실은 어떻게 변화하는가?

풀이 수직입사 투과손실(TL)
$$TL = 20\log(m \cdot f) - 43 \text{(dB)}$$
$$TL = 20\log 2 = 6.0 \text{dB}$$

기출 필수문제 출제율 50% 이상

06 어떤 벽체의 두께를 15 cm로 했을 때 면밀도가 25 kg/m² 이다. 500 Hz에서 두께 15 cm의 벽 2개 사이에 충분한 공간을 두었을 때의 투과손실(dB)은? (단, 질량법칙을 적용한다.)

풀이
$$TL = [18\log(m \cdot f) - 44] \times 2$$
$$= [18\log(25 \times 500) - 44] \times 2$$
$$= 59.5 \text{dB}$$

기출 필수문제 출제율 30% 이상

07 건물벽 음향투과손실을 4 dB 정도 증가시키고자 할 경우 벽두께는 기존 두께보다 약 몇 배로 증가시켜야 하는가?(단, 음파는 균일한 건물벽(단일벽)에 난입사한다.)

풀이 난입사 투과손실(TL)
$$TL = 18\log(m \cdot f) - 44 \text{(dB)}$$
$$4 = 18\log m$$
$$m = 10^{\frac{4}{18}} = 1.67 \text{(배)}$$

기출 필수문제 출제율 70% 이상

08 균질의 단일벽 두께를 3배로 할 경우 일치효과의 한계주파수는 몇 배로 되겠는가?

풀이) 일치주파수(f_c)

$$f_c = \frac{c^2}{2\pi h \sin^2\theta} \cdot \sqrt{\frac{12 \cdot \rho(1-\sigma^2)}{E}}$$

기타 조건 일정

$$f_c \fallingdotseq \frac{1}{h} \fallingdotseq \frac{1}{3}$$

즉, 두께를 3배로 하면 일치주파수는 $\frac{1}{3}$이 된다.

기출 필수문제 출제율 70% 이상

09 중공이중벽의 공기층 두께가 30 cm 이고, 두 벽의 면밀도가 각각 100 kg/m², 200 kg/m² 이라 할 때 저음역에서의 공명투과 주파수는 약 몇 Hz 정도에서 발생하는가?

풀이) 두 벽의 면밀도가 다를 때($m_1 \neq m_2$) 공명투과 주파수(f_r)

$$f_r = 60\sqrt{\frac{m_1+m_2}{m_1 m_2} \cdot \frac{1}{d}} \, (\text{Hz}) = 60\sqrt{\frac{100+200}{100 \times 200} \times \frac{1}{0.3}} = 13.4 \, \text{Hz}$$

기출 필수문제 출제율 50% 이상

10 중공이중벽의 설계에 있어서 저음역의 공명주파수(f_0)를 80 Hz로 설정하고자 한다. 두 벽의 면밀도 M_1, M_2가 각각 15 kg/m², 10 kg/m² 이면 중간 공기층 두께를 얼마(m)로 해야 하는가?

풀이

$$f_0 = 60\sqrt{\frac{m_1+m_2}{m_1 \times m_2} \times \frac{1}{d}} \text{ (Hz)}$$

$$80 = 60\sqrt{\frac{15+10}{15 \times 10} \times \frac{1}{d}}$$

$$\left(\frac{80}{60}\right)^2 = \frac{25}{150} \cdot \frac{1}{d}$$

$$d = 0.094\,\text{m}$$

기출 필수문제 출제율 40% 이상

11 동일한 재료(면밀도 $200\,\text{kg/m}^2$)로 구성된 공기층의 두께가 16 cm 인 중공이중벽이 있다. 500 Hz에서 단일벽체의 투과손실이 46 dB 일 때, 이 중공이중벽의 저음역에서의 공명주파수는 몇 Hz에서 발생되겠는가?(단, 음의 전파속도 343 m/sec, 공기밀도 $1.2\,\text{kg/m}^3$)

풀이

$$f_r = \frac{C}{2\pi}\sqrt{\frac{2\rho}{m \cdot d}}$$

$$= \frac{343}{2 \times 3.14} \times \sqrt{\frac{2 \times 1.2}{200 \times 0.16}} = 14.96\,\text{Hz}$$

기출 필수문제 출제율 30% 이상

12 균질의 단일벽으로 시공된 공장 내에서 같은 음을 발생하는 기계 10대가 운전되고 있다. 부지경계선상의 소음도를 변화시키지 않으면서 이 기계의 대수를 80대로 증가시킬 경우, 공장벽면의 두께(t)는 몇 배로 하여야 하겠는가?(단, 공장 내는 확산음장이며, 벽체는 질량법칙을 만족한다.)

풀이

① 벽의 차음성능을 우선 구한다.

$$\Delta L = 10\log\frac{80}{10} = 9.03\,\text{dB}$$

② 9.03 dB을 차음할 수 있는 벽을 설계한다.

$$\Delta L = 20\log(m \cdot f) - 43$$
$$9.03 = 20\log(m \cdot f) - 43$$
$$20\log\frac{m_2}{m_1} = 9.03$$
$$\frac{m_2}{m_1} = 10^{\frac{9.03}{20}} = 2.828$$

벽면의 두께를 약 2.8배로 한다.

기출 필수문제 출제율 40% 이상

13 어떤 창문의 규격이 5 m(L)×3 m(H) 이고 창문 안쪽에서의 음압레벨 SPL이 80 dB 이다. 창문 면적의 1/6 을 열었을 경우 창문 외측에서의 음압레벨은 몇 dB인가?(단, 창문 이외의 다른 틈새나 벽체에 의한 영향은 무시)

풀이 $SPL_2 = SPL_1 - 10\log n (\text{dB}) = 80 - 10\log 6 = 72.2\,\text{dB}$

기출 필수문제 출제율 60% 이상

14 0.9 m×2.0 m 출입문의 투과손실을 15 dB 이상으로 설치하고자 한다면 출입문 주위 틈새의 면적은 몇 m² 이하로 해야 하는가?(단, 틈새 이외의 차음성능은 충분히 크다고 가정한다.)

풀이

$SPL_1 - SPL_2 = 10\log n \text{(dB)}$

n은 전체 면적의 $\dfrac{1}{n}$ 틈새면적

$15 = 10\log n$

$n = 10^{\frac{15}{10}} = 31.62$

출입문 면적$(S_1) = 0.9 \times 2.0 = 1.8\,\text{m}^2$, 틈새의 면적을 S_2라 하면

$\dfrac{1}{n} = \dfrac{1}{31.62} = \dfrac{S_2}{S_1 + S_2} = \dfrac{S_2}{1.8 + S_2}$

$31.62 S_2 = 1.8 + S_2$

$S_2 = \dfrac{1.8}{30.62} = 0.0587\,\text{m}^2$

기출 필수문제 출제율 40% 이상

15 면밀도가 각각 $100\,\text{kg/m}^2$, $150\,\text{kg/m}^2$인 중공이중벽과 면밀도가 $250\,\text{kg/m}^2$인 단일벽의 투과손실이 25 Hz에서 일치한다고 할 때, 이중벽의 공기층 두께는 실용식 사용 시 몇 cm가 되겠는가?

풀이

$\sqrt{2} \times f_r$의 주파수에서 질량법칙과 일치하는 투과손실을 갖는다.

$f_r = \dfrac{25}{\sqrt{2}} = 17.7\,\text{Hz}$

저역 공명주파수(f_r) : 실용식

$f_r = 60\sqrt{\dfrac{m_1 + m_2}{m_1 \times m_2} \times \dfrac{1}{d}}$

$17.7 = 60\sqrt{\dfrac{100 + 150}{100 \times 150} \times \dfrac{1}{d}}$

$d = 0.19\,\text{m}\,(19\,\text{cm})$

22 벽체의 투과손실 측정

(1) 잔향실 측정방법 *중요내용*

인접한 두 개의 잔향실 경계벽에 마련된 시료설치부(10 m² 정도)에 시료를 넣고, 음원실의 음파가 시료에 난입사되게 한 후 음원실과 수음실의 여러 지점에서 음압레벨을 측정하여 평균음압레벨 SPL_1 및 SPL_2를 구한다.

$$TL = SPL_1 - SPL_2 - 10\log\left[\frac{\overline{\alpha} \cdot S}{s}\right] (\text{dB})$$

여기서, TL : 벽체의 투과손실(dB)
  SPL_1 : 음원실의 음압레벨(dB)
  SPL_2 : 수음실의 음압레벨(dB)
  $\overline{\alpha}$: 수음실의 평균흡음률
  S : 수음실의 내부 전 표면적(m²)
  s : 시료면적(m²)

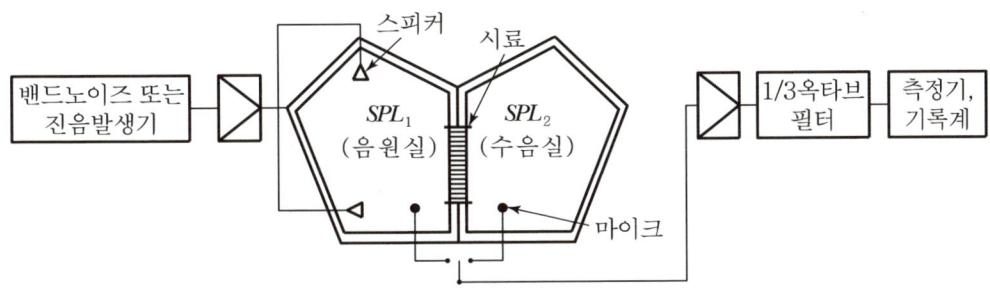

[투과손실의 잔향실 측정법]

(2) TL 계산방법

현장에서 실용적으로 많이 사용되는 방법이다.

① 벽체의 차음도

벽, 창, 출입문 등이 개별 또는 복합적으로 구성되어 있는 경우에 적용한다.

$$NR = \overline{SPL_1} - \overline{SPL_2} = TL + 6, \quad TL = NR - 6 \text{ (dB)}$$

여기서, NR : 차음도(dB)
$\overline{SPL_1}$: 실내 측 평균음압레벨(dB)
$\overline{SPL_2}$: 실외 측 평균음압레벨(dB)
TL : 투과손실(dB)

$TL = NR - 6$은 벽체의 한쪽 면은 실내, 다른 한쪽 면은 실외에 접한 경우 벽체의 TL과 벽체를 중심으로 한 현장에서 실내·외 간 음압레벨차(NR : 차음도)와의 실용관계식이다.

② 출입문, 창문, 환기구의 차음도

$$TL = NR \text{ (dB)}$$

(3) 두 실 경계벽에 의한 차음

경계벽을 사이에 두고 I실에서 II실로 음이 전파한다고 할 때 경계벽에 의한 차음도(NR)는

$$NR = TL - 10\log\left(\frac{1}{4} + \frac{S_W}{R_2}\right) \text{ (dB)}$$

여기서, TL : 경계벽의 투과손실(dB)
S_W : 경계벽의 면적(m²)
R_2 : II실의 실정수(m² : sabin)

① 경계벽 근처의 음압레벨

$$\overline{SPL_2} = \overline{SPL_1} - NR$$
$$= \overline{SPL_1} - \left(TL - 10\log\left(\frac{1}{4} + \frac{S_W}{R_2}\right)\right)$$
$$= \overline{SPL_1} - TL + 10\log\left(\frac{1}{4} + \frac{S_W}{R_2}\right) \text{ (dB)}$$

여기서, $\overline{SPL_1}$: I실 근처의 평균음압레벨(dB)
$\overline{SPL_2}$: II실 근처의 평균음압레벨(dB)

② 경계벽에서 멀리 떨어진 곳의 음압레벨

$$\overline{SPL_3} = \overline{SPL_1} - TL + 10\log\left(\frac{S_W}{R_2}\right) \text{ (dB)}$$

여기서, $\overline{SPL_3}$: II실 내 멀리 떨어진 곳의 평균음압레벨(dB)

③ 외부에서 실내로 들어오는 소음

$$NR = TL + 10\log\left(\frac{A_2}{S}\right) - 6 \text{ (dB)}$$

여기서, NR : 외부소음이 실의 창 등을 통해 실내로 유입 시 창의 차음도($SPL_1 - SPL_2$)
A_2 : 실내의 흡음력(m^2)
S : 차음면(창 등)의 면적(m^2)

(4) 차음재료의 선정과 사용방법의 문제점

① 차음에 가장 영향이 큰 것은 틈이므로 틈이나 파손된 것은 보수하고, 이음새는 여러 방법으로 메꾸도록 한다.
② 차음은 음에너지의 반사작용을 이용한 것으로 차음벽 뒤에는 음파가 발생되지

않도록 하는 것으로 흡음재와 혼동해서는 안 된다.

③ 서로 다른 재료가 혼용된 벽의 차음효과를 높이기 위해 $S_i \tau_i$ 차이가 서로 유사한 재료를 선택한다.

④ 차음벽에서 면의 진동은 위험하므로 가진력이 큰 기계가 설치된 공장의 차음벽은 방진지지(탄성지지) 및 방진합금의 이용이나 Damping(제진) 처리 등을 검토한다.

⑤ 큰 차음효과를 바라는 경우에는 다공질 흡음재를 충진한 이중벽으로 하고 공명투과 주파수 및 일치주파수 등에 유의하여 설계하여야 한다.

⑥ 흡음도 차음에 많은 도움이 되므로 차음재의 음원 측에 흡음재료를 붙인다. 저주파에 대해서는 충분한 공기층을 유지시킨다.

⑦ 콘크리트 블록을 차음벽으로 사용하는 경우 표면에 모르타르 마감을 하는 것이 차음효과가 크다. 한쪽만 바를 때는 5 dB, 양쪽을 다 바를 때는 10 dB 정도 투과손실이 개선된다.

⑧ 투과손실의 수치는 잔향실에서 측정되는 것으로서 차음도와는 다르다. 벽의 차음도는 벽의 양측의 음압레벨의 차로 표시되는 값으로서 TL과 혼동하면 안 된다.

⑨ 차음재료를 선정할 때는 투과손실이 큰 것을 택할 필요가 있다.

⑩ 차음재료의 단위면적당 중량(면밀도)이 크고 주파수가 높을수록 투과손실은 크게 된다.

(5) 차음재료의 차음성능표시 중요내용

① 투과율(τ)
② 투과손실(TL)
③ 음압레벨차(NR : 차음도)

(6) 음향투과등급(STC ; Sound Transmission Class) 중요내용

① 정의

STC는 잔향실에서 1/3옥타브밴드 대역으로 측정한 차음자재의 투과손실을 단일 숫자로 나타낸 것이다.

② 평가방법(한계 기준)
　㉠ 기준곡선 밑의 각 주파수 대역별 투과손실과 기준곡선과의 차의 산술평균이 2 dB 이내이어야 한다. 즉, 모든 중심주파수에서의 음향투과손실과 STC 기준곡선 사이의 dB 차이의 합이 32 dB를 초과해서는 안 된다.
　㉡ 1/3옥타브 대역 중심주파수에 해당하는 음향투과손실 중에서 단 하나의 투과손실값도 STC 기준곡선과 비교하여 밑으로 최대 차이가 8 dB을 초과해서는 안 된다.
　㉢ 500 Hz의 기준곡선의 값이 해당 자재의 음향투과등급이 된다.
　㉣ 한계기준에 벗어날 경우 음향투과등급은 기준 곡선을 상하로 조정하여 결정한다.

01 공장 내의 평균음압도가 90 dB 이고 벽외부에서의 평균음압도가 75 dB 일 때 이 벽의 대략적 투과손실(dB)은?(단, 실내외벽 각각의 면으로부터 1 m 정도에서 측정)

풀이
$$TL = NR - 6 \text{(dB)}$$
$$= (\overline{SPL_1} - \overline{SPL_2}) - 6$$
$$= (90 - 75) - 6 = 9 \text{ dB}$$

02 30 m×5 m 의 공장벽으로부터 수직거리 50 m 떨어진 지점이 부지경계선이다. 공장내벽 근처의 소음도는 90 dB 이고 부지경계선에서의 소음규제기준이 50 dB 일 때 이를 달성하기 위해 공장벽이 가져야 할 총 투과손실(dB)은 얼마인가?

> **풀이** 공장외벽 근처의 소음도(SPL_1)를 면음원으로 구하면,
> $r > \dfrac{b}{3}$ 이므로 $SPL_1 = SPL_2 + 20\log\left(\dfrac{3r}{b}\right) + 10\log\left(\dfrac{b}{a}\right)$
> $\qquad\qquad\qquad\quad = 50 + 20\log\left(\dfrac{3 \times 50}{30}\right) + 10\log\left(\dfrac{30}{5}\right)$
> $\qquad\qquad\qquad\quad = 71.76\,\text{dB}$
> $TL = NR - 6 = (90 - 71.76) - 6 = 12.24\,\text{dB}$

기출 필수문제 출제율 60% 이상

03 두 개의 방이 면적 300 m², 투과손실이 30 dB 인 칸막이를 경계로 구성되어 있으며, 음원실에서 100 dB의 소음이 발생되고 있다. 만일 수음실의 실정수가 60 m²라면 칸막이를 통하여 전달되는 수음실에서의 음압레벨(dB)은?(단, 수음실에서의 음압레벨은 직접음 및 반사음에 의한 영향을 모두 고려)

> **풀이** $\overline{SPL_2} = \overline{SPL_1} - TL + 10\log\left(\dfrac{1}{4} + \dfrac{S_w}{R_2}\right)$
>
> SPL_1 : 음원실에서의 평균음압레벨(dB) = 100 dB
> TL : 투과손실(dB) = 30 dB
> S_w : 경계벽의 면적(m²) = 300 m²
> R_2 : 수음실의 실정수(m²) = 60 m²
>
> $= 100 - 30 + 10\log\left(\dfrac{1}{4} + \dfrac{300}{60}\right) = 77.2\,\text{dB}$

기출 필수문제 출제율 70% 이상

04 공장 내 일부에 면적 30 m² 의 칸막이를 설치하였다. 칸막이의 투과손실은 35 dB 이며, 음원실의 음압레벨이 90 dB 이라 할 때 칸막이를 통하여 전달되는 수음실에서의 음압레벨(dB)은?(단, 수음실의 실정수는 10 m² 이고 확산음장으로 가정한다.)

풀이 확산음장 수음실에서의 음압레벨(SPL_2)

$$SPL_2 = SPL_1 - TL + 10\log\left(\frac{S_w}{R_2}\right)(\text{dB})$$

$SPL_1 = 90\,\text{dB}$

$TL = 35\,\text{dB}$

$S_w = 30\,\text{m}^2$

$R_2 = 10\,\text{m}^2$

$= 90 - 35 + 10\log\left(\dfrac{30}{10}\right) = 59.8\,\text{dB}$

기출 필수문제 출제율 70% 이상

05 벽체 외부로부터 확산음이 입사될 때 이 확산음의 음압레벨은 125 dB 이었다. 실내의 흡음력은 25 m² 이고 벽의 투과손실은 30 dB, 벽의 면적이 15 m² 이면 실내의 음압레벨(dB)은?

풀이
$$SPL_1 - SPL_2 = TL + 10\log\left(\frac{A_2}{S}\right) - 6$$

$$SPL_2 = SPL_1 - TL - 10\log\left(\frac{A_2}{S}\right) + 6$$

$$= 125 - 30 - 10\log\left(\frac{25}{15}\right) + 6 = 98.8\,\text{dB}$$

06 크기가 5 m×3 m 인 창 외부로부터 음압레벨 100 dB의 음이 입사되고 있다. 이 벽면의 투과손실이 25 dB 이고 실내의 흡음력이 30 m² 일 때 실내의 음압레벨(dB)은?

풀이 실내의 음압레벨(SPL_2)

$$SPL_2 = SPL_1 - TL - 10\log\left(\frac{A_2}{S}\right) + 6 \,(\text{dB})$$
$$= 100 - 25 - 10\log\left(\frac{30}{5\times 3}\right) + 6 = 78 \text{ dB}$$

23 방음벽

(1) 개요 및 특성

① 방음벽은 기본적으로 음의 회절감쇠를 이용한 것이고 고주파일수록 차음효과가 좋다.
② 방음벽은 벽면 또는 벽 상단의 음향 특성에 따라 흡음형, 반사형, 간섭형, 공명형 등으로 구분된다.
③ 방음벽에 의한 소음감쇠량은 방음벽의 높이와 길이에 의하여 결정되며, 방음벽의 높이에 의하여 결정되는 회절감쇠가 대부분을 차지한다.
④ 방음벽의 높이가 일정할 때 음원이나 수음점 가까이 세울수록 효과가 크다.
⑤ 방음벽에 사용되는 재료는 방음벽에서 기대하는 차음효과보다 10 dB 이상 큰 투과손실을 갖는 재료가 필요하다.

(2) 방음벽 설계 *중요내용

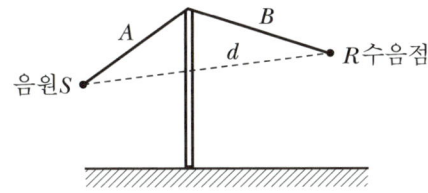

① 경로차($\delta\,;\,m$) 계산

$$\delta = 회절음의\ 경로 - 직접음의\ 경로$$
$$= (A+B) - d$$

② Frensel Number(N) 계산

$$N = \frac{2\delta}{\lambda} = \frac{\delta \cdot f}{170}$$

③ 감쇠치(ΔL : dB) 계산

   식 or 그래프에 의해 구함

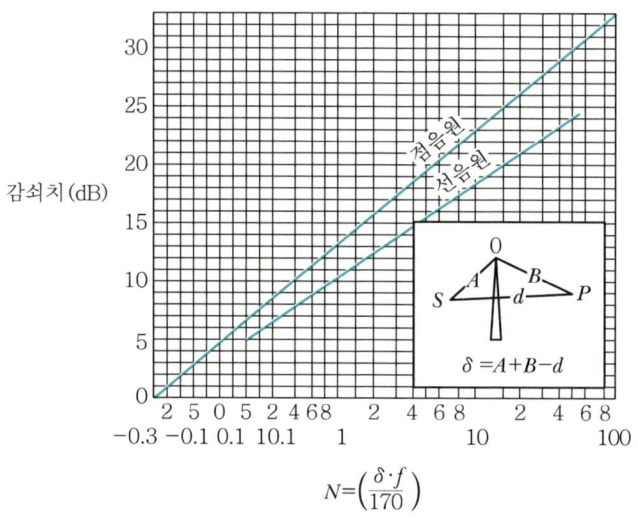

[방음벽에 의한 감쇠치(자유공간)]

(3) 방음벽에 의한 회절감쇠치(ΔL_d)와 삽입손실치(ΔL_I) *중요내용

① 회절감쇠치(ΔL_d)

   방음벽의 투과손실이 회절감쇠치보다 10 이상 큰 경우

   $$\Delta L_d = -10\log(10^{-\frac{L_d}{10}} + 10^{-\frac{L_d'}{10}}) \text{ (dB)}$$

   여기서, ΔL_d : 회절감쇠치(dB)
   L_d : 직접음에 의한 회절감쇠치(dB)
   L_d' : 반사음에 의한 회절감쇠치(dB)
   음원 및 수음 측의 반사음 고려

② 삽입손실치(ΔL_I)

   방음벽의 투과손실이 회절감쇠치보다 10 dB 이내인 경우

$$\Delta L_I = -10\log(10^{-\frac{\Delta L_d}{10}} + 10^{-\frac{TL}{10}}) \text{ (dB)}$$

여기서, ΔL_I : 삽입손실치(dB)
ΔL_d : 회절감쇠치(dB)
TL : 방음벽의 투과손실(dB)

(4) 방음벽 설계 및 설치 시 유의점

① 방음벽 계산(설계)은 무지향성 음원으로 한 가정에 의거한 것이므로 음원의 지향성과 크기에 대해서 사전에 조사한다.
② 음원의 지향성이 수음측 방향으로 클 때에는 방음벽에 의한 감쇠치가 계산치보다 크게 된다.
③ 방음벽의 투과손실은 회절감쇠치보다 적어도 5 dB 이상 크게 하는 것이 바람직하다.
④ 방음벽의 길이는 점음원일 때 벽 높이의 5배 이상, 선음원일 때 음원과 수음점 간의 직선거리의 2배 이상으로 하는 것이 바람직하다.
⑤ 방음벽에 의한 현실적 최대 회절감쇠치는 점음원의 경우 24 dB(25 dB), 선음원의 경우 22 dB(21 dB) 정도이며 실제적인 감쇠치는 5~15 dB 정도이다.
⑥ 음원이 면음원일 때는 그 음원의 최상단에 점음원이 있는 것으로 간주하여 근사적인 회절 감쇠값을 구한다.
⑦ 방음벽이 두꺼울 경우의 높이는 음원에서 벽의 내측 상단을 본 가시선과 수음점에서 벽의 외측 상단을 본 가시선이 서로 만나는 곳까지로 한다.
⑧ 방음벽의 안쪽은 될 수 있는 한 흡음성으로 해서 반사음을 방지하는 것이 좋다.(안쪽=음원 측 벽면)
⑨ 방음벽 대신 소음원 주위에 방음림(수림대)을 설치하는 것은 소음방지에 큰 효과를 기대할 수 없다. 통상 10 m 폭의 수림대에서 3 dB 정도 효과가 있다.
⑩ 방음벽에 사용되는 모든 재료는 인체에 유해한 물질을 함유하지 않아야 한다.
⑪ 방음벽의 도장은 주변환경과 어울리도록 하고 구분이 명확한 광택을 사용하는 것은 피한다.
⑫ 방음판은 하단부에 배수공(Drain Hole) 등을 설치하여 배수가 잘 되어야 한다.

⑬ 방음벽은 20년 이상 내구성이 보장되는 재료를 사용하여야 한다.
⑭ 방음벽을 계획하고 설계 시 음향적인 조건은 방음벽 높이 및 길이, 방음벽 위치, 방음벽 재료이며 비음향적인 조건은 방음벽의 안전성 및 유지, 보수, 미관 등이다.
⑮ 방음벽의 투과손실은 틈새에 의해 큰 영향을 받으므로 틈을 메울 때 블록벽에는 모르타르를, 연결부위에는 도료를 바르는 것이 바람직하다.
⑯ 점음원의 경우 방음벽의 길이가 높이의 5배 이상이면 길이의 영향은 고려하지 않아도 된다.

기출 필수문제 출제율 50% 이상

01 아래 그림과 같은 방음벽을 설계하였다. S 는 음원이고 수음점은 P 이다. 수음측 지면이 완전반사일 경우의 경로차(m)는?

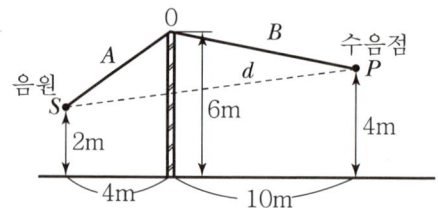

풀이 경로차(δ) = $A + B' - d'$

$A = \sqrt{4^2 + (6-2)^2} = 5.65\,\text{m}$

$B' = \sqrt{10^2 + (6+4)^2} = 14.14\,\text{m}$

$d' = \sqrt{14^2 + (4+2)^2} = 15.23\,\text{m}$

$= 5.65 + 14.14 - 15.23 = 4.56\,\text{m}$

기출 필수문제 출제율 60% 이상

02 음원(S)과 수음점(R)이 자유공간에 있는 아래와 같은 방음벽에서 A = 15 m, B = 25 m, d = 35 m(S - R 사이) 일 때 1,000 Hz에서의 Fresnel Number는? (단, 음속은 340 m/sec이고, 방음벽의 길이는 충분히 길다고 가정한다.)

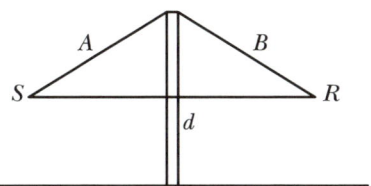

> **풀이**
>
> Fresnel Number(N)
>
> $N = \dfrac{\delta \cdot f}{170}$
>
> $\delta = A + B - d = 15 + 25 - 35 = 5\,\text{m}$
>
> $f = 1{,}000\,\text{Hz}$
>
> $= \dfrac{5 \times 1{,}000}{170} = 29.41$

기출 필수문제 출제율 50% 이상

03 중심주파수 125 Hz부터 10 dB 이상의 소음을 차단할 수 있는 방음벽을 설계하고자 한다. 음원에서 수음점까지의 벽의 설치에 따른 전파경로의 차가 0.65 m 라 할 때, 중심주파수 125 Hz 에서의 Fresnel Number는?(단, 음속은 340 m/sec)

> **풀이**
>
> Fresnel Number(N)
>
> $N = \dfrac{\delta \cdot f}{170}$
>
> δ(경로차) : 회절경로와 직접경로 간의 차이, 0.65 m
>
> f : 125 Hz
>
> $= \dfrac{0.65 \times 125}{170} = 0.48$

기출 필수문제 출제율 60% 이상

04 그림과 같은 차음벽에 1,000 Hz의 음이 수직으로 입사할 때의 회절감쇠치(dB)는?(단, 그림에서 A는 4 m, B는 5 m, d는 7 m 이며 회절감쇠치 $L_d = 10\log(N) + 5$ (dB) 이고 음속은 340 m/s, 기타의 영향은 무시한다.)

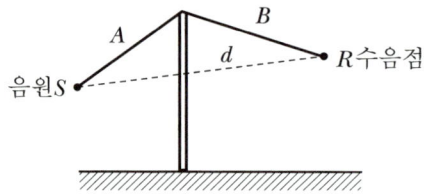

풀이

경로차(δ)

δ = 회절음의 경로 − 직접음의 경로 = (4+5) − 7 = 2 m

Fresnel Number(N)

$N = \dfrac{\delta \cdot f}{170} = \dfrac{2 \times 1,000}{170} = 11.76$

회절감쇠치(L_d)

$L_d = 10\log(N) + 5 = 10\log 11.76 + 5 = 15.7 \, \text{dB}$

기출 필수문제 출제율 80% 이상

05 그림과 같이 무한 방음벽을 설치하였다. 음원이 1,500 Hz를 방출하고 있을 때 다음을 구하시오.(단, 회절감쇠치는 $10 \log N + 7$ 을 적용, 지면반사 등은 무시)

(1) 음파경로차

(2) 회절감쇠치

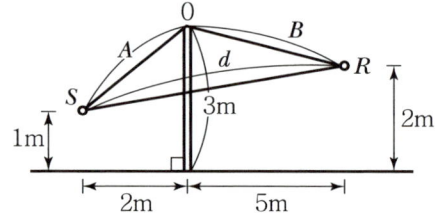

풀이

(1) 음파경로차(δ)

$\delta = A + B - d$

$$A = \sqrt{2^2 + (3-1)^2} = 2.83 \text{m}$$
$$B = \sqrt{5^2 + (3-2)^2} = 5.1 \text{m}$$
$$d = \sqrt{7^2 + (2-1)^2} = 7.07 \text{m}$$
$$= 2.83 + 5.1 - 7.07 = 0.86 \text{m}$$

(2) 회절감쇠치(L_d)

$$N = \frac{\delta \cdot f}{170} = \frac{0.86 \times 1,500}{170} = 7.59$$
$$L_d = 10 \log N + 7 = 10 \log 7.59 + 7 = 15.8 \text{dB}$$

기출 필수문제 출제율 40% 이상

06 어떤 공장에서 옥외에 있는 소형 소음원에 대한 방음대책으로 방음벽을 설치하였다. 500 Hz 음에 대한 회절감쇠치가 10 dB일 경우 1,000 Hz의 회절감쇠치를 구하면?(단, $N \geq 1$ 일 때 회절감쇠치 $= 10 \log N + 9$로 한다.)

풀이

① 500 Hz에서 회절감쇠치(L_d)가 10 dB이므로

$$L_d = 10 \log N + 9$$
$$10 = 10 \log N + 9$$
$$N = 10^{\frac{1}{10}} = 1.259$$

② 경로차(δ)를 구하면

$$N = \frac{\delta \cdot f}{170} = \frac{\delta \times 500}{170} = 1.259$$
$$\delta = 0.428 \text{ m}$$

③ 1,000 Hz에서 회절감쇠치(L_d)

$$L_d = 10 \log N + 9$$
$$= 10 \log \left(\frac{\delta \cdot f}{170}\right) + 9$$
$$= 10 \log \left(\frac{0.428 \times 1,000}{170}\right) + 9 = 13.0 \text{ dB}$$

기출 필수문제 출제율 60% 이상

07 반무한 방음벽의 직접음 회절감쇠치가 15 dB(A), 반사음 회절감쇠치가 20 dB(A) 이고 투과손실치가 23 dB(A) 일 때 이 벽에 의한 삽입손실치는 몇 dB(A)인가?

[풀이]

삽입손실치(ΔL_I)

$$\Delta L_I = -10\log(10^{-\frac{L_d}{10}} + 10^{-\frac{L_d'}{10}} + 10^{-\frac{TL}{10}})$$

L_d(직접음 회절감쇠치) : 15 dB(A)
L_d'(반사음 회절감쇠치) : 20 dB(A)
TL(투과손실치) : 23 dB(A)

$$= -10\log(10^{-\frac{15}{10}} + 10^{-\frac{20}{10}} + 10^{-\frac{23}{10}}) = 13.3\,dB(A)$$

기출 필수문제 출제율 90% 이상

08 음압레벨이 100 dB(음원으로부터 1 m 이격지점)인 점음원으로부터 30 m 떨어진 지점에서 소음으로 인한 문제가 발생되어 방음벽을 설치하였다. 방음벽에 의한 회절감쇠치가 12dB이고 방음벽의 투과손실이 18 dB이라면 수음점의 SPL(dB)은?

[풀이]

거리감쇠+삽입손실치의 문제이다.

$$SPL_2 = \left(SPL_1 - 20\log\frac{r_2}{r_1}\right) + 10\log(10^{-\frac{\Delta L}{10}} + 10^{-\frac{TL}{10}})\,(dB)$$

$$= \left(100\,dB - 20\log\frac{30}{1}\right) + 10\log(10^{-\frac{12}{10}} + 10^{-\frac{18}{10}})$$

$$= 59.4\,dB$$

09 그림과 같이 반사율이 1인 지면 위에 500Hz 음에 대해 TL이 15dB인 반무한 방음벽이 설치되어 있다. 이 주파수음에 대한 회절감쇠치와 삽입손실치를 구하면?(단, Fresnel수 N에 따른 회절감쇠치 $L_d = 10\log N + 5$로 하고 반사음 회절은 수음측만 고려한다.)

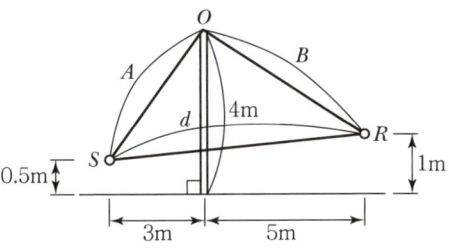

풀이

① 직접음 회절감쇠치(L_d)

경로차(δ)

$\delta = A + B - d$

$A = \sqrt{3^2 + (4-0.5)^2} = 4.6\,\mathrm{m}$

$B = \sqrt{5^2 + (4-1)^2} = 5.83\,\mathrm{m}$

$d = \sqrt{8^2 + (1-0.5)^2} = 8.02\,\mathrm{m}$

$\delta = 4.6 + 5.83 - 8.02 = 2.41\,\mathrm{m}$

$N = \dfrac{\delta \cdot f}{170} = \dfrac{2.41 \times 500}{170} = 7.09$

$L_d = 10\log N + 5 = 10\log 7.09 + 5 = 13.5\,\mathrm{dB}$

② 수음 측 반사음 회절감쇠치($L_{d'}$)

경로차(δ)

$\delta = A + B' - d'$

$A = \sqrt{3^2 + (4-0.5)^2} = 4.6\,\mathrm{m}$

$B' = \sqrt{5^2 + (4+1)^2} = 7.07\,\mathrm{m}$

$d' = \sqrt{8^2 + (1+0.5)^2} = 8.14$

$\delta = 4.6 + 7.07 - 8.14 = 3.53\,\mathrm{m}$

$N = \dfrac{\delta \cdot f}{170} = \dfrac{3.53 \times 500}{170} = 10.38$

$$L_{d'} = 10\log N + 5 = 10\log 10.38 + 5 = 15.16\,\text{dB}$$

(1) 회절감쇠치(ΔL_d)

$$\Delta L_d = -10\log(10^{-\frac{L_d}{10}} + 10^{-\frac{L_{d'}}{10}})\,(\text{dB})$$
$$= -10\log(10^{-\frac{13.5}{10}} + 10^{-\frac{15.16}{10}}) = 11.2\,\text{dB}$$

(2) 삽입손실치(ΔL_I)

$$\Delta L_I = -10\log(10^{-\frac{\Delta L_d}{10}} + 10^{-\frac{TL}{10}})\,(\text{dB})$$
$$= -10\log(10^{-\frac{11.2}{10}} + 10^{-\frac{15}{10}}) = 9.7\,\text{dB}$$

24 실내소음 방지

(1) 실내의 평균음압레벨

① 반확산음장 *중요내용*

　㉠ 일반적 공장, 실내에서 적용

　㉡ 관계식

$$\overline{SPL} = PWL + 10\log\left(\frac{Q}{4\pi r^2} + \frac{4}{R}\right) \text{ (dB)}$$

여기서, $\overline{SPL}$: 평균음압레벨(dB)
PWL : 실내음향 파워레벨(dB)
Q : 지향계수
r : 음원으로부터의 거리(m)
R : 실정수(m^2)

　ⓐ 직접음 $SPL(SPL_d)$

$$SPL_d = PWL + 10\log\left(\frac{Q}{4\pi r^2}\right) \text{ (dB)}$$

　ⓑ 간접음(잔향음) $SPL(SPL_r)$

$$SPL_r = PWL + 10\log\left(\frac{4}{R}\right) \text{ (dB)}$$

　㉢ 실반경(r)

실내에서 음원으로부터 어떤 거리 r(m)만큼 떨어진 위치에서 직접음장 및 잔향음장에 의한 SPL이 같을 때 이 거리를 실반경이라 한다.

$\dfrac{Q}{4\pi r^2} = \dfrac{4}{R}$ 로부터

$$r = \sqrt{\frac{QR}{16\pi}} \text{ (m)}$$

② 확산음장 *중요내용
  ㉠ 잔향음장에 속하며 음장 내에 음의 에너지 밀도가 각 위치에서 일정하다.
  ㉡ 관계식

$$\overline{SPL} = PWL + 10\log\left(\frac{4}{R}\right) \text{ (dB)}$$
$$= PWL - 10\log R + 6$$

여기서, $\overline{SPL}$: 평균음압레벨(dB)
  PWL : 실내음향 파워레벨(dB)
  R : 실정수(m^2, sabin)

(2) 실내소음 저감량(ΔL, NR)

① 흡음대책에 의한 실내소음 저감량(감음량)은 흡음대책 전후의 실정수(R), 흡음력(A)으로 구한다.
② 관계식 *중요내용

$$\Delta L = 10\log\frac{R_2}{R_1} = 10\log\frac{A_2}{A_1} = 10\log\frac{\overline{\alpha_2}(1-\overline{\alpha_1})}{\overline{\alpha_1}(1-\overline{\alpha_2})} \text{ (dB)}$$
$$= 10\log\left(\frac{A_1 + A_\alpha}{A_1}\right) \text{ (dB)}$$

여기서, ΔL : 실내소음 저감량(감음량)(dB)
  R_1, R_2 : 흡음대책 전후의 실정수(m^2, sabin)
  A_1, A_2 : 흡음대책 전후의 흡음력(m^2, sabin)
  α_1, α_2 : 흡음대책 전후의 평균흡음률
  A_α : 부가(증가)된 흡음력(m^2, sabin)

③ 일반적 흡음대책에 의해 목표로 하는 경제적인 감음량의 한계는 5~10 dB
④ 강당, 교회, 음악당과 같이 공개홀에서 연설자의 말이 중첩되면, 즉 전기적 음향에 의한 직접음과 반사음(간접음)의 시간차가 0.05초가 되면 그 위치를 Dead Spots 또는 Hot Spots 라고 한다.

기출 필수문제 출제율 60% 이상

01 실정수 150 m² 인 공장 실내의 세 면이 만나는 구석에 음향파워레벨 90 dB 의 소형 기계가 설치되어 있다. 이 기계로부터 10 m 떨어진 지점의 음압도(dB)는?

풀이
$$SPL = PWL + 10\log\left(\frac{Q}{4\pi r^2} + \frac{4}{R}\right) \text{(dB)}$$
$$= 90 + 10\log\left(\frac{8}{4\times\pi\times 10^2} + \frac{4}{150}\right) \text{(dB)}$$
$$= 75.2 \text{ dB}$$

기출 필수문제 출제율 60% 이상

02 실정수가 140 m² 인 방에 음향파워레벨이 125 dB 인 음원이 있을 때 실내(확산음장)의 평균음압레벨(dB)은?(단, 실내의 전체 내면의 반사율이 아주 큰 잔향실 기준)

풀이 확산음장
$$\overline{SPL} = PWL + 10\log\left(\frac{4}{R}\right) \text{(dB)} = 125 + 10\log\left(\frac{4}{140}\right) = 109.6 \text{ dB}$$

기출 필수문제 출제율 80% 이상

03 8×7×4(m) 인 방이 있다. 이 방의 벽과 천장, 바닥은 모두 콘크리트로 되어 있으며 실내에 0.015 W 인 음원이 있을 때 실내의 음압레벨(dB)은?(단, 콘크리트면의 흡음률은 0.03 이다.)

풀이

$$SPL = PWL + 10\log\left(\frac{4}{R}\right)(\text{dB})$$

$$R = \frac{S \cdot \overline{\alpha}}{1 - \overline{\alpha}}$$

$$S = (8 \times 7 \times 2) + (8 \times 4 \times 2) + (7 \times 4 \times 2) = 232\,\text{m}^2$$

$$= \frac{232 \times 0.03}{1 - 0.03} = 7.18\,\text{m}^2$$

$$PWL = 10\log\frac{0.015}{10^{-12}} = 101.8\,\text{dB}$$

$$= 101.8 + 10\log\left(\frac{4}{7.18}\right) = 99.2\,\text{dB}$$

기출 필수문제 출제율 60% 이상

04 가로 15 m, 세로 15 m, 높이 3 m 인 방이 있다. 이 방의 평균흡음률은 0.2 이고, 방의 바닥 중앙에 음향파워레벨이 110 dB 인 무지향성 점음원이 놓여 있을 때, 직접음과 잔향음의 크기가 같은 음원으로부터의 거리(실반경, m)는?

풀이

실반경(r)

$$r = \sqrt{\frac{QR}{16\pi}}\,(\text{m})$$

Q : 바닥중앙(2)

$$R = \frac{S \cdot \overline{\alpha}}{1 - \overline{\alpha}}$$

$$S = (15 \times 15 \times 2) + (15 \times 3 \times 2) + (15 \times 3 \times 2) = 630\,\text{m}^2$$

$$= \frac{630 \times 0.2}{1-0.2} = 157.5\,\mathrm{m}^2$$

$$= \sqrt{\frac{2 \times 157.5}{16 \times 3.14}} = 2.5\,\mathrm{m}$$

기출 필수문제 출제율 70% 이상

05 가로 5 m, 세로 5 m, 높이 5 m 인 방의 바닥 및 천장의 흡음률은 0.1 이고, 벽의 흡음률은 0.4 이다. 이 방의 바닥 중앙에 음향파워레벨이 90 dB 인 무지향성 점음원이 놓여 있을 때, 실반경에서의 직접음과 잔향음의 음압레벨의 크기 (dB)를 구하면?

풀이 실반경에서는 직접음과 잔향음에 의한 SPL이 같기 때문에 문제상 확산음장에 의한(잔향음) 음압레벨을 구함

$$SPL = PWL + 10\log\left(\frac{4}{R}\right)\,(\mathrm{dB})$$

$$R = \frac{S \cdot \bar{\alpha}}{1-\bar{\alpha}}$$

$$S = (5 \times 5 \times 2) + (5 \times 5 \times 2) + (5 \times 5 \times 2) = 150\,\mathrm{m}^2$$

$$\bar{\alpha} = \frac{(25 \times 0.1) + (25 \times 0.1) + (100 \times 0.4)}{25+25+100} = 0.3$$

$$= \frac{150 \times 0.3}{1-0.3} = 64.3\,\mathrm{m}^2$$

$$= 90 + 10\log\left(\frac{4}{64.3}\right) = 77.9\,\mathrm{dB}$$

기출 필수문제 출제율 50% 이상

06 공장 실내의 소음을 저감시키고자 한다. 저감 전의 실정수 $R_1 = 100\text{m}^2$ 이고, 저감 후의 실정수 $R_2 = 250\text{m}^2$ 로 개선되었다고 할 때, 이 공장 실내의 흡음 전·후의 소음저감량은 약 몇 dB인가?

풀이 소음저감량(ΔL)

$$\Delta L = 10\log\frac{R_2}{R_1} = 10\log\frac{250}{100} = 4\text{dB}$$

기출 필수문제 출제율 60% 이상

07 실내벽면에 대한 흡음대책 전후의 흡음력이 각각 500 m², 1,500 m² 일 때 실내 소음저감량(dB)은?(단, 평균흡음률은 0.3 미만이라 가정)

풀이 소음저감량(ΔL)

$$\Delta L = 10\log\frac{A_2}{A_1} = 10\log\frac{1,500}{500} = 4.8\text{dB}$$

기출 필수문제 출제율 30% 이상

08 평균흡음률이 0.02 인 방을 방음 처리하여 평균흡음률을 0.27 로 만들었다. 이때 흡음으로 인한 감음량은 몇 dB인가?

풀이 소음저감량(ΔL)

$$\Delta L = 10\log\frac{R_2}{R_1} = 10\log\frac{\overline{\alpha_2}(1-\overline{\alpha_1})}{\overline{\alpha_1}(1-\overline{\alpha_2})} = 10\log\frac{0.27(1-0.02)}{0.02(1-0.27)} = 12.5\text{dB}$$

09 흡음재를 부착하여 실내소음을 10 dB 저감시켰을 경우 평균흡음률은?(단, 감쇠량 $\Delta L = 10\log\dfrac{R_2}{R_1}$(dB)을 사용하여 계산하고 흡음 전 실정수는 50 m², 실내의 전 표면적은 600 m²)

풀이
$$\Delta L = 10\log\dfrac{R_2}{R_1}$$
$$10 = 10\log\dfrac{R_2}{50}$$
$$R_2 = 10^{1.0} \times 50 = 500\,\text{m}^2$$
$$500 = \dfrac{S \cdot \overline{\alpha}}{1 - \overline{\alpha}}$$
$$500(1 - \overline{\alpha}) = 600\overline{\alpha}$$
$$\overline{\alpha} = 0.45$$

10 어떤 공장의 내부 표면적은 800 m² 이고 평균흡음률은 0.06 일 때 이 공장의 평균음압레벨을 10 dB 저감하기 위해서 필요한 평균흡음률은?(단, 저감량 $\Delta L = 10\log\dfrac{R_2}{R_1}$)

풀이
$$\Delta L = 10\log\dfrac{R_2}{R_1}$$
$$10 = 10\log\dfrac{\overline{\alpha_2}(1-\overline{\alpha_1})}{\overline{\alpha_1}(1-\overline{\alpha_2})}$$

$$10^1 = \frac{\overline{\alpha_2}(1-\overline{\alpha_1})}{\overline{\alpha_1}(1-\overline{\alpha_2})} = \frac{\overline{\alpha_2}(1-0.06)}{0.06(1-\overline{\alpha_2})}$$

$\overline{\alpha_2} = 0.39$

기출 필수문제 출제율 50% 이상

11 가로, 세로, 높이가 각각 10m, 8m, 3m 인 방의 벽, 천장, 바닥의 1 kHz 밴드에서의 흡음률이 각각 0.1, 0.2, 0.3이다. 천장재를 1 kHz 밴드에서의 흡음률이 0.7인 흡음재로 대체할 경우 감음량(dB)을 구하면?

풀이

실내소음저감량(NR)

$$NR = 10\log\frac{R_2}{R_1} = \frac{\dfrac{S\overline{\alpha}}{1-\overline{\alpha}}}{\dfrac{S\overline{\alpha}}{1-\overline{\alpha}}}$$

대책 전

$S = (10\times8\times2) + (10\times3\times2) + (8\times3\times2) = 268 \text{m}^2$

$\overline{\alpha} = \dfrac{(108\times0.1)+(80\times0.2)+(80\times0.3)}{108+80+80} = 0.1896$

대책 후

$S = 268 \text{m}^2$

$\overline{\alpha} = \dfrac{(108\times0.1)+(80\times0.7)+(80\times0.3)}{108+80+80} = 0.3388$

$$= 10\log\frac{\left(\dfrac{268\times0.3388}{1-0.3388}\right)}{\left(\dfrac{268\times0.1896}{1-0.1896}\right)} = 3.4 \text{ dB}$$

기출 필수문제 출제율 50% 이상

12 가로 5 m, 세로 5 m, 높이 3 m인 방이 있다. 이 방은 모두 평균흡음률이 0.02인 콘크리트로 구성되어 있을 때 다음을 구하시오.(단, 흡음재의 평균흡음률은 0.6 이다.)

(1) 흡음처리 전의 흡음력
(2) 천장만 흡음처리한 후의 감음량

풀이

(1) 흡음처리 전의 흡음력(A)
$A = S \cdot \alpha$
$S = (5 \times 5 \times 2) + (5 \times 3 \times 4) = 110 \, \text{m}^2$
$A = 110 \times 0.02 = 2.2 \, \text{m}^2$

(2) 천장만 흡음처리한 후의 감음량(ΔL)
① 처리 후 평균흡음률(α')
$$\alpha' = \frac{(25 \times 0.6) + (25 \times 0.02) + (60 \times 0.02)}{110} = 0.152$$

② $\Delta L = 10 \log \frac{R_2}{R_1} = 10 \log \frac{(1-\alpha)\alpha'}{(1-\alpha')\alpha}$
$= 10 \log \frac{(1-0.02) \times 0.152}{(1-0.152) \times 0.02} = 9.4 \, \text{dB}$

기출 필수문제 출제율 80% 이상

13 가로 10 m, 세로 30 m, 천장높이 3.5 m 인 건물 내부 중앙 바닥에 $PWL = 100$ dB 인 소음원이 있고 건물벽의 평균흡음률이 0.25 라 할 때 다음 각 사항에 답하시오.

(1) 이 건물의 흡음력
(2) 음원에서 15 m 지점의 직접음 SPL
(3) 실정수

(4) 확산음장의 SPL

(5) 평균흡음률을 0.8로 했을 때의 감음량

[풀이]

(1) 흡음력(A)

$A = S \cdot \alpha \, (\text{m}^2)$

$S = (10 \times 30 \times 2) + (10 \times 3.5 \times 2) + (30 \times 3.5 \times 2) = 880 \, \text{m}^2$

$= 880 \times 0.25 = 220 \, \text{m}^2$

(2) 직접음의 음압레벨(SPL)

$SPL = PWL + 10 \log \left(\dfrac{Q}{4\pi r^2} \right) (\text{dB})$

$= 100 + 10 \log \left(\dfrac{2}{4 \times 3.14 \times 15^2} \right) = 68.5 \, \text{dB}$

(3) 실정수(R)

$R = \dfrac{S \cdot \overline{\alpha}}{1 - \overline{\alpha}} (\text{m}^2) = \dfrac{220}{1 - 0.25} = 293.3 \, \text{m}^2$

(4) 확산음장 음압레벨(SPL)

$SPL = PWL + 10 \log \left(\dfrac{4}{R} \right) (\text{dB})$

$= 100 + 10 \log \left(\dfrac{4}{293.3} \right) = 81.34 \, \text{dB}$

(5) 감음량(ΔL)

$\Delta L = 10 \log \dfrac{R_2}{R_1} = 10 \log \dfrac{R_2}{293.3}$

$R_2 = \dfrac{S \cdot \overline{\alpha}}{1 - \overline{\alpha}} = \dfrac{880 \times 0.8}{1 - 0.8} = 3{,}520 \, \text{m}^2$

$= 10 \log \dfrac{3{,}520}{293.3} = 10.8 \, \text{dB}$

25 소음기(Silencer)

(1) 소음기의 성능표시 *중요내용*

① **삽입손실치**(IL ; Insertion Loss)
   소음원에 소음기를 부착하기 전·후의 공간상의 어떤 특정위치에서 측정한 음압레벨의 차이와 그 측정위치로 정의한다.

② **동적삽입손실치**(DIL ; Dynamic Insertion Loss)
   정격유속(Rated Flow) 조건하에서 소음원에 소음기를 부착하기 전과 후의 공간상의 어떤 특정위치에서 측정한 음압레벨의 차와 그 측정위치로 정의한다.

③ **감쇠치**(ΔL ; Attenuation)
   소음기 내 두 지점 사이의 음향파워 감쇠치로 정의한다.

④ **감음량**(NR ; Noise Reduction)
   소음기가 있는 그 상태에서 소음기의 입구 및 출구에서 측정된 음압레벨의 차로 정의한다.

⑤ **투과손실치**(TL ; Transmission Loss)
   소음기를 투과한 음향출력에 대한 소음기에 입사된 음향출력의 비로 정의한다.

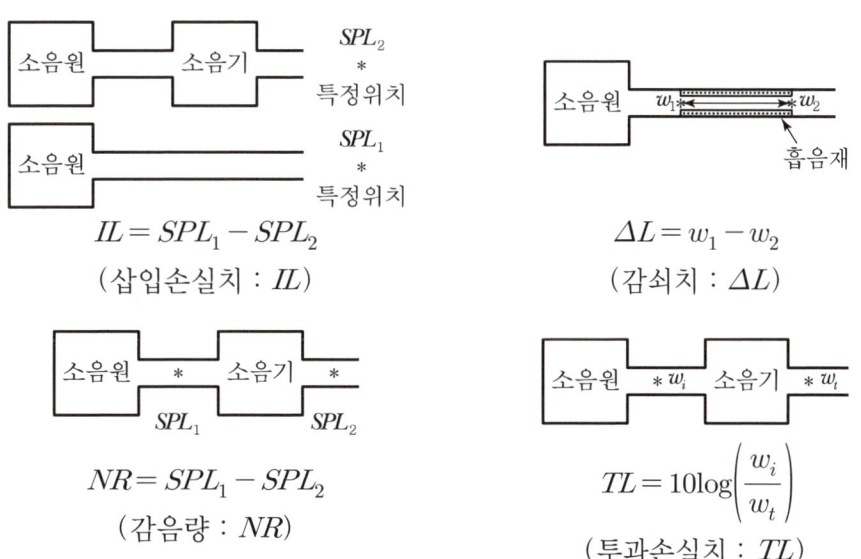

[소음기 성능평가방법] *중요내용*

(2) 소음기의 종류

① 흡음 덕트형 소음기

㉠ 개요 및 원리

내부에서 에너지 흡수를 목적으로 하는 소음기, 즉 덕트 내(공동 내역)에 흡음재(유리솜, 암면)를 부착하여 흡음재의 흡음효과에 의해 소음을 감쇠시킨다.

㉡ 감음특성 *중요내용*

중·고음역에서 좋다.

㉢ 최대감음 주파수는 다음 범위 내에 있어야 한다. *중요내용*

$$\frac{\lambda}{2} < D < \lambda$$

여기서, λ : 대상음의 파장(m)
D : 덕트의 내경(m)

㉣ 덕트의 내부 직경이 대상음의 파장보다 큰 경우에는 덕트를 세분하여 Cell형이나 Splitter형으로 하여 소음을 감음시켜야 한다.

㉤ 감쇠치(ΔL) *중요내용*

$$\Delta L = K \cdot \frac{P \cdot L}{S} = 1.05\alpha^{1.4} \cdot \frac{P \cdot L}{S} \text{(dB)}$$

여기서, K : 흡음계수
$K = \alpha - 0.1$
α : 흡음률
P : 덕트 내부 주장(m)
S : 덕트 내부 단면적(m²)
L : 덕트의 길이(m)

㉥ 특징

ⓐ 덕트의 최단 횡단길이는 고주파 Beam을 방해하는 크기여야 한다.

ⓑ Beam은 가장 작은 횡단길이의 7배보다 적은 파장의 주파수에서 발생한다.

ⓒ 통과유속은 20 m/sec 이하로 하는 것이 좋다.
ⓓ 송풍기 소음을 방지하기 위한 흡음덕트 두께는 1″(1 inch), 흡음 챔버 내의 흡음재는 2~4″ 두께로 부착하는 것이 좋다.
ⓔ 흡음덕트 내에서 기류가 음파와 같은 방향으로 이동할 경우에는 소음감쇠치의 정점은 고주파 측으로 이동하면서 그 크기는 낮아지고 반대방향으로 이동할 경우에는 소음감쇠치의 정점은 저주파 측으로 이동하면서 그 크기는 높아진다.
ⓕ 각 흐름통로의 길이는 그것의 가장 작은 횡단길이의 2배는 되어야 한다.

② **팽창형 소음기**
㉠ 개요 및 원리
단면 불연속부의 음에너지 반사에 의해 감음하는 구조로 급격한 관경확대로 음파를 확대하고 유속을 낮추어 음향에너지 밀도를 희박화하고 공동단을 줄여서 감음하는 것으로 단면적비에 따라 감쇠량을 결정하는 소음기이다.
㉡ 감음특성 *중요내용
저·중음역에 좋으며 팽창부에 흡음재를 부착하면 고음역의 감음량이 증가한다.
㉢ 감쇠의 주파수(감음 주파수)는 소음기의 감쇠량이 최대로 되는 주파수이며, 이 주파수는 주로 팽창부의 길이(L)로 결정하고 주파수 성분을 가장 유효하게 감쇠시킬 수 있는 길이는 $L = \dfrac{\lambda}{4}$로 하면 좋다. *중요내용
㉣ 최대투과손실치(TL_{max}) *중요내용

$$TL_{max} = \dfrac{D_2}{D_1} \times 4 \, (\text{dB})$$

단, $f < f_c$이며, f_c(한계주파수) $= 1.22 \dfrac{C}{D_2}$ (Hz)

여기서, D_1 : 팽창(확대) 전 직경(m)
D_2 : 팽창(확대) 후 직경(m)

㉥ 일반적 투과손실(TL)

$$TL = 10\log\left[1 + \frac{1}{4}\left(m - \frac{1}{m}\right)^2 \sin^2 KL\right] \text{ (dB)}$$

여기서, m : 단면적 비 $\left(\dfrac{A_2}{A_1} = \dfrac{\text{팽창 후 단면적}}{\text{팽창 전 단면적}}\right)$

K : 파수 $\left(\dfrac{2\pi f}{c}\right)$

f는 대상주파수(Hz)

π는 180°

c는 음속(m/sec)

L : 팽창부의 길이(m)

㉦ 최대투과손실은 발생 주파수(f)의 홀수배($3f$, $5f$, $\cdots$)에서는 최대가 되나 짝수배($2f$, $4f$, $\cdots$)에서는 0 dB이 된다.

㉧ 투과손실은 $L = \dfrac{n\lambda}{4}$일 때 최대($n=1, 3, 5, \cdots$)

$KL = n\pi$일 때 최소

㉨ 팽창부에 흡음재 부착 시 투과손실(TL_α)

$$TL_\alpha = TL + \left(\dfrac{A_2}{A_1} + \alpha_r\right) \text{ (dB)}$$

여기서, α_r : 흡음률

㉩ 단면적비(m)가 클수록 투과손실치는 커진다.(단면적비에 따라 감쇠량이 결정됨)

㉪ 팽창부의 길이(L)가 커지면 협대역 감음, 즉 최대 투과손실은 변화가 없으나 통과대역의 수가 증가한다.

㉫ 송풍기, 압축기, 디젤기관 등의 흡·배기부의 소음에 사용된다.

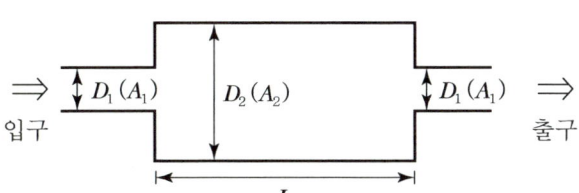

③ 간섭형 소음기
  ㉠ 개요 및 원리
    음의 통로 구간을 둘로 나누어 각각의 경로차가 반파장(λ/2)에 가깝게 하는 구조, 즉 서로 간의 위상차에 의해 소리의 에너지가 감쇠하는 원리를 이용한 것이다.
  ㉡ 감음특성 *중요내용*
    저·중음역의 탁월주파수 성분에 좋다.
  ㉢ 특징
    ⓐ 감음주파수는 두 경로차(소음기 길이)에 따라 결정되며 경로차가 λ/2가 되게 하는 것이 좋다.
    ⓑ 최대투과손실치는 $f(\text{Hz})$의 홀수배 주파수에서 일어나 이론적으로 무한대가 된다.
    ⓒ 최대투과손실치는 $f(\text{Hz})$의 짝수배 주파수에서는 0 dB이 된다.
    ⓓ 최대투과손실치는 실용적으로 20 dB 내외이다.
    ⓔ 압축기, 송풍기, 디젤기관 등의 흡·배기음의 소음에 사용된다.

④ 공명형 소음기
  ㉠ 개요 및 원리
    헬름홀츠 공명기의 원리를 응용한 것으로 공명주파수에서 감음하는 방식으로 관로 도중에 구멍을 판 공동과 조합한 구조, 즉 내관의 작은 구멍과 그 배후 공기층이 공명기를 형성하여 흡음한다. 즉, 공동의 공진주파수와 일치하는 음의 주파수를 목부에서 열에너지로 소산시킨다.
  ㉡ 감음특성 *중요내용*
    저·중음역의 탁월주파수 성분에 좋으며 소음기의 공동 내에 흡음재를 충진하면 저주파음 소거의 탁월현상이 완화된다.

ⓒ 일반적으로 흐르는 배관이나 덕트의 선상에 부착하여 협대역(탁월) 저주파음을 방지하는 소음기 형식이다.

ⓓ 최대 투과 손실치(TL)가 일어나는 공명주파수(f_r)

최대투과손실치는 공명주파수에서 일어나고 작은 관 내 공동 구멍 수가 많을수록 공명주파수는 커진다.

$$f_r = \frac{c}{2\pi} \sqrt{n \cdot \frac{S_p/l_p}{V}} \text{ (Hz)}$$ ※중요내용

여기서, c : 소음기 내 음속(m/sec)
n : 내관 구멍 수
S_p : 내관 구멍 한 개의 단면적(m²)
l_p : $L + 1.6a$
  L은 목의 두께(m)
  a는 구멍의 반지름(m)

ⓔ 공동공명기의 공명주파수(f_r) ※중요내용

$$f_r = \frac{c}{2\pi} \sqrt{\frac{A}{l \cdot V}} \text{ (Hz)}$$ ※중요내용

여기서, c : 소음기 내 음속(m/sec)
A : 목의 단면적(m²)
L : 목의 두께(m)
V : 공동의 부피(m³)
l : $L + 0.8\sqrt{A}\,(L + 0.8d)$

ⓕ 공동공명형 소음기의 공동 내에 흡음재를 충진할 경우에는 저주파음 소거의 탁월현상은 완화되지만 고주파까지 거의 평탄한 감음특성을 보인다.

ⓖ 구멍의 크기가 음의 파장에 비해 매우 작을 때 공명주파수(f_r) ※중요내용

$$f_r = \frac{c}{2\pi} \sqrt{\beta/(h + 1.6a) \cdot d} \text{ (Hz)}$$

여기서, β : 개공률 ($\beta = \dfrac{\pi a^2}{B^2}$)

B : 구멍 간 좌우, 상하 길이

h : 목(판)의 두께(m)

a : 구멍의 반지름(m)

d : 배후공기층(m)

◎ 공명주파수는 내관을 통하는 음속이 높을수록, 내관을 통하는 기체의 온도가 높을수록, 내관구멍의 단면적이 커질수록 증가하며 내관과 외관 사이의 부피가 증가하면 저하한다.

(3) 소음기에 요구되는 일반적인 특성

① 저음역의 감쇠능력이 있어야 한다.
② 흡음재는 불연성이며, 내구성이 있어야 한다.
③ 공기저항이 비교적 작아야 한다.
④ 소음기 내부에서 기류에 의한 발생음이 생기지 않아야 한다.
⑤ 설계 시에는 고온, 기체종류, 특정가스, 임피던스 등에 유의해야 한다.
⑥ 수음자의 위치를 고려하여 소음기 개구부를 사람의 귀로부터 멀리 둔다.
⑦ 소음기의 설계 시에는 감음량을 고려할 뿐만 아니라 기계의 성능, 압력손실 등에 대해서도 신중히 검토해야 한다.

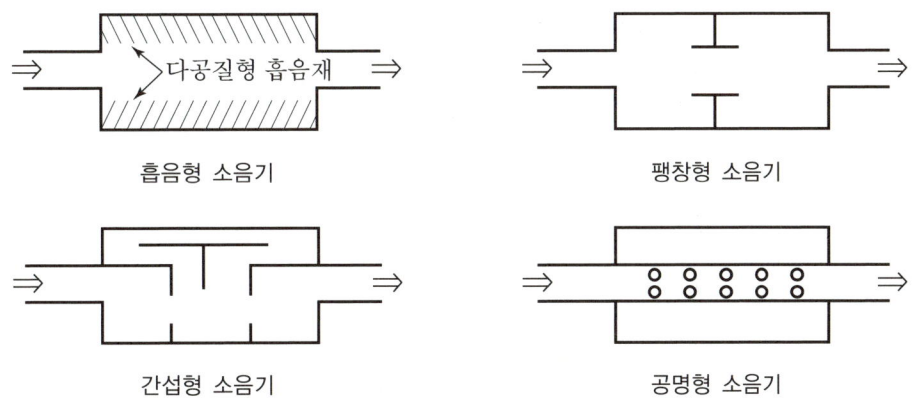

[소음기의 종류] 중요내용

기출 필수문제 출제율 50% 이상

01 덕트의 내부에 흡음재를 부착하여 덕트소음을 줄이고자 한다. 덕트의 내경이 0.2 m 인 경우 최대감음주파수의 범위(Hz)를 구하시오.

풀이 최대감음주파수의 범위

$$\frac{\lambda}{2} < D < \lambda$$

음속을 344 m/sec 라고 가정하면

$$f = \frac{C}{\lambda} = \frac{344 \text{m/sec}}{0.2 \text{m}} = 1,720 \text{Hz}$$

$$f = \frac{C}{\lambda/2} = \frac{344 \text{m/sec}}{0.1 \text{m}} = 3,440 \text{Hz}$$

기출 필수문제 출제율 60% 이상

02 어떤 흡음재료를 사용하여 내경 25 cm, 길이 3 m의 원형직관 흡음덕트를 만들었다. 이 덕트의 감쇠량이 10 dB일 때 다음에 답하시오.(단, $K = \alpha - 0.1$)

(1) 동일 흡음재료를 사용하여 내경 30 cm, 길이 4 m의 덕트로 할 경우 감쇠량은?

(2) 이때 사용된 흡음재료의 흡음률은?

풀이 (1) 감쇠량(ΔL)

우선 감음계수(K)를 구한다.

$$\Delta L = K \cdot \frac{P \cdot L}{S} = K \cdot \frac{\pi D \cdot L}{\frac{\pi}{4} D^2} = \frac{4K \cdot L}{D}$$

$$10 = \frac{4 \times K \times 3}{0.25}$$

$$K = 0.208$$

$$\Delta L = \frac{4K \cdot L}{D} = \frac{4 \times 0.208 \times 4}{0.3} = 11.11 \text{ dB}$$

(2) 흡음률(α)

$K = \alpha - 0.1$

$\alpha = K + 0.1 = 0.208 + 0.1 = 0.308$

기출 필수문제 출제율 70% 이상

03 공조기에서 발생되는 소음을 흡음덕트를 이용하여 감음시키고자 한다. 덕트의 길이는 2 m 이며 사각형 덕트이고 가로, 세로가 각각 20 cm, 50 cm 이다. 덕트로 사용된 재료의 잔향실법에 의한 흡음률은 0.6 일 때 감음량(dB)은?(단, $K = 1.05\alpha^{1.4}$)

풀이 감음량(ΔL)

$\Delta L = K \cdot \dfrac{P \cdot L}{S}$ (dB)

$K = 1.05\alpha^{1.4} = 1.05 \times 0.6^{1.4} = 0.513$

$P = (0.2 \times 2) + (0.5 \times 2) = 1.4 \, \text{m}$

$S = 0.2 \times 0.5 = 0.1 \, \text{m}^2$

$L = 2 \, \text{m}$

$= 0.513 \times \dfrac{1.4 \times 2}{0.1} = 14.4 \, \text{dB}$

기출 필수문제 출제율 60% 이상

04 송풍기에 의해 방사되는 소음을 저감시키기 위해 가로×세로가 각각 30 cm×30 cm 이고 길이가 2.0 m인 장방형 덕트에 두께 3 cm로 균일하게 흡음률이 0.4 인 흡음재료를 부착하였을 때의 소음감쇠치(ΔL)는?

[풀이] $\Delta L = K \cdot \dfrac{P \cdot L}{S}$ (dB)

$K = \alpha - 0.1 = 0.4 - 0.1 = 0.3$

$P = 0.24 \times 4 = 0.96 \, \text{m}$

$S = 0.24 \times 0.24 = 0.0576 \, \text{m}^2$

$L = 2.0 \, \text{m}$

$= 0.3 \times \dfrac{0.96 \times 2.0}{0.0576} = 10 \, \text{dB}$

기출 필수문제 출제율 50% 이상

05 900 Hz 의 음파를 흡음덕트에 의해서 감음하고자 한다. 원통덕트의 내면에 흡음물을 부착했을 때 지름은 40 cm, 흡음률은 0.4 의 것을 이용한다고 하면 이 흡음덕트에서 30 dB를 감음하기 위해서 필요한 최소한의 길이(m)는?

[풀이] $\Delta L = K \cdot \dfrac{P \cdot L}{S}$ (dB)

$L = \dfrac{\Delta L \times S}{K \times P}$

$\Delta L = 30 \, \text{dB}$

$S = \dfrac{3.14 \times 0.4^2}{4} = 0.1256 \, \text{m}^2$

$K = 0.4 - 0.1 = 0.3$

$P = \pi \times D = 3.14 \times 0.4 = 1.256 \, \text{m}$

$= \dfrac{30 \times 0.1256}{0.25 \times 1.256} = 10 \, \text{m}$

06 직경 30 cm, 길이 1.5 m 인 원형 덕트 내부에 흡음률이 0.4 이고, 두께가 2.5 cm 인 흡음재를 부착하였다. 감음량을 구하면?

풀이 감음량(ΔL)

$$\Delta L = K \cdot \frac{P \cdot L}{S} \text{(dB)}$$

$K = \alpha - 0.1 = 0.4 - 0.1 = 0.3$

$P = \pi D = 3.14 \times 0.25 = 0.785 \text{ m}$

$S = \frac{\pi D^2}{4} = \frac{3.14 \times 0.25^2}{4} = 0.049 \text{ m}^2$

$L = 1.5 \text{ m}$

$= 0.3 \times \frac{0.785 \times 1.5}{0.049} = 7.2 \text{ dB}$

07 송풍기의 덕트 밑단에서 방사되는 음을 15dB 만큼 감음하려고 소음기를 부착하여 내경을 측정하였더니 30 cm×15 cm 의 장방형 덕트로 길이는 2.5 m 였다. 어느 정도의 흡음률을 갖는 흡음물을 부착하여야 하는가?(단, 흡음물의 두께는 2 cm로 한다.)

풀이 감음량(ΔL)

$$\Delta L = K \cdot \frac{P \cdot L}{S} \text{(dB)}$$

$K = \frac{\Delta L \cdot S}{P \cdot L}$

$\Delta L = 15 \text{ dB}$

$S = 0.26 \times 0.11 = 0.0286 \text{ m}^2$

$P = (0.26 + 0.11) \times 2 = 0.74 \text{ m}$

$L = 2.5 \text{ m}$

$$= \frac{15 \times 0.0286}{0.74 \times 2.5} = 0.232$$

$$K = \alpha - 0.1$$

$$\alpha = K + 0.1 = 0.232 + 0.1 = 0.332$$

기출 필수문제 출제율 60% 이상

08 관내 벽에 흡음재를 부착한 후의 내경이 24 cm, 길이가 1.0 m인 원형 흡음덕트의 감쇠량이 15 dB이었다. 만약 내경이 30 cm, 길이가 2 m인 동종의 덕트로 바꾸면 감쇠량은 얼마나 개선되는가?(단, 덕트의 내경은 대상음의 파장보다 작다.)

[풀이] 감쇠량(ΔL)

$$\Delta L = K \cdot \frac{P \cdot L}{S} \text{ (dB)}$$

$$K = \frac{\Delta L \cdot S}{P \cdot L} = \frac{15 \times \left(\frac{3.14 \times 0.24^2}{4}\right)}{(3.14 \times 0.24) \times 1.0} = 0.9$$

$$= 0.9 \times \frac{(3.14 \times 0.3) \times 2}{\left(\frac{3.14 \times 0.3^2}{4}\right)} = 24 \text{ dB}$$

$24 - 15 = 9 \text{ dB}$만큼 개선된다.

기출 필수문제 출제율 50% 이상

09 공조기에서 발생되는 소음을 감쇠시키기 위해 그림과 같은 단면의 소음기를 4 m 길이로 설치할 경우 감음량은 몇 dB인가?(단, 잔향실법에 의한 흡음률은 0.55이다.)

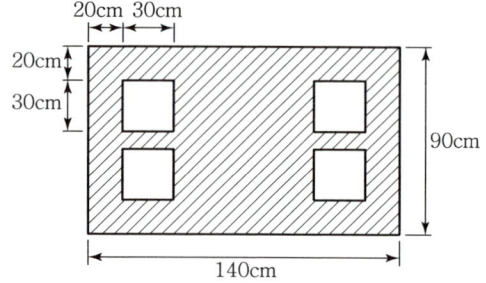

> **[풀이]** 감음량(ΔL)
>
> $$\Delta L = K \cdot \frac{P \cdot L}{S}$$
>
> $\quad K = \alpha - 0.1 = 0.55 - 0.1 = 0.45$
> $\quad P = (0.3 \times 4) \times 4 = 4.8\,\text{m}$
> $\quad S = (0.3 \times 0.3) \times 4 = 0.36\,\text{m}^2$
> $\quad L = 4\,\text{m}$
>
> $\quad = 0.45 \times \dfrac{4.8 \times 4}{0.36} = 24\,\text{dB}$

기출 필수문제 출제율 40% 이상

10 팽창형 소음기의 입구 및 팽창부의 직경이 각각 50 cm, 150 cm 일 경우, 기대할 수 있는 최대투과손실(dB)은?(단, 대상주파수는 한계주파수보다 작다 : $f < f_c$)

> **[풀이]** 최대투과손실(TL)
>
> $$TL = \frac{D_2}{D_1} \times 4 = \frac{150}{50} \times 4 = 12\,\text{dB}$$

기출 필수문제 출제율 40% 이상

11 단순 팽창형 소음기의 단면적 비가 6 이고 $\sin^2 KL = 1.5$ 일 때 투과손실(dB)은?

> **[풀이]** $TL = 10\log[1 + \dfrac{1}{4}(m - \dfrac{1}{m})^2 \sin^2 KL]\,\text{dB}$
>
> $\quad = 10\log[1 + \dfrac{1}{4}(6 - \dfrac{1}{6})^2 \times 1.5]\,\text{dB}$
>
> $\quad = 11.4\,\text{dB}$

기출 필수문제 출제율 50% 이상

12 Fan의 날개 수가 50개인 송풍기가 1,200 rpm 으로 운전되고 있다. 이 송풍기의 출구에 단순팽창형 소음기를 부착하여 송풍기에서 발생하는 기본음에 대하여 최대투과손실 20 dB 을 얻고자 할 때 소음기 최적 팽창부의 길이(cm)는? (단, 관로 중 기체의 온도는 40℃ 이다.)

풀이 대상주파수(f)

$$f = \frac{1,200\,\text{rpm}}{60} \times 50 = 1,000\,\text{Hz}$$

파장(λ)

$$\lambda = \frac{c}{f} = \frac{331.42 + (0.6 \times 40℃)}{1,000} = 0.355\,\text{m}$$

최적 팽창부의 길이(L)

$$L = \frac{\lambda}{4} = \frac{0.355}{4} = 0.0888\,\text{m}\,(8.89\,\text{cm})$$

기출 필수문제 출제율 60% 이상

13 팽창부의 길이가 30 cm인 단순팽창형 소음기에서 최대투과손실이 발생하는 최저주파수(Hz)는?(단, 소음기 내의 온도는 45 ℃ 이고, 입구관과 확장관의 단면적 비는 1 이 아님)

풀이 TL이 최대가 될 때

$$L = \frac{n\lambda}{4}$$

$$L = \frac{\lambda}{4} = \frac{c/f}{4}$$

$$0.3 = \frac{[331.42 + (0.6 \times 45)]/f}{4}$$

$$f = 298.7\,\text{Hz}$$

기출 필수문제 출제율 50% 이상

14 단면 팽창비가 20, 팽창부 길이가 50 cm 인 단순팽창형 소음기에서 200 Hz 음의 투과손실(dB)을 구하면?(단, 음속은 340 m/sec 로 한다.)

> **풀이** 투과손실(TL)
>
> $$TL = 10\log\left[1 + \frac{1}{4}\left(m - \frac{1}{m}\right)^2 \sin^2 KL\right] \text{(dB)}$$
>
> $m = 20$
>
> $K = \dfrac{2\pi f}{c} = \dfrac{360° \times 200}{340} = 211.765°$
>
> $L = 0.5\,\text{m}$
>
> $TL = 10\log\left[1 + \dfrac{1}{4}\left(20 - \dfrac{1}{20}\right)^2 \sin^2(211.765 \times 0.5)\right]$
>
> $= 10\log[1 + (99.5 \times 0.9251)] = 19.7\,\text{dB}$

기출 필수문제 출제율 60% 이상

15 두께 9 mm의 다공판(직경 6 mm의 구멍이 상하좌우 22 mm 간격으로 뚫려 있음)을 75 mm의 공기층을 두고 설치하였을 때의 공명주파수는?(단, 음속은 340 m/sec)

> **풀이** 공명주파수(f_r)
>
> $$f_r = \frac{c}{2\pi}\sqrt{\frac{A}{l \cdot V}}\,\text{(Hz)}$$
>
> $c = 340 \times 1{,}000 = 340{,}000\,\text{mm/sec}$
>
> $A = \dfrac{3.14 \times 6^2}{4} = 28.26\,\text{mm}^2$
>
> $V = 22 \times 22 \times 75 = 36{,}300\,\text{mm}^3$
>
> $l = L + 1.6a = 9 + (1.6 \times 3) = 13.8\,\text{mm}$

$$= \frac{34 \times 10^4}{2 \times 3.14} \sqrt{\frac{28.26}{13.8 \times 36{,}300}} = 406.64\,\text{Hz}$$

※ 다른 식을 이용하여 공명주파수를 구하면

$$f_r = \frac{c}{2\pi} \sqrt{\frac{\beta}{(h+1.6a) \cdot d}}$$

$$\beta = \frac{\pi a^2}{B^2} = \frac{3.14 \times 3^2}{22^2} = 0.0584$$

$$h + 1.6a = 9 + (1.6 \times 3) = 13.8\,\text{mm}$$

$$d = 75\,\text{mm}$$

$$= \frac{34 \times 10^4}{2 \times 3.14} \sqrt{\frac{0.0584}{13.8 \times 75}} = 406.64\,\text{Hz}$$

기출 필수문제 출제율 50% 이상

16 소음기의 입구 및 팽창부의 직경이 60 cm, 140 cm 일 경우 팽창형 소음기에 의해 기대할 수 있는 최대투과손실은?

풀이

① 투과손실(TL)

$$TL = 10\log\left[1 + \frac{1}{4}\left(m - \frac{1}{m}\right)^2 \sin^2 KL\right]\,(\text{dB})$$

위 식에서 $\sin^2 KL = 1$일 때 최대투과손실이 되므로

② 최대투과손실(TL_m)

$$TL_m = 10\log\left[1 + \frac{1}{4}\left(m - \frac{1}{m}\right)^2\right]\,(\text{dB})$$

$$m = \left(\frac{D_2}{D_1}\right)^2 = \left(\frac{140}{60}\right)^2 = 5.44$$

$$= 10\log\left[1 + \frac{1}{4}\left(5.44 - \frac{1}{5.44}\right)^2\right] = 8.98\,\text{dB}$$

기출 필수문제 출제율 60% 이상

17 그림과 같이 내경 6 cm, 두께 2 mm 인 관 끝 무반사관 도중에 직경 1 cm의 작은 구멍이 10개 뚫린 관을 내경 15 cm, 길이 30 cm 의 공동과 조합할 때의 공명주파수(Hz)는?(단, 작은 구멍의 보정길이＝내관두께＋구멍의 반지름×1.6으로 하며 음속은 340 m/sec)

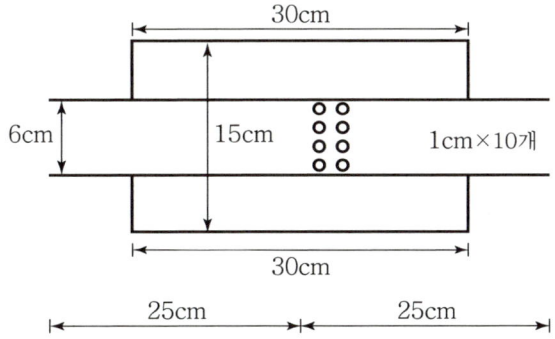

> **풀이** 공명주파수(f_r)
>
> $$f_r = \frac{c}{2\pi}\sqrt{\frac{A}{l \cdot V}}\,(\text{Hz})$$
>
> A(목의 단면적) $= \dfrac{3.14 \times 1^2}{4} = 0.785 \times 10 = 7.85\,\text{cm}^2$
>
> l(목의 두께) $= 0.2 + (\dfrac{1}{2} \times 1.6) = 1.0\,\text{cm}$
>
> V(공동 부피) $= 30[\dfrac{3.14 \times 15^2}{4} - \dfrac{3.14 \times (6+0.4)^2}{4}] = 4,334\,\text{cm}^3$
>
> $= \dfrac{34,000}{2 \times 3.14}\sqrt{\dfrac{7.85}{1.0 \times 4,334}} = 230.4\,\text{Hz}$

기출 필수문제 출제율 50% 이상

18 구멍직경 9 mm, 구멍 간의 상하좌우 간격 22 mm, 판두께 12 mm 인 다공판을 55 mm 의 배후공기층을 두고 설치할 경우 공명(흡음)주파수(Hz)는?(단, 기온은 14.5℃ 이고, 구멍의 크기는 음의 파장에 비해 매우 작다.)

[풀이] 공명주파수(f_r)

$$f_r = \frac{C}{2\pi}\sqrt{\beta/(h+1.6a)\cdot d}$$

$C = 331.42 + (0.6 \times 14.5) = 340.12\,\text{m/sec}\,(340.12 \times 10^3\,\text{mm/sec})$

$\beta = \dfrac{\pi a^2}{B^2} = \dfrac{3.14 \times 4.5^2}{22^2} = 0.13137$

$h + 1.6a = 12 + (1.6 \times 4.5) = 19.2\,\text{mm}$

$d = 55\,\text{mm}$

$= \dfrac{340.12 \times 10^3}{2 \times 3.14}\sqrt{\dfrac{0.13137}{19.2 \times 55}} = 604.07\,\text{Hz}$

기출 필수문제 출제율 30% 이상

19 흡음챔버 내의 규격 등이 다음과 같을 때 이 흡음챔버의 소음감쇠치는?

- 챔버 내부 평균흡음률 : 0.7
- 챔버 출구 단면적 : 0.5m²
- 출구 – 입구 사이의 각도 : 30°
- 챔버 내의 전체 표면적 : 20m²
- 출구 – 입구 사이의 경사길이 : 5m

[풀이] 흡음챔버 감쇠치(ΔL)

$$\Delta L = -10\log\left[S_0\left(\frac{\cos\theta}{2\pi d^2} + \frac{1-\overline{\alpha}}{\overline{\alpha}\cdot S_w}\right)\right]\,(\text{dB})$$

$= -10\log\left[0.5 \times \left\{\left(\dfrac{\cos 30°}{2 \times 3.14 \times 5^2}\right) + \left(\dfrac{1-0.7}{0.7 \times 20}\right)\right\}\right]$

$= 18.7\,\text{dB}$

26 밀폐상자

(1) 음원 밀폐 시 유의사항 *중요내용*

① 방진
② 차음
③ 흡음
④ 환기
⑤ 개구부의 소음

(2) 밀폐상자 내부의 저주파 음압레벨(SPL_1) : 파장에 비해 작은 밀폐상자의 경우

$$SPL_1 = PWL_s - 40\log f - 20\log V + 81 \text{ (dB)}$$

여기서, PWL_s : 음원의 파워레벨(dB)
f : 밀폐상자보다 파장이 큰 저주파(Hz)
V : 음원과 밀폐상자 간의 공간체적(m^3)

(3) 밀폐상자 내부의 고주파 음압레벨(SPL_1) : 파장에 비해 큰 밀폐상자의 경우

$$SPL_1 = PWL_s - 10\log R + 6 \text{ (dB)}$$
$$= PWL_s + 10\log\left(\frac{1-\overline{\alpha}}{S\overline{\alpha}}\right) + 6 \text{ (dB)}$$

여기서, PWL_s : 음원의 파워레벨(dB)
R : 밀폐상자 내부의 실정수(m^2)
S : 밀폐상자 내부의 전 표면적(m^2)
$\overline{\alpha}$: 밀폐상자 내부의 평균흡음률

(4) 밀폐상자 내외부의 파워레벨 차(ΔPWL) : 파장에 비해 작은 밀폐상자의 경우

$$\Delta PWL = 40\log f + 20\log V - 10\log S_p + TL - 81 \text{ (dB)}$$

여기서, S_p : 밀폐상자 음향 투과부의 면적(m²)
TL : 밀폐상자의 투과손실(dB)

(5) 밀폐상자 내외부의 파워레벨 차(ΔPWL) : 파장에 비해 큰 밀폐상자의 경우

$$\Delta PWL = TL - 10\log\left[\frac{S_p}{S} \cdot \frac{1-\overline{\alpha}}{\overline{\alpha}}\right] \text{ (dB)}$$

(6) 밀폐상자에 의한 차음도(NR)

$$NR = SPL_1 - SPL_2 = 10\log\left(\frac{1}{\tau}\right) = TL \text{ (dB)}$$

여기서, SPL_1 : 밀폐상자 내부의 음압레벨(dB)
SPL_2 : 밀폐상자 외부의 음압레벨(dB)
τ : 밀폐상자의 투과율

(7) 밀폐상자에 의한 삽입손실치(IL)

$$IL = 10\log\left(\frac{\overline{\alpha}}{\overline{\tau}}\right) \text{(dB)} : \overline{\tau} \leq \overline{\alpha} \leq 1 \text{인 조건에서 적용}$$

여기서, $\overline{\alpha}$: 밀폐상자 내의 평균흡음률
$\overline{\tau}$: 밀폐상자의 평균투과율

27 방음 Lagging

(1) 개요

① 송풍기, 덕트, 파이프의 외부 표면에서 소음이 방사될 때 진동부에 제진대책을 한 후 흡음재를 부착하고 그 다음에 차음재로 마감하는 방법을 Lagging이라 한다.

② 방진제 자신의 탄성진동의 고유진동수가 외력의 진동수와 공진하는 상태를 Surging이라고도 한다.

③ 구조 *중요내용*

관(파이프) 내부 + Casing + 제진재 + 흡음재 + 차음재

④ 관이나 판 등으로부터 소음이 방사될 때 진동부에 제진대책을 한 후 흡음재를 부착하고 그 다음에 차음재(구속층)를 설치하여 마감하는 것이 효과적이다.

⑤ 링주파수 *중요내용*

일반적으로 파이프에서 발생하는 주파수를 의미한다.

$$f_r = \frac{C_L}{\pi d}(\text{Hz})$$

여기서, C_L : 종파 전파속도
d : 파이프 직경

기출 필수문제 출제율 30% 이상

01 밀폐상자를 이용하여 음원을 밀폐하려고 한다. 파장에 비해 큰 밀폐상자, 즉 밀폐상자보다 파장이 작은 고주파 음압레벨(dB)의 값은 얼마인가?(단, 음원의 파워레벨은 110 dB이고, 밀폐상자 내의 전 표면적은 60 m², 평균흡음률은 0.88이다.)

풀이 파장에 비해 큰 밀폐상자에서 고주파 음압레벨(SPL_1)

$$SPL_1 = PWL_s + 10\log(\frac{1-\bar{\alpha}}{S\bar{\alpha}}) + 6 \text{(dB)}$$

$$= 110 + 10\log(\frac{1-0.88}{60 \times 0.88}) + 6$$

$$= 89.6 \text{dB}$$

기출 필수문제 출제율 20% 이상

02 파이프 지름이 1 m 인 파이프 벽에서 전파되는 종파의 전파속도가 5,000 m/sec 인 경우 파이프의 링주파수는?

풀이 $f_r = \dfrac{C_L}{\pi d} = \dfrac{5,000}{3.14 \times 1} = 1,592.36 \text{Hz}$

PART 02

진동개론 및 방지기술

진동개론 및 방지기술

01 공해진동

(1) 정의
사람에게 불쾌감을 주는 진동으로 사람의 건강 및 건물에 피해를 주는 진동을 공해진동이라 한다.

(2) 공해진동 진동수(주파수) 범위 *중요내용*
1~90(Hz)

(3) 공해진동레벨 범위
60~80 dB [진도계로는 I(미진)~III(약진)]

(4) 진동역치 *중요내용*
① 진동의 역치란 인간이 겨우 느낄 수 있는 진동레벨값이다.
② 진동역치 범위는 55±5 dB 이다.

(5) 특징
① 일반적으로 연직(수직)진동이 수평진동보다 진동레벨이 크다.
② 대개의 경우 소음을 동시에 수반한다.
③ 지표진동의 크기와 그 장소에 있는 건물진동의 크기는 반드시 1 : 1로 대응하지는 않는다.
④ 주로 지반을 통하여 건축물에 전파되어 건물 안에 2차 소음을 발생시키고 파의 형태로 인체에 전파된다.

(6) 진동의 발생원
① 충격진동(폭발, 타격)
② 정상진동(일반산업장기계의 지속적인 정상진동)
③ 중첩진동(충격 및 정상진동의 혼합)

02 진동의 크기를 나타내는 단위(진동크기 3요소) *중요내용*

(1) 변위(Displacement)
① 물체가 정상정지위치에서 일정시간 내에 도달하는 위치까지의 거리
② 단위 : mm (cm, m)

(2) 속도(Velocity)
① 변위의 시간 변화율이며 진동체가 진동의 상한 또는 하한에 도달하면 속도는 0 이고 그 물체가 정상위치인 중심을 지날 때 그 속도의 최대가 된다.
② 단위 : cm/sec(kine), m/sec

(3) 가속도(Acceleration)
① 속도의 시간변화율이며 측정이 간편하고 변위와 속도로 산출할 수 있기 때문에 진동의 크기를 나타내는 데 주로 사용한다.
② 단위 : cm/sec^2 (m/sec^2)

03 진동량의 표현식 *중요내용*

(1) 변위(x)

$$x = A\sin\omega t \quad \text{or} \quad x = A\sin(\omega t + \phi)$$

여기서, x : 변위 (m)
　　　　sin : 정현진동 의미(sin파)
　　　　ω : 각진동수($2\pi f$: rad/sec)
　　　　t : 시간에 대한 함수 의미
　　　　$(\omega t + \phi)$: 위상각[$\tan^{-1}\dfrac{2\xi(w/w_n)}{1-(\dfrac{w}{w_n})^2}$]　　여기서, ξ : 감쇠비
　　　　ϕ : 초기위상(위상차)
　　　　A : 변위진폭(m)

(2) 속도(v)

진동속도는 변위를 시간으로 미분한 값이다.($\dot{x}$)

$$v(\dot{x}) = \frac{dx}{dt} = \frac{d}{dt}(A\sin\omega t) = A\omega\cos\omega t = A\omega\sin\left(\omega t + \frac{\pi}{2}\right)$$

여기서, v : 속도(m/sec)
　　　　cos : 여현진동 의미(cos파)
　　　　$\dfrac{\pi}{2}$: 변위와 속도의 위상 차이
　　　　$A\omega$: 속도진폭(속도최대값 : m/sec)

(3) 가속도(a)

진동가속도는 속도를 시간으로 미분한 값이다. ($\ddot{x} = \dot{v}$)

$$a(\dot{v}) = \frac{dv}{dt} = \frac{d}{dt}(A\omega\cos wt) = -A\omega^2\sin\omega t = -(2\pi f)^2 A\sin(2\pi ft)$$
$$= A\omega^2\sin(\omega t + \pi)$$

여기서, a : 가속도(m/sec^2)
π : 변위와 가속도의 위상 차이
$A\omega^2$: 가속도진폭(가속도 최대값 : m/sec^2)
$$A\omega^2 = A\omega \cdot \omega = V_{max} \cdot \omega$$

(4) 변위진폭(A)

$$A \; ; \; m$$

(5) 속도진폭(V_{max})

$$V_{max} = A\omega = A \times (2\pi f) \; ; \; \text{m/sec, cm/sec (kine)}$$

(6) 가속도진폭(a_{max})

$$a_{max} = A\omega^2 = A\omega \cdot \omega = V_{max} \cdot \omega = V_{max} \times 2\pi f \; (\text{m/sec}^2)$$

04 조화진동(조화운동)

(1) 정의
일정시간 동안에 같은 현상이 반복되는 진동이며, 주로 sin함수, cos함수로 표시한다.

(2) 용어

① 주기(T)
1회 진동하는 데 필요한 시간. 즉, 주기운동이 되풀이되는 데 필요한 시간이다.

② 진폭(A)
㉠ 변위의 최대치이며 sin곡선(정현파)을 수식으로 나타낸 식 $x = A\sin\omega t$에서 A값을 말한다.
㉡ 진동의 중심값에서의 최대변동값이다.
㉢ 진동의 공진현상이 일어나면 진동의 진폭이 증가하는 것을 의미한다.
㉣ 공진이란 어떤 진동계에 있어서 고유진동수(f_n)와 강제진동수(f)가 같을 때 발생하는 현상으로 진폭이 이상할 정도로 크게 나타나는 것이다.

③ 진동수(f)
㉠ 단위시간(1 sec)당 반복횟수, 즉 완전한 사이클 수를 말한다.
㉡ 진동수는 주기 T의 역수로 $f = \dfrac{1}{T} = \dfrac{\omega}{2\pi}$가 성립한다.

④ 각진동수(ω)
㉠ 단위시간에 움직이는 각도는 진동수의 2π배, 즉 단위시간에 나아가는 각도를 나타낸다.
㉡ 각진동수는 $\omega = 2\pi f$ (rad/sec)로 표현된다.

⑤ 맥놀이(울림, Beat) *중요내용*
  ㉠ 진동수가 비슷한(≒1~7 Hz 범위) 두 개의 조화운동을 합성할 때 강·약이 번갈아 나타나 울림의 형태로 나타난다.
  ㉡ 맥놀이(울림)의 주기는 두 진동수 절댓값의 차를 구하여 역수를 취하여 구한다.

(3) 2개 이상의 조화진동의 합성

$x = A\sin\omega t + B\sin\omega t + C\sin\omega t$

① 최대진폭(A_m)

$$A_m = \sqrt{A^2 + B^2 + C^2}$$

② 변위실효치($A_{\rm rms}$)

$$A_{\rm rms} = \sqrt{\left(\frac{A}{\sqrt{2}}\right)^2 + \left(\frac{B}{\sqrt{2}}\right)^2 + \left(\frac{C}{\sqrt{2}}\right)^2}$$

(4) 강제진동(Forced Vibration)

주기적인 외력에 의해 지속되는 진동을 말한다.

(5) 자유진동(Free Vibration)

① 외부의 힘이 제거된 후에 일어나는 진동을 말한다.
② System(계)의 특성에 따른 진동수를 갖는 진동이다.

제2편 진동개론 및 방지기술

05 진자

(1) 용수철 진자

$$T = 2\pi\sqrt{\dfrac{m}{k}}$$

여기서, T : 용수철 진자의 주기
m : 질량
k : 탄성계수(용수철 상수)

$F = -kx$ (후크의 법칙) ➡ ($F = kx = mg$의 관계 성립)

여기서, F : 용수철의 탄성력
– : 진동의 부 방향

(2) 단진자

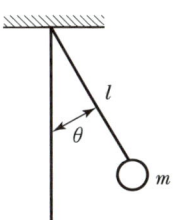

$$T = 2\pi\sqrt{\dfrac{l}{g}}$$

여기서, T : 단진자의 주기
l : 진자의 길이
g : 중력가속도

단진자의 주기는 추의 질량(m)과 관계없다.

(3) 막대진자

$$f_n = \frac{1}{2\pi}\sqrt{\frac{3g}{2l}}$$

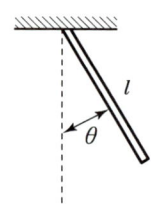

여기서, f_n : 막대진자의 고유진동수
  l : 막대길이
  g : 중력가속도
  (단, 수직으로 매달린 가늘고 긴 막대가 평면에서 진동하여 진폭은 작다고 가정함)

06 기타 진동계

(1) 비틀림 진동계

$$f_n = \frac{1}{2\pi}\sqrt{\frac{k}{J}}$$

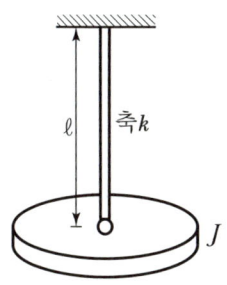

여기서, f_n : 비틀림 진동의 고유진동수
        J : 관성모멘트
        k : 비틀림 강성계수

$$k = \frac{\pi d^4 G}{32l}$$

        d : 축의 직경

(2) 비틀림 진동계

$$f_n = N\frac{1}{2\pi}\sqrt{\frac{\pi d^2 G}{8Jl}}$$

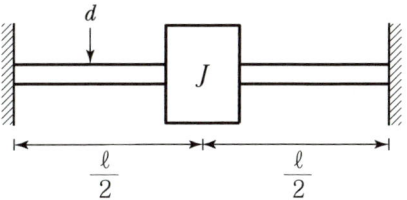

(3) 외팔보 진동계(고정단)

$$f_n = \frac{1}{4\pi}\sqrt{\frac{3K}{m}}$$

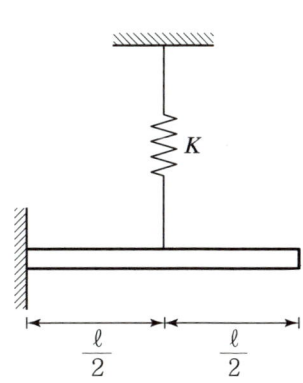

여기서, f_n : 외팔보 진동의 고유진동수
        K : 외팔보의 강성계수
        m : 외팔보의 질량

(4) 질량이 붙은 외팔보 진동계(고정단)

$$f_n = \frac{1}{4\pi}\sqrt{\frac{k}{m}}$$

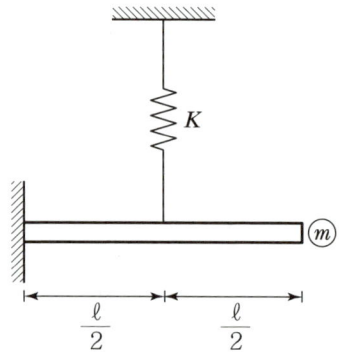

(5) 질량이 붙은 외팔보 진동계(자유단)

$$f_n = \frac{1}{2\pi}\sqrt{\frac{3EI}{ml^3}}$$

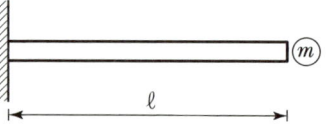

여기서, E : 재료의 세로 탄성계수
I : 보의 단면 2차 모멘트
EI : 보의 강성도
l : 보의 길이
m : 질량

(6) U자관 내의 진동계

$$f_n = \frac{1}{2\pi}\sqrt{\frac{2g}{l}}$$

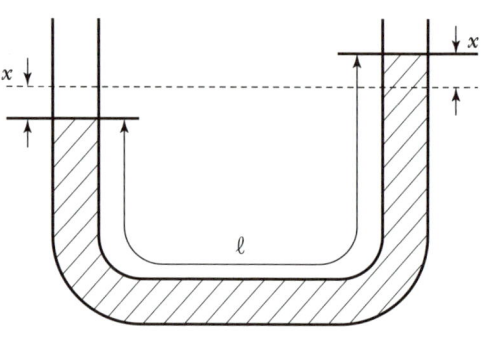

여기서, f_n : U자관 내의 액주, 고유진동수
l : 액주의 총 길이

01 진폭변위 $x = A\sin(\omega t + \theta)$일 때 속도 및 가속도는?

풀이

(1) 속도(v)
$$v = A\omega\cos(\omega t + \theta)$$
(2) 가속도(a)
$$a = -A\omega^2\sin(\omega t + \theta)$$

02 $x(t) = A\sin(5\pi t + \frac{3}{2}\pi)$로 표시되는 조화운동의 진동수(Hz)는?

풀이

변위의 기본식 $x = A\sin(\omega t + \phi)$에서
진동수와 관련 있는 항목은 각진동수(ω)이므로
$$\omega = 2\pi f = 5\pi$$
$$f = \frac{5\pi}{2\pi} = 2.5\,\text{Hz}$$

03 진동변위 $x = 2\sin\left(0.5t + \frac{\pi}{6}\right)$로 표시되는 조화진동에서 $t = 1.5$초일 때 진동속도(m/sec)는?(단, 이 식의 각도는 rad이다.)

풀이

진동속도(v)
$$v = 2 \times 0.5\cos\left(0.5t + \frac{\pi}{6}\right) = 2 \times 0.5\cos\left(0.5 \times 1.5 + \frac{\pi}{6}\right)$$
$$= 0.86\,\text{m/sec}$$

기출 필수문제 출제율 40% 이상

04 진동수가 120 rpm 인 조화운동의 주기(sec)는?

> **풀이** 진동수가 120 rpm이므로
>
> 진동수$(f) = \dfrac{120}{60} = 2\text{Hz}$ (rpm : 분당 cycle 수를 의미)
>
> 주기$(T) = \dfrac{1}{f} = \dfrac{1}{2} = 0.5\text{sec}$

기출 필수문제 출제율 40% 이상

05 어떤 물체의 운동변위가 $x = \sin(2\pi t - \dfrac{\pi}{3})$cm로 표시될 때 진동의 주기(sec)는 얼마인가?

> **풀이** 각진동수$(\omega) = 2\pi f, \quad f = \dfrac{\omega}{2\pi}$
>
> 진동주기$(T) = \dfrac{2\pi}{\omega} = \dfrac{2\pi}{2\pi} = 1\text{sec}$

기출 필수문제 출제율 30% 이상

06 진동가속도 진폭이 5m/sec²일 때 가속도 실효치는?

> **풀이** $a_{rms} = \dfrac{a_{\max}}{\sqrt{2}} = \dfrac{5}{\sqrt{2}} = 3.54\,\text{m/sec}^2$

07 50Hz 주파수의 정현진동 진동속도 파형의 최대치가 0.001m/sec이다. 가속도의 최대치를 구하면?

풀이) 가속도진폭$(a) = A\omega \cdot \omega = v_{max} \cdot \omega = v_{max} \cdot (2\pi f)$
$= 0.001 \times (2 \times 3.14 \times 50) = 0.31 \, m/sec^2$

08 진동수 10Hz 에서 최대진동가속도가 400mm/sec² 이면 최대변위진폭(mm)은?

풀이) 최대가속도$(a_{max}) = A\omega^2$
$A = \dfrac{a_m}{\omega^2} = \dfrac{400}{(2 \times 3.14 \times 10)^2} = 0.1 mm$

09 최대가속도 720 cm/sec² 인 물체가 360 rpm 으로 운동하고 있을 때 이 물체 진동의 변위진폭(cm)은?

풀이) $A = \dfrac{a_m}{\omega^2} = \dfrac{a_m}{(2\pi f)^2} = \dfrac{720}{(2 \times 3.14 \times \dfrac{360}{60})^2} = 0.51 \, cm$

기출 필수문제 출제율 50% 이상

10 주어진 조화진동운동이 10 cm 의 변위진폭, 2.5 초의 주기를 가진다고 할 때 최대진동속도(cm/sec)는?

풀이
$$\begin{aligned}최대진동속도(V_{max}) &= A\omega \\ &= A \times (2\pi f) \\ &= A \times \left(\frac{2\pi}{T}\right) = 10 \times \left(\frac{2 \times 3.14}{2.5}\right) = 25.12\,\text{cm/sec}\end{aligned}$$

기출 필수문제 출제율 60% 이상

11 주기가 0.5 초이고 가속도진폭이 0.25 m/s² 인 진동의 속도진폭은 몇 kine인가?

풀이
$$가속도진폭(a_{max}) = A\omega^2 = V_{max} \times \omega = V_{max} \times \left(\frac{2\pi}{T}\right)$$

$$\begin{aligned}속도진폭(V_{max}) &= \frac{T}{2\pi} \times a_{max} \\ &= \frac{0.5}{2 \times 3.14} \times 0.25 = 0.0199\,\text{m/sec} \\ &= 1.99\,\text{cm/sec(kine)}\end{aligned}$$

기출 필수문제 출제율 60% 이상

12 어떤 질점의 운동변위가 $x = 5\sin(8\pi t - \frac{\pi}{3})$cm로 표시될 때 가속도의 최대치(m/sec²)는 얼마인가?

> **풀이**
> 가속도 최대치$(a_{max}) = A\omega^2 = A \times (2\pi f)^2$
> $A : 5\,cm$
> $f : w = 2\pi f,\ 8\pi = 2\pi f,\ f = 4\,Hz$
> $= 5 \times (2 \times 3.14 \times 4)^2 = 3,155\,cm/sec^2\,(31.55\,m/sec^2)$

기출 필수문제 출제율 50% 이상

13 상하로 각각 0.3 mm 사이를 3 Hz 로 정현운동하고 있는 지면이 있다. 이때 가속도 실효치는 몇 mm/s² 인가?

> **풀이**
> $a_{max} = A \times \omega^2 = A \times (2\pi f)^2 = 0.3 \times (2 \times 3.14 \times 3)^2 = 106.48\,mm/s^2$
> 가속도 실효치$(a_s) = \dfrac{a_{max}}{\sqrt{2}} = \dfrac{106.48}{\sqrt{2}} = 75.3\,mm/s^2$

기출 필수문제 출제율 40% 이상

14 진폭이 0.55 mm 이며, 7 Hz로 정현진동하는 지면의 가속도 실효치(rms)는 몇 cm/sec² 인가?

> **풀이**
> $a_{max} = A \times (2\pi f)^2 = 0.055 \times (2 \times 3.14 \times 7)^2 = 106.28\,cm/sec^2$
> $a_{rms} = \dfrac{a_{max}}{\sqrt{2}} = \dfrac{106.28}{\sqrt{2}} = 75.16\,cm/sec^2$

기출 필수문제 출제율 50% 이상

15 기계를 기초에 고정하고 운전하였더니 기계의 상면 높이가 998 mm부터 1,002 mm 사이를 매분 240회 진동하였다. 이 진동의 가속도(m/sec^2)는?

> **풀이** $a_{max} = A\omega^2 = A \times (2\pi f)^2$
>
> $A : 2\,mm$
>
> $f : \dfrac{240\,rpm}{60} = 4\,Hz$
>
> $= 2 \times (2 \times 3.14 \times 4)^2 = 1{,}262\,mm/sec^2\,(1.26\,m/sec^2)$

기출 필수문제 출제율 40% 이상

16 어떤 조화운동이 6 cm의 진폭과 3초의 주기를 가질 경우, 이 조화운동의 최대 가속도(cm/sec^2)는?

> **풀이** $a_{max} = A \times (2\pi f)^2 = A \times (2\pi \times \dfrac{1}{T})^2 = 6 \times (2 \times 3.14 \times \dfrac{1}{3})^2 = 26.29\,cm/sec^2$

기출 필수문제 출제율 50% 이상

17 진동수가 25 Hz, 속도진폭의 최대치가 0.0011 m/sec 의 정현진동인 경우 가속도 진폭의 최대치(m/sec^2)는?

> **풀이** $a_{max} = A\omega^2 = A\omega \cdot \omega = V_{max} \cdot \omega = V_{max} \cdot 2\pi f$
>
> $= 0.0011 \times (2 \times 3.14 \times 25)$
>
> $= 0.1727\,m/sec^2\,(1.73 \times 10^{-1}\,m/sec^2)$

기출 필수문제 출제율 50% 이상

18 어떤 단순조화진동의 변위진폭이 0.1 mm, 최대가속도는 20 m/s² 이다. 이 운동의 진동수 $f(\text{Hz})$는?

> **[풀이]** 최대가속도(a_{max})
> $$a_{max} = A\omega^2$$
> $$20 = 0.0001 \times (2 \times 3.14 \times f)^2$$
> $$f = \frac{\sqrt{20/0.0001}}{2 \times 3.14} = 71.2 \text{Hz}$$

기출 필수문제 출제율 50% 이상

19 질량 20g의 물체가 진폭 10cm의 조화운동을 하고 있다. 이 물체의 최대속도가 3m/sec라 하면 진동 중심에서 5cm의 점에 있어서의 가속도진폭은 몇 m/sec² 인가?

> **[풀이]** 조화운동의 변위(x), 속도(v)
> $$x = 10\sin\omega t, \quad v = 10\omega\cos\omega t$$
> $$v_{max} = 300 \text{cm/sec} = 10\omega$$
> $$\omega = 30 \text{rad/sec}$$
> $$a_{max} = A\omega^2 = 5 \times 30^2 = 4,500 \text{cm/sec}^2 \, (45 \text{m/sec}^2)$$

기출 필수문제 출제율 40% 이상

20 가속도계로 어떤 진동체의 최대가속도를 측정하였더니 중력가속도의 20배였다. 이때 진동체의 진동수가 480 rpm 이면 진동체의 진폭(cm)은?

> **풀이**
> $$A = \frac{a_{max}}{\omega^2} = \frac{a_{max}}{(2\pi f)^2} = \frac{9.8 \times 20}{\left(2 \times 3.14 \times \frac{480}{60}\right)^2} = 0.0776\,\text{m} \times 100\,\text{cm/m} = 7.76\,\text{cm}$$

기출 필수문제 출제율 50% 이상

21 $x_1 = 3\sin 40t$, $x_2 = 3\sin 41t$ 인 2개의 진동이 동시에 일어날 때 울림(Beat)의 주기는 얼마인가?

> **풀이**
> 맥놀이(Beat) 진동수를 구하여 역수를 취한다.
> $x_1 = 3\sin 40t$ 의 진동수 $\omega = 2\pi f = 40$, $f_1 = 6.37\,\text{Hz}$
> $x_2 = 3\sin 41t$ 의 진동수 $\omega = 2\pi f = 41$, $f_2 = 6.53\,\text{Hz}$
> 맥놀이 진동수$(f) = |f_1 - f_2| = 0.16\,\text{Hz}$
> 맥놀이 주기$(T) = \dfrac{1}{f} = \dfrac{1}{0.16} = 6.25\,\text{sec}$

기출 필수문제 출제율 40% 이상

22 $X_1 = 4\cos 80t$, $X_2 = 5\cos 80t$, $X_3 = 6\cos 80t$인 3개의 진동이 동시에 일어날 때, 이 합성진동의 최대진폭은 얼마인가?(단, 진폭의 단위는 cm로 하고 t는 시간 변수이다.)

> **풀이**
> $x = A\sin\omega t + B\sin\omega t + C\sin\omega t$
> 최대진폭 $= \sqrt{A^2 + B^2 + C^2}$
> $\qquad\quad = \sqrt{4^2 + 5^2 + 6^2} = 8.77\,\text{cm}$

기출 필수문제 출제율 40% 이상

23 진동발생원의 수직방향에 대한 주파수 분석결과 진동가속도 실효치가 $2\,\text{Hz} : 3\,\text{mm/s}^2$, $4\,\text{Hz} : 6\,\text{mm/s}^2$, $8\,\text{Hz} : 9\,\text{mm/s}^2$, $16\,\text{Hz} : 12\,\text{mm/s}^2$ 라면, 합성파의 진동가속도 실효치(mm/sec^2)는?

풀이 문제에 주어진 값이 실효치이므로 최대진폭을 구하는 이론식을 적용하면 된다.
$x = A\sin\omega t + B\sin\omega t + C\sin\omega t + D\sin\omega t$
A, B, C, D가 진폭이지만 문제상 주어진 실효치 개념으로 생각한다.
진동가속도 실효치 $= \sqrt{A_{\text{rms}}^2 + B_{\text{rms}}^2 + C_{\text{rms}}^2 + D_{\text{rms}}^2}$
$= \sqrt{3^2 + 6^2 + 9^2 + 12^2} = 16.43\,\text{mm/sec}^2$

기출 필수문제 출제율 30% 이상

24 어떤 진동 $x(t) = 3\cos 60t + \sin 60t$의 최대진폭은?

풀이 최대진폭(A_m) $= \sqrt{3^2 + 1^2} = \sqrt{10}$

기출 필수문제 출제율 60% 이상

25 주기가 3.5 초인 단진자의 실 길이(m)는?

풀이 단진자의 주기(T) $= 2\pi\sqrt{\dfrac{l}{g}}$
$l = g \times \left(\dfrac{T}{2\pi}\right)^2 = 9.8 \times \left(\dfrac{3.5}{2 \times 3.14}\right)^2 = 3.04\,\text{m}$

기출 필수문제 출제율 50% 이상

26 단진자의 길이가 $\frac{1}{2}$이 되면 주기는 몇 배가 되는가?

> **풀이** $T = 2\pi\sqrt{\dfrac{\ell}{g}}$ 에서 1ℓ이 $\sqrt{\dfrac{1}{2}}\ell$로 되는 것을 의미하므로
>
> $T' = 2\pi\sqrt{\dfrac{\frac{1}{2}\ell}{g}}$ 로 된다. 즉, 주기는 $\dfrac{1}{\sqrt{2}}$배로 변한다.
>
> 단진자에서 길이가 반으로 줄면 주기는 원주기의 약 70.7%로 빨라진다.

기출 필수문제 출제율 50% 이상

27 200 g의 추를 매달 때 길이가 20 cm 늘어나는 용수철이 있다. 100 g의 추를 매달아 진동시킬 때, 이 용수철 진자의 주기는 몇 초인가?

> **풀이** 용수철 진자의 주기(T)
>
> $T = 2\pi\sqrt{\dfrac{m}{k}}$
>
> 후크의 법칙에서 탄성계수를 구한 후 주기를 구한다.
>
> $F = kx = mg$
>
> $k = \dfrac{mg}{x} = \dfrac{0.2 \times 9.8}{0.2} = 9.8 \text{kg/sec}^2$
>
> $= 2 \times 3.14 \times \sqrt{\dfrac{0.1}{9.8}} = 0.63$초

기출 필수문제 출제율 20% 이상

28 그림과 같은 비틀림 진동계에서 축의 직경을 2배로 할 때, 계의 고유진동수 f_n 은 어떻게 변화되겠는가?(단, 축의 질량효과는 무시한다.)

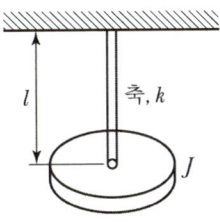

풀이

$$f_n = \frac{1}{2\pi}\sqrt{\frac{k}{J}}$$

$$k = \frac{\pi d^4 G}{32l} \text{에서}$$

$$k \propto d^4 = 2^4 = 16$$

$$f_n \propto \sqrt{k} = \sqrt{16} = 4$$

즉, 계의 고유진동수는 원래의 4배가 된다.

기출 필수문제 출제율 40% 이상

29 단순조화운동 $x = A\sin(\omega t + \phi)$에서 위상각에 해당되는 것은?

풀이

위상각 : $(\omega t + \phi)$

여기서, A : 진폭, ω : 각 진동수
 ϕ : 초기위상, t : 시간, $(\omega t + \phi)$: 위상각

07 진동 크기 표현

(1) 진동가속도

① 단위시간당 속도의 변화량으로 나타낸 것이다.
② 단위는 cm/s^2 ($1\,cm/s^2 = 1\,Gal$) 및 m/s^2로 표시된다.
③ 인간이 일반적으로 느낄 수 있는 진동가속도 범위는 $1 \sim 1,000\,Gal$ ($0.01\,m/s^2 \sim 10\,m/s^2$)이다.
④ 진동가속도 최대값(피크값) $= A\omega^2$
⑤ 진동가속도 실효치 $(A_{rms}) = \dfrac{A\omega^2}{\sqrt{2}}$

(2) 진동표시법

① 피크값(Peak Level) : A_m (진동의 가속도 진폭)
② 피크-피크값(Peak to Peak Level) : $2A_m$
③ 실효치(rms) (Root Mean Square Value) : $\dfrac{A_m}{\sqrt{2}}$
④ 평균치(Average Value) : $\dfrac{2A_m}{\pi}$

(3) 진동가속도 레벨(VAL ; Vibration Acceleration Level) ※중요내용

① 음의 음압레벨에 상당하는 값으로 진동의 물리량을 dB값으로 나타낸 것이다.
② 관련식

$$VAL = 20\log\left(\dfrac{A_{rms}}{A_0}\right) dB$$

여기서, A_{rms} : 측정대상 진동가속도 진폭의 실효치값

$$A_{rms} = \dfrac{A_{max}}{\sqrt{2}} \,(m/s^2)$$

A_0 : 기준진동의 가속도 실효치값

$$A_0 = 10^{-5} \text{m/s}^2 \text{ (0 dB)} \text{ [ISO} : 10^{-6} \text{m/s}^2\text{]}$$

(4) 진동레벨(VL ; Vibration Level)

① VAL은 물리량의 레벨이므로 인체의 영향을 미치는 개념으로는 설명되지 못하여 진동가속도 레벨에 인체의 감각에 보정한 값을 진동레벨(VL)이라 한다.
② VL의 단위는 수직보정된 레벨 dB(V), 수평보정된 레벨 dB(H)을 사용하며 일반적으로 수직진동이 수평진동보다 진동레벨이 크다.
③ 관련식

$$\text{진동레벨(VL)} = VAL + W_n \text{ [dB(V) or dB(H)]}$$

여기서, VAL : 진동가속도레벨(dB)
W_n : 진동주파수별 인체감각보정치

$$W_n = -20\log\left(\frac{a}{10^{-5}}\right)$$

a : 주파수별 대역별 설정치의 물리량

• 수직보정의 경우

$1 \leq f \leq 4\text{Hz} : a = 2 \times 10^{-5} \times f^{-\frac{1}{2}} \text{(m/s}^2\text{)}$

$4 \leq f \leq 8\text{Hz} : a = 10^{-5} \text{(m/s}^2\text{)}$

$8 \leq f \leq 90\text{Hz} : a = 0.125 \times 10^{-5} \times f \text{(m/s}^2\text{)}$

• 수평보정의 경우

$1 \leq f \leq 2 : a = 10^{-5} \text{(m/s}^2\text{)}$

$2 \leq f \leq 90 : a = 0.5 \times 10^{-5} \times f \text{(m/s}^2\text{)}$

(5) 등감각곡선

① 인체의 진동에 대한 감각은 진동수에 따라 다르며 진동에 의한 물리적 자극은 주로 신경말단에서 느낀다.

② 등감각곡선에 기초하여 정해진 보정회로를 통한 레벨을 진동레벨이라 한다.
③ 횡축을 진동수, 종축을 진동가속도 실효치로 진동의 등감각곡선을 나타내며 수직진동은 4~8 Hz 범위에서, 수평진동은 1~2 Hz 범위에서 가장 민감하다.
④ 일반적으로 수직보정된 레벨(수직 진동레벨)을 많이 사용하며 dB(V)을 단위로 표시한다.
⑤ 진동수용기로서 파치니소체는 나뭇잎 모양을 하고 있다.

기출 필수문제 출제율 30% 이상

01 진동가속도의 기준치를 10^{-3} cm/sec로 하여 진동가속도레벨을 나타내는 식을 주파수 f(Hz), 진동가속도 진폭 a_{max} (m/sec²)으로 표시하면?

> **풀이** 진동가속도레벨(VAL)
>
> $$VAL = 20\log\left(\frac{A_{rms}}{A_0}\right) (dB)$$
>
> A_0 : 기준가속도 실효치(10^{-3} cm/sec² = 10^{-5} m/sec²)
>
> $$A_{rms} = \frac{a_{max}}{\sqrt{2}}$$

기출 필수문제 출제율 60% 이상

02 진동발생원의 진동을 측정한 결과, 가속도 진폭이 4.5 m/sec² 이었다. 이것을 진동가속도레벨(VAL)로 나타내면 몇 dB인가?

> **풀이** 진동가속도레벨(VAL)
>
> $$VAL = 20\log\left(\frac{A_{rms}}{A_0}\right) (dB)$$
>
> A_{rms} : 가속도 진폭의 실효치(m/s²)

$$= \frac{A_{max}}{\sqrt{2}} = \frac{4.5}{\sqrt{2}} = 3.18\,\text{m/sec}^2$$

A_0 : 기준 가속도 실효치($10^{-5}\,\text{m/sec}^2$)

$$= 20\log\left(\frac{3.18}{10^{-5}}\right) = 110\,\text{dB}$$

기출 필수문제 출제율 60% 이상

03 주파수 20 Hz, 진동속도 진폭의 최대치 0.001 m/sec 인 정현진동에서 진동가속도의 기준치를 10^{-5} (m/s²)으로 할 때 진동가속도 레벨(dB)은?

풀이
$$VAL = 20\log\frac{A_{rms}}{10^{-5}}\ (\text{dB})$$

$$A_{rms} = \frac{A_{max}}{\sqrt{2}}$$

$$A_{max} = A\omega^2 = A\omega \cdot \omega = V_{max} \cdot \omega$$
$$= 0.001 \times (2 \times 3.14 \times 20) = 0.1256\,\text{m/s}^2$$

$$= \frac{0.1256}{\sqrt{2}} = 0.0888\,\text{m/sec}^2$$

$$= 20\log\frac{0.0888}{10^{-5}} = 78.9\,\text{dB}$$

기출 필수문제 출제율 70% 이상

04 진동수 15 Hz, 파형의 전진폭이 0.0002 m/s 인 정현진동의 진동가속도레벨(dB)은?(단, 기준 10^{-5} m/s²)

풀이
$$VAL = 20\log\frac{A_{rms}}{10^{-5}}\ (\text{dB})$$

$$A_{\rm rms} = \frac{A_{\max}}{\sqrt{2}}$$

$$A_{\max} = V_{\max} \cdot \omega = V_{\max} \times (2\pi f)$$

$$V_{\max} = \frac{0.0002}{2} = 0.0001\,{\rm m/sec}$$

$$= 0.0001 \times (2 \times 3.14 \times 15) = 0.00942\,{\rm m/sec^2}$$

$$= \frac{0.00942}{\sqrt{2}} = 0.00666\,{\rm m/sec^2}$$

$$= 20\log\frac{0.00666}{10^{-5}} = 56.5\,{\rm dB}$$

기출 필수문제 출제율 50% 이상

05 상하 각각 0.02 mm를 5 Hz 로 정현진동하는 지면의 진동가속도레벨(dB)은?
(단, 기준 10^{-5} m/sec²)

풀이

$$VAL = 20\log\frac{A_{\rm rms}}{10^{-5}}$$

$$A_{\rm rms} = \frac{A_{\max}}{\sqrt{2}}$$

$$A_{\max} = A\omega^2 = 0.0002 \times (2 \times 3.14 \times 5)^2 = 0.1972\,{\rm m/sec^2}$$

$$= \frac{0.1972}{\sqrt{2}} = 0.1394\,{\rm m/sec^2}$$

$$= 20\log\frac{0.1394}{10^{-5}} = 82.89\,{\rm dB}$$

기출 필수문제 출제율 50% 이상

06 10 Hz의 진동수를 갖는 조화진동의 변위진폭이 0.01 m로 계측되었을 때 수직진동레벨 dB(V)은?

풀이

$$VL = VAL + W_n$$

$$VAL = 20\log\frac{\frac{0.01 \times (2 \times 3.14 \times 10)^2}{\sqrt{2}}}{10^{-5}} = 128.9 \text{dB}$$

$$W_n = -20\log\left(\frac{0.125 \times 10^{-5} \times 10}{10^{-5}}\right) = -1.94 \text{dB}$$

$$= 128.9 - 1.94 = 126.96 \text{dB(V)}$$

기출 필수문제 출제율 70% 이상

07 10 Hz 진동수를 갖는 조화진동의 속도진폭이 5×10^{-3} m/sec 였다. 이때 dB(V)을 구하면?

풀이

$$VL = VAL + W_n$$

$$VAL = 20\log\frac{\frac{(5 \times 10^{-3}) \times (2 \times 3.14 \times 10)}{\sqrt{2}}}{10^{-5}} = 86.93 \text{dB}$$

$$W_n = -20\log\left(\frac{0.125 \times 10^{-5} \times 10}{10^{-5}}\right) = -1.94 \text{dB}$$

$$= 86.93 - 1.94 = 84.99 \text{dB(V)}$$

기출 필수문제 출제율 80% 이상

08 주파수 32 Hz 인 상하진동의 속도파형 전 진폭이 0.0004 m/sec 이다. 이 정현진동의 가속도진폭, 가속도레벨, 진동레벨을 구하면?

풀이

(1) 가속도진폭(A_{max})

$$A_{max} = V_{max} \cdot \omega = \frac{0.0004}{2} \times (2 \times 3.14 \times 32) = 0.04 \, \text{m/sec}^2$$

(2) 가속도레벨(VAL)

$$VAL = 20 \log \frac{A_{rms}}{A_r} \, (\text{dB}) = 20 \log \frac{0.04/\sqrt{2}}{10^{-5}} = 69 \, \text{dB}$$

(3) 진동레벨(VL)

$$VL = VAL + W_n \, [\text{dB(V)}]$$

W_n = 진동주파수별 인체감각 보정치

$$W_n = -20 \log \left(\frac{a}{10^{-5}} \right)$$

$8 \leq f \leq 90$ 일 때 $a = 0.125 \times 10^{-5} \times f$
$\qquad\qquad\qquad\quad = 0.125 \times 10^{-5} \times 32 = 0.00004$

$$W_n = -20 \log \left(\frac{0.00004}{10^{-5}} \right) = -12 \, \text{dB}$$

$= 69 - 12 = 57 \, \text{dB(V)}$

Reference | 주파수 대역별 보정치의 물리량(a)

① 수직보정인 경우

$1 \leq f \leq 4 \, \text{Hz} \Rightarrow a = 2 \times 10^{-5} \times f^{-\frac{1}{2}} \, (\text{m/s}^2)$
$4 \leq f \leq 8 \, \text{Hz} \Rightarrow a = 10^{-5} \, (\text{m/s}^2)$
$8 \leq f \leq 90 \, \text{Hz} \Rightarrow a = 0.125 \times 10^{-5} \times f \, (\text{m/s}^2)$

② 수평보정인 경우

$1 \leq f \leq 2 \, \text{Hz} \Rightarrow a = 10^{-5} \, (\text{m/s}^2)$
$2 \leq f \leq 90 \, \text{Hz} \Rightarrow a = 0.5 \times 10^{-5} \times f \, (\text{m/s}^2)$

기출 필수문제 출제율 70% 이상

09 진동발생원의 수직방향에 대한 주파수 분석결과 진동가속도 실효치가 각각 다음과 같다. 이때 다음 물음에 답하여라.

> 2Hz : 3mm/sec², 4Hz : 4mm/sec², 8Hz : 5mm/sec², 16Hz : 6mm/sec²

(1) 합성파의 진동가속도 실효치(mm/sec²)를 구하여라.
(2) 각주파수별 VAL을 구하여라.
(3) 각주파수별 VL을 구하여라.
(4) 합성 VL을 구하여라.

풀이

(1) 합성파 진동가속도 실효치(a_{rms})

$$a_{rms} = \sqrt{3^2 + 4^2 + 5^2 + 6^2} = \sqrt{86} = 9.27 \text{mm/sec}^2 (9.27 \times 10^{-3} \text{m/sec}^2)$$

(2) 각주파수별 VAL

① 2Hz : $VAL = 20\log \dfrac{3 \times 10^{-3}}{10^{-5}} = 49.5 \text{ dB}$

② 4Hz : $VAL = 20\log \dfrac{4 \times 10^{-3}}{10^{-5}} = 52.0 \text{ dB}$

③ 8Hz : $VAL = 20\log \dfrac{5 \times 10^{-3}}{10^{-5}} = 53.9 \text{ dB}$

④ 16Hz : $VAL = 20\log \dfrac{6 \times 10^{-3}}{10^{-5}} = 55.6 \text{ dB}$

(3) 각주파수별 VL

① 2Hz : $a = 2 \times 10^{-5} \times f^{-\frac{1}{2}} = 2 \times 10^{-5} \times 2^{-\frac{1}{2}} = 0.000014142 \text{ m/sec}^2$

$W_n = -20\log\left(\dfrac{a}{10^{-5}}\right) = -20\log\left(\dfrac{0.000014142}{10^{-5}}\right) = -3.01 \text{ dB}$

$VL = VAL + W_n = 49.5 - 3 = 46.5 \text{ dB(V)}$

② 4Hz : $a = 10^{-5}$

$$W_n = -20\log\left(\frac{10^{-5}}{10^{-5}}\right) = 0$$

$$VL = VAL + W_n = 52.0 - 0 = 52.0 \, \text{dB(V)}$$

③ 8Hz : $a = 10^{-5}$

$$W_n = -20\log\left(\frac{10^{-5}}{10^{-5}}\right) = 0$$

$$VL = VAL + W_n = 53.9 - 0 = 53.9 \, \text{dB(V)}$$

④ 16Hz : $a = 0.125 \times 10^{-5} \times f = 0.125 \times 10^{-5} \times 16$

$$= 0.00002 \, \text{m/sec}^2$$

$$W_n = -20\log\left(\frac{a}{10^{-5}}\right) = -20\log\left(\frac{0.00002}{10^{-5}}\right) = -6.01 \, \text{dB}$$

$$VL = VAL + W_n = 55.6 - 6 = 49.6 \, \text{dB(V)}$$

(4) 합성 VL

$$VL_{(합)} = 10\log(10^{4.65} + 10^{5.2} + 10^{5.39} + 10^{4.96}) = 57.3 \, \text{dB(V)}$$

08 진동의 영향

(1) 인체에 대한 진동의 영향을 결정하는 물리적 인자(ISO) *중요내용*

① 주파수(진동수)
② 진동가속도
③ 진동의 방향
④ 지속시간(폭로시간)

(2) 진동의 물리적 영향에 대한 일반적 특징

① 인체에서의 진동 전달은 주파수(진동수)에 따라 다르다.
② 수직진동과 수평진동이 동시에 가해지면 자각현상이 2배가 된다.
③ 공진효과는 앉아 있을 때가 서 있을 때보다 현저하다. 즉, 사람이 서 있을 때와 앉아 있을 때의 진동전열효과는 다르다.
④ 발바닥이나 엉덩이에 가해진 진동이 머리에 전달될 때 주파수 20 Hz까지는 5 dB 정도 감쇠한다.
⑤ 공진현상이 일어나면 가해진 진동보다 크게 느끼고, 진동수가 증가함에 따라 감쇠는 급격히 감소한다.
⑥ 진동은 각각의 개인민감도, 연령, 성별 등에 의해서 개인적 차이가 있고 두통, 신경장애 등의 감각적·생리적 불안감을 초래한다.
⑦ 맥박수, 혈압, 심장박동량이 증가하고 말초혈관은 수축된다.

(3) 각진동수에 의한 인체의 반응 *중요내용*

① 1차 공진현상 : 3~6 Hz
② 2차 공진현상 : 20~30 Hz(두개골 공명으로 시력 및 청력 장애 초래)
③ 3차 공진현상 : 60~90 Hz(안구가 공명)
④ 3 Hz 이하 : 차멀미(동요병)와 같은 동요감 느낌
⑤ 1~3 Hz : 호흡에 영향, 즉 호흡이 힘들고 산소(O_2) 소비가 증가한다.
⑥ 6 Hz : 허리, 가슴 및 등쪽에 심한 통증을 느낌

⑦ 13 Hz : 머리, 안면에 심한 진동을 느낌
⑧ 4~14 Hz : 복통을 느낌
⑨ 9~20 Hz : 대소변 욕구
⑩ 12~16 Hz : 음식물이 위아래로 오르락내리락하는 느낌을 9 Hz에서 느끼고 12~16 Hz에서는 아주 심하게 느낌

(4) 신체 장애

① 전신진동
  ㉠ 인간의 신체는 1~90 Hz(2~200 Hz)의 진동수에 영향을 받으며, 특히 4~12 Hz 진동수에서 가장 민감하다.(내장 경우는 5~8 Hz 정도)
  ㉡ 차량, 선박, 항공기 등 교통기관을 타거나 운전시 일반적으로 다리 등을 통하여 전신에 전달된다.
  ㉢ 말초혈관 수축, 혈압상승, 맥박증가, 발한, 피부전기저항 저하 등의 생체반응이 나타난다.

② 국소진동
  ㉠ 국소진동의 대표적 증상은 레이노씨 현상(Raynaud's Phenomenon)이다.
    중요내용
    ⓐ 손가락에 있는 말초혈관운동의 장애로 인한 혈액순환이 방해를 받아 수지가 창백해지고 손이 차며 저리거나 통증이 오는 현상이다.
    ⓑ 한랭작업조건에서 특히 증상이 악화된다.
    ⓒ 착암기, 연마기 또는 해머 같은 공구를 장기간 사용한 근로자에게 유발되기 쉬운 직업병이다.
    ⓓ 공구사용법, 공구의 진동속도, 노출기간, 개인의 체질에 따라 문제시된다.
    ⓔ Dead Finger(검은색 손가락 증상) 또는 White Finger라고도 하고 발증까지 약 5년 정도 걸린다.
  ㉡ 국소진동은 뼈 및 관절의 장해도 유발한다.
  ㉢ 8~1,500 Hz의 진동수에 영향을 받으며 진동 공구를 사용할 때 일어난다.

③ 진동의 수용기관
    ㉠ 진동의 수용기관은 소음의 수용기관에 비해 명확하지 않다.
    ㉡ 진동에 의한 물리적 자극은 신경의 말단에서 수용된다.
    ㉢ 동물실험에 의하면 파시니안(Pacinian) 소체가 진동의 수용기인 것으로 알려져 있다.

(5) 지진의 명칭과 진동가속도레벨(dB)에 따른 물적 피해

진도	지진 명칭	현상	진동가속도 레벨(dB)
0	무감 (no Feeling)	- 인체에 느껴지지 않음 - 지진계에 기록될 정도	55 이하
I	미진 (Slight)	- 약간 느낌, 즉 지진에 예민한 사람 정도만 느낄 정도	60±5
II	경진 (Weak)	- 크게 느낌(창문이 약간 흔들림) - 많은 사람들이 느낄 정도	70±5
III	약진 (Rather Strong)	- 가옥이 흔들리고, 특히 창문, 미닫이문이 흔들리고 진동음 발생	80±5
IV	중진 (Strong)	- 꽃병이 넘어지고 물이 넘침 - 많은 사람들이 밖으로 뛰어나올 정도	90±5
V	강진 (Very Strong)	- 벽이 갈라지고 돌담·비석이 넘어짐	100±5
VI	열진 (Disastrous)	- 땅이 갈라지고 산이 붕괴됨 - 가옥 피해가 30% 이하	105~110
VII	격진 (Very Disastrous)	- 단층이 생김 - 가옥 피해가 30% 이상	110 이상

09 가진력의 발생과 대책

(1) 충격력

① 개요

질량 m인 기계가 속도 V로 운전될 때, 가진점에 스프링을 설치하여 진동을 시킬 경우 평형에너지 방정식은 다음과 같다.

$$\frac{1}{2}mV^2 = \frac{1}{2}F\delta \quad \cdots\cdots\cdots\cdots ①$$

여기서, F : 최대충격력
δ : 스프링의 최대변위
K : 스프링 정수

$$\delta = \frac{F}{K} \quad \cdots\cdots\cdots\cdots ②$$

①식에 ②식을 대입하여 정리하면 다음과 같다.

$$F = \sqrt{mKV^2}$$
$$W = m \cdot g$$
$$= V\sqrt{K \cdot \frac{W}{g}}$$

② 특징
　㉠ 충격력(F)은 속도(V)에 비례하고 스프링 정수(K), 중량(W)의 제곱근에 비례한다.
　㉡ K를 $\frac{1}{4}$로 하면 F는 $\frac{1}{2}$로 되어 가진력은 $\frac{1}{2}$로 줄어든다.
　㉢ 프레스, 단조기, 항타기(말뚝 박는 기계), 파쇄기 등은 주로 충격에 의해 진동이 발생한다.
　㉣ 항타기 및 단조기는 중량물의 낙하충돌, 기계프레스 및 유압프레스 등은 같이 소재의 전달 등으로 인해 압력이 순간적으로 변하여 충격력이 발생한다.

(2) 불평형력

① 회전운동
　㉠ 개요
　　회전물체에는 원심력이 발생한다. 만일 그 중심이 편심되어 있다고 하면 불균형력이 발생하여 진동의 원인이 된다.
　㉡ 원심력(F) *중요내용*

$$F = mrw^2$$

여기서, F : 원심력
　　　　m : 불균형 질량
　　　　r : 반지름
　　　　w : 매분 회전수를 n으로 하면 $w = \dfrac{2\pi n}{60}$ (rad/sec)

　㉢ 정적 불균형
　　ⓐ 정적 불균형이란 회전부분의 무게중심이 축의 중심으로부터 편심된 위치에 있는 경우를 의미한다.
　　ⓑ 대책 *중요내용*
　　　불균형 질량과 반대되는 방향으로 $mr = m'r'$ 이 되도록 반지름 r'의 위치에 질량 m'를 부가하면 원심력이 상쇄되는데, 이를 정적 균형이라 한다.

ⓒ 전동기, 송풍기, 펌프 등의 회전기기는 질량 불평형에 의해 발생하는 가진력에 해당한다.

② 왕복운동
  ㉠ 개요
    질량불평형력에 의해 발생하는 가진력을 저감시켜 정적 균형이 이루어져 있어도 회전축에 직각되는 축 주변에 우력(M)이 작용하여 동적 불균형이 발생하기도 한다.
  ㉡ 동적 불균형
    ⓐ 회전축을 중심으로 r만큼 떨어진 위치에 있는 불균형 질량 m이 회전수 n(rpm) 방향으로 회전할 때의 가진력 $F = mrw^2 l = mr\left(\dfrac{2\pi n}{60}\right)^2 l$ 으로 표현된다.
    ⓑ 긴 회전축인 경우에는 불균형 모멘트(M)가 발생한다. 불균형 모멘트 ($M = mrw^2 l$)를 제거하지 않으면 안 되는데 이를 동적 불균형이라 한다.

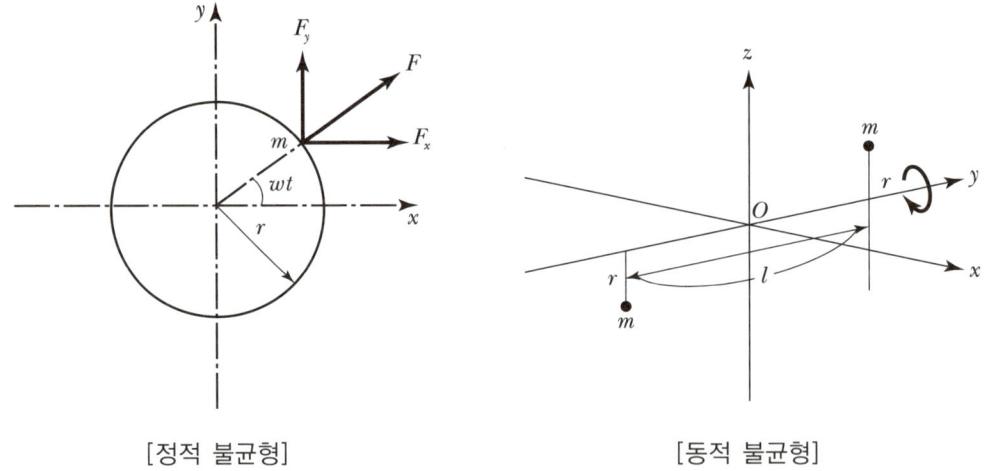

[정적 불균형] [동적 불균형]

(3) 회전기계에서 발생하는 강제진동 발생원인
① 기어의 치형오차
② 기초의 여진
③ 질량 불평형

(4) 회전기계의 진동을 억제하기 위한 대책
① 불평형력을 감소시켜 회전진동 감쇠
② 위험속도의 회피운전
③ 회전축의 정렬각 조정
④ 베어링 강성의 최소화

기출 필수문제 출제율 30% 이상

01 질량이 1.5 ton 인 기계가 속도 2 m/sec 로 운전될 때 진동을 모두 흡수시키고자, 가진점에 스프링을 설치하였다. 최대충격력이 50,000 N 이면 스프링의 최대변형량은 몇 cm 인가?

풀이
$$\frac{1}{2}mv^2 = \frac{1}{2}F \cdot \delta$$
$$\delta = \frac{mv^2}{F} = \frac{1,500\,\text{kg} \times 4\,\text{m}^2/\text{sec}^2}{50,000\,\text{kg} \cdot \text{m/sec}^2} = 0.12\,\text{m}\,(12\,\text{cm})$$

기출 필수문제 출제율 50% 이상

02 원판 중심에서 2.0 m 떨어진 위치에 25 kg 의 불균형 물체가 놓여 있어 진동이 발생하여 방진하려 한다. 원판이 600 rpm 으로 회전한다면 대응방향(원판 중심으로부터) 60 cm 지점에 붙여야 할 추의 무게(kg)는?

풀이
$$mr = m'r'$$
$$25 \times 2.0 = m' \times 0.6$$
$$m' = \frac{50}{0.6} = 83.3\,\text{kg}$$

기출 필수문제 출제율 40% 이상

03 정적 불균형 질량 1 kg 이 반지름 0.1 m 의 원주상을 1,200 rpm 으로 회전하는 경우 이 회전축에 직각방향으로 발생하는 가진력(N)은?(단, 기타 방향의 분력은 제외)

풀이
$$F = mrw^2$$
$$m = 1\,\text{kg}$$

$$r = 0.1 \text{ m}$$
$$w = 2\pi \times \frac{1,200}{60} = 125.6 \text{ rad/sec}$$
$$= 1 \times 0.1 \times 125.6^2 = 1,577.5 \text{ N}$$

기출 필수문제 출제율 30% 이상

04 다음과 같은 회전기계에서 발생하는 원심력(N)은?(단, 불평형 질량 10 g, 회전수 3,600 rpm, 회전체의 중심에서 떨어진 거리는 0.05 m)

풀이
$$F = mrw^2$$
$$m = 0.01 \text{ kg}$$
$$r = 0.05 \text{ m}$$
$$w = 2\pi f = 2\pi \times \frac{3,600}{60} = 376.8 \text{ rad/sec}$$
$$= 0.01 \times 0.05 \times 376.8^2 = 70.99 \text{ N}$$

기출 필수문제 출제율 20% 이상

05 $W = 100 \text{ kg}$, $k = 10 \text{ kg/cm}$인 비감쇠 진동계에 25kg의 가진력이 갑자기 가해질 때 최대변위는 몇 cm인가?

풀이
가진력(F_0)
$$F_0 = kx$$
$$x = \frac{F_0}{k} = \frac{25}{10} = 2.5 \text{ cm}$$

10 방진대책

(1) 발생원 대책 *중요내용*

① 가진력 감쇠(저감, 저진동기계로 교체)
② 불평력의 균형(평형)
③ 기초중량의 부가 및 경감
④ 탄성지지
⑤ 동적 흡진

(2) 전파경로 대책 *중요내용*

① 진동원 위치를 멀리하여 거리감쇠를 크게 함
② 수진점 근방에 방진구를 팜
③ 지중벽 설치

(3) 수진 측 대책 *중요내용*

① 수진 측의 탄성지지
② 수진 측의 강성 변경

> **Reference | 방진구** *중요내용*
>
> ① 진동발생이 크지 않은 공장기계의 대표적인 지반진동차단 구조물이며, 개방식 방진구가 충전식 방진구보다 에너지 차단특성이 좋다.
> ② 진동이 전파하는 경로 중에 한 파장 정도의 깊이로 도랑(Trench)을 파면 방진효과를 기대할 수 있으나 실제로 진동의 파장이 10~30 m에 이르는 것이 일반적이므로 현실적으로 제한적이다.
> ③ 방진구 외에 다른 대책이 없을 경우 가능한 수진점 근처의 도랑 깊이를 크게 하는 것이 바람직하다.
> ④ 방진구의 가장 중요한 설계인자는 방진구의 깊이로서 표면파의 파장을 고려하여 결정하여야 한다.
> ⑤ 지반진동 차단 구조물은 지반의 흙, 암반과는 응력파 저항 특성이 다른 재료를 이용한 매질층을 형성하여 지반진동파 에너지를 저감시키는 구조물이며, 강널말뚝을 이용하는 공법은 저주파수 진동차단에는 효과가 적다.

11 진동방지계획

(1) 진동방지대책 순서 *중요내용*

① 진동이 문제되는 수진점의 위치 확인
② 수진점 일대의 진동실태조사(레벨 및 주파수 분석)
③ 수진점의 진동규제기준 확인
④ 저감 목표레벨의 설정
⑤ 발생원의 위치와 발생기계 확인
⑥ 적정 방지대책 선정
⑦ 시공 및 재평가

(2) 가진력의 저감방안

① 가진력 발생의 예
  ㉠ 기계의 왕복운동에 의한 관성력(횡형 압축기, 활판인쇄기 등)
  ㉡ 기계회전부의 질량 불균형(회전기계 중 회전부 중심이 맞지 않을 때)
  ㉢ 질량의 낙하운동에 의한 충격력(단조기)

② 가진력 저감의 예
  ㉠ 진동이 작은 기계로 교체(단조기를 단압프레스, 왕복운동압축기를 터보형 고속회전압축기로 교체)
  ㉡ 자동차 바퀴의 연편을 부착하는 등 회전기계 회전부의 불평형은 정밀실험을 통해 평형을 유지한다.
  ㉢ 크랭크 기구를 가진 왕복운동기계는 복수 개의 실린더를 가진 것으로 교체한다.
  ㉣ 기계, 기초를 움직이는 가진력을 감소시키기 위해서는 탄성을 유지한다.
  ㉤ 기초부의 중량을 크게 또는 작게 하여 진동진폭을 감소시킨다.
  ㉥ 기계에서 발생하는 가진력은 지향성이 있으므로 기계의 설치방향을 바꾸는 등의 합리적 기계설치 방법이 필요하다.

12 탄성지지 이론

(1) 운동방정식

① 개요

운동방정식은 뉴턴(Newton)의 제2법칙을 이용하여 표시하며 운동방정식의 각 항은 진동계의 구성요소를 나타낸다.

② 관련식 **중요내용**

$$m\ddot{x} + C_e\dot{x} + kx = f(t)$$

여기서, $m\ddot{x}$: 관성력(ma)

m은 질량(kg)이고, $\ddot{x}$는 변위(x)를 2번 미분한 가속도를 의미

$C_e\dot{x}$: 점성저항력($C_e V$)

C_e는 감쇠계수(N/cm/s)이고, $\dot{x}$는 변위(x)를 1번 미분한 속도를 의미

kx : 스프링의 탄성력

k는 스프링 정수(N/cm)이고, x는 변위를 의미

$f(t)$: 외력(기진력, 가진력)

$$f(t) = F = F_0 \sin\omega t$$

㉠ 비감쇠 자유진동의 운동방정식

$$m\ddot{x} + kx = 0$$

㉡ 감쇠 자유진동의 운동방정식

$$m\ddot{x} + C_e\dot{x} + kx = 0$$

ⓒ 비감쇠 강제진동의 운동방정식

$$m\ddot{x} + kx = f(t)$$

ⓓ 감쇠 강제진동의 운동방정식

$$m\ddot{x} + C_e\dot{x} + kx = f(t)$$

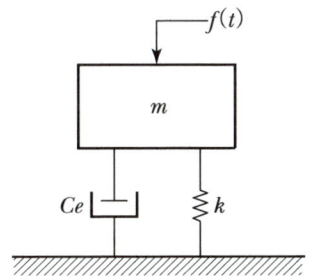

[1자유도 진동계]

(2) 자유도

물체의 운동을 나타내기 위해 필요한 최소 독립좌표의 수이다.

① 1자유도

최소독립좌표의 수가 1개인 경우의 자유도, 즉 수직 또는 수평방향의 한 방향으로 진동하는 계(System)를 1자유도 진동계라 한다.

② 다 자유도

최소 독립좌표의 수가 2 이상인 경우의 자유도이다.

(3) 1자유도 비감쇠 진동 *중요내용*

① 운동방정식

$$m\ddot{x} + kx = 0$$

② 고유진동수(f_n)

$$f_n = \frac{1}{2\pi}\sqrt{\frac{k}{m}} = \frac{1}{2\pi}\sqrt{\frac{k \cdot g}{W}} \text{ (Hz)}$$

여기서, f_n : 고유진동수(Hz)
k : 스프링 정수(N/cm)
m : 질량(kg)
W : 중량 or 하중(N)

③ 고유각진동수(ω_n)

$$\omega_n = \sqrt{\frac{k}{m}} = \sqrt{\frac{k \cdot g}{W}} = 2\pi f_n \text{(rad/sec)}$$

④ 주기(T)

$$T = \frac{1}{f_n} = \frac{2\pi}{\omega_n}$$

⑤ 진폭(X)

$$X = A\sin\omega t + B\sin\omega t$$
$$X = \sqrt{A^2 + B^2}$$

⑥ 스프링 1개당 정적 수축량(정적 변위)(δ_{st})

$$\delta_{st} = \frac{W_{mp}}{K} \text{ (cm)}$$

여기서, W_{mp} : 스프링 1개가 지지하는 기계의 중량

$$W_{mp} = \frac{W}{n}, \ n \text{ 은 스프링 지지의 수}$$

⑦ 고유진동수(f_n)와 정적 수축량(δ_{st})의 관계

$$f_n = \frac{1}{2\pi}\sqrt{g/\delta_{st}} = 4.98\sqrt{1/\delta_{st}}\,(\text{Hz})$$

🔍 Reference | 금속스프링의 질량을 무시할 수 없을 경우 고유진동수

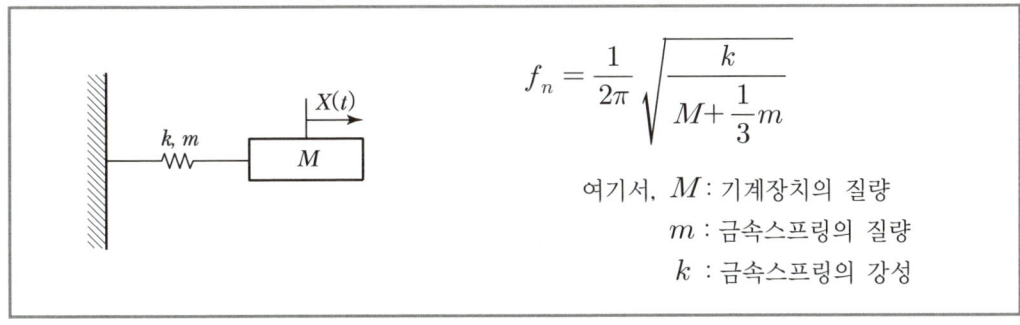

$$f_n = \frac{1}{2\pi}\sqrt{\frac{k}{M+\frac{1}{3}m}}$$

여기서, M : 기계장치의 질량
m : 금속스프링의 질량
k : 금속스프링의 강성

(4) 1자유도 감쇠진동

① 개요

감쇠는 물체운동의 반대방향으로 저항력이 발생하여 계의 운동에너지 또는 위치에너지를 다른 형태의 에너지(열 또는 음향에너지)로 변환하여 에너지를 소산시키는 역할을 한다. 즉, 진동에 의한 기계에너지를 열에너지로 변환시키는 기능이다.(질량의 진동속도에 대한 스프링의 저항력비)

② 감쇠의 분류(실제 계에서 발생하는 감쇠기구의 관찰특성에 따른 감쇠의 편의상 분류) *중요내용*

감쇠에는 감쇠기구의 관찰특성, 즉 물리적 거동에 따른 분류를 한다.

㉠ 점성감쇠
ⓐ 물체의 속도에 비례하는 크기의 저항력이 속도 반대방향으로 적용하는 경우이다.
ⓑ 유체감쇠라고도 하며 윤활유나 자동차의 충격흡수장치에 주입되는 유체에서 발생하는 에너지 감쇠현상이며, 유동과 수직방향으로의 유동의 상대적인 속도차이에 비례한다.

ⓒ 건마찰감쇠
  ⓐ 윤활이 되지 않은 두 면 사이에 상대운동이 있을 때 물체의 운동방향과 반대방향으로 일정한 크기로 발생하는 저항력과 관련된다.
  ⓑ 쿨롱감쇠라고도 하며 건조상태에서 미끄러지는 두 면 사이의 정전기력 때문에 생기며 운동에너지를 열로 소모시킨다.
ⓒ 구조감쇠
  ⓐ 구조물이 조화외력에 의해 변형할 때 외력에 의한 일이 열 또는 음향에너지로 소산하는 현상이다.
  ⓑ 히스테리 감쇠라고도 하며, 별도의 감쇠장치가 없어도 움직이는 구조물 내부에서 자체적으로 에너지 손실이 발생한다.
② 자기력감쇠
  코일이나 진동체에 붙어 있는 알루미늄판에서 발생한 와전류가 자석의 두 극 사이를 흐를 때 운동에너지가 열로 소모되기 때문에 발생한다.
ⓜ 방사감쇠
  복사감쇠라고도 하며, 전자와 같이 전기를 띠고 움직이는 입자의 진동에너지가 일단 전자기 에너지로 변환된 후 전파적외선, 가시광선의 형태로 방출된다.

③ 운동방정식 **중요내용**

$$m\ddot{x} + C_e \dot{x} + kx = 0$$

㉠ 감쇠계수
감쇠계수(C_e)는 질량 m의 진동속도(v)에 대한 스프링의 저항력(F_r)의 비로 나타낸다.

$$C_e = \frac{F_r}{v} \ (\text{N} \cdot \text{s/m} = \text{kg} \cdot \text{m/s})$$

㉡ 감쇠가 계(System)에서 갖는 기능
  ⓐ 기초로의 진동에너지 전달의 감소

ⓑ 공진 시 진동진폭의 감소
ⓒ 충격 시 진동이나 자유진동의 감소

ⓒ 감쇠비(ξ)

$$\xi = \frac{C_e}{C_c} = \frac{C_e}{2\sqrt{m \cdot k}} = \frac{C_e}{2m\omega_n} = \frac{C_e \omega_n}{2k}$$

여기서, C_e : 감쇠계수(단위속도당 감쇠력 ; N·s/m)
C_c : 임계감쇠계수(N·s/m)

$\xi = 1$ 경우 $C_e = C_c$

$$\xi = 1 = \frac{C_c}{2\sqrt{k \times m}}$$

$$C_c = 2\sqrt{k \times m} = 2m\omega_n = \frac{2k}{\omega_n}$$

④ 감쇠의 종류(유형) *중요내용*

감쇠(ξ)의 크기에 따라 구분한다.

㉠ 부족감쇠(Underdamped)

$$0 < \xi < 1 \ (C_e < C_c) \text{인 경우}$$

ⓐ 감쇠진동의 고유진동수($f_n{'}$)

$$f_n{'} = f_n\sqrt{1-\xi^2} \, (\text{Hz})$$

여기서, f_n : 비감쇠 고유진동수(Hz)
$\sqrt{1-\xi^2}$: 감쇠가 있을 때가 없을 때에 비해 $\sqrt{1-\xi^2}$ 배로 진동수가 변화한다는 의미

ⓑ 감쇠진동의 주기(T')

$$T' = \frac{1}{f_n\sqrt{1-\xi^2}} = \frac{T}{\sqrt{1-\xi^2}} \text{ (sec)}$$

여기서, T : 비감쇠주기(sec)

ⓒ 대수감쇠율(Δ)

서로 이웃하는 2개의 진폭비의 자연대수이며, 자유진동의 진폭이 줄어드는 정도(비율)를 나타낸다.

$$\Delta = \ln\left(\frac{x_1}{x_2}\right) = \frac{2\pi\xi}{\sqrt{1-\xi^2}} \quad (\xi < 1 \text{인 경우} = 2\pi\xi)$$

$\xi \ll 1$인 경우 $\Delta = 2\pi\xi$

$$\xi = \frac{\Delta}{\sqrt{4\pi^2 + \Delta^2}}$$

ⓒ 임계감쇠(Critically Damped)

$\xi = 1 \ (C_e = C_c)$인 경우

$$x = Ae^{-\xi\omega_n t} + Be^{-\xi\omega_n t}$$

ⓒ 과감쇠(Overdamped)

$\xi > 1 \ (C_e > C_c)$인 경우

$$x = e^{-\xi\omega_n t}(Ae^{\sqrt{t_2-1} \cdot \omega_n t} + Be^{\sqrt{t_2-1} \cdot \omega_n t})$$

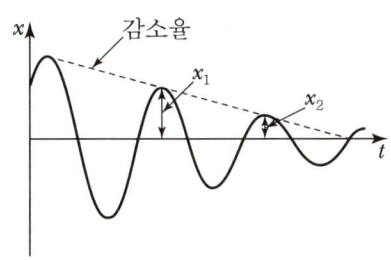

[부족감쇠($0 < \xi < 1$)]

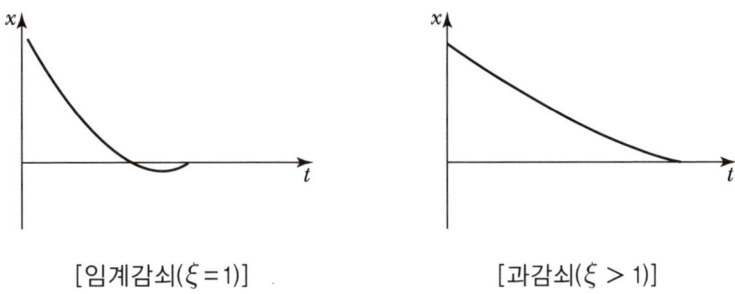

[임계감쇠($\xi = 1$)]　　　　　[과감쇠($\xi > 1$)]

(5) 등가스프링 상수(K_{eq}, 등가스프링 정수) *중요내용*

① 병렬스프링

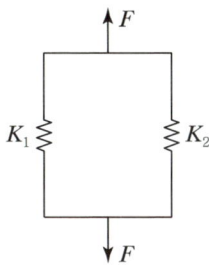

$$F = kx = (k_1 + k_2)x$$

여기서, F : 연속으로 가해진 힘
x : F가 가해질 때 신장 변위
k_1, k_2 : 스프링 각각의 정수(상수)

병렬스프링의 등가스프링 정수는 개개의 스프링 정수의 합

$$K_{eq} = k_1 + k_2$$

② 직렬스프링

$$F = k_1 x_1 = k_2 x_2, \quad x = x_1 + x_2$$

여기서, x : F가 가해질 때 개개의 스프링 신장 변위의 합

직렬스프링의 등가스프링 정수의 역수는 개개의 스프링 정수의 합

$$\frac{1}{K_{eq}} = \frac{1}{k_1} + \frac{1}{k_2}$$

$$K_{eq} = \frac{k_1 k_2}{k_1 + k_2}$$

③ 단순지지 탄성보

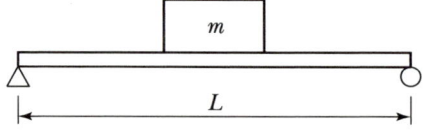

$$K_{eq} = \frac{W}{\delta} = \frac{48EI}{L^3}$$

여기서, E : 세로 탄성계수
I : 단면 2차 모멘트

④ 양단고정보

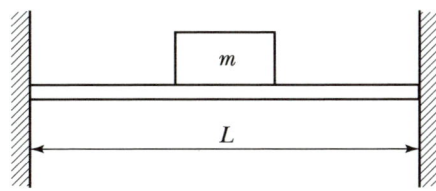

$$K_{eq} = \frac{192EI}{L^3}$$

여기서, E : 영률

🔍 Reference | $a \neq b$ 일 경우 등가스프링 정수

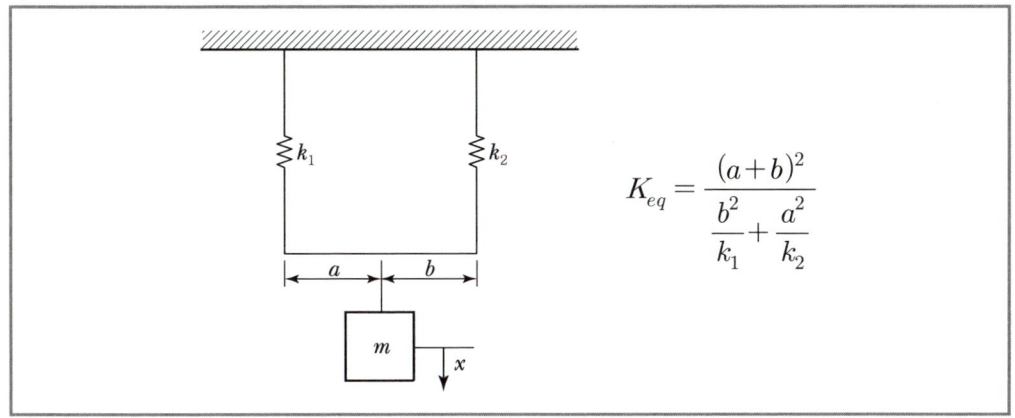

(6) 1차 자유도 강제진동 *중요내용*

① 비감쇠 강제진동

㉠ 운동방정식

$$m\ddot{x} + kx = f(t)$$

㉡ 스프링의 정적 수축량(정적 진폭 : x_{st})

$$x_{st} = \frac{F_0}{K}$$

여기서, F_0 : 외부강제력($f(t) = F_0 \sin\omega t$에서 F_0을 의미)
K : 스프링 정수

㉢ 진폭배율(확장계수 MF : Magnification Factor)

$$\text{MF} = \frac{x_0}{x_{st}} = \frac{F_0/k \cdot \frac{1}{1-(\omega/\omega_n)^2}}{F_0/k} = \frac{1}{1-\left(\frac{\omega}{\omega_n}\right)^2}$$

여기서, x_0 : 동적 변위 진폭

$F_0/k \cdot \dfrac{1}{1-\left(\dfrac{\omega}{\omega_n}\right)^2}$: 진동변위

$\dfrac{\omega}{\omega_n} = \dfrac{f}{f_n}$: 진동수비(η), f(강제진동수)

㉣ 정상상태 진폭(x)

$$x = \frac{F_0}{k - m\omega^2}$$

⑩ 전달률(T)

$$T = \left|\frac{\text{전달력}}{\text{외력}}\right| = \left|\frac{kx}{F_0 \sin\omega t}\right| = \frac{1}{\eta^2 - 1} = \frac{1}{\left(\dfrac{f}{f_n}\right)^2 - 1} = \left|\frac{1}{1 - \left(\dfrac{\omega}{\omega_n}\right)^2}\right|$$

② 감쇠(부족감쇠) 강제진동 *중요내용*

㉠ 운동방정식

$$m\ddot{x} + C_e\dot{x} + kx = f(t)$$

㉡ 전달률(T)

$$T = \left|\frac{\text{전달력}}{\text{외력}}\right| = \left|\frac{kx_0}{F}\right| = \frac{\sqrt{1 + (2\xi\eta)^2}}{\sqrt{(1-\eta^2)^2 + (2\xi\eta)^2}}$$

㉢ 점성감쇠 강제진동의 진폭이 최대가 되기 위한 진동수비는 $\sqrt{1-2\xi^2}$ 이다.

㉣ 점성감쇠를 갖는 강제진동의 위상각은 공진 시에는 90°이다.

㉤ 정상상태 진폭(x)

$$x = \frac{F_0}{\sqrt{(k - m\omega^2)^2 + (C_e\omega)^2}}$$

여기서, F_0 : 외부강제력 [$f(t) = F_0\sin\omega t$에서 F_0을 의미]
ω : 각진동수 [$f(t) = F_0\sin\omega t$에서 ω을 의미]

ⓑ 정상상태 위상각(ϕ)

$$\phi = \tan^{-1}\frac{C_e\omega}{k-m\omega^2}$$

ⓢ 진폭비($M \cdot F$)

$$MF = \frac{Kx}{F_0} = \frac{1}{\sqrt{(1-\eta^2)^2 + (2\xi\eta)^2}}$$

여기서, η : 진동수비($f/f_n = \omega/\omega_n$)
ξ : 감쇠비(감쇠율)

기출 필수문제 출제율 50% 이상

01 그림과 같은 진동계의 운동방정식은?

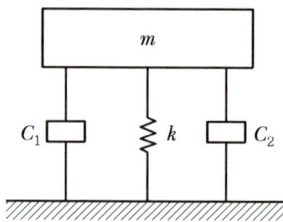

[풀이] 운동방정식
$$m\ddot{x} + (C_1 + C_2)\dot{x} + kx = 0$$

02 감쇠가 있는 자유진동의 운동방정식은?

풀이 감쇠, 자유진동 운동방정식
$$m\ddot{x} + C\dot{x} + kx = 0$$

03 어떤 질량 m이 반지름 r인 원둘레를 각속도 ω로서 회전운동할 때, x축에 따른 질량 m의 운동방정식을 구하면?

풀이
변위 $x = r\cos\omega t$라 하면
속도 $\dot{x}(v) = -r\omega\sin\omega t$
가속도 $\ddot{x}(a) = -r\omega^2\cos\omega t = -\omega^2 x$
운동방정식
$$\ddot{x} + \omega^2 x = 0$$

04 그림과 같은 1자유도계 진동계의 운동방정식은?

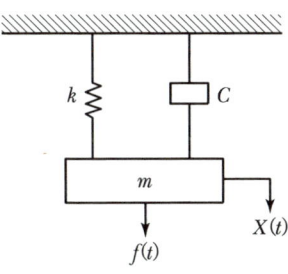

풀이 운동방정식
$$m\ddot{x} + C\dot{x} + kx = f(t)$$

기출 필수문제 출제율 50% 이상

05 그림과 같은 진동계의 운동방정식은?

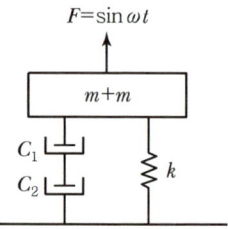

풀이   운동방정식

$$2m\ddot{x} + \left(\frac{C_1 C_2}{C_1 + C_2}\right)\dot{x} + kx = \sin\omega t$$

기출 필수문제 출제율 60% 이상

06 $m\ddot{x} + kx = 0$ 으로 주어지는 비감쇠 자유진동에서 $\frac{k}{m} = 16$ 이면 주기 $T(\sec)$는 얼마인가?

풀이

$$f_n = \frac{1}{2\pi}\sqrt{\frac{k}{m}}$$

$$\frac{k}{m} = 16$$

$$= \frac{1}{2\pi}\sqrt{16} = \frac{4}{2\pi} = \frac{2}{\pi}$$

$$T = \frac{1}{f_n} = \frac{1}{\frac{2}{\pi}} = \frac{\pi}{2} \sec$$

07. $2\ddot{x} + 15x = 0$으로 표시되는 운동방정식에서 고유진동수는?

풀이 $m\ddot{x} + kx = 0$에서
$m = 2$, $k = 15$이므로
$$f_n = \frac{1}{2\pi}\sqrt{\frac{k}{m}} = \frac{1}{2\pi}\sqrt{\frac{15}{2}} = 0.44\,\text{Hz}$$

08. $4\ddot{x} + 9x = 0$으로 주어지는 비감쇠 자유진동계에서 고유각진동수(ω_n)는?

풀이 $\omega_n = \sqrt{\dfrac{k}{m}} = \sqrt{\dfrac{9}{4}} = \dfrac{3}{2}$

09. 그림과 같은 무시할 수 없는 스프링 질량이 있는 스프링 질량계에서 고유진동수는 얼마인가?(단, $k = 48,000\,\text{N/m}$, $m = 3\,\text{kg}$, $M = 119\,\text{kg}$)

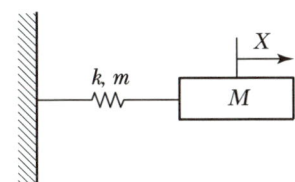

풀이 $f_n = \dfrac{1}{2\pi}\sqrt{\dfrac{k}{M + \dfrac{1}{3}m}} = \dfrac{1}{2\pi}\sqrt{\dfrac{48,000}{120}} = 3.18\,\text{Hz}$

기출 필수문제 출제율 50% 이상

10 무게 8 N 인 물체가 스프링 상수 8 N/cm 인 스프링에 의하여 매달려 있다. 이 계의 고유각진동수(ω_n ; rad/sec)는?

> **풀이**
> $$\omega_n = 2\pi f_n$$
> $$= 2\pi \times \left(\frac{1}{2\pi}\sqrt{\frac{k \times g}{W}}\right) = \sqrt{\frac{k \times g}{W}}$$
> $$= \sqrt{\frac{8 \times 980}{8}} = 31.3 \text{ rad/sec}$$

기출 필수문제 출제율 50% 이상

11 용수철 하단에 질량 50 kg 인 물체가 달려 있을 때 이 계의 고유진동수(Hz)는?(단, 스프링 상수 200 N/m)

> **풀이**
> $$f_n = \frac{1}{2\pi}\sqrt{\frac{k}{m}} = \frac{1}{2\pi}\sqrt{\frac{200 \text{kg} \cdot \text{m/sec}^2 \cdot \text{m}}{50 \text{kg}}} = \frac{2}{2\pi} = \frac{1}{\pi} \text{ Hz}$$

기출 필수문제 출제율 60% 이상

12 무게 8 N인 물체가 스프링 상수 8 N/cm인 스프링에 매달려 있다. 이 계의 고유각진동수(ω_n)는?

> **풀이**
> 고유각진동수(ω_n)
> $$\omega_n = 2\pi f_n = 2\pi \times \left(\frac{1}{2\pi}\sqrt{\frac{k \cdot g}{W}}\right) = \sqrt{\frac{k \cdot g}{W}}$$
> $$= \sqrt{\frac{8 \times 980}{8}} = 31.3 \text{ rad/sec}$$

기출 필수문제 출제율 70% 이상

13 무게 20 kg 인 물체가 스프링 정수 50 kg/cm 인 스프링에 매달려 있다. 이 계의 자유진동의 주기(sec)는 얼마인가?

풀이
$$f_n = \frac{1}{2\pi}\sqrt{\frac{k}{m}}$$
$$= \frac{1}{2\pi}\sqrt{\frac{k \times g}{W}}$$
$$= \frac{1}{2\pi}\sqrt{\frac{50\,\text{kg/cm} \times 980\,\text{cm/sec}^2}{20\,\text{kg}}} = 7.88\,\text{Hz}$$
$$T = \frac{1}{f_n} = \frac{1}{7.88/\text{sec}} = 0.13\,\text{sec}$$

기출 필수문제 출제율 60% 이상

14 무게 500.5 N 인 대형 기계가 스프링으로 탄성지지되어 있다. 이 스프링의 정적 변위(정적 수축량)가 0.51 cm 일 때, 비감쇠 고유진동수는?

풀이
비감쇠 고유진동수(f_n)
$$f_n = 4.98\sqrt{\frac{1}{\delta_{st}}} = 4.98\sqrt{\frac{1}{0.51}} = 6.97\,\text{Hz}$$

기출 필수문제 출제율 60% 이상

15 스프링과 질량으로 구성된 진동계에서 스프링의 정적 처짐이 25 mm 이었다면 이 계의 주기(sec)는?

풀이
$$f_n = 4.98\sqrt{1/\delta_{st}} = 4.98\sqrt{1/2.5} = 3.15\,\text{Hz}$$
$$T = \frac{1}{f_n} = \frac{1}{3.15/\text{sec}} = 0.31\,\text{sec}$$

기출 필수문제 출제율 30% 이상

16 스프링 상수가 6 kg/cm 인 스프링에 30 kg 의 추를 매달 때 스프링이 늘어나는 길이는 얼마인가?

> **풀이** 정적 수축량(δ_{st})
> $$\delta_{st} = \frac{W_{mp}}{k} = \frac{30}{6} = 5\,\text{cm}$$

기출 필수문제 출제율 40% 이상

17 스프링 상수가 5 N/cm 인 4개의 동일한 스프링들이 어떤 기계를 받치고 있다. 만일 이들 스프링의 길이가 1.5 cm 줄었다면, 이 기계의 무게(N)는?

> **풀이**
> $$\delta_{st} = \frac{W_{mp}}{k}$$
> $$W_{mp} = \frac{W}{n} = \frac{W}{4}$$
> $$1.5 = \frac{W/4}{5}$$
> $$W = 30\,\text{N}$$

기출 필수문제 출제율 40% 이상

18 3.8 ton 선반의 네 귀퉁이를 코일스프링으로 방진하였더니 정적 처짐이 2.2 cm 발생하였다면 이 코일스프링의 스프링 정수(kg/cm)는?

> **풀이**
> $$\delta_{st} = \frac{W_{mp}}{k}$$
> $$k = \frac{W_{mp}}{\delta_{st}} = \frac{\left(\frac{3{,}800}{4}\right)\text{kg}}{2.2\,\text{cm}} = 431.8\,\text{kg/cm}$$

기출 필수문제 출제율 60% 이상

19 어떤 기관이 1,800 rpm 에서 심한 진동을 발생시킨다. 이 진동을 방지하기 위해서 감쇠가 없는 동흡진기를 사용하고자 한다. 이 흡진기의 무게를 50 Newton 으로 할 때 사용해야 할 스프링의 강성(N/cm)은?

풀이

$$f_n = \frac{1}{2\pi} \sqrt{\frac{k \times g}{W}}$$

1,800 rpm에서 공진현상($f_n = f$), f : 강제진동수

$$f_n = \frac{1,800\,\text{rpm}}{60} = 30\,\text{Hz}$$

$$30 = \frac{1}{2\pi} \sqrt{\frac{k \times 980}{50}}$$

$$k = 1,810.9\,\text{N/cm}$$

기출 필수문제 출제율 30% 이상

20 스프링에 0.4 kg의 질량을 매달았을 때 스프링이 0.2 m 만큼 늘어난다. 이 평형점으로부터 0.2 m 더 잡아늘인 다음 놓아주었을 때 스프링 정수(N/m)는?

풀이

$$k \times x = m \times g$$

$$k = \frac{m \times g}{x} = \frac{0.4\,\text{kg} \times 9.8\,\text{m/sec}^2}{0.2\,\text{m}} = 19.6\,\text{N/m}$$

기출 필수문제 출제율 50% 이상

21 방진고무 1개에 대하여 150 kg$_f$ 의 하중이 걸릴 때 정적 스프링 상수가 30 kg$_f$/mm 인 방진고무를 사용하면 처짐량(mm)은?

> **풀이**
> $$f_n = \frac{1}{2\pi}\sqrt{\frac{k \cdot g}{W}} = \frac{1}{2\pi}\sqrt{\frac{30\,\text{kg}_\text{f} \times 9{,}800\,\text{mm/sec}^2}{15\,\text{kg}_\text{f}}} = 7.05\,\text{Hz}$$
> $$\delta_{st} = \left(\frac{4.98}{f_n}\right)^2 = \left(\frac{4.98}{7.05}\right)^2 = 0.49\,\text{cm}\,(\fallingdotseq 4.9\,\text{m})$$

기출 필수문제 출제율 50% 이상

22 질량(m) 0.5 kg 인 물체가 스프링에 매달려 있다. 고유진동수(Hz)와 정적 변위량(mm)은 얼마인가?(단, 이 스프링의 스프링 정수는 0.1822 N/mm 이다.)

> **풀이**
> $$f_n = \frac{1}{2\pi}\sqrt{\frac{k}{m}} = \frac{1}{2\pi}\sqrt{\frac{0.1822\,\text{N/mm}}{0.5\,\text{kg}}}$$
> $$= \frac{1}{2\pi}\sqrt{\frac{0.1822\,\text{kg}\cdot\text{m/sec}^2 \cdot 1/\text{mm} \times 1{,}000\,\text{mm/m}}{0.5\,\text{kg}}} = 3\,\text{Hz}$$
> $$f_n = 4.98\sqrt{1/\delta_{st}}$$
> $$\delta_{st} = \left(\frac{4.98}{f_n}\right)^2 = \left(\frac{4.98}{3}\right)^2 = 2.76\,\text{cm}\,(27.6\,\text{mm})$$

기출 필수문제 출제율 50% 이상

23 질량 스프링계에서 스프링의 스프링 정수가 0.1 kN/m, 추의 질량이 10 kg 일 때 이 계의 고유주기는?(단, 마찰은 무시한다.)

> **풀이** 고유주기(T)
> $$T = \frac{1}{f_n} = \frac{1}{\frac{1}{2\pi}\sqrt{\frac{k}{m}}} = 2\pi\sqrt{\frac{m}{k}} = 2\pi\sqrt{\frac{10}{100}} = 1.99\,\text{sec}$$

24 동일한 4개의 스프링으로 탄성지지한 기계로부터 스프링을 빼낸 후 8개의 스프링을 사용하여 지지점에 균등하게 탄성지지하여 고유진동수를 $\frac{1}{2}$로 낮추고자 할 때, 1개의 스프링 정수는 원래 스프링 정수의 몇 배가 되어야 하는가?

풀이

$$f_{n1} = \frac{1}{2\pi}\sqrt{\frac{4k_1}{m}}, \; f_{n2} = \frac{1}{2\pi}\sqrt{\frac{8k_2}{m}}$$

$$\frac{f_{n2}}{f_{n1}} = \frac{\frac{1}{2\pi}\sqrt{\frac{8k_2}{m}}}{\frac{1}{2\pi}\sqrt{\frac{4k_1}{m}}} = \frac{1}{2}$$

$$\sqrt{\frac{2k_2}{k_1}} = \frac{1}{2}, \; \frac{2k_2}{k_1} = \frac{1}{4}$$

$$k_1 = 8k_2, \; k_2 = \frac{1}{8}k_1$$

원래 스프링 정수의 $\frac{1}{8}$이 되어야 한다.

25 회전속도 2,500 rpm 의 원심팬이 있다. 방진고무로 탄성지지시켜 진동전달률을 0.185로 할 때 방진고무의 정적 수축량(cm)은?

풀이

$$\delta_{st} = \left(\frac{4.98}{f_n}\right)^2$$

$$T = \frac{1}{\left(\frac{f}{f_n}\right)^2 - 1}$$

$$f = 2{,}500\,\text{rpm}/60 = 41.67\,\text{Hz}$$

$$f_n = \sqrt{\frac{T}{1+T}} \times f = \sqrt{\frac{0.185}{1+0.185}} \times 41.67 = 16.46\,\text{Hz}$$

$$= \left(\frac{4.98}{16.46}\right)^2 = 0.09\,\text{cm}$$

기출 필수문제 출제율 50% 이상

26 질량 0.25 kg 인 물체가 스프링에 매달려 있다면 정적 변위(mm)는?(단, 스프링 정수는 0.155 N/mm)

풀이
$$\delta_{st} = \frac{W(\text{mg})}{k}$$
$$= \frac{0.25\,\text{kg} \times 9.8\,\text{m/sec}^2}{0.155\,\text{N/mm}} = \frac{0.25\,\text{kg} \times 9.8\,\text{m/sec}^2}{0.155\,\text{kg} \cdot \text{m/sec}^2 \cdot \text{mm}} = 15.81\,\text{mm}$$

기출 필수문제 출제율 50% 이상

27 어떤 기계를 4개의 같은 스프링으로 지지했을 때 기계의 무게로 일정하게 2.1 mm 압축되었다. 이 기계의 고유진동수(Hz)는?

풀이
$$f_n = 4.98\sqrt{1/\delta_{st}}$$

δ_{st} : 정적 수축량(cm)이므로 2.1 mm(0.21 cm) 적용

$$= 4.98\sqrt{1/0.21} = 10.8\,\text{Hz}$$

기출 필수문제 출제율 50% 이상

28 스프링 정수 21.5 N/cm 한 개의 스프링 위에 중량 55N 의 기계가 지지되어 있을 때 이 계의 고유진동수(Hz)는?

풀이
$$f_n = \frac{1}{2\pi}\sqrt{\frac{K \cdot g}{W}} = \frac{1}{2\pi}\sqrt{\frac{21.5 \times 980}{55}} = 3.1\,\text{Hz}$$

기출 필수문제 출제율 60% 이상

29 스프링 상수가 각각 k_1, k_2 인 스프링과 질량 m이 다음 그림과 같이 연결되어 있다. 이때 고유진동수는?

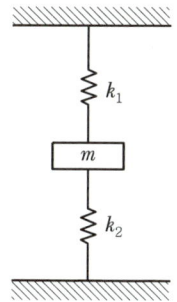

풀이 다음 그림과 같이 표현할 수 있다.

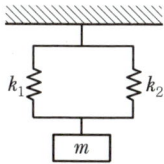

k_1, k_2가 병렬연결된 경우 등가스프링 상수(k_{eq})

$k_{eq} = k_1 + k_2$

$$f_n = \frac{1}{2\pi}\sqrt{\frac{k_1 + k_2}{m}}$$

기출 필수문제 출제율 60% 이상

30 그림과 같은 진동계가 진동할 때의 고유진동수는?

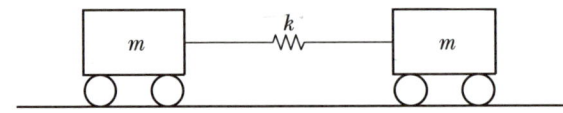

풀이

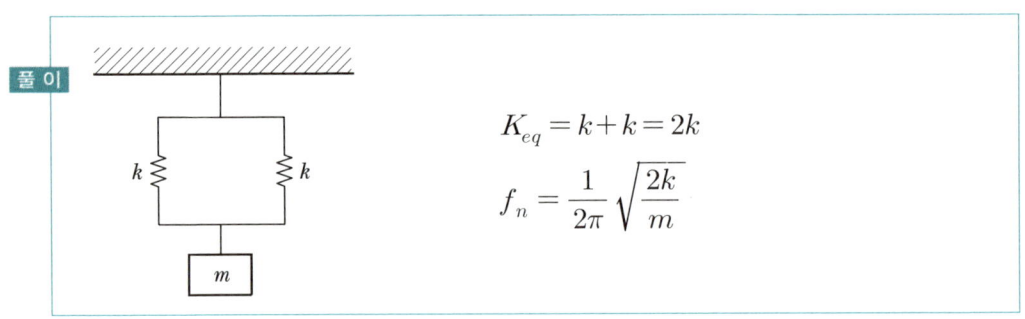

$K_{eq} = k + k = 2k$

$f_n = \dfrac{1}{2\pi}\sqrt{\dfrac{2k}{m}}$

기출 필수문제 출제율 60% 이상

31 스프링 상수가 각각 k_1, k_2인 스프링이 그림과 같이 연결되어 질량 m 인 물체를 지지하고 있다. 이때 자유진동의 고유진동수는?

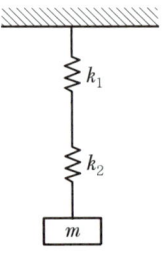

풀이

k_1, k_2가 직렬연결된 경우 등가스프링 상수(k_{eq})

$k_{eq} = \dfrac{k_1 k_2}{k_1 + k_2}$

$f_n = \dfrac{1}{2\pi}\sqrt{\dfrac{k_1 k_2}{m(k_1 + k_2)}}$

32 스프링 상수 $k_1 = 20\,\text{N/m}$, $k_2 = 40\,\text{N/m}$ 인 두 스프링을 그림과 같이 직렬로 연결하고 질량 $3\,\text{kg}$을 매달았을 때 수직방향 진동의 고유진동수(Hz)는?

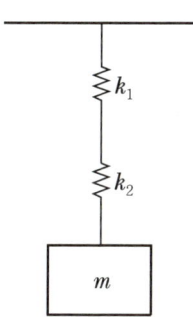

풀이

$$f_n = \frac{1}{2\pi}\sqrt{\frac{k}{m}}$$

$$k_{eq} = \frac{k_1 k_2}{k_1 + k_2} = \frac{20 \times 40}{20 + 40} = 13.3\,\text{N/m}$$

$$= \frac{1}{2\pi}\sqrt{\frac{13.3}{3}} = 0.33\,\text{Hz}$$

33 그림과 같은 진동계에서 등가스프링 상수가 $\dfrac{k}{3}$ 가 되려면 스프링 상수 k_1 의 값은 얼마인가?

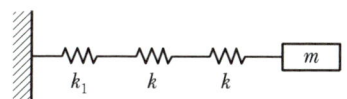

풀이

$$\frac{1}{k_{eq}} = \frac{1}{k_1} + \frac{1}{k} + \frac{1}{k} = \frac{3}{k}$$

$$\frac{1}{k_1} = \frac{3}{k} - \frac{2}{k} = \frac{1}{k}$$

$$k_1 = k$$

기출 필수문제 출제율 40% 이상

34 다음 질량-스프링계의 운동방정식은?(단, 질량 m은 3 kg, 개별 스프링 정수 $k = 10$ N/m, 감쇠는 무시한다.)

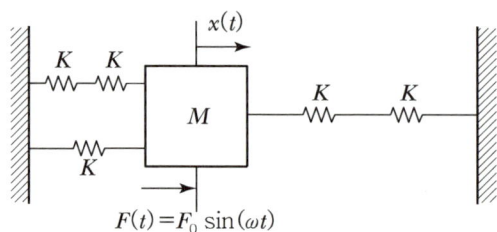

풀이

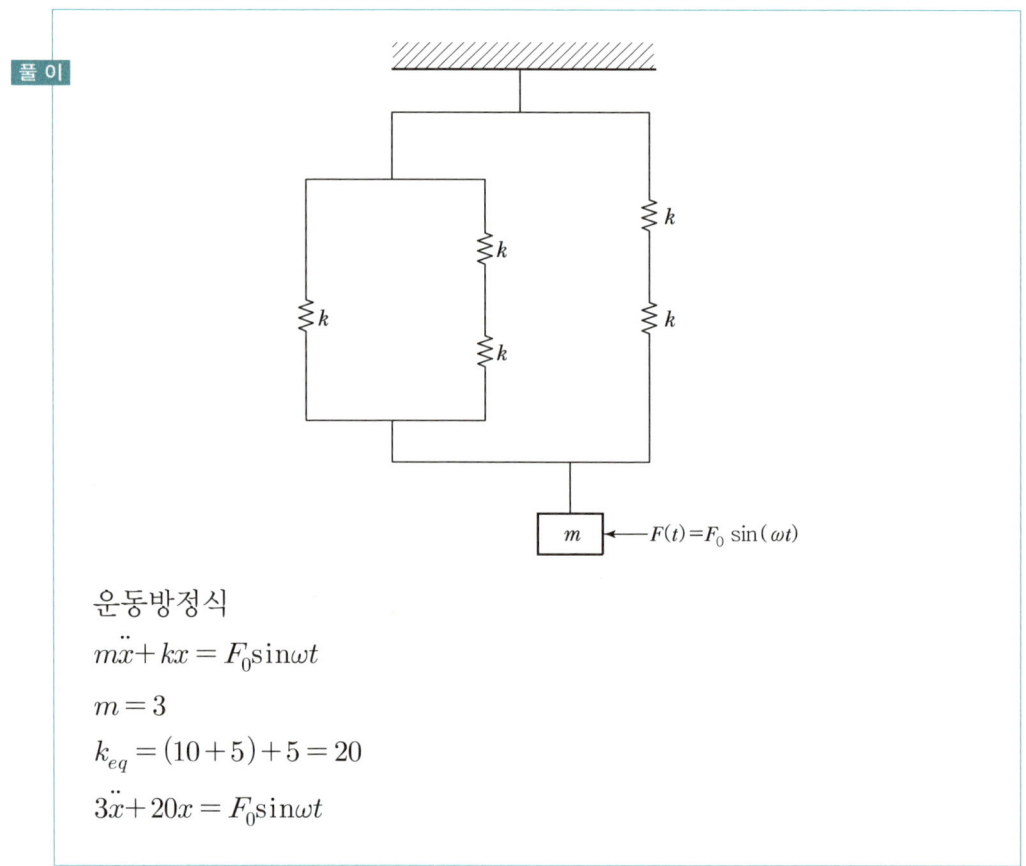

운동방정식

$m\ddot{x} + kx = F_0 \sin\omega t$

$m = 3$

$k_{eq} = (10+5) + 5 = 20$

$3\ddot{x} + 20x = F_0 \sin\omega t$

기출 필수문제 출제율 40% 이상

35 무게 1.2kg인 기구가 스프링 상수 $\dfrac{1}{15}$ kg/cm로 정해진 4개의 고무 위에 설치되어 있다. 이 계의 고유진동수는?

풀이
$$f_n = \dfrac{1}{2\pi}\sqrt{\dfrac{k \cdot g}{W}}$$

$$k = \dfrac{1}{15} + \dfrac{1}{15} + \dfrac{1}{15} + \dfrac{1}{15} = \dfrac{4}{15} \text{ kg/cm}$$

$$f_n = \dfrac{1}{2\pi}\sqrt{\dfrac{4/15 \times 980}{1.2}} = 2.35 \text{ Hz}$$

기출 필수문제 출제율 70% 이상

36 그림과 같은 진동계에 대하여 고유진동수를 구하면 얼마인가?

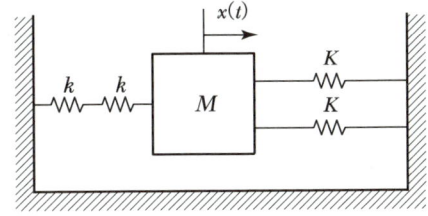

풀이 다음 그림으로 표현할 수 있다.

$$f_n = \frac{1}{2\pi}\sqrt{\frac{k}{m}}$$

k_{eq}을 먼저 구함

좌측 직렬스프링의 $k_{eq} = \dfrac{k^2}{k+k} = \dfrac{k}{2}$

우측 병렬스프링의 $k_{eq} = k+k = 2k$

통합 병렬의 $k_{eq} = \dfrac{k}{2} + 2k = \dfrac{5}{2}k$

$$f_n = \frac{1}{2\pi}\sqrt{\frac{\frac{5}{2}k}{m}} = \frac{1}{2\pi}\sqrt{\frac{5k}{2m}}$$

기출 필수문제 출제율 40% 이상

37 그림과 같은 진동계가 진동을 할 때 주기를 나타내는 식을 구하면?

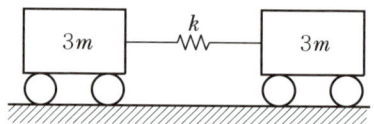

[풀이] 다음 그림으로 표현할 수 있다.

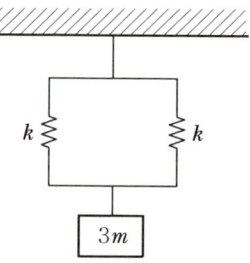

$k_{eq} = k+k = 2k$

$f_n = \dfrac{1}{2\pi}\sqrt{\dfrac{2k}{3m}}$

$T = 2\pi\sqrt{\dfrac{3m}{2k}}$

기출 필수문제 출제율 50% 이상

38 그림과 같은 진동계에서 고유진동수를 나타내는 식을 구하면?(단, C점은 $\overline{AB}$의 중앙이다.)

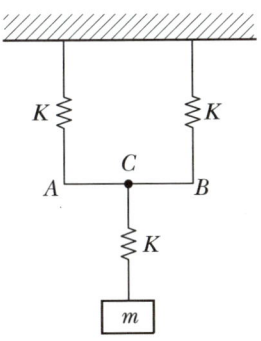

풀이
$f_n = \dfrac{1}{2\pi}\sqrt{\dfrac{k}{m}}$

k_{eq}을 구하면 병렬 $k_{eq} = k + k = 2k$

총 $k_{eq} = \dfrac{2k \times k}{2k + k} = \dfrac{2k^2}{3k} = \dfrac{2}{3}k$

$f_n = \dfrac{1}{2\pi}\sqrt{\dfrac{\dfrac{2}{3}k}{m}} = \dfrac{1}{2\pi}\sqrt{\dfrac{2k}{3m}}$

기출 필수문제 출제율 50% 이상

39 그림과 같은 진동계에서 등가스프링 상수(k_{eq})가 $\dfrac{1}{6}k$가 되도록 하려면 k_1의 값을 얼마로 해야 하는가?

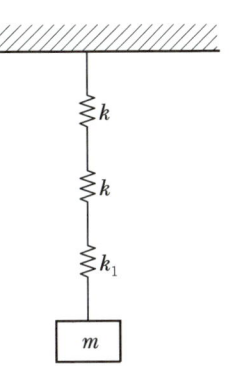

풀이

$$\frac{1}{k_{eq}} = \frac{1}{k_1} + \frac{1}{k} + \frac{1}{k} = \frac{6}{k}$$

$$\frac{1}{k_1} = \frac{6}{k} - \frac{2}{k} = \frac{4}{k}$$

$$k_1 = \frac{k}{4}$$

기출 필수문제 출제율 50% 이상

40 다음 진동계에서의 등가스프링 상수는?

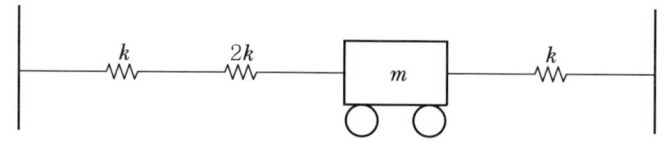

풀이

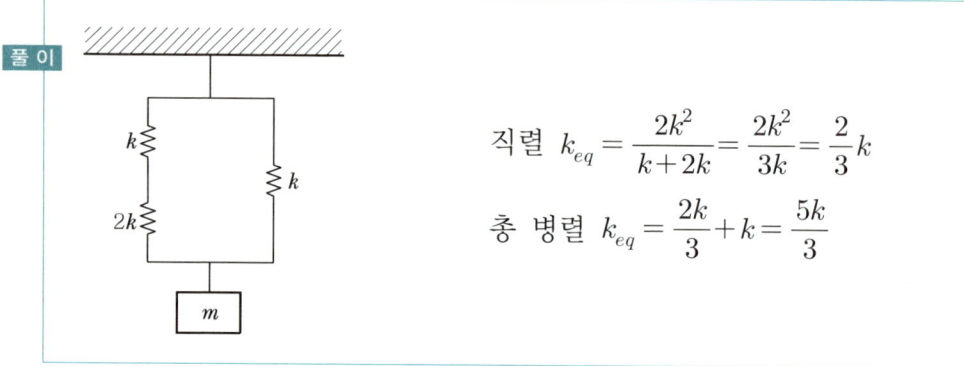

직렬 $k_{eq} = \dfrac{2k^2}{k+2k} = \dfrac{2k^2}{3k} = \dfrac{2}{3}k$

총 병렬 $k_{eq} = \dfrac{2k}{3} + k = \dfrac{5k}{3}$

기출 필수문제 출제율 60% 이상

41 추를 코일스프링으로 매단 1 자유도 진동계에서 추의 질량을 2배로 하고, 스프링의 강도를 4배로 할 경우 작은 진폭에서 자유진동주기는 어떻게 되겠는가?

풀이

$$f_n = \frac{1}{2\pi}\sqrt{\frac{k}{m}} \Rightarrow T = 2\pi\sqrt{\frac{m}{k}}$$

$$f_n = \frac{1}{2\pi}\sqrt{\frac{4k}{2m}} \Rightarrow T = 2\pi\sqrt{\frac{m}{2k}}$$

즉, 원래의 $\dfrac{1}{\sqrt{2}}$ 이 된다.

기출 필수문제 출제율 70% 이상

42 감쇠자유진동을 하는 진동계에서 진폭이 3 사이클 후에 50% 감소되었다면 이 계의 대수감쇠율은?

풀이

대수감쇠율(Δ)

$$\Delta = \frac{1}{n}\ln\left(\frac{x_1}{x_3}\right)$$

진폭이 50% 감쇠 ⇒ x_1(첫 번째 진폭)=1 일 때 x_3(세 번째 진폭)은 $0.5x_1$이 된다. ($x_3 = 0.5x_1$)

n은 진폭의 사이클 수 ⇒ 3

$$= \frac{1}{3}\ln\left(\frac{x_1}{0.5x_1}\right) = \frac{1}{3}\ln 2 = 0.231$$

기출 필수문제 출제율 30% 이상

43 질량-스프링계에서 감쇠비가 ξ인 경우에 진폭이 50% 감소할 때까지의 경과 사이클 수는 얼마인가?(단, 0<ξ<1일 때)

[풀이] 대수감쇠율을 $2\pi\xi$로 하면

$$2\pi\xi = \frac{1}{n}\ln\left(\frac{x_1}{0.5x_1}\right) = \frac{1}{n}\ln 2$$

n : 진폭의 사이클 수, $\ln 2$: 진폭이 50% 감쇠한다는 의미

$$n\xi = \frac{\ln 2}{2\pi}$$

$$n = \frac{0.11}{\xi}$$

기출 필수문제 출제율 70% 이상

44 $\ddot{x}+3\dot{x}+4x=0$으로 주어지는 진동계에서 감쇠비 및 대수감쇠율은?

[풀이]
(1) 감쇠비(ξ)

$$\xi = \frac{c}{2\sqrt{m \cdot k}}$$

$m=1$, $k=4$, $c=3$

$$\xi = \frac{3}{2\sqrt{1\times 4}} = 0.75$$

(2) 대수감쇠율(Δ)

$$\Delta = \frac{2\pi\xi}{\sqrt{1-\xi^2}} = \frac{2\pi\times 0.75}{\sqrt{1-0.75^2}} = 7.12$$

기출 필수문제 출제율 70% 이상

45 $\ddot{x}+4\dot{x}+5x=0$ 으로 진동하는 진동계에서 대수감쇠율은?

풀이 대수감쇠율(Δ)

$$\Delta = \frac{2\pi\xi}{\sqrt{1-\xi^2}}$$

$$\xi = \frac{c}{2\sqrt{m \cdot k}} = \frac{4}{2\sqrt{1\times 5}} = 0.894$$

$$= \frac{2\times 3.14 \times 0.894}{\sqrt{1-0.894^2}} = 12.54$$

기출 필수문제 출제율 40% 이상

46 그림과 같은 응답 곡선에서 감쇠비는 얼마인가?

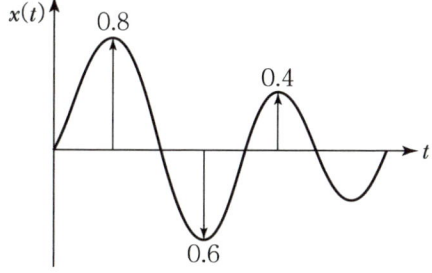

풀이 감쇠비(ξ)

$$\xi = \frac{\Delta}{\sqrt{4\pi^2 + \Delta^2}}$$

$$\Delta = \ln\left(\frac{x_1}{x_2}\right) = \ln\left(\frac{0.8}{0.4}\right) = 0.693$$

$$= \frac{0.693}{\sqrt{(4\times 3.14^2)+0.693^2}} = 0.109$$

기출 필수문제 출제율 60% 이상

47 감쇠자유진동을 하는 진동계에서 진폭이 5 사이클 뒤에 50 %만큼 감쇠됨을 관찰하였다. 이 계의 감쇠비는 얼마인가?

풀이 대수감쇠율(Δ)

$$\Delta = \frac{1}{n} \ln\left(\frac{x_1}{x_5}\right)$$

진폭이 50% 감쇠 $\Rightarrow x_5 = 0.5 x_1$

n은 진폭의 사이클 수 $\Rightarrow 5$

$$\Delta = \frac{1}{5} \ln\left(\frac{x_1}{0.5 x_1}\right) = \frac{1}{5} \ln 2 = 0.1386$$

$0 < \xi < 1$일 때 $\Delta = 2\pi\xi$ 이므로

$0.1386 = 2 \times \pi \times \xi$

$$\xi = \frac{0.1386}{2 \times \pi} = 0.022$$

기출 필수문제 출제율 60% 이상

48 감쇠자유진동을 하는 진동계에서 감쇠고유진동수가 20 Hz 비감쇠계의 고유진동수가 26 Hz 이면 감쇠비(ξ)는?

풀이 감쇠진동의 고유진동수(f_n')

$f_n' = f_n \sqrt{1-\xi^2}$

$20 = 26\sqrt{1-\xi^2}$

$\sqrt{1-\xi^2} = \dfrac{20}{26}$

$\xi = 0.64$

49. 감쇠비가 0.2인 감쇠자유진동에서 감쇠고유진동수는 비감쇠고유진동수의 몇 배인가?

풀이

$$f_n' = f_n \sqrt{1-\xi^2}$$

$$\frac{f_{n'}}{f_n} = \sqrt{1-\xi^2} = \sqrt{1-0.2^2} = 0.98$$

50. 중량 $W=30\text{N}$, 점성감쇠계수 $C_e=0.06\text{N}\cdot\text{s/cm}$, 스프링 정수 $K=0.5\text{N/cm}$일 때, 이 계의 감쇠비(ξ)는?

풀이

$$\xi = \frac{C_e}{2\sqrt{m \times K}} = \frac{C_e}{2\sqrt{\frac{W}{g} \times K}} = \frac{0.06}{2\sqrt{\frac{30}{980} \times 0.5}} = 0.24$$

51. 질량 98 kg의 기계가 용수철 상수 90 kgf/cm의 용수철로 받쳐져 있으며, 진동속도 10 cm/s당 6 kgf 저항을 받고 있을 때의 감쇠비(ξ)는?

풀이

$$\xi = \frac{C_e}{C_c}$$

$$C_e = \frac{F_r}{v} = \frac{6\text{kg}_f}{10\text{cm/s}} \times \frac{9.8\text{N}}{1\text{kg}_f} = 5.88\,\text{N}\cdot\text{sec/cm}$$

$$C_c = 2\sqrt{m \times k}$$

$$m = 98\,\text{kg}$$

$$k = \frac{90\,\text{kg}_f}{\text{cm}} = \frac{90\,\text{kg} \times 9.8\,\text{m/s}^2}{\text{cm} \times \dfrac{1\,\text{m}}{100\,\text{cm}}} = 88{,}200\,\text{kg/s}^2$$

$$= 2\sqrt{88{,}200\,\text{kg/s}^2 \times 98\,\text{kg}} = 5{,}880\,\text{kg/s} \times \frac{1\,\text{N}}{100\,\text{kg} \cdot \text{cm/s}^2}$$

$$= 58.8\,\text{N} \cdot \text{s/cm}$$

$$= \frac{5.88}{58.8} = 0.1$$

기출 필수문제 출제율 70% 이상

52 질량 108 kg 의 기계가 용수철상수 100 kg_f/cm 의 용수철로 받쳐져 있으며, 진동속도 10 cm/s당 5 kg_f 의 저항을 받고 있을 때의 감쇠계수, 임계감쇠계수, 감쇠비는?

풀이

(1) 감쇠계수(C_e)

$$C_e = \frac{F_r}{v} = \frac{5\,\text{kg}_f}{10\,\text{cm/s}} \times \frac{9.8\,\text{N}}{1\,\text{kg}_f} = 4.9\,\text{N} \cdot \text{s/cm}$$

(2) 임계감쇠계수(C_c)

$$C_c = 2\sqrt{m \cdot k}$$

$$m = 108\,\text{kg}$$

$$k = \frac{100\,\text{kg}_f}{\text{cm}} = \frac{100\,\text{kg} \times 9.8\,\text{m/s}^2}{\text{cm} \times \dfrac{1\,\text{m}}{100\,\text{cm}}} = 98{,}000\,\text{kg/s}^2$$

$$C_c = 2\sqrt{98{,}000\,\text{kg/s}^2 \times 108\,\text{kg}}$$

$$= 6{,}506.6\,\text{kg/s} \times \frac{1\,\text{N}}{100\,\text{kg} \times \text{cm/s}^2} = 65.06\,\text{N} \cdot \text{s/cm}$$

(3) 감쇠비(ξ)

$$\xi = \frac{C_e}{C_c} = \frac{4.9}{65.06} = 0.075$$

53
$3\ddot{x}+4\dot{x}+3x=0$ 의 진동계에서 감쇠고유진동수는?

풀이 $m=3$, $C_e=4$, $k=3$ 이므로

$$f_n' = f_n \cdot \sqrt{1-\xi^2}$$

$$f_n = \frac{1}{2\pi}\sqrt{\frac{k}{m}} = \frac{1}{2\pi}\sqrt{\frac{3}{3}} = 0.16\,\text{Hz}$$

$$\xi = \frac{C_e}{2\sqrt{m \cdot k}} = \frac{4}{2\sqrt{3\times 3}} = 0.67$$

$$= 0.16 \times \sqrt{1-0.67^2} = 0.12\,\text{Hz}$$

54
질량 m(kg)의 물체를 매달아 정지상태에서 δ(cm)만큼 늘어난 스프링이 있다. 이 스프링에 질량 m 대신 M(kg)의 물체를 급히 매달 때 발생하는 진동주파수는?

풀이 고유진동수(f_n)

$$f_n = \frac{1}{2\pi}\sqrt{\frac{k}{M}} = \frac{1}{2\pi}\sqrt{\frac{\frac{m \cdot g}{\delta_{st}}}{M}} = \frac{\sqrt{g}}{2\pi\sqrt{\delta_{st}}}\sqrt{\frac{m}{M}} = \frac{4.98}{\sqrt{\delta_{st}}}\sqrt{\frac{m}{M}}$$

$$\left(\because k = \frac{W}{\delta_{st}} = \frac{m \cdot g}{\delta_{st}}\right)$$

기출 필수문제 출제율 50% 이상

55 고유진동수에 대한 강제진동수의 비가 2.5 일 때 진동전달률 T는 얼마인가? (단, 감쇠는 없다.)

> **풀이** 비감쇠 전달률(T)
> $$T = \frac{1}{\eta^2 - 1} = \frac{1}{2.5^2 - 1} = 0.19$$

기출 필수문제 출제율 50% 이상

56 감쇠가 없는 진동계에서 전달률을 10 % 로 하려면 진동수비($\frac{\omega}{\omega_n}$)는?

> **풀이** 비감쇠 전달률(T)
> $$T = \frac{1}{\eta^2 - 1} = \frac{1}{\left(\frac{\omega}{\omega_n}\right)^2 - 1}$$
> $$0.1 = \frac{1}{\left(\frac{\omega}{\omega_n}\right)^2 - 1}$$
> $$\left(\frac{\omega}{\omega_n}\right) = 3.32$$

기출 필수문제 출제율 70% 이상

57 고무절연기(방진고무) 위에 설치된 기계가 1,500 rpm 에서 10.5 % 의 전달률을 가질 때 평형상태에서 절연기의 정적 처짐(cm)은?

> **[풀이]** 정적 처짐(δ_{st})
>
> $f_n = 4.98\sqrt{1/\delta_{st}}$
>
> $\delta_{st} = \left(\dfrac{4.98}{f_n}\right)^2$
>
> $T = \dfrac{1}{\left(\dfrac{f}{f_n}\right)^2 - 1}$
>
> $f = \dfrac{1,500\text{rpm}}{60} = 25\,\text{Hz}$
>
> $T = 0.105$
>
> $f_n = \sqrt{\dfrac{T}{1+T}} \times f = \sqrt{\dfrac{0.105}{1+0.105}} \times 25 = 7.7\,\text{Hz}$
>
> $= \left(\dfrac{4.98}{7.7}\right)^2 = 0.42\,\text{cm}$

기출 필수문제 출제율 60% 이상

58 정적 처짐이 0.5 cm 인 고무절연기 위에 엔진이 설치되어 있다. 엔진속도가 1,800 rpm 일 때 회전불균형력의 몇 %가 바닥에 전달되는가?

> **[풀이]** $T = \dfrac{1}{\left(\dfrac{f}{f_n}\right)^2 + 1}$
>
> $f = \dfrac{1,800\text{rpm}}{60} = 30\,\text{Hz}$
>
> $f_n = 4.98\sqrt{1/0.5} = 7.04\,\text{Hz}$
>
> $= \dfrac{1}{\left(\dfrac{30}{7.04}\right)^2 - 1} = 0.0588 \times 100 = 5.88\%$

기출 필수문제 출제율 60% 이상

59 4개의 스프링에 의해 지지된 진동체가 있다. 이 계의 강제진동수 및 고유진동수가 각각 15 Hz, 1.5 Hz라 할 때 스프링에 의한 차진율(%)은?(단, 이 계는 비감쇠 1자유도이다.)

풀이 차진율 = 1 - 전달률

$$T = \frac{1}{\left(\frac{f}{f_n}\right)^2 - 1} = \frac{1}{\left(\frac{15}{1.5}\right)^2 - 1} = 0.0101$$

$$= 1 - 0.0101 = 0.9899 \times 100 = 98.99\%$$

기출 필수문제 출제율 70% 이상

60 질량 1,000 kg 인 물체가 4개의 지지점 위에서 평탄 진동할 때 정적 수축 1 cm 의 스프링으로 이 계를 탄성지지하고 95 % 의 절연율을 얻고자 한다면 최저 강제진동수는?

풀이 $\eta = \dfrac{f}{f_n}$

$f = \eta \times f_n$

$$T = \frac{1}{\eta^2 - 1}$$

$$\eta = \sqrt{\frac{1}{T} + 1}$$

전달률 = 1 - 절연율 = 1 - 0.95 = 0.05

$$= \sqrt{\frac{1}{0.05} + 1} = 4.58$$

$$f_n = 4.98\sqrt{\frac{1}{\delta_{st}}} = 4.98\sqrt{\frac{1}{1}} = 4.98\,\text{Hz}$$

$$= 4.58 \times 4.98 = 22.8\,\text{Hz}$$

61

기계를 스프링으로 지지했을 때의 고유진동수를 f_n이라고 했을 때 기계에서 바닥에 전달되는 진동력의 전달률 T를 식으로 나타내면 $T = \left| \dfrac{1}{1 - \left(\dfrac{f}{f_n} \right)^2} \right|$이 된다. 그리고 f_n은 기계를 스프링으로 지지했을 때의 스프링의 처짐량 δ(mm)를 이용해서 $f_n = 4.98 \sqrt{\dfrac{1}{\delta}}$ (Hz)가 된다. 이상의 관계를 이용해서 다음 물음에 답하시오.

(1) 기계에 의한 가진주파수가 1,000 Hz 일 때 전달률을 0.1로 하기 위하여 δ를 얼마로 하면 되는가?

(2) 가진주파수가 동일한 기계에 $\delta = 0.5$ cm의 스프링을 사용하면 전달률은 얼마인가?

풀이

(1) 정적 처짐량(δ)

$$\delta = \left(\dfrac{4.98}{f_n} \right)^2 \text{(cm)}$$

$$T = \left| \dfrac{1}{1 - \left(\dfrac{f}{f_n} \right)^2} \right| = \dfrac{1}{\left(\dfrac{f}{f_n} \right)^2 - 1} = 0.1$$

$$f_n = \sqrt{\dfrac{T}{1+T}} \times f$$

$$= \sqrt{\dfrac{0.1}{1+0.1}} \times 1,000 = 301.5 \text{ Hz}$$

$$= \left(\dfrac{4.98}{301.5} \right)^2 = 0.00027 \text{ cm}$$

(2) 전달률(T)

$$T = \dfrac{1}{\left(\dfrac{f}{f_n} \right)^2 - 1}$$

$$f_n = 4.98\sqrt{\frac{1}{0.5}} = 7.04\,\text{Hz}$$

$$= \frac{1}{\left(\dfrac{1{,}000}{7.04}\right)^2 - 1} = 0.000049$$

기출 필수문제 출제율 60% 이상

62 기계중량이 50 kg_f인 왕복동 압축기가 있다. 600 rpm 으로 회전하며 상하방향의 외력불균형력(F_0)이 6 kg_f 발생되고, 기초는 콘크리트 재질로서 탄성지지되어 있으며 진동전달력이 2 kg_f 이었다면, 이 계의 고유진동수(Hz)는?(단, 감쇠는 무시한다.)

풀이
$$T = \frac{1}{\left(\dfrac{f}{f_n}\right)^2 - 1}$$

$$f_n = \sqrt{\frac{T}{1+T}} \times f$$

$$f = \frac{600\,\text{rpm}}{60} = 10\,\text{Hz}$$

$$T = \frac{전달력}{외력} = \frac{2}{6} = \frac{1}{3} = 0.333$$

$$= \sqrt{\frac{0.333}{1+0.333}} \times 10 = 4.99\,\text{Hz}$$

63 어떤 비감쇠 방진시스템의 진동전달률을 측정한 결과 강제 각진동수 $\omega = 100$ rad/sec 에서 0.05 로 나타났다. 이 시스템의 고유각진동수(rad/sec)는?

풀이
$$T = \frac{1}{\left(\frac{\omega}{\omega_n}\right)^2 - 1}$$

$$\omega_n = \sqrt{\frac{T}{1+T}} \times \omega$$

$$= \sqrt{\frac{0.05}{1+0.05}} \times 100 = 21.82 \, \text{rad/sec}$$

64 어떤 기계를 방진고무 위에 설치할 때 정적 처짐량이 3 mm 였다. 이 기계에서 발생하는 기진력의 각진동수가 $\omega = 210 \, \text{rad/sec}$ 일 때, 진동전달률은 얼마가 되는가?

풀이
$$T = \frac{1}{\left(\frac{f}{f_n}\right)^2 - 1}$$

$f_n = 4.98 \sqrt{1/\delta_{st}} = 4.98 \sqrt{1/0.3} = 9.09 \, \text{Hz}$

$2\pi f = 210 \, \text{rad/sec}$

$f = \frac{210}{2\pi} = 33.4 \, \text{Hz}$

$$= \frac{1}{\left(\frac{33.4}{9.09}\right)^2 - 1} = 0.08$$

기출 필수문제 출제율 60% 이상

65 탄성블록 위에 설치된 기계가 1,800 rpm 으로 회전하고 있다. 이 계의 무게는 850 N 이며, 그 무게는 평탄 진동한다. 이 기계를 4개의 스프링으로 지지할 때 스프링 1개당 스프링 정수(N/cm)는?(단, 진동차진율은 90 % 로 하며 감쇠는 무시한다.)

풀이 전달률(T) = 1 - 차진율 = 1 - 0.9 = 0.1

$$T = \frac{1}{\eta^2 - 1} = 0.1 \qquad \eta = 3.3$$

$$\eta = \frac{f}{f_n} = \frac{1,800/60}{f_n} = 3.3, \ f_n = 9.09 \,\text{Hz}$$

$$f_n = \frac{1}{2\pi}\sqrt{\frac{k \cdot g}{W}} \qquad f_n = 4.98\sqrt{\frac{k}{W}}$$

$$k = W \times \left(\frac{f_n}{4.98}\right)^2 = 850 \times \left(\frac{9.09}{4.98}\right)^2 = 2,831.97 \,\text{N/cm}$$

1개당 스프링 정수 = $\frac{2,831.97}{4}$ = 707.99 N/cm

기출 필수문제 출제율 60% 이상

66 정적 처짐이 0.5 cm 인 절연기 위에 고속 디젤엔진이 설치되어 있다. 엔진과 커플링의 무게가 300 kg 일 때, 95 % 의 절연을 가지려면 모터는 얼마만한 속도(rpm) 이상으로 운전되어야 하는가?

풀이 진동수비(η)

$$\eta = \frac{f}{f_n} \qquad T = \frac{1}{\eta^2 - 1}$$

$$\eta = \sqrt{\frac{1}{T} + 1} = \sqrt{\frac{1}{0.05} + 1} = 4.58$$

전달률 = 1 - 절연율 = 1 - 0.95 = 0.05

$$f_n = 4.98\sqrt{\frac{1}{\delta_{st}}} = 4.98\sqrt{\frac{1}{0.5}} = 7.04\,\text{Hz}$$

$$f = \eta \times f_n = 4.58 \times 7.04 = 32.24\,\text{Hz}$$

회전수(rpm) $= f \times 60 = 32.24 \times 60 = 1,935\,\text{rpm}$

기출 필수문제 출제율 60% 이상

67 무게가 650 N 인 기계가 스프링 지지에 의해 설치되어 있고 0.1초로 상하진동을 한다. 진동 전달을 90 % 차단하였을 경우, 스프링 정수(N/cm)는 약 얼마인가?(단, 스프링은 4개로 병렬지지한다.)

풀이

전달률(T) = 1 − 차진율 = 1 − 0.9 = 0.1

$$f = \frac{1}{T'} = \frac{1}{0.1} = 10\,\text{Hz}\,(T' : 주기)$$

$$T = \frac{1}{\left(\dfrac{f}{f_n}\right)^2 - 1}$$

$$f_n = \sqrt{\frac{T}{1+T}} \times f = \sqrt{\frac{0.1}{1+0.1}} \times 10 = 3.015\,\text{Hz}$$

$$k = W \times \left(\frac{f_n}{4.98}\right)^2 = 650 \times \left(\frac{3.015}{4.98}\right)^2 = 238.25\,\text{N/cm}$$

스프링 4개가 병렬이므로 $\dfrac{238.25}{4} = 59.6\,\text{N/cm}$

기출 필수문제 출제율 50% 이상

68 전기모터가 1,800 rpm 인 속도로 기계장치를 구동시키고 계는 방진고무 위에 설치되어 있으며 방진고무는 0.4 cm 의 정적 처짐을 나타내고 있다. 방진고무의 감쇠비는 0.25, 진동수비는 3.8 이라면, 이 기초에 대한 힘의 전달률은?

2-89

풀이 전달률(T)

$$T = \frac{\sqrt{1+(2\xi\eta)^2}}{\sqrt{(1-\eta^2)^2+(2\xi\eta)^2}}$$

$$= \frac{\sqrt{1+(2\times 0.25\times 3.8)^2}}{\sqrt{(1-3.8^2)^2+(2\times 0.25\times 3.8)^2}} = 0.16$$

기출 필수문제 출제율 30% 이상

69 감쇠 강제진동계에서 공진현상이 일어나고 감쇠율 $\xi=0.5$, $F_0=2k$일 때, 질량 m의 진폭은?(단, 진동수비는 2이다.)

풀이 진폭(X)

$$X = \frac{\dfrac{F_0}{k}}{\sqrt{(1-\eta^2)^2+(2\xi\eta)^2}}$$

$$= \frac{2}{\sqrt{(1-2^2)^2+(2\times 0.5\times 2)^2}} = 0.55$$

기출 필수문제 출제율 30% 이상

70 감쇠 강제진동에서 진동수비 $\eta=2$, 감쇠율 $\xi=0.5$ 인 경우에 진폭비는 얼마인가?

풀이 진폭비(M)

$$X = \frac{1}{\sqrt{(1-\eta^2)^2+(2\xi\eta)^2}}$$

$$= \frac{1}{\sqrt{(1-2^2)^2+(2\times 0.5\times 2)^2}} = 0.27$$

기출 필수문제 출제율 60% 이상

71 책상 위에 있는 스프링에 의해 소형 기계가 설치되어 있다. 이 계의 강제진동수 및 감쇠비가 각각 15 Hz 및 0.2 일 때 90 % 진동차진율을 얻기 위한 고유진동수는?

[풀이]

$T = 1 - 진동차진율 = 1 - 0.9 = 0.1$

$T = \dfrac{\sqrt{1+(2\xi\eta)^2}}{\sqrt{(1-\eta^2)^2+(2\xi\eta)^2}}$, 양변 제곱하면

$T^2 = \dfrac{1+(2\xi\eta)^2}{(1-\eta^2)^2+(2\xi\eta)^2}$

$0.1^2 = \dfrac{1+(2^2 \times 0.2^2 \times \eta^2)}{\eta^4 - 2\eta^2 + 1 + 2^2 \times 0.2^2 \times \eta^2}$

$\eta^4 - 2\eta^2 + 1 + 0.16\eta^2 = \dfrac{1+0.16\eta^2}{0.01} = 100 + 16\eta^2$

$\eta^4 - 17.84\eta^2 - 99 = 0$

$x^2 + (-17.84)x + (-99) = 0 \quad [x = \eta^2]$

$x = \dfrac{-b \pm \sqrt{b^2-4ac}}{2a}$

$= \dfrac{-(-17.78) + \sqrt{(-17.84)^2 - (4 \times 1 \times (-99))}}{2 \times 1}$

$= 22.28$

$x = \eta^2$ 이므로 (−값은 허근으로 무시)

$x = \eta^2 = 22.28$

$\eta = \sqrt{22.28} = 4.72$

$f_n = \dfrac{f}{\eta} = \dfrac{15}{4.72} = 3.18 \text{ Hz}$

기출 필수문제 출제율 60% 이상

72 질량 300 kg 의 전동기가 질량 500 kg 의 지지대에 완전고정되어 매분 600회 회전하며 1회전에 1회의 비율로 상하방향으로 가진되고 있다. 지지대에서 바닥으로 전달되는 힘을 약 $\frac{1}{4}$ 로 하기 위해 지지대를 4개의 스프링으로 병렬 탄성지지할 때, 각각의 스프링 정수는 몇 kN/m 이어야 하는가?

풀이 전달률(T)

$$T = \frac{1}{\eta^2 - 1} = \frac{1}{4}$$

$\eta^2 = 4 + 1 = 5$, $\eta = \sqrt{5} = 2.24$

$$\eta = \frac{f}{f_n} = \frac{f}{\frac{1}{2\pi}\sqrt{\frac{k}{m}}} = 2\pi f \sqrt{\frac{m}{k}} = 2.24$$

$$\pi f \sqrt{\frac{m}{k}} = 1.12$$

$$k = \left(\frac{\pi f}{1.12}\right)^2 \times m$$

$$= \left(\frac{3.14 \times 600/60}{1.12}\right)^2 \times (300 + 500)$$

$$= 628,801.02 \, \text{N/m} \, (628.801 \, \text{kN/m})$$

1개당 스프링 정수는

$$\frac{628.801}{4} = 157.200 \, \text{kN/m}$$

기출 필수문제 출제율 60% 이상

73 가진력이 상하방향으로 작용하는 1자유도 진동계를 탄성지지하였다. 감쇠비 ξ 를 0으로 설계한 대로 운전할 때의 진동전달률은 0.8 이었다. 이 탄성재료를 그대로 사용하여 진동전달률을 0.4 로 개선하고자 할 때, 스프링 위의 질량을 원래의 몇 배로 하여야 하는가?

[풀이]

① $T = 0.8$

$$T = \frac{1}{\eta^2 - 1} = 0.8$$

$$\eta_1^2 = \frac{T+1}{T} = 2.25$$

② $T = 0.4$

$$T = \frac{1}{\eta^2 - 1} = 0.4$$

$$\eta_2^2 = \frac{T+1}{T} = 3.5$$

③ $\eta = \dfrac{f}{f_n} = \dfrac{f}{\dfrac{1}{2\pi}\sqrt{\dfrac{k}{m}}} \Rightarrow \eta \propto \sqrt{m}$

$$\frac{\eta_2^2}{\eta_1^2} = \frac{m_2}{m_1} = \frac{3.5}{2.25} = 1.56\text{배}$$

기출 필수문제 출제율 40% 이상

74 동일한 4개의 스프링으로 탄성지지한 기계로부터 스프링을 빼낸 후 16개의 스프링을 사용하여 지지점에 균등하게 탄성지지하여 고유진동수를 1/8로 낮추고자 할 때 1개의 스프링 정수는 원래 스프링 정수의 몇 배가 되어야 하는가?

[풀이]

$$f_{n1} = \frac{1}{2\pi}\sqrt{\frac{4k_1}{m}}, \quad f_{n2} = \frac{1}{2\pi}\sqrt{\frac{16k_2}{m}}$$

$$\frac{f_{n2}}{f_{n1}} = \frac{\dfrac{1}{2\pi}\sqrt{\dfrac{16k_2}{m}}}{\dfrac{1}{2\pi}\sqrt{\dfrac{4k_1}{m}}} = \frac{1}{8}$$

$$\frac{4k_2}{k_1} = \frac{1}{64}$$

$$k_1 = 256k_2 \qquad k_2 = \frac{1}{256}k_1 \,(\text{원래의 } \frac{1}{256} \text{배})$$

기출 필수문제 출제율 40% 이상

75 질량 120 kg 의 기계가 매초 16회 회전하고 있으며 900 N 의 가진력이 1회전마다 상하방향으로 발생한다. 기계를 지지대에 고정하고 지지대를 4개의 스프링으로 탄성지지한 결과 이 계의 고유진동수가 5 Hz 였다. 기계의 변위진폭을 0.3 mm 이하로 하고자 할 때 지지대의 부가질량은 최소 몇 kg 이상이 되어야 하는가?

풀이 동적 변위 진폭(정상상태 진폭 : X)

$$X = \frac{\frac{F_0}{k}}{\left|1 - \left(\frac{\omega}{\omega_n}\right)^2\right|}$$

$$0.3 \times 10^{-3} = \frac{\frac{900}{k}}{\left|1 - \left(\frac{16}{5}\right)^2\right|}$$

$k = 324,675.32 \, \text{N/m}$

$\omega_n^2 = \frac{k}{m}$

$m = \frac{k}{\omega_n^2} = \frac{324,675.32}{(2 \times 3.14 \times 5)^2} = 329.3 \, \text{kg}$

부가질량 $= 329.3 - 120 = 209.3 \, \text{kg}$

기출 필수문제 출제율 60% 이상

76 전기모터가 1,800 rpm 의 속도로 기계장치를 구동시키고, 기계는 고무깔개 위에 설치되어 있으며 고무깔개는 0.4 cm 의 정적 처짐을 나타내고 있다. 고무깔개의 감쇠비 ξ는 0.25, 진동수비 η 는 3.8 이라면 기초에 대한 힘의 전달률은?

풀이 감쇠전달률(T)

$$T = \frac{\sqrt{1+(2\xi\eta)^2}}{\sqrt{(1-\eta^2)^2+(2\xi\eta)^2}}$$

$\eta = 3.8$
$\xi = 0.25$

$$= \frac{\sqrt{1+(2\times 0.25\times 3.8)^2}}{\sqrt{(1-3.8^2)^2+(2\times 0.25\times 3.8)^2}} = 0.16$$

기출 필수문제 출제율 60% 이상

77 무게 500 N 의 기계가 스프링 상수 800 N/cm 인 스프링으로 지지되어 있다. 이 기계는 2,400 rpm 으로 운전되며 이 기계의 감쇠비가 0.1일 때, 기초에 전달되는 진동전달률은?

풀이 전달률(T)

$$T = \frac{\sqrt{1+(2\xi\eta)^2}}{\sqrt{(1-\eta^2)^2+(2\xi\eta)^2}}$$

$$\eta = \frac{f}{f_n}$$

$$f = \frac{2,400\,\text{rpm}}{60} = 40\,\text{Hz}$$

$$f_n = \frac{1}{2\pi}\sqrt{\frac{k\cdot g}{w}} = \frac{1}{2\pi}\sqrt{\frac{800\times 980}{500}} = 6.3\,\text{Hz}$$

$$= \frac{40}{6.3} = 6.35$$

$$= \frac{\sqrt{1+(2\times 0.1\times 6.35)^2}}{\sqrt{(1-6.35^2)^2+(2\times 0.1\times 6.35)^2}} = 0.041$$

기출 필수문제 출제율 30% 이상

78 어떤 기초의 질량을 n배 하면 진동가속도레벨의 저감량(L_a)은 다음과 같다. 만일 감쇠가 없고, $w/w_n = 0.6$ 라면, 질량을 절반으로 감소시킬 때 저감량(dB)은?(단, η : 진동수비, ξ : 감쇠비)

$$L_a = 20\log\sqrt{\frac{(1-n\eta^2)^2 + n(2\xi\eta)^2}{(1-\eta^2)^2 + (2\xi\eta)^2}}$$

풀이 감쇠가 없으므로 저감량은 다음과 같다.

$$L_a = 20\log\sqrt{\frac{(1-n\eta^2)^2}{(1-\eta^2)^2}}$$

n(질량 절반) = 0.5

η(진동수비) = $\dfrac{w}{w_n} = \dfrac{f}{f_n} = 0.6$

$= 20\log\sqrt{\dfrac{((1-0.5)\times 0.6^2)^2}{(1-0.6^2)^2}} = 2.15\,\text{dB}$

기출 필수문제 출제율 60% 이상

79 어떤 기계가 스프링 위에 지지되어 있으며 회전운동에 따른 진동을 발생하고 있다. 3,000 rpm에서 회전 불균형에 의한 강제외력이 500 N 이었다면, 이 기계 가동에 따른 진동전달력(N)은?(단, 계의 고유진동수는 11.3 Hz, 감쇠계수는 0.2)

풀이 감쇠전달률(T)

$$T = \frac{\text{전달력}}{\text{외력}} = \frac{\sqrt{1+(2\xi\eta)^2}}{\sqrt{(1-\eta^2)^2 + (2\xi\eta)^2}}$$

외력 = 500 N

강제진동수(f) = $\dfrac{3{,}000\,\text{rpm}}{60} = 50\,\text{Hz}$

고유진동수(f_n) = 11.3 Hz

$$진동수비(\eta) = \frac{f}{f_n} = \frac{50}{11.3} = 4.43$$

감쇠비$(\xi) = 0.2$

$$\frac{전달력}{500} = \frac{\sqrt{1+(2\times0.2\times4.43)^2}}{\sqrt{(1-4.43^2)^2+(2\times0.2\times4.43)^2}}$$

전달력 $= 54.3\,\mathrm{N}$

기출 필수문제 출제율 30% 이상

80 운동방정식이 $\ddot{x}+6x=3\sin2t$ 로 표시되는 진동계의 정상상태 진동의 진폭(cm)은 얼마인가?(단, 진폭단위 cm)

풀이

$\ddot{x}+6x=3\sin2t$ 에서

$m=1$, $k=6$, $F_0=3$, $\omega=2$

$$진폭(x_0) = \frac{F_0}{k-m\omega^2} = \frac{3}{6-(1\times2^2)} = 1.5\,\mathrm{cm}$$

기출 필수문제 출제율 30% 이상

81 비감쇠 강제진동계에서 질량 $m=2$, 스프링 상수 $k=8$, 기진력진폭 $F_0=2$일 때, 정상상태의 진폭은?(단, 진동수는 1Hz, 진폭단위 cm)

풀이

$$X = \frac{F_0}{k-m\omega^2} = \frac{2}{8-[2\times(2\times3.14\times1)^2]} = 0.028\,\mathrm{cm}$$

82 500 kg 질량을 갖는 기계가 600 rpm 으로 회전하고 있다. 1회전시마다 불평형력이 상하방향으로 작용하며 동일한 스프링 4개를 병렬연결하여 방진효과 10 dB을 얻고자 한다. 이때 스프링 1개의 스프링 정수(kN/m)는 약 얼마인가?

풀이

방진효과(ΔV)

$\Delta V = 20\log\dfrac{1}{T} = 10$, $\dfrac{10}{20} = \log\dfrac{1}{T}$

양변에 밑수 10을 취하면

$10^{0.5} = 10^{\log\frac{1}{T}}$

$10^{0.5} = \dfrac{1}{T}$

$T = \dfrac{1}{10^{0.5}} = 0.316$

$T = \dfrac{1}{\eta^2 - 1} = 0.316$

$\eta = 2.04$

$\eta = \dfrac{f}{f_n}$, $f_n = \dfrac{600/60}{2.04} = 4.9\,\text{Hz}$

스프링 정수(K)

$K = m \times (f_n \times 2\pi)^2 = 500 \times (4.9 \times 2 \times 3.14)^2 = 473,836.99\,\text{N/m}$

1개당 스프링 정수 $= \dfrac{473,836.99}{4} = 118,459.24\,\text{N/m} = 118.459\,\text{kN/m}$

기출 필수문제 출제율 50% 이상

83 무게 1,710 N, 회전속도 1,170 rpm의 공기압축기가 있다. 방진고무의 지점을 6개로 하고, 진동수비가 2.9라 할 때 방진고무의 정적 수축량(cm)은?

풀이 정적 수축량(δ_{st})

$$\delta_{st} = \frac{W_{mp}}{K}$$

$$W_{mp} = \frac{W}{n} = \frac{1,710}{6} = 285 \text{ N}$$

$$K = W_{mp}\left(\frac{f_n}{4.98}\right)^2$$

$$f_n = \frac{f}{\eta} = \frac{(1,170/60)}{2.9} = 6.72 \text{ Hz}$$

$$= 285 \times \left(\frac{6.72}{4.98}\right)^2 = 519 \text{ N/cm}$$

$$= \frac{285 \text{N}}{519 \text{N/cm}} = 0.55 \text{ cm}$$

13 탄성지지의 설계요소

(1) 강제각진동수(ω)와 고유각진동수(ω_n)의 관계에 따른 진동제어요소 *중요내용

① $\omega^2 \ll \omega_n^2$ ($f^2 \ll f_n^2$) 경우
  ㉠ 스프링 강도로 제어하는 것이 유리하다.
  ㉡ 스프링 정수(K)를 크게 한다.
  ㉢ 응답진폭의 크기는 $x(\omega) = F_0/k$

② $\omega^2 \gg \omega_n^2$ ($f^2 \gg f_n^2$) 경우
  ㉠ 진동계의 질량으로 제어하는 것이 유리하다.
  ㉡ 질량(m)을 부가한다.
  ㉢ 응답진폭의 크기는 $x(\omega) = F_0/m\omega^2$

③ $\omega^2 = \omega_n^2$ ($f^2 = f_n^2$) 경우
  ㉠ 스프링감쇠 저항으로 제어하는 것이 유리하다.
  ㉡ 댐퍼(C)를 부착하여 감쇠비를 크게 한다. $x(\omega) = F_0/C_e\omega$

(2) 진동수비($\eta = f/f_n$), 감쇠비(ξ), 진동전달률(T)의 탄성지지 *중요내용

① f/f_n의 비에 따라 변화하는 T
  ㉠ $f/f_n = 1$ ($f = f_n$)
    ⓐ 공진상태(진동계에서 가진력의 진동수와 진동계의 고유진동수가 일치하면 나타나는 현상으로 전달률이 최대가 된다.)
    ⓑ 전달률 최대
  ㉡ $f/f_n < \sqrt{2}$
    ⓐ 전달력 > 외력
    ⓑ 방진대책이 필요한 설계영역

ⓒ $f/f_n > \sqrt{2}$
  ⓐ 전달력 < 외력
  ⓑ 차진이 유효한 영역
ⓓ $f/f_n = \sqrt{2}$
  ⓐ 전달력 = 외력
  ⓑ ξ 관계없이 T는 항상 1 이다.

② ξ와 f/f_n, T 의 변화
  ㉠ $f/f_n < \sqrt{2}$
    ⓐ ξ값이 커질수록 T가 적어진다.
    ⓑ 방진대책상 ξ가 클수록 좋다.
  ㉡ $f/f_n > \sqrt{2}$
    ⓐ ξ값이 적어질수록 T가 적어진다.
    ⓑ 방진대책상 ξ가 적을수록 좋다.

(3) 방진대책 시 고려사항
① 방진대책은 될 수 있는 한 $f/f_n > 3$이 되도록 설계한다.
② $f/f_n < \sqrt{2}$로 될 때에는 $f/f_n < 0.4$가 되도록 설계한다.
③ 외력의 진동수가 0에서부터 증가 시 $\xi < 0.2$ (or $\xi = 0.2$)의 감쇠장치를 설치한다.
④ 가진력의 주파수가 고유진동수의 0.8~1.4배 정도일 때 공진이 커지므로 이 영역은 가능한 피한다.

(4) 절연율(차진율, % 진동차진율)
① 절연율 = $(1 - T) \times 100(\%)$: T = 전달률
② 전달률에 따른 방진효과(ΔV)

$$\Delta V = 20\log\frac{1}{T} \text{ (dB)}$$

(5) 탄성지지에 필요한 설계인자

① 강제진동수(f) *중요내용*

$$\text{회전축의 경우 매초 회전 수}\left(\frac{\text{rpm}}{60}\right)$$

㉠ 날개 수가 있는 경우(매초 회전 수×날개 수)
㉡ 톱니 수가 있는 경우(매초 회전 수×톱니 수)
㉢ 실린더 수가 있는 경우(매초 폭발회전 수×실린더 수)

② 고유진동수(f_n)

③ 진폭

④ 스프링 정수(K)

⑤ 방진재료의 정적 수축량(δ_{st})

㉠ 자유진동 수축량(δ_{st})

$$\delta_{st} = \left(\frac{4.98}{f_n}\right)^2 \text{ (cm)}$$

㉡ 강제진동 수축량(δ_{st})

$$\delta_{st} = \frac{(1+T) \times 24.8}{Tf^2} \text{ (cm)}$$

⑥ 감쇠비(ξ) *중요내용*

(6) 동적 흡진

진동계에서 공진 발생 시 본 진동계 이외에 부가 질량, 부가 스프링으로 이루어진 별도의 진동계를 구성하여 본 진동계의 진폭을 저감시키는 것을 동적 흡진이라고 한다.

(7) 기계 기초대 설계 시 공진에 대한 대책

① $f < f_n$ 경우

기초대의 밑면적을 증가시켜 지반과의 스프링 기능을 강화시키거나 기초대의 중량을 감소시키는 것이 유효하다.

② $f > f_n$ 경우

기초대의 중량을 크게 하여 f_n을 작게 하는 것이 좋다.

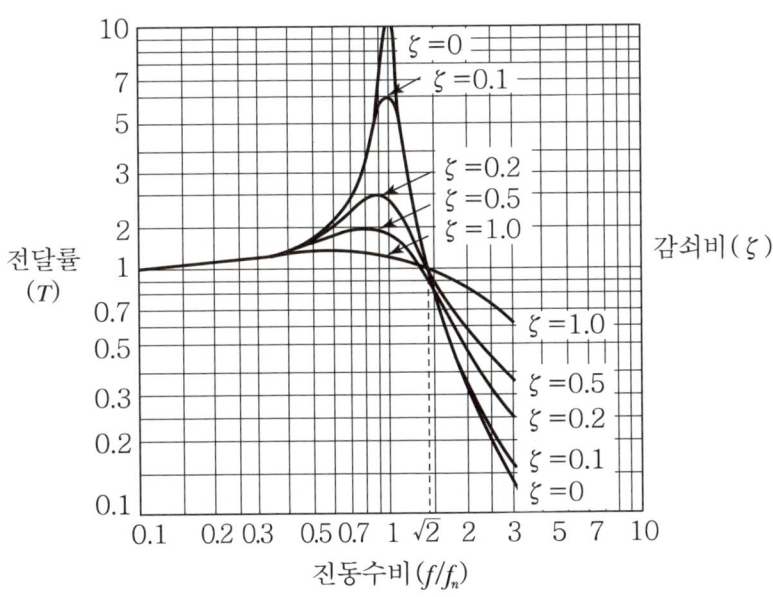

[1자유도계의 진동수비, 감쇠비, 전달률 관계곡선]

기출 필수문제 출제율 50% 이상

01 전달률이 0.05 인 진동계가 있다. 이 계의 방진효과는 몇 dB 정도인가?

풀이 방진효과(ΔV)

$$\Delta V = 20\log\frac{1}{T} = 20\log\frac{1}{0.05} = 26\,dB$$

기출 필수문제 출제율 50% 이상

02 중량 1,000 N 인 기계를 탄성지지시켜 15 dB의 방진효과를 얻기 위한 진동전달률은?

풀이 방진효과(ΔV)

$$\Delta V = 20\log\frac{1}{T}$$

$$15 = 20\log\frac{1}{T}$$

$$T = 0.18$$

기출 필수문제 출제율 30% 이상

03 무게가 100 N 인 기계가 1,800 rpm 으로 운전되고 있다. 이 기계를 방진재료로 사용할 경우 진동전달률을 0.05로 하고자 할 때 이 방진재료의 정적 수축량(cm)은 얼마인가?

풀이 강제진동 방진재료 수축량(δ_{st})

$$\delta_{st} = \frac{(1+T) \times 24.8}{Tf^2}\,(cm)$$

$$T = 0.05$$

$$f = \frac{1{,}800\,\text{rpm}}{60} = 30\,\text{Hz}$$

$$= \frac{(1+0.05) \times 24.8}{0.05 \times 30^2} = 0.58\,\text{cm}$$

기출 필수문제 출제율 50% 이상

04 Fan 날개 수 20개의 프로펠러형 송풍기가 1,500 rpm 으로 운전될 때 발생하는 소음의 기본음 주파수는?

풀이 기본음 주파수(통과주파수 = 강제주파수 : f)

$$f = \frac{\text{rpm}}{60} \times \text{날개 수} = \frac{1{,}500}{60} \times 20 = 500\,\text{Hz}$$

기출 필수문제 출제율 50% 이상

05 12개의 임펠러를 가지는 원심펌프가 1,000 rpm 으로 회전하고 있다. 펌프 출구에서 생길 수 있는 물의 압력변화의 주기(sec)는?

풀이 기본음 주파수(f)

$$f = \frac{\text{rpm}}{60} \times \text{임펠러 수} = \frac{1{,}000}{60} \times 12 = 200\,\text{Hz}$$

$$T = \frac{1}{f} = \frac{1}{200} = 0.005\,\text{sec}$$

14 방진재료(탄성지지 재료)

(1) 개요

① 방진재료에는 공기스프링류, 금속스프링류, 방진고무류 등을 주로 많이 사용하고 있다.
② 방진재료의 선택은 계의 고유진동수에 맞게 적용하는 것이 일반적이다.
③ 방진재료로 기계를 지지할 때는 비연성 지지 상태가 되어야 한다.

(2) 종류

① 방진고무
  여러 형태의 고무를 금속의 판이나 관 등 사이에 끼워서 견고하게 고착시킨 것이 방진고무이다.
  ㉠ 고유진동수 [중요내용]
    ⓐ 4 Hz 이상
    ⓑ 5~100 Hz(5~200 Hz)
  ㉡ 동적 배율(α) [중요내용]
    ⓐ 방진고무의 정확한 사용을 위해서 필요하며, 기계를 지지할 때는 동적 스프링 정수가 요구된다.
    ⓑ 관계식

$$\alpha = \frac{K_d}{K_s} \text{ (보통 1보다 큰 값을 갖는다.)}$$

여기서, K_d : 동적 스프링 정수
K_s : 정적 스프링 정수[=하중(kg)/수축량(cm)]

방진고무의 경우, 일반적으로 $K_d > K_s$ 의 관계가 된다.

ⓒ 각 재료별 동적 배율(α)
- 금속(코일스프링) : $\alpha = 1$
- 방진고무(천연) : $\alpha = 1.0 \sim 1.6$(약 1.2)
- 방진고무(클로로플렌계) : $\alpha = 1.4 \sim 2.8$(약 $1.4 \sim 1.8$)
- 방진고무(이토릴계) : $\alpha = 1.5 \sim 2.5$(약 $1.4 \sim 1.8$)

ⓓ 방진고무 영률에 따른 동적 배율(α)
- 영률 $20\ N/cm^2$: 1.1
- 영률 $35\ N/cm^2$: 1.3
- 영률 $50\ N/cm^2$: 1.6

ⓔ 방진고무의 고유진동수(f_n), 동적 배율(α), 정적 수축량(δ_{st})의 관계

$$f_n = 4.98 \sqrt{\frac{\alpha}{\delta_{st}}}\ (Hz)$$

ⓒ 장점
ⓐ 설계 및 부착이 비교적 간결하고 금속과도 견고하게 접촉할 수 있다.
ⓑ 형상의 선택이 비교적 자유로워서 소형이나 중형 기계에 많이 사용된다.
ⓒ 압축, 전단, 나선 등의 사용방법에 따라 1개로 2축방향 및 회전방향의 스프링 정수를 광범위하게 선택할 수 있다.
ⓓ 고무 자체의 내부 마찰에 의해 저항을 얻을 수 있어 고주파 진동의 차진에 양호하다.(고주파 영역에 있어서 고체음 절연 성능이 있음)
ⓔ 내부감쇠 저항이 크기 때문에 댐퍼가 필요하지 않다.
ⓕ 진동수비가 1 이상인 방진영역에서도 진동전달률이 크게 증대하지 않는다.
ⓖ 서징이 일어나지 않거나 매우 작다.

ⓓ 단점
ⓐ 내부마찰에 의한 발열 때문에 열화 가능성이 크다.
ⓑ 내유, 내열, 내노화, 내열팽창성 등이 약하다.
ⓒ 저온에서는 고무가 경화되므로 방진성능이 저하한다.

ⓓ 공기 중의 O_3(오존)에 의해 산화된다.
ⓜ 적용 시 주의사항
  ⓐ 정하중에 따른 수축량은 10~15% 이내가 좋다.
  ⓑ 변화는 가능한 균일하게 하고 압력의 집중을 피한다.
  ⓒ 사용온도는 50 ℃ 이하로 한다.(범위 : -30~120 ℃)
  ⓓ 신장응력의 작용을 피한다.
  ⓔ 고유진동수가 강제진동수의 1/3 이하인 것을 택한다.(적어도 70 % 이하로 하여야 함)
ⓑ 기타
  ⓐ 방진고무의 감쇠비는 0.05 정도이며, 간결성이 우수하고 정적 변위의 제한은 최대두께의 10 %까지이다.
  ⓑ 내유성을 필요로 할 때는 천연고무보다는 합성고무를 선정해야 한다.
  ⓒ 역학적 성질은 천연고무가 우수하지만 용도에 따라 합성고무도 사용된다.
  ⓓ 내후성, 내유성 등의 내환경성에 대해서는 일반적으로 금속 스프링에 비해 떨어진다.

② 금속스프링
  ㉠ 고유진동수 *중요내용*
    ⓐ 4 Hz 이하
    ⓑ 코일형 금속스프링 : 1~10 Hz(2~6 Hz)
    ⓒ 중판형 금속스프링 : 1.5~10 Hz(2~5 Hz)
  ㉡ 서징(Surging) 현상 *중요내용*
    코일스프링 자신의 탄성진동의 고유진동수가 외력의 진동수와 공진하는 상태로 이 진동수에서는 방진효과가 현저히 저하된다.
  ㉢ 장점 *중요내용*
    ⓐ 환경요소(온도, 부식 등)에 대한 저항성이 크고 부착이 용이하며 내구성이 좋다.
    ⓑ 제품의 균일성, 하중 특성인 직진성, 즉 뒤틀리거나 오므라들지 않는다.
    ⓒ 최대변위가 허용된다.
    ⓓ 저주파 차진에 좋다.

ⓔ 가격이 비교적 안정적이고 하중의 대소에도 불구하고 사용 가능하다.
ⓕ 자동차의 현가스프링에 이용되는 중판스프링과 같이 스프링장치에 구조부분의 일부의 역할을 겸할 수 있다.

ㄹ) 단점
ⓐ 감쇠가 거의 없고 공진 시에 전달률이 매우 크다.
ⓑ 고주파 진동 시 단락된다. 즉, 고주파영역에서 서징현상이 발생된다.
ⓒ 로킹(Rocking)이 일어나지 않도록 주의해야 한다.

ㅁ) 단점 보완 대책
ⓐ 스프링의 감쇠비가 적을 때는 스프링과 병렬로 댐퍼를 넣는다.
ⓑ Rocking Motion을 억제하기 위해서는 스프링의 정적 수축량이 일정한 것을 사용한다.
ⓒ 기계 무게의 1~2배 무게의 가대를 부착시킨다.
ⓓ 계의 중심을 낮게 하고 부하(하중)가 평형분포되도록 한다.
ⓔ 낮은 감쇠비로 일어나는 고주파 진동의 전달은 스프링과 직렬로 고무패드를 끼워 차단한다.
ⓕ 서징의 영향을 제거하기 위해 코일스프링의 양단에 그 스프링 정수의 10배 정도보다 작은 스프링 정수를 가진 방진고무를 직렬로 삽입하는 것이 좋다.

ㅂ) 코일스프링의 스프링 정수(k)

$$k = \frac{W}{\delta_{st}} = \frac{Gd^4}{8\pi D^3} \text{ (N/mm)}, \quad \delta_{st} = \frac{8WD^3 \cdot n}{Gd^4}$$

여기서, G : 전단탄성 계수(횡탄성 계수)
d : 소선직경
D : 평균 코일직경
n : 유효권선수
W : 기계중량

ㅅ) 기타
금속스프링은 극단적으로 낮은 스프링 정수로 했을 때 지지장치를 소형, 경량으로 하기가 어렵다.

③ 공기스프링 *중요내용*
　㉠ 고유진동수
　　1 Hz 이하(10 Hz 이하)
　㉡ 장점 *중요내용*
　　ⓐ 설계 시에 스프링의 높이, 스프링 정수, 내하력(하중)을 각각 독립적으로 자유롭게 광범위하게 선정할 수 있다.
　　ⓑ 높이 조절밸브를 병용하면 하중의 변화에 따른 스프링 높이를 조절하여 기계의 높이를 일정하게 유지할 수 있다.
　　ⓒ 하중의 변화에 따라 고유진동수를 일정하게 유지할 수 있다.
　　ⓓ 부하능력이 광범위하고 자동제어가 가능하다.(1개의 스프링으로 동시에 횡강성도 이용할 수 있다.)
　　ⓔ 고주파 진동의 절연특성이 가장 우수하고 방음효과도 크다.
　㉢ 단점 *중요내용*
　　ⓐ 구조가 복잡하고 시설비가 많이 든다.(구조에 의해 설계상 제약 있음)
　　ⓑ 압축기 등 부대시설이 필요하다.
　　ⓒ 공기누출의 위험이 있다.
　　ⓓ 사용진폭이 적은 것이 많으므로 별도의 댐퍼가 필요한 경우가 많다.(공기스프링을 기계의 지지장치에 사용할 경우 스프링에 허용되는 동변위가 극히 작은 경우가 많으므로 내장하는 공기감쇠력으로 충분하지 않은 경우가 많음)
　　ⓔ 금속스프링으로 비교적 용이하게 얻어지는 고유진동수 1.5Hz 이상의 범위에서는 타 종류의 스프링에 비해 비싼 편이다.
　㉣ 고유진동수(f_0) *중요내용*

$$f_0 = \frac{1}{2\pi}\sqrt{\frac{1.4A \cdot g}{V_1 + V_2}} = \frac{1}{2\pi}\sqrt{\frac{1.4P_0 AG}{WH_0}} \text{ (Hz)}$$

여기서, f_0 : 공기스프링의 고유진동수(Hz)
　　　　A : 지지부의 유효면적(수압면적)
　　　　V_1 : 공기스프링의 내부용적
　　　　V_2 : 보조탱크의 내부용적

g : 중력가속도

P_0 : 공기실내압

G : 전단 탄성률

W : 기계하중

H_0 : 압축길이

㉑ 스프링 정수(K) *중요내용*

$$K = \frac{1.4 P_0 A^2}{V_1 + V_2}$$

🔍 Reference | 공기스프링의 스프링 정수(K)

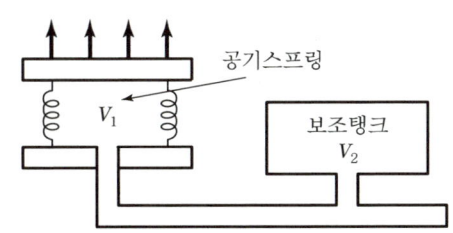

$$K = \frac{1.4 P_0 A^2}{V_1 + V_2} + \frac{\pi}{n} \frac{P_o - P_a}{D} A$$

여기서, V_1 : 주 공기실의 용적

V_2 : 보조탱크의 용적

A : 지지부의 유효면적

P_o : 정적 공기실 내압

P_a : 대기압

n : 주 공기실의 부풀린 단수

D : 공기실의 유효직경

④ 코르크
- ㉠ 고유진동수

    40 Hz 이상(20~30 Hz)

- ㉡ 특징

    ⓐ 정적 변위의 제한은 최대두께(10 cm)의 6 %까지이다.

    ⓑ 정적 변위의 할증률은 1.8~5 범위이다.

    ⓒ 감쇠비는 0.05~0.06이다.

    ⓓ 간결성·내열성이 양호하다.

15 진동절연과 제진합금

(1) 진동절연(제진)

① 개요
  ㉠ 진동절연이란 진동에너지 전달 시 전달매질의 임피던스를 변경하여 진동 전달에너지를 차단하는 것을 의미하며 반사에너지가 발생하여 차단하는 것이다.
  ㉡ 진동차단은 공진을 피하고, 흡진기로 진동을 감소시키는 것도 포함한다.

② 관련식
제진 시의 진동감쇠량(ΔL)

$$\Delta L = -10\log(1 - T_r)\,(\text{dB})$$

여기서, T_r : 반사율

$$T_r = \left(\frac{Z_2 - Z_1}{Z_2 + Z_1}\right)^2 \times 100\,(\%)$$

Z_1, Z_2는 각 매질의 특성 임피던스(ρc)이다.

(2) 제진합금

제진합금은 금속 자체에 진동흡수능력이 있는 것을 말한다.

① 복합형
  ㉠ 계면, 점성, 소성 유동에 의한 것
  ㉡ 종류
    ⓐ 흑연 주철
    ⓑ AL-Zn 합금(단, 40~78%의 Zn을 포함)

② 강자성형
　㉠ 자기, 기계적 정이력에 의한 에너지 소비에 의한 것
　㉡ 종류 : 12 % 크롬강

③ 전위형
　㉠ 전위운동에 따른 내부마찰에 의한 것
　㉡ 종류
　　ⓐ Mg
　　ⓑ Mg-Zr의 합금(Zr 0.6 %)

④ 쌍전형
　㉠ 마르텐사이트 변태에 의한 에너지 소비에 의한 것이므로 이 형태의 감쇠가 가장 크다.
　㉡ 종류
　　ⓐ Mn-Cu계, Cu-Al-Ni계, Ti-N계
　　ⓑ Sonoston(Mn 50 %, Cu 37 %, Al 4.25 %, Fe 3 %, Ni 1.5 %) 두드려도 소리가 나지 않는 금속이 Sonoston 이다.

기출 필수문제 출제율 40% 이상

01 방진고무의 동적 배율이 1.8 이라면 동적 스프링 정수(kg/mm)는 얼마인가? (단, 방진고무의 정적 스프링 정수는 111.1 kg/mm 이다.)

> **풀이** 동적 배율(α)
> $$\alpha = \frac{k_d}{k_s}$$
> $k_d = \alpha \times k_s = 1.8 \times 111.1 \, \text{kg/mm} = 199.98 \, \text{kg/mm}$

기출 필수문제 출제율 40% 이상

02 무게가 150 N인 기계를 방진고무 위에 올려 놓았더니 1.0 cm가 수축되었다. 방진고무의 동적 배율이 1.2 이라면 방진고무의 동적 스프링 정수(N/cm)는?

> **풀이**
> $\alpha = \dfrac{k_d}{k_s}$
>
> $k_d = \alpha \cdot k_s$
>
> $k_s = \dfrac{W}{\Delta l} = \dfrac{150}{1.0} = 150 \text{ N/cm}$
>
> $= 1.2 \times 150 = 180 \text{ N/cm}$

기출 필수문제 출제율 60% 이상

03 특성 임피던스가 $32 \times 10^6 \text{ kg/m}^2 \cdot \text{sec}$ 인 금속관 플랜지 접속부에 특성 임피던스 $3 \times 10^4 \text{ kg/m}^2 \cdot \text{sec}$ 인 고무를 넣어 진동절연할 때 진동감쇠량(dB)은?

> **풀이**
> 진동감쇠량(ΔL)
> $\Delta L = -10 \log(1 - T_r)$
>
> $T_r = \left(\dfrac{Z_2 - Z_1}{Z_2 + Z_1} \right)^2 \times 100 (\%)$
>
> $= \left[\dfrac{(32 \times 10^6) - (3 \times 10^4)}{(32 \times 10^6) + (3 \times 10^4)} \right]^2 \times 100 = 0.9962 \,(99.62\%)$
>
> $= -10 \log(1 - 0.9962) = 24.2 \text{ dB}$

기출 필수문제 출제율 50% 이상

04 진동하는 금속면을 고무로 제진하였다. 이때 두 면에서의 파동에너지의 반사율이 90 % 였을 때 진동감쇠량(dB)은?

풀이 진동감쇠량(ΔL)
$\Delta L = -10\log(1-T_r) = -10\log(1-0.9) = 10\,\text{dB}$

기출 필수문제 출제율 50% 이상

05 진동하는 금속면을 고무로 진동절연하여 진동의 감쇠량이 27 dB이 되도록 하였다. 이때 진동의 반사율은?

풀이
$\Delta L = -10\log(1-T_r)$
$27 = -10\log(1-T_r)$
$T_r = 10^{-2.7} - 1 = -0.998$ (반사율 0.998)

16 지반(지표)을 전파하는 파동

(1) 실체파(중심파 ; 체적파) 〔중요내용〕

① 종파(P파)
  ㉠ 진동의 방향이 파동의 전파방향과 일치하는 파로 매질의 체적변화에 대한 저항의 원인이 되어 발생한다.
  ㉡ 압축파, 소밀파, P파(Primary Wave), 압력파라고도 한다.
  ㉢ 지반을 전파하는 파동 중 전파속도가 가장 빠르다.
  ㉣ P파의 진폭은 지표면에서는 r^2(r : 진동원으로부터 떨어진 거리)에 반비례하고, 지중에서는 r에 반비례한다. 즉, 거리감쇠는 거리가 2배로 되면 6 dB 감소한다.(역2승법칙)
  ㉤ P파의 에너지비는 약 7 % 정도로 레일리파(67 %), 횡파(26 %)보다 적다.

② 횡파(S파)
  ㉠ 진동의 방향이 파동의 전파방향과 직각인 파로 매질의 변형에 대한 저항의 원인이 되어 발생한다.
  ㉡ 전단파, S파(Secondary Wave)라고도 한다.
  ㉢ 전파속도는 레일리파보다 빠르고 종파보다는 느리다.
  ㉣ S파의 진폭은 지표면에서는 r^2에 반비례하고, 지중에서는 r에 반비례한다. 즉, 거리감쇠는 거리가 2배로 되면 6 dB 감소한다.(역2승법칙)
  ㉤ S파의 에너지비는 약 26 % 정도이다.

🔍 Reference

S파와 P파의 도달시간 차이를 PS시라 하며 PS시를 이용하여 진원거리를 알 수 있다.

(2) 표면파

① 레일리파(R파 : Rayleigh Wave)
  ㉠ 지표면을 원통상으로 전파한다.
  ㉡ 지반을 전파하는 파동 중 전파속도가 가장 느리다.(표면파의 전파속도는 일반적으로 횡파의 92~96% 정도)
  ㉢ R파의 지표면에서는 그 진폭이 $\sqrt{r}$에 반비례하고 지중에서는 1~2파장 정도의 깊이에서는 거의 소멸된다. 즉, 지표면에서 거리감쇠는 거리가 2배로 되면 3 dB 감소한다. 즉, 계측에 의한 지표진동은 여러 파의 합성으로 이루어지지만 주 계측파는 R파이다.
  ㉣ R파의 에너지비는 약 67 %로 가장 크다. 따라서 공해진동에 문제가 되는 것은 R파와 S파가 주 대상이 된다.(에너지비율 : R파 > S파 > P파)

② 러브파(L파 : Love Wave)
  ㉠ 파동의 전파방향과 직교하는 수평성분의 파동이다.
  ㉡ 지층의 경계면에서 반사 또는 굴절되면서 전파되는 SH파에 의하여 형성된다.

17 진동파의 거리감쇠

(1) 개요

① 진동원으로부터 진동파 확산에 따른 에너지 분산과 지반흙의 마찰에 따른 감쇠를 고려하여 거리감쇠를 나타낸다.

② 관련식

진동원에서 거리($r : r > r_0$) 떨어진 지점에서의 진동레벨(VL_r)

$$VL_r = VL_0 - 8.7\lambda(r-r_0) - 20n \cdot \log\left(\frac{r}{r_0}\right) \text{dB}$$

여기서, VL_0 : 진동원에서 r_0 떨어진 지점에서의 진동레벨(dB)

λ : 지반 전파의 감쇠정수

$$\lambda = \frac{2\pi h f}{V_s}$$

h : 지반 손실계수(지반 내부 감쇠 정수)

f : 진동수(Hz)

V_s : 횡파의 전파속도(m/sec)

n : 진동파 종류에 따라 결정되는 상수

표면파 : $\frac{1}{2}$

반무한 자유전파 실체파 : 2

무한탄성체 전파 실체파 : 1

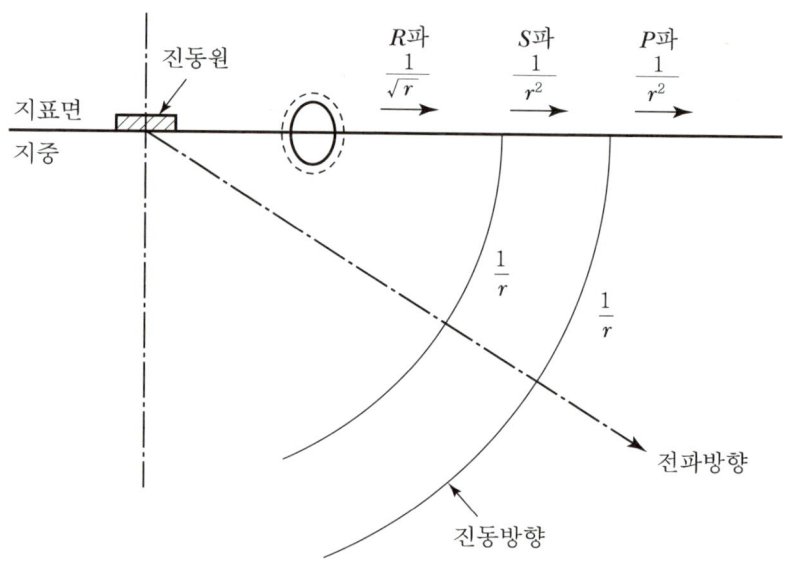

[진동파의 전파]

18 기타 진동

(1) 자려진동 *중요내용*

① 개요
가진원이 진동하지 않고 단순히 에너지원으로만 존재하는 경우에도 진동이 발생하는 것을 의미한다.

② 예
바이올린 현의 진동

③ 대책
㉠ 자려력 제거
㉡ 감쇠력 부가
㉢ 마찰부분의 윤활

> **Reference | 회전기계 발생 진동 구분**
>
> (1) 자려진동
>   ① 점성유체력에 의한 휘둘림
>   ② 수차 및 프로펠러의 진동(서징)
>   ③ 커플링 진동
>
> (2) 강제진동
>   ① 구름베어링에 기인하는 진동
>   ② 회전기계의 불평형에 의한 진동
>   ③ 기어의 치형오차에 기인하는 진동

(2) 계수여진진동 *중요내용*

① 개요
진동주파수는 계의 고유진동수로서 가진력의 주파수가 그 계의 고유진동수의 두 배로 될 때에 크게 진동하는 특징을 가진다.

② 예
㉠ 그네(그네가 1행정 하는 동안 사람의 몸 자세는 2행정)
㉡ 회전하는 편평축의 진동
㉢ 왕복운동 기계의 크랭크축계의 진동

③ 대책
㉠ 질량 및 스프링 특성의 시간적 변동을 없애는 것(근본적 대책)
㉡ 강제진동수가 고유진동수의 2배가 되는 것을 피하는 것
㉢ 감쇠력 부가

기출 필수문제 출제율 70% 이상

01 진동원에서 2 m 떨어진 지점의 진동레벨을 90 dB 이라고 하면, 20 m 떨어진 지점의 진동레벨(dB)은?(단, 이 진동파는 표면파(n=0.5)이고, 지반전파의 감쇠정수는 0.05 라 가정한다.)

[풀이]
$$VL_r = VL_0 - 8.7\lambda(r-r_0) - 20\log\left(\frac{r}{r_0}\right)^n (\text{dB})$$
$$= 90 - [8.7 \times 0.05(20-2)] - \left[20\log\left(\frac{20}{2}\right)^{0.5}\right]$$
$$= 72.17 \, \text{dB}$$

02

진동수 6 Hz 의 표면파($n=0.5$)가 전파속도 100 m/sec 로 지반의 내부감쇠정수 0.05 의 지반을 전파할 때 진동원으로부터 30 m 떨어진 지점의 진동레벨은 몇 dB인가?(단, 5 m 떨어진 지점의 진동레벨은 85 dB)

풀이

$$VL_r = VL_0 - 8.7\lambda(r-r_0) - 20\log\left(\frac{r}{r_0}\right)^n \text{(dB)}$$

$$\lambda = \frac{2\pi hf}{V_s} = \frac{2\times 3.14\times 0.05\times 6}{100} = 0.0188$$

$$= 85 - [8.7\times 0.0188(30-5)] - \left[20\log\left(\frac{30}{5}\right)^{0.5}\right]$$

$$= 73.13\,\text{dB}$$

PART 03

소음·진동
공정시험기준

소음

01 용어정의 *중요내용*

(1) 소음원

소음을 발생하는 기계·기구, 시설 및 기타 물체 또는 환경부령으로 정하는 사람의 활동을 말한다.

(2) 반사음

한 매질 중의 음파가 다른 매질의 경계면에 입사한 후 진행방향을 변경하여 본래의 매질 중으로 되돌아오는 음을 말한다.

(3) 배경소음

한 장소에서의 특정 음을 대상으로 생각할 경우 대상소음이 없을 때 그 장소의 소음을 대상소음에 대한 배경소음이라 한다.

(4) 대상소음

배경소음 외에 측정하고자 하는 특정 소음을 말한다.

(5) 정상소음

시간적으로 변동하지 아니하거나 변동폭이 작은 소음을 말한다.

(6) 변동소음

시간에 따라 소음도 변화폭이 큰 소음을 말한다.

(7) 충격음

폭발음, 타격음과 같이 극히 짧은 시간 동안에 발생하는 높은 세기의 음을 말한다.

(8) 지시치

계기나 기록지상에서 판독한 소음도로서 실효치(rms값)를 말한다.

(9) 소음도

소음계의 청감보정회로를 통하여 측정한 지시치를 말한다.

(10) 등가소음도

임의의 측정시간 동안 발생한 변동소음의 총 에너지를 같은 시간 내의 정상소음의 에너지로 등가하여 얻어진 소음도를 말한다.

(11) 측정소음도

시험기준에서 정한 측정방법으로 측정한 소음도 및 등가소음도 등을 말한다.

(12) 배경소음도

측정소음도의 측정위치에서 대상소음이 없을 때 시험기준에서 정한 측정방법으로 측정한 소음도 및 등가소음도 등을 말한다.

(13) 대상소음도

측정소음도에 배경소음을 보정한 후 얻어진 소음도를 말한다.

(14) 평가소음도

대상소음도에 보정치를 보정한 후 얻어진 소음도를 말한다.

(15) 지발(遲發)발파

수초 내에 시간차를 두고 발파하는 것을 말한다.(단, 발파기를 1회 사용하는 것에 한한다.)

02 분석기기 및 기구

(1) 측정기기

① 소음계

㉠ 기본구조 *중요내용*

소음을 측정하는 데 사용되는 소음계로는 간이소음계, 보통소음계, 정밀소음계 등이 있으며, 최소한 아래 그림과 같은 구성이 필요하다.

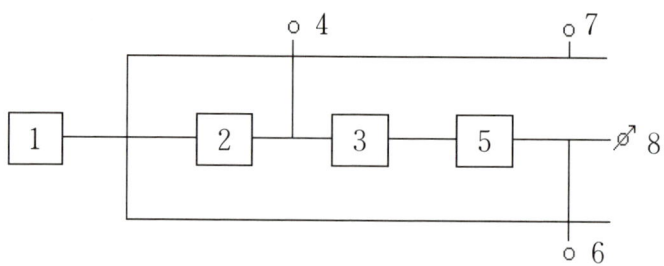

1. 마이크로폰 5. 청감보정회로
2. 레벨레인지 변환기 6. 동특성 조절기
3. 증폭기 7. 출력단자(간이소음계 제외)
4. 교정장치 8. 지시계기

[소음계의 구성도]

㉡ 구조별 성능 *중요내용*

ⓐ 마이크로폰(microphone)

마이크로폰은 지향성이 작은 압력형으로 하며, 기기의 본체와 분리가 가능하여야 한다.

ⓑ 증폭기(amplifier)

마이크로폰에 의하여 음향에너지를 전기에너지로 변환시킨 양을 증폭시키는 장치를 말한다.

ⓒ 레벨레인지 변환기

• 측정하고자 하는 소음도가 지시계기의 범위 내에 있도록 하기 위한 감쇠기이다.

- 유효눈금범위가 30 dB 이하가 되는 구조의 것은 변환기에 의한 레벨의 간격이 10 dB 간격으로 표시되어야 한다.
- 다만, 레벨 변환 없이 측정이 가능한 경우 레벨레인지 변환기가 없어도 무방하다.

ⓓ 교정장치(calibration network calibrator)
- 소음측정기의 감도를 점검 및 교정하는 장치이다.
- 자체에 내장되어 있거나 분리되어 있어야 한다.
- 80 dB(A) 이상이 되는 환경에서도 교정이 가능하여야 한다.

ⓔ 청감보정회로(weighting networks)
- 인체의 청감각을 주파수 보정특성에 따라 나타낸다.
- A특성을 갖춘 것이어야 한다.
- 다만, 자동차 소음측정용은 C특성도 함께 갖추어야 한다.

ⓕ 동특성 조절기(fast-slow switch)
지시계기의 반응속도를 빠름 및 느림의 특성으로 조절할 수 있는 조절기를 가져야 한다.

ⓖ 출력단자(monitor out)
소음신호를 기록기 등에 전송할 수 있는 교류단자를 갖춘 것이어야 한다.

ⓗ 지시계기(meter)
- 지시계기는 지침형 또는 디지털형이어야 한다.
- 지침형에서는 유효지시범위가 15 dB 이상이어야 하고, 각각의 눈금은 1 dB 이하를 판독할 수 있어야 하며, 1 dB 눈금간격이 1 mm 이상으로 표시되어야 한다.
- 다만, 디지털형에서는 숫자가 소수점 한 자리까지 표시되어야 한다.

② 기록기

자동 혹은 수동으로 연속하여 시간별 소음도, 주파수밴드별 소음도 및 기타 측정결과를 그래프·점·숫자 등으로 기록하는 기기를 말한다.

③ 주파수 분석기
소음의 주파수 성분을 분석하는 데 사용하는 기기로 1/1 옥타브밴드 분석기, 1/3 옥타브밴드 분석기 등이 있다.

④ 데이터 녹음기
소음계 등의 아날로그 또는 디지털 출력신호를 녹음·재생시키는 장비를 말한다.

(2) 부속장치

① 방풍망(windscreen)
  ㉠ 소음을 측정할 때 바람으로 인한 영향을 방지하기 위한 장치이다.
  ㉡ 소음계의 마이크로폰에 부착하여 사용한다.

② 삼각대(tripod)
마이크로폰을 소음계와 분리시켜 소음을 측정할 때 마이크로폰의 지지장치로 사용하거나 소음계를 고정할 때 사용하는 장치이다.

③ 표준음 발생기(pistonphone, calibrator) ※중요내용
  ㉠ 소음계의 측정감도를 교정하는 기기로서 발생음의 주파수와 음압도가 표시되어 있어야 한다.
  ㉡ 발생음의 오차는 ±1 dB 이내이어야 한다.

(3) 사용기준

① 간이소음계는 예비조사 등 소음도의 대략치를 파악하는 데 사용된다.
② 소음을 규제, 인증하기 위한 목적으로 사용되는 측정기기로서는 KS C IEC 61672-1에 정한 클래스 2의 소음계 또는 이와 동등 이상의 성능을 가진 것으로서 dB 단위로 지시하는 것을 사용하여야 한다. ※중요내용
③ 소음계는 견고하고 빈번한 사용에 견딜 수 있어야 하며, 항상 정도를 유지할 수 있어야 한다.

④ 성능
  ㉠ 측정 가능 주파수 범위는 31.5 Hz~8 kHz 이상이어야 한다.
  ㉡ 측정 가능 소음도 범위는 35~130 dB 이상이어야 한다.(다만, 자동차소음 측정에 사용되는 것은 45~130 dB 이상으로 한다.)
  ㉢ 특성별(A특성 및 C특성) 표준 입사각의 응답과 그 편차는 KS C IEC 61672-1의 표 2를 만족하여야 한다.
  ㉣ 레벨레인지 변환기가 있는 기기에 있어서 레벨레인지 변환기의 전환오차는 0.5 dB 이내이어야 한다.
  ㉤ 지시계기의 눈금오차는 0.5 dB 이내이어야 한다.

[환경기준 중 소음측정방법]

01 분석기기 및 기구

(1) 사용 소음계
KS C IEC61672-1에 정한 클래스 2의 소음계 또는 동등 이상의 성능을 가진 것이어야 한다.

(2) 일반사항
① 소음계와 소음도 기록기를 연결하여 측정·기록하는 것을 원칙으로 한다. 소음도 기록기가 없는 경우에는 소음계만으로 측정할 수 있다.
② 소음계 및 소음도 기록기의 전원과 기기의 동작을 점검하고 매회 교정을 실시하여야 한다.(소음계의 출력단자와 소음도 기록기의 입력단자 연결)
③ 소음계의 레벨레인지 변환기는 측정지점의 소음도를 예비조사한 후 적절하게 고정시켜야 한다.
④ 소음계와 소음도 기록기를 연결하여 사용할 경우에는 소음계의 과부하 출력이 소음기록치에 미치는 영향에 주의하여야 한다.

(3) 청감보정회로 및 동특성 *중요내용*
① 소음계의 청감보정회로는 A특성에 고정하여 측정하여야 한다.
② 소음계의 동특성은 원칙적으로 **빠름**(fast) 모드로 하여 측정하여야 한다.

02 시료채취 및 관리

(1) 측정점 중요내용

① 개요
　㉠ 옥외측정을 원칙으로 한다.
　㉡ '일반지역'은 당해 지역의 소음을 대표할 수 있는 장소로 한다.
　㉢ '도로변지역(주 1)'에서는 소음으로 인하여 문제를 일으킬 우려가 있는 장소를 택하여야 한다.
　㉣ 측정점 선정 시에는 당해 지역 소음평가에 현저한 영향을 미칠 것으로 예상되는 공장 및 사업장, 건설사업장, 비행장, 철도 등의 부지 내는 피해야 한다.

　[주 1] 도로변지역의 범위는 도로단으로부터 차선 수×10 m로 하고, 고속도로 또는 자동차 전용도로의 경우에는 도로단으로부터 150 m 이내의 지역을 말한다.

② 일반지역의 경우에는 가능한 한 측정점 반경 3.5 m 이내에 장애물(담, 건물, 기타 반사성 구조물 등)이 없는 지점의 지면 위 1.2~1.5 m로 한다.

③ 기타 사항
　㉠ 도로변 지역의 경우 장애물이나 주거, 학교, 병원, 상업 등에 활용되는 건물이 있을 때에는 이들 건축물로부터 도로방향으로 1.0 m 떨어진 지점의 지면 위 1.2~1.5 m 위치로 한다.
　㉡ 건축물이 보도가 없는 도로에 접해 있는 경우에는 도로단에서 측정한다.
　㉢ 다만, 상시측정용 또는 연속측정(낮 또는 밤 시간대별로 7시간 이상 연속으로 측정)의 경우의 측정높이는 주변환경, 통행, 장비의 훼손 등을 고려하여 지면 위 1.2~5.0 m 높이로 할 수 있다.

(2) 측정조건

① 일반사항 중요내용
　㉠ 소음계의 마이크로폰은 측정위치에 받침장치(삼각대 등)를 설치하여 측정하는 것을 원칙으로 한다.

ⓒ 손으로 소음계를 잡고 측정할 경우 소음계는 측정자의 몸으로부터 0.5 m 이상 떨어져야 한다.
ⓒ 소음계의 마이크로폰은 주 소음원 방향으로 향하도록 한다.
② 풍속이 2 m/s 이상일 때에는 반드시 마이크로폰에 방풍망을 부착하여야 하며, 풍속이 5 m/s를 초과할 때에는 측정하여서는 안 된다.
⑩ 진동이 많은 장소 또는 전자장(대형 전기기계, 고압선 근처 등)의 영향을 받는 곳에서는 적절한 방지책(방진, 차폐 등)을 강구하여야 한다.

② 측정사항
요일별로 소음변동이 적은 평일(월요일부터 금요일 사이)에 당해 지역의 환경소음을 측정하여야 한다.

(3) 측정시간 및 측정지점 수

① 낮시간대(06 : 00~22 : 00)에는 당해 지역 소음을 대표할 수 있도록 측정지점 수를 충분히 결정하고, 각 측정지점에서 2시간 이상 간격으로 4회 이상 측정하여 산술평균한 값을 측정소음도로 한다.
② 밤시간대(22 : 00~06 : 00)에는 낮시간대에 측정한 측정지점에서 2시간 간격으로 2회 이상 측정하여 산술평균한 값을 측정소음도로 한다.

03 분석절차

(1) 측정자료 분석

- 측정자료는 다음 경우에 따라 분석·정리한다.
- 소음도의 계산과정에서는 소수점 첫째 자리를 유효숫자로 한다.
- 측정소음도(최종값)는 소수점 첫째 자리에서 반올림한다.

① 디지털 소음자동분석계를 사용할 경우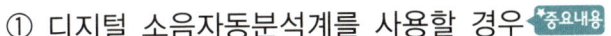

   샘플주기를 1초 이내에서 결정하고 5분 이상 측정하여 자동 연산·기록한 등가소음도를 그 지점의 측정소음도로 한다. 다만, 연속·상시측정의 경우 1시간 이상 측정하여 자동 연산·기록한 등가소음도를 그 지점의 측정소음도로 한다.

[배출허용기준 중 소음측정방법]

01 분석기기 및 기구

(1) 사용 소음계 *중요내용*

KS C IEC61672-1에 정한 클래스 2의 소음계 또는 동등 이상의 성능을 가진 것이어야 한다.

(2) 일반사항

① 소음계와 소음도 기록기를 연결하여 측정·기록하는 것을 원칙으로 한다. 소음도 기록기가 없는 경우에는 소음계만으로 측정할 수 있다.
② 소음계 및 소음도 기록기의 전원과 기기의 동작을 점검하고 매회 교정을 실시하여야 한다.(소음계의 출력단자와 소음도 기록기의 입력단자 연결)
③ 소음계의 레벨레인지 변환기는 측정지점의 소음도를 예비조사한 후 적절하게 고정시켜야 한다.
④ 소음계와 소음도 기록기를 연결하여 사용할 경우에는 소음계의 과부하 출력이 소음기록치에 미치는 영향에 주의하여야 한다.

(3) 청감보정회로 및 동특성

① 소음계의 청감보정회로는 A특성에 고정하여 측정하여야 한다.

② 소음계의 동특성은 원칙적으로 **빠름**(fast) 모드로 하여 측정하여야 한다.

02 시료채취 및 관리

(1) 측정점 ★중요내용

① 공장의 부지경계선(아파트형 공장의 경우에는 공장건물의 부지경계선) 중 피해가 우려되는 장소로서 소음도가 높을 것으로 예상되는 지점의 지면 위 1.2~1.5 m 높이로 한다.
② 공장의 부지경계선이 불명확하거나 공장의 부지경계선에 비하여 피해가 예상되는 자의 부지경계선에서의 소음도가 더 큰 경우에는 피해가 예상되는 자의 부지경계선으로 한다.
③ 기타 사항
  ㉠ 측정지점에 높이가 1.5 m 를 초과하는 장애물이 있는 경우에는 장애물로부터 소음원 방향으로 1.0~3.5 m 떨어진 지점으로 한다.
  ㉡ 다만, 장애물로부터 소음원 방향으로 1.0~3.5 m 떨어지기 어려운 경우에는 장애물 상단 직상부로부터 0.3 m 이상 떨어진 지점으로 할 수 있다.
  ㉢ 그 장애물이 방음벽이거나 충분한 차음이 예상되는 경우에는 장애물 밖의 1.0~3.5 m 떨어진 지점 중 암영대(暗影帶)의 영향이 적은 지점으로 한다.
④ 배경소음도는 측정소음도의 측정점과 동일한 장소에서 측정함을 원칙으로 한다.
⑤ 공장이 나중에 입지한 지역에서는 위 ①, ②, ③의 규정에도 불구하고 피해가 우려되는 곳이 2층 이상의 건물인 경우 등으로서 피해가 우려되는 자의 부지경계선에 비하여 소음도가 더 높은 곳이 있는 경우에는 소음도가 높은 곳에서 소음원 방향으로 창문·출입문 또는 건물벽 밖의 0.5~1.0 m 떨어진 지점으로 한다. 다만, 건축구조나 안전상의 이유로 외부측정이 불가능한 경우에 한하여 창문 등의 경계면 지점으로 하고, +1.5 dB를 보정한다.

(2) 측정조건

① 일반사항 ★중요내용
  ㉠ 소음계의 마이크로폰은 측정위치에 받침장치(삼각대 등)를 설치하여 측정하는 것을 원칙으로 한다.
  ㉡ 손으로 소음계를 잡고 측정할 경우 소음계는 측정자의 몸으로부터 0.5 m

이상 떨어져야 한다.
ⓒ 소음계의 마이크로폰은 주 소음원 방향으로 향하도록 한다.
② 풍속이 2 m/s 이상일 때에는 반드시 마이크로폰에 방풍망을 부착하여야 하며, 풍속이 5 m/s를 초과할 때에는 측정하여서는 안 된다.
⑩ 진동이 많은 장소 또는 전자장(대형 전기기계, 고압선 근처 등)의 영향을 받는 곳에서는 적절한 방지책(방진, 차폐 등)을 강구하여야 한다.
② 측정사항
㉠ 측정소음도의 측정은 대상 배출시설의 소음발생기기를 가능한 한 최대출력으로 가동시킨 정상상태에서 측정하여야 한다.
㉡ 배경소음도는 대상 배출시설의 가동을 중지한 상태에서 측정하여야 한다.

(3) 측정시간 및 측정지점 수 *중요내용

피해가 예상되는 적절한 측정시각에 2지점 이상의 측정지점 수를 선정·측정하여 그중 가장 높은 소음도를 측정소음도로 한다.

03 분석절차

(1) 측정자료 분석 *중요내용

- 측정자료는 다음의 경우에 따라 분석·정리하며, 소음도의 계산과정에서는 소수점 첫째 자리를 유효숫자로 한다.
- 대상소음도(최종값)는 소수점 첫째 자리에서 반올림한다.

① 디지털 소음자동분석계를 사용할 경우
샘플주기를 1초 이내에서 결정하고 5분 이상 측정하여 자동 연산·기록한 등가소음도를 그 지점의 측정소음도 또는 배경소음도로 한다.

(2) 배경소음 보정

측정소음도에 다음과 같이 배경소음을 보정하여 대상소음도로 한다.

① 측정소음도가 배경소음보다 10 dB 이상 크면 배경소음의 영향이 극히 작기 때문에 배경소음의 보정 없이 측정소음도를 대상소음도로 한다.

② 측정소음도가 배경소음보다 3.0~9.9 dB 차이로 크면 배경소음의 영향이 있기 때문에 측정소음도에 아래의 [배경소음의 영향에 대한 보정표]에 의한 보정치를 보정한 후 대상소음도를 구한다.

[배경소음의 영향에 대한 보정표]

단위 : dB(A)

차이 (d)	.0	.1	.2	.3	.4	.5	.6	.7	.8	.9
3	-3.0	-2.9	-2.8	-2.7	-2.7	-2.6	-2.5	-2.4	-2.3	-2.3
4	-2.2	-2.1	-2.1	-2.0	-2.0	-1.9	-1.8	-1.8	-1.7	-1.7
5	-1.7	-1.6	-1.6	-1.5	-1.5	-1.4	-1.4	-1.4	-1.3	-1.3
6	-1.3	-1.2	-1.2	-1.2	-1.1	-1.1	-1.1	-1.0	-1.0	-1.0
7	-1.0	-0.9	-0.9	-0.9	-0.9	-0.9	-0.8	-0.8	-0.8	-0.8
8	-0.7	-0.7	-0.7	-0.7	-0.7	-0.7	-0.6	-0.6	-0.6	-0.6
9	-0.6	-0.6	-0.6	-0.5	-0.5	-0.5	-0.5	-0.5	-0.5	-0.5

보정치 $= -10\log(1 - 10^{-0.1d})$, 여기서 d : 측정소음도 - 배경소음도

다만, 배경소음도 측정 시 해당 공장의 공정상 일부 배출시설의 가동 중지가 어렵다고 인정되고, 해당 배출시설에서 발생한 소음이 배경소음에 영향을 미친다고 판단될 경우에는 배경소음도의 측정 없이 측정소음도를 대상소음도로 할 수 있다.

③ 측정소음도가 배경소음도보다 3 dB 미만으로 크면 배경소음이 대상소음보다 크므로 ① 또는 ②를 만족하는 조건에서 재측정하여 대상소음도를 구하여야 한다. *중요내용*

④ 다만, 2회 이상의 재측정에서도 측정소음도가 배경소음도보다 3 dB 미만으로 크면 〈공장소음 측정평가표〉에 그 상황을 상세히 명기한다.

04 결과보고

(1) 평가

측정자료는 다음의 경우에 따라 평가한다.

① 소음평가를 위한 보정
  ㉠ 구한 대상소음도를 소음·진동관리법에 정한 보정치를 보정한 공장소음 배출허용기준과 비교한다.
  ㉡ 다만, 피해가 예상되는 자의 부지경계선에서 측정할 때 측정지점의 지역 구분 적용 시 공장이 위치한 지역과 피해가 예상되는 자의 지역이 서로 다를 경우에는 지역별 적용을 대상 공장이 위치한 지역을 기준으로 적용한다.

② 소음·진동관리법 시행규칙 별표 5 비고에 대한 보정 원칙 *중요내용*
  ㉠ 관련 시간대에 대한 측정소음 발생시간의 백분율은 별표 5의 비고 5에 따른 낮, 저녁 및 밤의 각각의 정상가동시간(휴식, 기계수리 등의 시간을 제외한 실질적인 기계작동시간)을 구하고 시간 구분에 따른 해당 관련 시간대에 대한 백분율을 계산하여 당해 시간 구분에 따라 적용하여야 한다. 이때 시간의 구분은 보정표의 시간별 항목의 기준에 따라야 하며, 가동시간은 측정 당일 전 30일간의 정상가동시간을 산술평균하여 정하여야 한다. 다만, 신규배출업소의 경우에는 30일간의 예상가동시간으로 갈음한다.

ⓒ 측정소음도 및 배경소음도는 당해 시간별로 측정·보정함을 원칙으로 하나 배출시설이 변동 없이 낮 및 저녁시간, 밤 및 낮 시간 또는 24시간 가동한 경우에는 낮 시간대의 대상소음도를 저녁, 밤 시간의 대상소음도로 적용하여 각각 평가하여야 한다.

(2) 측정자료의 기록

소음평가를 위한 자료는 〈공장소음 측정자료 평가표〉에 의하여 기록하며, 측정값에 대한 증빙자료(수기 제외)를 첨부한다.

공장소음 측정자료 평가표 *중요내용*

작성연월일 :　　　년　　월　　일

1. 측정연월일	년　월　일　요일	시　　　　　분부터 시　　　　　분까지	
2. 측정대상업소	소재지 : 명　칭 :　　　　　　　사업주 :		
3. 측정자	소속 :　　직명 :　　성명 :　　　　(인) 소속 :　　직명 :　　성명 :　　　　(인)		
4. 측정기기	소음계명 : 소음도 기록기명 : 부속장치 :　　　　　　삼각대, 방풍망		
5. 측정환경	반사음의 영향 : 바람, 진동, 전자장의 영향 :		
6. 측정대상업소의 소음원과 측정지점			
소음원(기계명)	규격	대수	측정지점 약도

7. 측정자료 분석결과(기록지 첨부)

　　가. 측정소음도 :　　　　　　dB(A)
　　나. 배경소음도 :　　　　　　dB(A)
　　다. 대상소음도 :　　　　　　dB(A)

8. 보정치 산정

항목	내용	보정치
관련 시간대에 대한 측정진동레벨발생시간의 백분율(%)		
충격음 성분		
보정치 합계 :		

[규제기준 중 생활소음 측정방법]

01 분석기기 및 기구

(1) 사용 소음계
KS C IEC61672-1에 정한 클래스 2의 소음계 또는 동등 이상의 성능을 가진 것이어야 한다.

(2) 일반사항
① 소음계와 소음도 기록기를 연결하여 측정·기록하는 것을 원칙으로 한다. 소음도 기록기가 없는 경우에는 소음계만으로 측정할 수 있다.
② 소음계 및 소음도 기록기의 전원과 기기의 동작을 점검하고 매회 교정을 실시하여야 한다.(소음계의 출력단자와 소음도 기록기의 입력단자 연결)
③ 소음계의 레벨레인지 변환기는 측정지점의 소음도를 예비조사한 후 적절하게 고정시켜야 한다.
④ 소음계와 소음도 기록기를 연결하여 사용할 경우에는 소음계의 과부하 출력이 소음기록치에 미치는 영향에 주의하여야 한다.

(3) 청감보정회로 및 동특성
① 소음계의 청감보정회로는 A특성에 고정하여 측정하여야 한다.
② 소음계의 동특성은 원칙적으로 빠름(fast) 모드로 하여 측정하여야 한다.

02 시료채취 및 관리

(1) 측정점

① 측정점은 피해가 예상되는 자의 부지경계선 중 소음도가 높을 것으로 예상되는 지점의 지면 위 1.2~1.5 m 높이로 한다.

② 기타 사항 *중요내용*
  ㉠ 측정지점에 높이가 1.5 m를 초과하는 장애물이 있는 경우에는 장애물로부터 소음원 방향으로 1.0~3.5 m 떨어진 지점으로 한다.
  ㉡ 다만, 장애물로부터 소음원 방향으로 1.0~3.5 m 떨어지기 어려운 경우에는 장애물 상단 직상부로부터 0.3 m 이상 떨어진 지점으로 할 수 있다.
  ㉢ 그 장애물이 방음벽이거나 충분한 차음이 예상되는 경우에는 장애물 밖의 1.0~3.5 m 떨어진 지점 중 암영대(暗影帶)의 영향이 적은 지점으로 한다.

③ 위에 제시된 ① 및 ②의 규정에도 불구하고 피해가 우려되는 곳이 2층 이상의 건물인 경우 등으로서 피해가 우려되는 자의 부지경계선에 비하여 소음도가 더 큰 장소가 있는 경우에는 소음도가 높은 곳에서 소음원 방향으로 창문·출입문 또는 건물벽 밖의 0.5~1.0 m 떨어진 지점으로 한다. 다만, 건축구조나 안전상의 이유로 외부측정이 불가능한 경우에 한하여 창문 등의 경계면 지점으로 하고, +1.5 dB를 보정한다. *중요내용*

④ 배경소음도는 측정소음도의 측정점과 동일한 장소에서 측정함을 원칙으로 한다.

(2) 측정조건

① 일반사항
  ㉠ 소음계의 마이크로폰은 측정위치에 받침장치(삼각대 등)를 설치하여 측정하는 것을 원칙으로 한다.
  ㉡ 손으로 소음계를 잡고 측정할 경우 소음계는 측정자의 몸으로부터 0.5 m 이상 떨어져야 한다.

ⓒ 소음계의 마이크로폰은 주 소음원 방향으로 향하도록 한다.

ⓔ 풍속이 2 m/s 이상일 때에는 반드시 마이크로폰에 방풍망을 부착하여야 하며, 풍속이 5 m/s를 초과할 때에는 측정하여서는 안 된다.
ⓜ 진동이 많은 장소 또는 전자장(대형 전기기계, 고압선 근처 등)의 영향을 받는 곳에서는 적절한 방지책(방진, 차폐 등)을 강구하여야 한다.

② 측정사항
㉠ 측정소음도의 측정은 대상소음원의 일상적인 사용상태에서 정상적으로 가동시켜 측정하여야 한다.
㉡ 배경소음도는 대상소음원의 가동을 중지한 상태에서 측정하여야 한다. 단, 대상소음원의 가동 중지가 어렵다고 인정되는 경우에는 배경소음도의 측정 없이 측정소음도를 대상소음도로 할 수 있다.

(3) 측정시간 및 측정지점 수 *중요내용*

피해가 예상되는 적절한 측정시각에 2지점 이상의 측정지점 수를 선정·측정하여 그중 가장 높은 소음도를 측정소음도로 한다.

03 측정자료 분석 및 배경소음 보정

(1) 측정자료 분석

- 측정자료는 다음 경우에 따라 분석·정리하며, 소음도의 계산과정에서는 소수점 첫째 자리를 유효숫자로 하고, 대상소음도(최종값)는 소수점 첫째 자리에서 반올림한다.
- 다만, 측정소음도 측정 시 대상소음의 발생시간이 5분 이내인 경우에는 그 발생시간 동안 측정·기록하되, 최소 2분 이상 측정하여야 한다.

① 디지털 소음자동분석계를 사용할 경우 *중요내용*

  샘플주기를 1초 이내에서 결정하고 5분 이상 측정하여 자동 연산·기록한 등가소음도를 그 지점의 측정소음도 또는 배경소음도로 한다.

(2) 배경소음 보정

측정소음도에 다음과 같이 배경소음을 보정하여 대상소음도로 한다.

① 측정소음도가 배경소음보다 10 dB 이상 크면 배경소음의 영향이 극히 작기 때문에 배경소음의 보정 없이 측정소음도를 대상소음도로 한다.
② 측정소음도가 배경소음보다 3.0~9.9 dB 차이로 크면 배경소음의 영향이 있기 때문에 측정소음도에 아래의 보정표에 의한 보정치를 보정한 후 대상소음도를 구한다.

[배경소음의 영향에 대한 보정표]

단위 : dB(A)

차이 (d)	.0	.1	.2	.3	.4	.5	.6	.7	.8	.9
3	-3.0	-2.9	-2.8	-2.7	-2.7	-2.6	-2.5	-2.4	-2.3	-2.3
4	-2.2	-2.1	-2.1	-2.0	-2.0	-1.9	-1.8	-1.8	-1.7	-1.7
5	-1.7	-1.6	-1.6	-1.5	-1.5	-1.4	-1.4	-1.4	-1.3	-1.3
6	-1.3	-1.2	-1.2	-1.2	-1.1	-1.1	-1.1	-1.0	-1.0	-1.0
7	-1.0	-0.9	-0.9	-0.9	-0.9	-0.9	-0.8	-0.8	-0.8	-0.8
8	-0.7	-0.7	-0.7	-0.7	-0.7	-0.7	-0.6	-0.6	-0.6	-0.6
9	-0.6	-0.6	-0.6	-0.5	-0.5	-0.5	-0.5	-0.5	-0.5	-0.5

보정치 $= -10\log(1-10^{-0.1d})$, 여기서 d : 측정소음도 - 배경소음도 *중요내용*

③ 측정소음도가 배경소음도보다 3 dB 미만으로 크면 배경소음이 대상소음보다 크므로 ① 또는 ②에 만족되는 조건에서 재측정하여 대상소음도를 구하여야 한다.

04 결과보고

(1) 평가

구한 대상소음도를 생활소음 규제기준과 비교하여 판정한다.

(2) 측정자료의 기록

소음평가를 위한 자료는 〈생활소음 측정자료 평가표〉에 의하여 기록하며, 측정값에 대한 증빙자료(수기 제외)를 첨부한다.

생활소음 측정자료 평가표 *중요내용

작성연월일 :   년   월   일

1. 측정연월일	년 월 일 요일	시 분부터 시 분까지
2. 측정대상업소	소재지 : 명 칭 :	
3. 측정자	소속 : 직명 : 성명 : (인) 소속 : 직명 : 성명 : (인)	
4. 측정기기	소음계명 : 기록기명 : 부속장치 : 삼각대, 방풍망	
5. 측정환경	반사음의 영향 : 풍속 : 진동, 전자장의 영향 :	

6. 측정대상업소의 소음원과 측정지점

소음원(기계명)	규격	대수	측정지점 약도
			(지역 구분 :)

7. 측정자료 분석결과(기록지 첨부)

    가. 측정소음도 :   dB(A)

    나. 배경소음도 :   dB(A)

    다. 대상소음도 :   dB(A)

[규제기준 중 발파소음 측정방법]

01 분석기기 및 기구

(1) 사용 소음계
KS C IEC61672-1에 정한 클래스 2의 소음계 또는 동등 이상의 성능을 가진 것이어야 한다.

(2) 일반사항 *중요내용
① 소음계와 소음도 기록기를 연결하여 측정·기록하는 것을 원칙으로 한다. 다만, 소음계만으로 측정할 경우에는 최고소음도가 고정(hold)되는 것에 한한다.
② 소음계 및 소음도 기록기의 전원과 기기의 동작을 점검하고 매회 교정을 실시하여야 한다.
③ 소음계의 레벨레인지 변환기는 측정소음도의 크기에 부응할 수 있도록 고정시켜야 한다.
④ 소음계와 소음도 기록기를 연결하여 사용할 경우에는 소음계의 과부하 출력이 소음 기록치에 미치는 영향에 주의하여야 한다.
⑤ 소음도 기록기의 기록속도 등은 소음계의 동특성에 부응하게 조작한다.

(3) 청감보정회로 및 동특성
① 소음계의 청감보정회로는 A특성에 고정하여 측정하여야 한다.

② 소음계의 동특성은 원칙적으로 빠름(fast) 모드로 하여 측정하여야 한다.

02 시료채취 및 관리

(1) 측정점

① 측정점은 피해가 예상되는 자의 부지경계선 중 소음도가 높을 것으로 예상되는 지점에서 지면 위 1.2~1.5 m 높이로 한다.

② 기타 사항
　㉠ 측정지점에 높이가 1.5 m를 초과하는 장애물이 있는 경우에는 장애물로부터 소음원 방향으로 1.0~3.5 m 떨어진 지점으로 한다.
　㉡ 다만, 장애물로부터 소음원방향으로 1.0~3.5 m 떨어지기 어려운 경우에는 장애물 상단 직상부로부터 0.3 m 이상 떨어진 지점으로 할 수 있다.
　㉢ 그 장애물이 방음벽이거나 충분한 차음이 예상되는 경우에는 장애물 밖의 1.0~3.5 m 떨어진 지점 중 암영대(暗影帶)의 영향이 적은 지점으로 한다.

③ 위에서 제시한 ① 및 ②의 규정에도 불구하고 피해가 우려되는 곳이 2층 이상의 건물인 경우 등으로서 피해가 우려되는 자의 부지경계선에 비하여 소음도가 더 큰 장소가 있는 경우에는 소음도가 높은 곳에서 소음원 방향으로 창문·출입문 또는 건물벽 밖의 0.5~1.0 m 떨어진 지점으로 한다. 다만, 건축구조나 안전상의 이유로 외부측정이 불가능한 경우에 한하여 창문 등의 경계면 지점으로 하고, +1.5 dB를 보정한다. *중요내용

④ 배경소음도는 측정소음도의 측정점과 동일한 장소에서 측정함을 원칙으로 한다.

(2) 측정조건

① 일반사항
　㉠ 소음계의 마이크로폰은 측정위치에 받침장치(삼각대 등)를 설치하여 측정하는 것을 원칙으로 한다.
　㉡ 손으로 소음계를 잡고 측정할 경우 소음계는 측정자의 몸으로부터 0.5 m 이상 떨어져야 한다.
　㉢ 소음계의 마이크로폰은 주 소음원 방향으로 향하도록 한다.

ⓐ 풍속이 2 m/s 이상일 때에는 반드시 마이크로폰에 방풍망을 부착하여야 하며, 풍속이 5 m/s를 초과할 때에는 측정하여서는 안 된다.
ⓑ 진동이 많은 장소 또는 전자장(대형 전기기계, 고압선 근처 등)의 영향을 받는 곳에서는 적절한 방지책(방진, 차폐 등)을 강구하여야 한다.

② 측정사항
㉠ 측정소음도는 발파소음이 지속되는 기간 동안에 측정하여야 한다.
㉡ 배경소음도는 대상소음(발파소음)이 없을 때 측정하여야 한다.

(3) 측정시간 및 측정지점 수 *중요내용*

작업일지 및 발파계획서 또는 폭약사용신고서를 참조하여 소음·진동관리법 시행규칙 별표 8에서 구분하는 각 시간대 중에서 최대발파소음이 예상되는 시각의 소음을 포함한 모든 발파소음을 1지점 이상에서 측정한다.

03 분석절차

(1) 측정자료 분석

- 측정자료는 다음 경우에 따라 분석·정리하며, 소음도의 계산과정에서는 소수점 첫째 자리를 유효숫자로 한다.
- 평가소음도(최종값)는 소수점 첫째 자리에서 반올림한다.

① 측정소음도
㉠ 디지털 소음자동분석계를 사용할 때에는 샘플주기를 0.1초 이하로 놓고 발파소음의 발생시간(수초 이내) 동안 측정하여 자동 연산·기록한 최고치(L_{max} 등)를 측정소음도로 한다. *중요내용*
㉡ 소음도 기록기를 사용할 때에는 기록지상의 지시치의 최고치를 측정소음도로 한다.

ⓒ 최고소음 고정(hold)용 소음계를 사용할 때에는 당해 지시치를 측정소음도로 한다.

② 배경소음도
㉠ 디지털 소음자동분석계를 사용할 경우
샘플주기를 1초 이내에서 결정하고 5분 이상 측정하여 자동 연산·기록한 등가소음도를 그 지점의 배경소음도로 한다.

(2) 배경소음 보정

측정소음도에 다음과 같이 배경소음을 보정하여 대상소음도로 한다.

① 측정소음도가 배경소음보다 10 dB 이상 크면 배경소음의 영향이 극히 작기 때문에 배경소음의 보정 없이 **측정소음도를 대상소음도로** 한다.

② 측정소음도가 배경소음보다 3.0~9.9 dB 차이로 크면 배경소음의 영향이 있기 때문에 측정소음도에 아래의 보정표에 의한 보정치를 보정한 후 대상소음도를 구한다.

[배경소음의 영향에 대한 보정표]

단위 : dB(A)

차이 (d)	.0	.1	.2	.3	.4	.5	.6	.7	.8	.9
3	−3.0	−2.9	−2.8	−2.7	−2.7	−2.6	−2.5	−2.4	−2.3	−2.3
4	−2.2	−2.1	−2.1	−2.0	−2.0	−1.9	−1.8	−1.8	−1.7	−1.7
5	−1.7	−1.6	−1.6	−1.5	−1.5	−1.4	−1.4	−1.4	−1.3	−1.3
6	−1.3	−1.2	−1.2	−1.2	−1.1	−1.1	−1.1	−1.0	−1.0	−1.0
7	−1.0	−0.9	−0.9	−0.9	−0.9	−0.9	−0.8	−0.8	−0.8	−0.8
8	−0.7	−0.7	−0.7	−0.7	−0.7	−0.7	−0.6	−0.6	−0.6	−0.6
9	−0.6	−0.6	−0.6	−0.5	−0.5	−0.5	−0.5	−0.5	−0.5	−0.5

$$보정치 = -10\log(1 - 10^{-0.1d}), \text{ 여기서 } d : 측정소음도 - 배경소음도$$

③ 측정소음도가 배경소음도보다 3 dB 미만으로 크면 배경소음이 대상소음보다 크므로 ① 또는 ②에 만족하는 조건에서 재측정하여 대상소음도를 구하여야 한다.

04 결과보고

(1) 평가

① 구한 대상소음도에 시간대별 보정발파횟수(N)에 따른 보정량(+10 log N ; N >1)을 보정하여 평가소음도를 구한다. 이 경우, 지발발파는 보정발파횟수를 1회로 간주한다. *중요내용*

② 시간대별 보정발파횟수(N)는 작업일지 및 발파계획서 또는 폭약사용신고서 등을 참조하여 발파소음 측정 당일의 발파소음 중 소음도가 60 dB(A) 이상인 횟수(N)를 말한다. *중요내용*

③ 단, 여건상 불가피하게 측정 당일의 발파횟수만큼 측정하지 못한 경우에는 측정 시의 장약량과 같은 양을 사용한 발파는 같은 소음도로 판단하여 보정발파횟수를 산정할 수 있다.

(2) 측정자료의 기록

소음평가를 위한 자료는 〈발파소음 측정자료 평가표〉에 의하여 기록하며, 측정값에 대한 증빙자료(수기 제외)를 첨부한다.

발파소음 측정자료 평가표 *중요내용*

작성연월일 :   년   월   일

1. 측정연월일	년 월 일 요일	시 분부터 시 분까지
2. 측정대상업소	소재지 : 명 칭 :	
3. 사업주	주소 : 성명 : (인)	
4. 측정자	소속 : 직명 : 성명 : (인) 소속 : 직명 : 성명 : (인)	
5. 측정기기	소음계명 : 기록기명 : 부속장치 : 삼각대, 방풍망	
6. 측정환경	반사음의 영향 : 풍속 : 진동, 전자장의 영향 :	

7. 측정대상업소의 소음원과 측정지점

폭약의 종류	1회 사용량	발파횟수	측정지점 약도
	kg	낮 : 밤 :	(지역 구분 :)

8. 측정자료 분석결과(기록지 첨부)
　　가. 측정소음도 :   dB(A)
　　나. 배경소음도 :   dB(A)
　　다. 대상소음도 :   dB(A)
　　라. 평가소음도 :   dB(A)

[규제기준 중 동일 건물 내 사업장 소음측정방법]

01 분석기기 및 기구

(1) 사용 소음계
KS C IEC 61672-1에서 정한 클래스 2 소음계 또는 동등 이상의 성능을 가진 것이어야 한다.

(2) 일반사항
① 소음계와 소음도 기록기를 연결하여 측정·기록하는 것을 원칙으로 한다. 소음도 기록기가 없을 경우에는 소음계만으로 측정할 수 있다.

② 소음계 및 소음도 기록기의 전원과 기기의 동작을 점검하고 매회 교정을 실시하여야 한다.

③ 소음계의 레벨레인지 변환기는 측정점의 소음도를 예비 조사한 후 적절하게 조정하여야 한다.

④ 소음계와 소음도 기록기를 연결하여 사용할 경우에는 소음계의 과부하 출력이 소음 기록치에 미치는 영향에 주의하여야 한다.

⑤ 소음도 기록기의 기록속도 등은 소음계의 동특성에 부응하게 조작한다.

(3) 청감보정회로 및 동특성
① 소음계의 청감보정회로는 A특성에 고정하여 측정하여야 한다.

② 소음계의 동특성은 원칙적으로 빠름(fast) 모드로 하여 측정하여야 한다.

02 시료채취 및 관리

(1) 측정점

① 피해가 예상되는 실에서 소음도가 높을 것으로 예상되는 지점의 바닥 위 1.2~1.5 m 높이로 한다.
② 측정점에 높이가 1.5 m를 초과하는 장애물이 있는 경우에 장애물로부터 1.0 m 이상 떨어진 지점으로 한다.
③ 배경소음도는 측정소음도의 측정점과 동일한 장소에서 측정함을 원칙으로 한다.

(2) 측정조건

① 일반사항
  ㉠ 소음계의 마이크로폰은 측정위치에 받침장치(삼각대 등)를 설치하여 측정하는 것을 원칙으로 한다.
  ㉡ 손으로 소음계를 잡고 측정할 경우 소음계는 측정자의 몸으로부터 0.5 m 이상 떨어져야 한다.
  ㉢ 소음계의 마이크로폰은 주 소음원 방향으로 향하도록 하여야 한다.

② 측정사항
  ㉠ 측정 소음도는 대상소음원의 일상적인 사용상태에서 정상적으로 가동시켜 측정하여야 한다.
  ㉡ 측정은 대상 소음 이외의 소음이나 외부소음에 의한 영향을 배제하기 위하여 옥외 및 복도 등으로 통하는 창문과 문을 닫은 상태에서 측정하여야 한다.
  ㉢ 배경소음도는 대상 소음원을 가동하지 않은 상태에서 측정하여야 한다. 단, 대상소음원의 가동 중지가 어렵다고 인정되는 경우에는 배경소음도의 측정 없이 측정소음도를 대상소음도로 할 수 있다.

(3) 측정시간 및 측정지점 수

피해가 예상되는 적절한 측정 시각에 2지점 이상의 측정지점 수를 선정하고 각각 2회 이상 측정하여 각 지점에서 산술 평균한 소음도 중 가장 높은 소음도를 측정소음도로 한다.(단, 환경이 여의치 않은 경우에는 측정지점 수를 줄일 수 있다.)

03 분석절차

(1) 측정자료 분석

- 측정자료는 다음의 경우에 따라 분석·정리하며, 소음도의 계산과정에서는 소수점 첫째 자리를 유효숫자로 하고, 측정소음도(최종값)는 소수점 첫째 자리에서 반올림한다.
- 다만, 측정소음도 측정 시 대상 소음의 발생시간이 5분 이내인 경우에는 그 발생시간 동안 측정·기록한다.

① 디지털 소음자동분석계를 사용할 경우

샘플주기를 1초 이내에서 결정하고 5분 이상 측정하여 자동 연산·기록한 등가소음도를 그 지점의 측정소음도 또는 배경소음도를 정한다.

(2) 배경소음 보정

측정소음도에 다음과 같이 배경소음을 보정하여 대상소음도로 한다.

① 측정소음도가 배경소음보다 10 dB 이상 크면 배경소음의 영향이 극히 작기 때문에 배경소음의 보정없이 측정소음도를 대상소음도로 한다.

② 측정소음도가 배경소음보다 3.0~9.9 dB 차이로 크면 배경소음의 영향이 있기 때문에 측정소음도에 다음의 보정표에 의한 보정치를 보정한 후 대상소음도를 구한다.

[배경소음의 영향에 대한 보정표]

단위 : dB(A)

차이 (d)	.0	.1	.2	.3	.4	.5	.6	.7	.8	.9
3	-3.0	-2.9	-2.8	-2.7	-2.7	-2.6	-2.5	-2.4	-2.3	-2.3
4	-2.2	-2.1	-2.1	-2.0	-2.0	-1.9	-1.8	-1.8	-1.7	-1.7
5	-1.7	-1.6	-1.6	-1.5	-1.5	-1.4	-1.4	-1.4	-1.3	-1.3
6	-1.3	-1.2	-1.2	-1.2	-1.1	-1.1	-1.1	-1.0	-1.0	-1.0
7	-1.0	-0.9	-0.9	-0.9	-0.9	-0.9	-0.8	-0.8	-0.8	-0.8
8	-0.7	-0.7	-0.7	-0.7	-0.7	-0.7	-0.6	-0.6	-0.6	-0.6
9	-0.6	-0.6	-0.6	-0.5	-0.5	-0.5	-0.5	-0.5	-0.5	-0.5

보정치 $= -10\log(1 - 10^{-0.1d})$, 여기서 d : 측정소음도 - 배경소음도

③ 측정소음도가 배경소음도보다 3 dB 미만으로 크면 배경소음이 대상소음보다 크므로 ① 또는 ②에 만족되는 조건에서 재측정하여 대상소음도를 구하여야 한다.

04 결과보고

(1) 평가

구한 대상 소음도를 소수점 첫째 자리에서 반올림하고, 동일 건물 내 사업장의 실내소음 규제기준과 비교하여 판정한다.

(2) 측정자료의 기록

소음평가를 위한 자료는 〈동일 건물 내 사업장 소음 측정자료 평가표〉에 의하여 기록하며, 측정값에 대한 증빙자료(수기 제외)를 첨부한다.

[도로교통소음 관리기준 측정방법]

01 분석기기 및 기구

(1) 사용 소음계
KS C IEC 61672-1에 정한 클래스 2의 소음계 또는 동등 이상의 성능을 가진 것이어야 한다.

(2) 일반사항
① 소음계와 소음도 기록기를 연결하여 측정·기록하는 것을 원칙으로 한다. 소음도 기록기가 없는 경우에는 소음계만으로 측정할 수 있다.
② 소음계 및 소음도 기록기의 전원과 기기의 동작을 점검하고 매회 교정을 실시하여야 한다.(소음계의 출력단자와 소음도 기록기의 입력단자 연결)
③ 소음계의 레벨레인지 변환기는 측정지점의 소음도를 예비조사한 후 적절하게 고정시켜야 한다.
④ 소음계와 소음도 기록기를 연결하여 사용할 경우에는 소음계의 과부하 출력이 소음기록치에 미치는 영향에 주의하여야 한다.

(3) 청감보정회로 및 동특성
① 소음계의 청감보정회로는 **A특성**에 고정하여 측정하여야 한다.

② 소음계의 동특성은 원칙적으로 **빠름**(fast) 모드로 하여 측정하여야 한다.

02 시료채취 및 관리

(1) 측정점

① 측정점은 피해가 예상되는 자의 부지경계선 중 소음도가 높을 것으로 예상되는 지점의 지면 위 1.2~1.5 m 높이로 한다.

② 기타 사항
  ㉠ 측정지점에 높이가 1.5 m를 초과하는 장애물이 있는 경우에는 장애물로부터 소음원 방향으로 1.0~3.5 m 떨어진 지점으로 한다.
  ㉡ 다만, 장애물로부터 소음원 방향으로 1.0~3.5 m 떨어지기 어려운 경우에는 장애물 상단 직상부로부터 0.3 m 이상 떨어진 지점으로 할 수 있다.
  ㉢ 그 장애물이 방음벽이거나 충분한 차음이 예상되는 경우에는 장애물 밖의 1.0~3.5 m 떨어진 지점 중 암영대(暗影帶)의 영향이 적은 지점으로 한다.

③ 위 ① 및 ②의 규정에도 불구하고 피해가 우려되는 곳이 2층 이상의 건물인 경우 등으로서 피해가 우려되는 자의 부지경계선에 비하여 소음도가 더 큰 장소가 있는 경우에는 소음도가 높은 곳에서 소음원 방향으로 창문·출입문 또는 건물벽 밖의 0.5~1.0 m 떨어진 지점으로 한다. 다만, 건축구조나 안전상의 이유로 외부측정이 불가능한 경우에 한하여 창문 등의 경계면 지점으로 하고, +1.5 dB를 보정한다.

(2) 측정조건

① 일반사항
  ㉠ 소음계의 마이크로폰은 측정위치에 받침장치(삼각대 등)를 설치하여 측정하는 것을 원칙으로 한다.
  ㉡ 손으로 소음계를 잡고 측정할 경우 소음계는 측정자의 몸으로부터 0.5 m 이상 떨어져야 한다.
  ㉢ 소음계의 마이크로폰은 주 소음원 방향을 향하도록 한다.
  ㉣ 풍속이 2 m/s 이상일 때에는 반드시 마이크로폰에 방풍망을 부착하여야 하며, 풍속이 5 m/s를 초과할 때에는 측정하여서는 안 된다.

ⓜ 진동이 많은 장소 또는 전자장(대형 전기기계, 고압선 근처 등)의 영향을 받는 곳에서는 적절한 방지책(방진, 차폐 등)을 강구하여야 한다.

② 측정사항

요일별로 소음변동이 적은 평일(월요일부터 금요일 사이)에 당해 지역의 도로교통 소음을 측정하여야 한다.

(3) 측정시간 및 측정지점 수 *중요내용

시간대별로 소음피해가 예상되는 시간대를 포함하여 2개 이상의 측정지점 수를 선정하여 4시간 이상 간격으로 2회 이상 측정하여 산술평균한 값을 측정소음도로 한다.

03 분석절차

(1) 측정자료 분석

- 측정자료는 다음의 경우에 따라 분석·정리하며, 소음도의 계산과정에서는 소수점 첫째 자리를 유효숫자로 한다.
- 측정소음도(최종값)는 소수점 첫째 자리에서 반올림한다.

① 디지털 소음자동분석계를 사용할 경우 *중요내용

샘플주기를 1초 이내에서 결정하고 10분 이상 측정하여 자동 연산·기록한 등가소음도를 그 지점의 측정소음도로 한다.

② 소음연속자동측정기를 사용할 경우

1초 이내에서 결정하고 1시간 이상 측정하여 자동연산·기록한 등가소음도를 그 지점의 측정소음도로 한다.

04 결과보고

(1) 평가
구한 측정소음도를 도로교통소음의 한도와 비교하여 평가한다.

(2) 측정자료의 기록
소음평가를 위한 자료는 〈도로교통소음 측정자료 평가표〉에 의하여 기록하며, 측정값에 대한 증빙자료(수기 제외)를 첨부한다.

[철도소음 관리기준 측정방법]

01 분석기기 및 기구

(1) 사용 소음계
KS C IEC 61672-1에 정한 클래스 2의 소음계 또는 동등 이상의 성능을 가진 것이어야 한다.

(2) 일반사항
① 소음계와 소음도 기록기를 연결하여 측정·기록하는 것을 원칙으로 한다. 소음도 기록기가 없는 경우에는 소음계만으로 측정할 수 있다.
② 소음계 및 소음도 기록기의 전원과 기기의 동작을 점검하고 매회 교정을 실시하여야 한다.(소음계의 출력단자와 소음도 기록기의 입력단자 연결)
③ 소음계의 레벨레인지 변환기는 측정지점의 소음도를 예비조사한 후 적절하게 고정시켜야 한다.
④ 소음계와 소음도 기록기를 연결하여 사용할 경우에는 소음계의 과부하 출력이 소음기록치에 미치는 영향에 주의하여야 한다.

(3) 청감보정회로 및 동특성
① 소음계의 청감보정회로는 A특성에 고정하여 측정하여야 한다.

② 소음계의 동특성은 원칙적으로 **빠름**(fast) 모드로 하여 측정하여야 한다.

02 시료채취 및 관리

(1) 측정점 *중요내용*

① 옥외측정을 원칙으로 하며, 그 지역의 철도소음을 대표할 수 있는 장소나 철도소음으로 인하여 문제를 일으킬 우려가 있는 장소로서 지면 위 1.2~1.5 m 높이로 한다.

② 측정점에 장애물이나 주거, 학교, 병원, 상업 등에 활용되는 건물이 있을 때에는 건축물로부터 **철도방향으로 1.0 m 떨어진** 지점의 지면 위 1.2~1.5 m로 한다.

③ 위 ① 및 ②의 규정에도 불구하고 피해가 우려되는 곳이 2층 이상의 건물인 경우 등으로서 위 지점에 비하여 소음도가 더 큰 장소가 있는 경우에는 소음도가 높은 곳에서 소음원 방향으로 창문·출입문 또는 건물벽 밖의 0.5~1 m **떨어진 지점**으로 한다. 다만, 건축구조나 안전상의 이유로 외부측정이 불가능한 경우에 한하여 창문 등의 경계면 지점으로 하고, +1.5 dB를 보정한다.

(2) 측정조건

① 일반사항 *중요내용*
  ㉠ 소음계의 마이크로폰은 측정위치에 받침장치(삼각대 등)를 설치하여 측정하는 것을 원칙으로 한다.
  ㉡ 손으로 소음계를 잡고 측정할 경우 소음계는 측정자의 몸으로부터 0.5 m 이상 떨어져야 한다.
  ㉢ 소음계의 마이크로폰은 주 소음원 방향으로 향하도록 하여야 한다.
  ㉣ 풍속이 2 m/s 이상일 때에는 반드시 마이크로폰에 방풍망을 부착하여야 하며, 풍속이 5 m/s를 초과할 때에는 측정하여서는 안 된다.
  ㉤ 진동이 많은 장소 또는 전자장(대형 전기기계, 고압선 근처 등)의 영향을 받는 곳에서는 적절한 방지책(방진, 차폐 등)을 강구하여야 한다.

② 측정사항

요일별로 소음변동이 적은 평일(월요일부터 금요일 사이)에 당해 지역의 철도소음을 측정한다. 단, 주말 또는 공휴일에 철도통행량이 증가되어 소음피해가 예상되는 요일에 철도소음을 측정할 수 있다.

(3) 측정시간 및 측정지점 수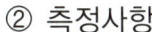

① 측정소음도는 기상조건, 열차운행횟수 및 속도 등을 고려하여 당해 지역의 1시간 평균 철도 통행량 이상인 시간대를 포함하여 주간 시간대는 2시간 간격을 두고 1시간씩 2회 측정하여 산술평균하며, 야간 시간대는 1회 1시간 동안 측정한다.
② 배경소음도는 철도운행이 없는 상태에서 측정소음도의 측정점과 동일한 장소에서 5분 이상 측정한다. 단, 5분 이상 측정이 어려운 경우에는 측정시간을 줄일 수 있으나 가능한 5분에 가깝도록 측정한다.

03 분석절차

(1) 측정자료 분석

측정자료는 다음 경우에 따라 분석·정리하며, 소음도의 계산과정에서는 소수점 첫째 자리를 유효숫자로 하고, 측정소음도(최종값)는 소수점 첫째 자리에서 반올림한다.
① 샘플주기를 1초 내외로 결정하고 1시간 동안 연속 측정하여 자동 연산·기록한 등가소음도를 그 지점의 측정소음도로 한다.

04 결과보고

(1) 평가

① 구한 측정소음도를 철도소음의 관리기준과 비교하여 평가한다.

② 철도소음관리기준을 적용하기 위하여 측정하고자 할 경우에는 철도보호지구 외의 지역에서 측정·평가한다.

(2) 측정자료의 기록

소음평가를 위한 자료는 〈철도소음 측정자료 평가표〉에 의하여 기록하며, 측정값에 대한 증빙자료(수기 제외)를 첨부한다.

철도소음 측정자료 평가표 *중요내용*

작성연월일 :　　　　년　월　일

1. 측정연월일	년　월　일　요일　　　시　　　분부터 　　　　　　　　　　　시　　　분까지
2. 측정대상업소	소 재 지 : 철도선명 :
3. 관리자	
4. 측정자	소속 :　　　직명 :　　　성명 :　　　(인) 소속 :　　　직명 :　　　성명 :　　　(인)
5. 측정기기	소음계명 : 기록기명 : 부속장치 :　　　　삼각대, 방풍망
6. 측정환경	반사음의 영향 :　　　　풍속 : 진동, 전자장의 영향 :
7. 측정대상과 측정지점		

철도구조	교통특성	측정지점 약도
철도선구분 : 구　배 : 기　타 :	시간당 교통량 : (　　　　대/hr) 평균 열차속도 : (　　　　km/hr)	 (지역 구분 :　　　　)

8. 측정자료 분석결과(기록지 첨부)
   • 측정소음도 :　　　　$L_{eq(1h)}$ dB(A)

[항공기소음 관리기준 측정방법]

01 분석기기 및 기구

(1) 사용 소음계
KS C IEC61672-1에 정한 클래스 2의 소음계 또는 동등 이상의 성능을 가진 것이어야 한다.

(2) 일반사항
① 소음계와 소음도 기록기를 연결하여 측정·기록하는 것을 원칙으로 한다. 소음도 기록기가 없는 경우에는 소음계만으로 측정할 수 있다.

② 소음계 및 소음도 기록기의 전원과 기기의 동작을 점검하고 매회 교정을 실시하여야 한다.(소음계의 출력단자와 소음도 기록기의 입력단자 연결)

③ 소음계의 레벨레인지 변환기는 측정지점의 소음도를 예비조사한 후 적절하게 고정시켜야 한다.

④ 소음계와 소음도 기록기를 연결하여 사용할 경우에는 소음계의 과부하 출력이 소음기록치에 미치는 영향에 주의하여야 한다.

(3) 청감보정회로 및 동특성 *중요내용
① 소음계의 청감보정회로는 A특성에 고정하여 측정하여야 한다.

② 소음계의 동특성을 느림(slow) 모드로 하여 측정하여야 한다.

02 시료채취 및 관리

(1) 측정점

① 옥외측정을 원칙으로 하며, 그 지역의 항공기소음을 대표할 수 있는 장소나 항공기 소음으로 인하여 문제를 일으킬 우려가 있는 장소를 택하여야 한다. 다만, 측정지점 반경 3.5 m 이내는 가급적 평활하고, 시멘트 등으로 포장되어 있어야 하며, 수풀, 수림, 관목 등에 의한 흡음의 영향이 없는 장소로 한다.

② 측정점은 지면 또는 바닥면에서 1.2~1.5 m 높이로 하며, 상시측정용의 경우에는 주변환경, 통행, 타인의 촉수 등을 고려하여 지면 또는 바닥면에서 1.2~5.0 m 높이로 할 수 있다. 한편, 측정위치를 정점으로 한 원추형 상부공간 내에는 측정치에 영향을 줄 수 있는 장애물이 있어서는 안 된다.

③ 원추형 상부공간이란 측정위치를 지나는 지면 또는 바닥면의 법선에 반각 80°의 선분이 지나는 공간을 말한다.

(2) 측정조건

① 일반사항
  ㉠ 소음계의 마이크로폰은 측정위치에 받침장치(삼각대 등)를 설치하여 측정하는 것을 원칙으로 한다.
  ㉡ 손으로 소음계를 잡고 측정할 경우 소음계는 측정자의 몸으로부터 0.5 m 이상 떨어져야 하며, 측정자는 비행경로에 수직하게 위치하여야 한다.
  ㉢ 소음계의 마이크로폰은 소음원 방향으로 향하도록 하여야 한다.
  ㉣ 바람(풍속 : 2 m/s 이상)으로 인하여 측정치에 영향을 줄 우려가 있을 때는 반드시 방풍망을 부착하여야 한다. 다만, 풍속이 5 m/s를 초과할 때는 측정하여서는 안 된다.(상시측정용 옥외마이크로폰은 그러하지 아니하다.)
  ㉤ 진동이 많은 장소 또는 전자장(대형 전기기계, 고압선 근처 등)의 영향을 받는 곳에서는 적절한 방지책(방진, 차폐 등)을 강구하여 측정하여야 한다.

② 측정사항 *중요내용*
⊙ 소음노출레벨(L_{AE})은 매 항공기 통과시마다 배경소음보다 10 dB 높은 구간의 시간 동안 측정하는 것을 원칙으로 하며, 소음노출레벨은 명시된 시간간격 또는 어떤 이벤트에 대하여 기준 음 노출(1초) 수준으로 나타내는 지시치를 말한다.
ⓒ 소음노출레벨(L_{AE})은 시간대별로 구분하여 조사하여야 하며, 07시에서 19시까지의 측정된 주간 소음노출레벨을 $L_{AE,d}$, 19시에서 22시까지의 저녁 소음노출레벨을 $L_{AE,e}$, 22시에 24시, 0시에서 07시까지의 야간 소음노출레벨을 $L_{AE,n}$으로 표시하여 구분한다.

(3) 측정시각 및 기간 *중요내용*

① 항공기의 비행상황, 풍향 등의 기상조건을 고려하여 당해 측정지점에서의 항공기소음을 대표할 수 있는 시기를 선정하여 원칙적으로 연속 7일간 측정한다.

② 다만, 당해 지역을 통과하는 항공기의 종류, 비행횟수, 비행경로, 비행시각 등이 연간을 통하여 표준적인 조건일 경우 측정일수를 줄일 수 있다.

03 분석절차

(1) 측정자료 분석

측정자료는 다음 방법으로 분석·정리하여 항공기 소음 평가레벨인 $\overline{L_{den}}$을 구하며, 소수점 첫째 자리에서 반올림한다.

① 항공기소음 자동분석계를 사용할 경우 *중요내용*

샘플주기를 1초 이내에서 결정하고 7일간 연속 측정하여 자동연산·기록한 $\overline{L_{den}}$을 구한다.

② 소음도 기록기를 사용할 경우

m(측정일수)일간 연속 측정·기록하여 다음 방법으로 그 지점의 $\overline{L_{den}}$을 구한다.

㉠ 1일 단위로 매 항공기 통과 시에 측정·기록한 기록지상의 소음노출레벨(L_{AE})을 판독·기록하거나, 1초 단위의 등가소음도($L_{Aeq,1s}$)를 판독·기록하여 다음 식으로 소음노출레벨을 구할 수 있다.

$$L_{AE} = 10\log\left[\frac{E_A}{E_0}\right] \text{ dB(A)}$$

여기서, 음노출(E_A) : $E_A = \int_T p_A^2(t)dt$

  T : 적분시간간격
  $p_A(t)$: 시간 t에서의 A특성 음압
  기준음노출(E_0) : $E_0 = 400(\mu Pa)^2 s$

$$L_{AE} = 10\log\left[\sum_{i=1}^{n} 10^{0.1 L_{Aeq,1s,i}}\right] \text{ dB(A)}$$

여기서, n : 1초 단위의 등가소음도 측정횟수
  $L_{Aeq,1s,i}$: i번째 항공기 통과 시 측정·기록한 1초 단위의 등가소음도

㉡ 1일 단위의 L_{den}을 다음 식으로 구한다. *중요내용*

$$L_{den} = 10\log\left\{\frac{T_0}{T}\left(\sum_i 10^{\frac{L_{AEdi}}{10}} + \sum_j 10^{\frac{L_{AEej}+5}{10}} + \sum_k 10^{\frac{L_{AEnk}+10}{10}}\right)\right\}$$

여기서, T : 항공기소음 측정시간($=86,400$초)
T_0 : 기준시간($=1$초)
$L_{AE,di}$: 주간 시간대 i번째 측정 또는 계산된 소음노출레벨
$L_{AE,ej}$: 저녁 시간대 j번째 측정 또는 계산된 소음노출레벨
$L_{AE,nk}$: 야간 시간대 k번째 측정 또는 계산된 소음노출레벨

ⓒ m일간 평균 L_{den}인 $\overline{L_{den}}$을 다음 식으로 구한다. *중요내용*

$$\overline{L_{den}} = 10\log\left[(1/m)\sum_{i=1}^{m} 10^{0.1 L_{den,i}}\right]$$

여기서, m : 항공기소음 측정일수이며
$L_{den,i}$: i일째 L_{den}값

다만, ① 및 ②의 대상 항공기소음은 원칙적으로 배경소음보다 10dB 이상 크고, 항공기소음의 지속시간이 10초 이상인 것으로 한다. 여기서, 배경소음은 항공기소음이 발생하기 직전 또는 직후의 소음 수준을 말한다. *중요내용*

③ 소음계만을 사용할 경우
7일간 연속하여 항공기가 통과할 때마다 L_{AE}를 판독하여 기록하고, 시간대별로 구분하여 조사한 후 ②의 절차에 따라 $\overline{L_{den}}$를 구한다.

04 결과보고

(1) 평가

구한 측정소음도를 소수점 첫째 자리에서 반올림하고, 항공기소음도의 한도와 비교하여 평가한다.

(2) 측정자료의 기록

소음평가를 위한 자료는 다음 〈항공기소음 측정자료 평가표〉에 의하여 기록하며, 측정값에 대한 증빙자료(수기 제외)를 첨부한다.

항공기소음 측정자료 평가표 *중요내용*

작성연월일 :　　년　월　일

1. 측정연월일	년　월　일　요일	시 시	분부터 분까지
2. 측정대상	소재지 :		
3. 측정자	소속 :　　　직명 :　　　성명 :　　　(인) 소속 :　　　직명 :　　　성명 :　　　(인)		
4. 측정기기	소음계명 : 기록기명 : 부속장치 :　　　　　삼각대, 방풍망		
5. 측정환경	반사음의 영향 : 풍속 : 진동, 전자장의 영향 :		

6. 측정대상업소의 소음원과 측정지점

지역 구분	측정지점	일별 WECPNL	비행횟수	측정지점 약도
		1일차 : 2일차 : 3일차 : 4일차 : 5일차 : 6일차 : 7일차 :	낮 저녁 밤	

7. 측정자료 분석결과(기록지 첨부)
　　가. 평균지속시간 :　　　　　　초 (30초 이상일 때)
　　나. 항공기소음 평가레벨 :　　$\overline{WECPNL}$

진동

01 용어정의 *중요내용*

(1) 진동원
진동을 발생하는 기계·기구와 시설 및 기타 물체를 말한다.

(2) 배경진동
한 장소에 있어서의 특정의 진동을 대상으로 생각할 경우 대상진동이 없을 때 그 장소의 진동을 대상진동에 대한 배경진동이라 한다.

(3) 대상진동
배경진동 이외에 측정하고자 하는 특정의 진동을 말한다.

(4) 정상진동
시간적으로 변동하지 아니하거나 또는 변동폭이 작은 진동을 말한다.

(5) 변동진동
시간에 따른 진동레벨의 변화폭이 크게 변하는 진동을 말한다.

(6) 충격진동
단조기의 사용, 폭약의 발파 시 등과 같이 극히 짧은 시간 동안에 발생하는 높은 세기의 진동을 말한다.

(7) 지시치

계기나 기록지상에서 판독하는 진동레벨로서 실효치(rms값)를 말한다.

(8) 진동레벨 *중요내용*

① 진동레벨의 감각보정회로(수직)를 통하여 측정한 진동가속도레벨의 지시치를 말하며, 단위는 dB(V)로 표시한다.
② 진동가속도레벨의 정의는 $20 \log(a/a_o)$의 수식에 따르고, 여기서 a는 측정하고자 하는 진동의 가속도실효치(단위 m/s²)이며, a_o는 기준진동의 가속도실효치로, 10^{-5} m/s²으로 한다.

(9) 측정진동레벨

이 시험기준에 정한 측정방법으로 측정한 진동레벨을 말한다.

(10) 배경진동레벨

측정진동레벨의 측정위치에서 대상진동이 없을 때 이 시험기준에서 정한 측정방법으로 측정한 진동레벨을 말한다.

(11) 대상진동레벨

측정진동레벨에 배경진동의 영향을 보정한 후 얻어진 진동레벨을 말한다.

(12) 평가진동레벨

대상진동레벨에 보정치를 보정한 후 얻어진 진동레벨을 말한다.

02 분석기기 및 기구

(1) 측정기기

① 진동레벨계

⊙ 기본구조 <중요내용>

진동을 측정하는 데 사용되는 진동레벨계는 최소한 아래 그림과 같은 구성이 필요하다.

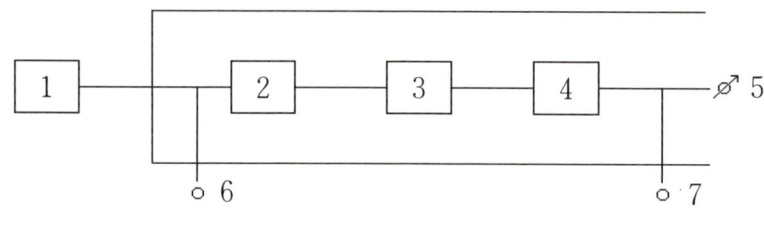

1. 진동픽업
2. 레벨레인지 변환기
3. 증폭기
4. 감각보정회로
5. 지시계기
6. 교정장치
7. 출력단자

[진동레벨계의 구성]

ⓒ 구조별 성능 <중요내용>

ⓐ 진동픽업(pick-up)
- 지면에 설치할 수 있는 구조로서 진동신호를 전기신호로 바꾸어 주는 장치를 말한다.
- 환경진동을 측정할 수 있어야 한다.

🔍 Reference | 압전형 진동픽업

① 압전소자는 외부진동에 의한 추의 관성력에 의해 기계적 왜곡이 야기되고 이 왜곡에 비례하여 전하가 발생된다.
② 바람의 영향을 받으므로 바람을 막을 수 있는 차폐물의 설치가 필요하다.
③ 중고주파대역(10 kHz 이하)의 가속도 측정
④ 충격, 온도, 습도 등의 영향을 받는다.
⑤ 케이블 용량에 의해 감도가 변화하고 출력임피던스가 크다.

> **Reference | 동전형 진동픽업**
>
> ① 가동코일이 붙은 추가 스프링에 매달려 있는 구조로 진동에 의해 가동코일이 영구자석의 저계 내를 상하로 움직이면 코일에는 추의 상대속도에 비례하는 기전력이 유기된다.
> ② 저렴한 장점은 있으나 전동기, 변압기, 변전설비 부호 등 자장이 강하게 형성된 장소에서 측정 시 자장의 영향으로 진동측정이 부적합하다.
> ③ 중저주파대역의 진동측정에 적합하다.
> ④ 감도가 안정적이고 픽업의 출력임피던스가 낮다.
> ⑤ 가동코일형의 동전형 진동픽업은 전자형이다.

ⓑ 레벨레인지 변환기
- 측정하고자 하는 진동이 지시계기의 범위 내에 있도록 하기 위한 감쇠기이다.
- 유효눈금 범위가 30 dB 이하 되는 구조의 것은 변환기에 의한 레벨의 간격이 10 dB 간격으로 표시되어야 한다. 다만, 레벨 변환 없이 측정이 가능한 경우 레벨레인지 변환기가 없어도 무방하다.

ⓒ 증폭기(amplifier)
진동픽업에 의해 변환된 전기신호를 증폭시키는 장치를 말한다.

ⓓ 감각보정회로(weighting networks)
인체의 수진감각을 주파수보정특성에 따라 나타내는 것으로 V특성(수직특성)을 갖춘 것이어야 한다.

ⓔ 지시계기(meter)
- 지시계기는 지침형 또는 디지털형이어야 한다.
- 지침형에서 유효지시범위가 15 dB 이상이어야 하고, 각각의 눈금은 1 dB 이하를 판독할 수 있어야 하며, 1 dB 눈금간격이 1 mm 이상으로 표시되어야 한다.
- 다만, 디지털형에서는 숫자가 소수점 한 자리까지 표시되어야 한다.

ⓕ 교정장치(calibration network calibrator)
진동측정기의 감도를 점검 및 교정하는 장치로서 자체에 내장되어 있거나 분리되어 있어야 한다.

⑧ 출력단자(output)

진동신호를 기록기 등에 전송할 수 있는 **교류출력단자**를 갖춘 것이어야 한다.

② 기록기

각종 출력신호를 자동 또는 수동으로 연속하여 그래프·점·숫자 등으로 기록하는 장비를 말한다.

③ 주파수 분석기

공해진동의 주파수 성분을 분석하는 데 사용되는 것으로 정폭형 또는 정비형 필터가 내장된 장비를 말한다.

④ 데이터 녹음기

진동레벨의 아날로그 또는 디지털 출력신호를 녹음·재생시키는 장비를 말한다.

(2) 부속장치

① 표준진동 발생기(calibrator) 중요내용
- 진동레벨계의 측정감도를 교정하는 기기이다.
- 발생진동의 주파수와 진동가속도레벨이 표시되어 있어야 하며, 발생진동의 오차는 ±1 dB 이내이어야 한다.

(3) 사용기준

① 진동레벨계는 환경측정기기의 형식승인·정도검사 등에 관한 고시 중 진동레벨계의 구조·성능 세부기준 또는 이와 동등 이상의 성능을 가진 것이어야 하며, dB단위(ref=10^{-5} m/s²)로 지시하는 것이어야 한다. 중요내용
(진동레벨계의 성능 중 감각특성의 상대응답과 허용오차에 대해 규정한 규격은 KSC-1507이다.)

② 진동레벨계는 견고하고, 빈번한 사용에 견딜 수 있어야 하며, 항상 정도를 유지할 수 있어야 한다.

③ 성능
  ㉠ 측정 가능 주파수 범위는 1~90 Hz 이상이어야 한다.
  ㉡ 측정 가능 진동레벨의 범위는 45~120 dB 이상이어야 한다.
  ㉢ 감각 특성의 상대응답과 허용오차는 환경측정기기의 형식승인·정도검사 등에 관한 고시 중 진동레벨계의 구조·성능 세부기준의 연직진동 특성에 만족하여야 한다.
  ㉣ 진동픽업의 **횡감도**는 규정주파수에서 수감축 감도에 대한 차이가 15 dB 이상이어야 한다.(연직특성)
  ㉤ 레벨레인지 변환기가 있는 기기에 있어서 레벨레인지 변환기의 전환오차가 0.5 dB 이내이어야 한다.
  ㉥ 지시계기의 눈금오차는 0.5 dB 이내이어야 한다.

[배출허용기준 중 진동측정방법]

01 분석기기 및 기구

(1) 사용 진동레벨계
환경측정기기의 형식승인·정도검사 등에 관한 고시 중 진동레벨계의 구조·성능 세부기준에 정한 진동레벨계 또는 동등 이상의 성능을 가진 것이어야 한다.

(2) 일반사항
① 진동레벨계와 진동레벨 기록기를 연결하여 측정·기록하는 것을 원칙으로 한다. 진동레벨기록기가 없는 경우에는 진동레벨계만으로 측정할 수 있다.

② 진동레벨계의 출력단자와 진동레벨기록기의 입력단자를 연결한 후 전원과 기기의 동작을 점검하고 매회 교정을 실시하여야 한다.
③ 진동레벨계의 레벨레인지 변환기는 측정지점의 진동레벨을 예비조사한 후 적절하게 고정시켜야 한다.

④ 진동레벨계와 진동레벨기록기를 연결하여 사용할 경우에는 진동레벨계의 과부하 출력이 진동기록치에 미치는 영향에 주의하여야 한다.

⑤ 진동픽업의 연결선은 잡음 등을 방지하기 위하여 지표면에 일직선으로 설치한다.

(3) 감각보정회로
진동레벨계의 감각보정회로는 별도 규정이 없는 한 V특성(수직)에 고정하여 측정하여야 한다.

02 시료채취 및 관리

(1) 측정점 *중요내용*

① 측정점은 공장의 부지경계선(아파트형 공장의 경우에는 공장 건물의 부지경계선) 중 피해가 우려되는 장소로서 진동레벨이 높을 것으로 예상되는 지점을 택하여야 한다.

② 공장의 부지경계선이 불명확하거나 공장의 부지경계선에 비하여 피해가 예상되는 자의 부지경계선에서의 진동레벨이 더 큰 경우에는 피해가 예상되는 자의 부지경계선으로 한다.

③ 배경진동레벨은 측정진동레벨의 측정점과 동일한 장소에서 측정함을 원칙으로 한다.

(2) 측정조건

① 일반사항 *중요내용*
  ㉠ 진동픽업(pick-up)의 설치장소는 옥외지표를 원칙으로 하고 복잡한 반사, 회절현상이 예상되는 지점은 피한다.
  ㉡ 진동픽업의 설치장소는 완충물이 없고, 충분히 다져서 단단히 굳은 장소로 한다.
  ㉢ 진동픽업의 설치장소는 경사 또는 요철이 없는 장소로 하고, 수평면을 충분히 확보할 수 있는 장소로 한다.
  ㉣ 진동픽업은 수직방향 진동레벨을 측정할 수 있도록 설치한다.
  ㉤ 진동픽업 및 진동레벨계를 온도, 자기, 전기 등의 외부영향을 받지 않는 장소에 설치한다.

② 측정사항 *중요내용*
  ㉠ 측정진동레벨은 대상 배출시설의 진동발생원을 가능한 한 최대출력으로 가동시킨 정상상태에서 측정한다.

ⓒ 배경진동레벨은 대상 배출시설의 가동을 중지한 상태에서 측정한다.

(3) 측정시간 및 측정지점 수 *중요내용*

피해가 예상되는 적절한 측정시각에 2지점 이상의 측정지점 수를 선정·측정하여 그중 높은 진동레벨을 측정진동레벨로 한다.

03 분석절차

(1) 측정자료 분석

- 측정자료는 다음 경우에 따라 분석·정리하며, 진동레벨의 계산과정에서는 소수점 첫째 자리를 유효숫자로 한다.
- 대상진동레벨(최종값)은 소수점 첫째 자리에서 반올림한다.

① 디지털 진동자동분석계를 사용할 경우 *중요내용*

　샘플주기를 1초 이내에서 결정하고 5분 이상 측정하여 자동 연산·기록한 80 % 범위의 상단치인 L_{10} 값을 그 지점의 측정진동레벨 또는 배경진동레벨로 한다.

② 진동레벨기록기를 사용하여 측정할 경우

　5분 이상 측정·기록하여 다음 방법으로 그 지점의 측정진동레벨 또는 배경진동레벨을 정한다.
　　㉠ 기록지상의 지시치에 변동이 없을 때에는 그 지시치
　　㉡ 기록지상의 지시치의 변동폭이 5 dB 이내일 때에는 구간 내 최대치부터 진동레벨의 크기순으로 10개를 산술평균한 진동레벨 *중요내용*
　　㉢ 기록지상의 지시치가 불규칙하고 대폭적으로 변하는 경우에는 진동레벨 계산방법에 의한 L_{10} 값을 구한다.

③ 진동레벨계만으로 측정할 경우 *중요내용*

계기조정을 위하여 먼저 선정된 측정위치에서 대략적인 진동의 변화양상을 파악한 후, 진동레벨계 지시치의 변화를 목측으로 5초 간격 50회 판독·기록하여 다음의 방법으로 그 지점의 측정진동레벨 또는 배경진동레벨을 결정한다.

㉠ 진동레벨계의 지시치에 변동이 없을 때에는 그 지시치

㉡ 진동레벨계의 지시치의 변화폭이 5 dB 이내일 때에는 구간 내 최대치부터 진동레벨의 크기순으로 10개를 산술평균한 진동레벨

㉢ 진동레벨계 지시치가 불규칙하고 대폭적으로 변할 때에는 L_{10} 진동레벨 계산방법에 의한 L_{10} 값. 다만, L_{10} 진동레벨을 측정할 수 있는 진동레벨계를 사용할 때는 5분간 측정하여 진동레벨계에 나타난 L_{10} 값으로 한다.

[L_{10} 진동레벨 계산방법]

① 5초 간격으로 50회 판독한 판독치를 L_{10} 진동레벨 계산방법 표〈진동레벨 기록지〉의 "가"에 기록한다.

② 레벨별 도수 및 누적도수를 L_{10} 진동레벨 계산방법 표〈진동레벨 기록지〉 "나"에 기입한다.

③ L_{10} 진동레벨 계산방법 표〈진동레벨 기록지〉 "나"의 누적도수를 이용하여 모눈종이 상에 누적도곡선을 작성한 후(횡축에 진동레벨, 좌측 종축에 누적도수를, 우측 종축에 백분율을 표기) 90 % 횡선이 누적도곡선과 만나는 교점에서 수선을 그어 횡축과 만나는 점의 진동레벨을 L_{10} 값으로 한다. *중요내용*

④ 진동레벨계만으로 측정할 경우 진동레벨을 읽는 순간에 지시침이 지시판 범위 위를 벗어날 때(이때에 진동레벨계의 레벨범위는 전환하지 않음)에는 그 발생빈도를 기록하여 6회 이상이면 ③에서 구한 L_{10} 값에 2 dB을 더해준다. *중요내용*

진동레벨 기록지

가. 진동레벨 기록판

1	2	3	4	5	6	7	8	9	10

나. 도수 및 누적도수

끝 수		0	1	2	3	4	5	6	7	8	9
40 dB(V)	도 수										
	누적도수										
50 dB(V)	도 수										
	누적도수										
60 dB(V)	도 수										
	누적도수										
70 dB(V)	도 수										
	누적도수										
80 dB(V)	도 수										
	누적도수										
90 dB(V)	도 수										
	누적도수										
100 dB(V)	도 수										
	누적도수										

(2) 배경진동 보정

측정진동레벨에 다음과 같이 배경진동을 보정하여 대상진동레벨로 한다.

① 측정진동레벨이 배경진동레벨보다 10 dB 이상 크면 배경진동의 영향이 극히 작기 때문에 배경진동의 보정 없이 측정진동레벨을 대상진동레벨로 한다. *중요내용*
② 측정진동레벨이 배경진동레벨보다 3.0~9.9 dB 차이로 크면 배경진동의 영향이 있기 때문에 측정진동레벨에 [배경진동의 영향에 대한 보정표]에 의한 보정치를 보정하여 대상진동레벨을 구한다.

[배경진동의 영향에 대한 보정표]

단위 : dB(V)

차이(d)	.0	.1	.2	.3	.4	.5	.6	.7	.8	.9
3	-3.0	-2.9	-2.8	-2.7	-2.7	-2.6	-2.5	-2.4	-2.3	-2.3
4	-2.2	-2.1	-2.1	-2.0	-2.0	-1.9	-1.8	-1.8	-1.7	-1.7
5	-1.7	-1.6	-1.6	-1.5	-1.5	-1.4	-1.4	-1.4	-1.3	-1.3
6	-1.3	-1.2	-1.2	-1.2	-1.1	-1.1	-1.1	-1.0	-1.0	-1.0
7	-1.0	-0.9	-0.9	-0.9	-0.9	-0.9	-0.8	-0.8	-0.8	-0.8
8	-0.7	-0.7	-0.7	-0.7	-0.7	-0.7	-0.6	-0.6	-0.6	-0.6
9	-0.6	-0.6	-0.6	-0.5	-0.5	-0.5	-0.5	-0.5	-0.5	-0.5

보정치 $= -10\log(1 - 10^{-0.1d})$, 여기서 d : 측정진동레벨-배경진동레벨 *중요내용*

다만, 배경진동레벨 측정 시 해당 공장의 공정상 일부 배출시설의 가동 중지가 어렵다고 인정되고, 해당 배출시설에서 발생한 진동이 배경진동에 영향을 미친다고 판단될 경우에는 배경진동레벨 측정 없이 측정진동레벨을 대상진동레벨로 할 수 있다.

③ 측정진동레벨이 배경진동레벨보다 3 dB 미만으로 크면 배경진동이 대상진동보다 크므로 ① 또는 ②에 만족되는 조건에서 재측정하여 대상진동레벨을 구하여야 한다.

④ 다만, 2회 이상의 재측정에서도 측정소음도가 배경소음도보다 3 dB 미만으로 크면 〈공장진동 측정자료 평가표〉에 그 상황을 상세히 명기한다.

04 결과보고

(1) 평가

① 진동평가를 위한 보정
  ㉠ 구한 대상진동레벨을 공장진동 배출허용기준 비고에 정한 보정치를 보정한 공장소음 배출허용기준과 비교한다.
  ㉡ 다만, 피해가 예상되는 자의 부지경계선에서 측정할 때 측정지점의 지역 구분 적용 시 공장이 위치한 지역과 피해가 예상되는 자의 지역이 서로 다를 경우에는 지역별 적용을 대상 공장이 위치한 지역을 기준으로 적용한다.

② 소음·진동관리법시행규칙 별표 5.2 비고에 대한 보정 원칙
  ㉠ 관련 시간대에 대한 측정진동레벨 발생시간의 백분율은 낮, 밤의 각각의 정상 가동시간(휴식, 기계수리 등의 시간을 제외한 실질적인 기계작동시간)을 구하고 시간구분에 따른 해당 관련 시간대에 대한 백분율을 계산하여, 당해 시간 구분에 따라 적용하여야 한다.
  이때 시간의 구분은 보정표의 시간별 항목의 기준에 따라야 하며, 가동시간은 측정 당일 전 30일간의 정상가동시간을 산술평균하여 정하여야 한다. (다만, 신규 배출업소의 경우에는 30일간의 예상 가동시간으로 갈음한다.)

ⓒ 측정진동레벨 및 배경진동레벨은 당해 시간별로 측정 보정함을 원칙으로 하나 배출시설이 변동 없이 낮 및 밤 또는 24시간 가동할 경우에는 낮 시간대의 대상진동레벨을 밤시간의 대상진동레벨로 적용하여 각각 평가하여야 한다.

(2) 측정자료의 기록

진동평가를 위한 자료는 〈공장진동 측정자료 평가표〉에 의하여 기록하며, 측정값에 대한 증빙자료(수기 제외)를 첨부한다.

누적도수 곡선에 의한 L_{10} 값 산정 예

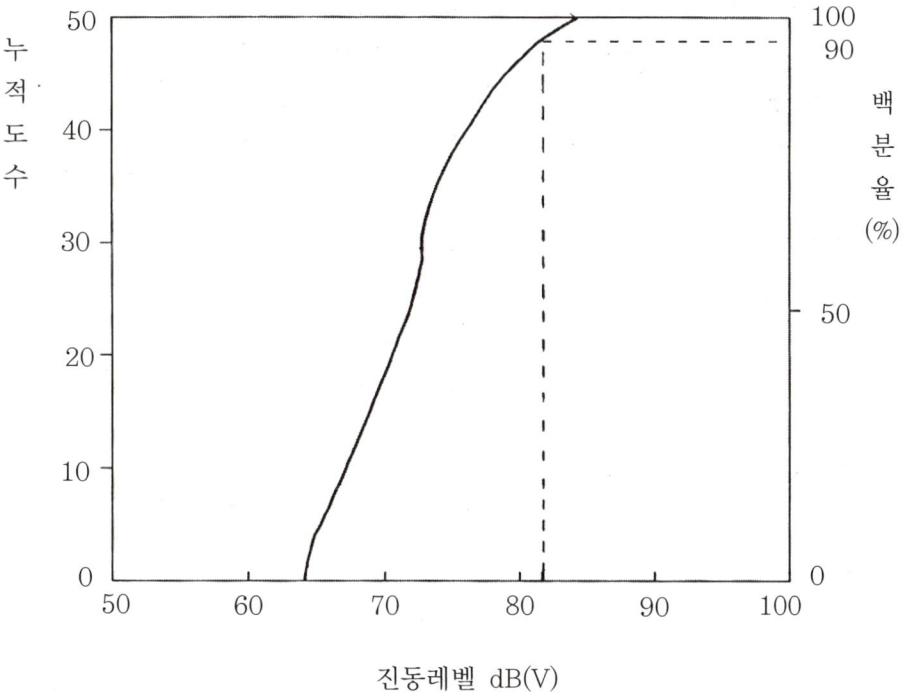

L_{10} 값 : 81 dB(V)

공장진동 측정자료 평가표

작성연월일 :　　년　　월　　일

1. 측정연월일	년　월　일　요일	시　　　　분부터 시　　　　분까지
2. 측정대상업소	소재지 : 명　칭 :	사업주 :
3. 측정자	소속 :　　　직명 :　　　성명 :　　　(인) 소속 :　　　직명 :　　　성명 :　　　(인)	
4. 측정기기	진동레벨계명 : 진동레벨기록기명 : 기타 부속장치 :	
5. 측정환경	지면조건 : 반사 및 굴절진동의 영향 : 전자장 등의 기타 사항 :	

6. 측정대상업소의 진동원과 측정지점

진동원(기계명)	규　격	대　수	측 정 지 점 약 도

7. 측정자료 분석결과(기록지 첨부)

　　가. 측정진동레벨 :　　　　　　dB(V)

　　나. 배경진동레벨 :　　　　　　dB(V)

　　다. 대상진동레벨 :　　　　　　dB(V)

8. 보정치 산정

항목	내용	보정치
관련 시간대에 대한 측정진동레벨발생시간의 백분율(%)		
충격음 성분		
보정치 합계 :		

[규제기준 중 생활진동 측정방법]

01 분석기기 및 기구

(1) 사용 진동레벨계

환경측정기기의 형식승인·정도검사 등에 관한 고시 중 진동레벨계의 구조·성능 세부기준에 정한 진동레벨계 또는 동등 이상의 성능을 가진 것이어야 한다.

(2) 일반사항

① 진동레벨계와 진동레벨 기록기를 연결하여 측정·기록하는 것을 원칙으로 한다. 진동레벨 기록기가 없는 경우에는 진동레벨계만으로 측정할 수 있다.

② 진동레벨계의 출력단자와 진동레벨 기록기의 입력단자를 연결한 후 전원과 기기의 동작을 점검하고 매회 교정을 실시하여야 한다.

③ 진동레벨계의 레벨레인지 변환기는 측정지점의 진동레벨을 예비조사한 후 적절하게 고정시켜야 한다.

④ 진동레벨계와 진동레벨 기록기를 연결하여 사용할 경우에는 진동레벨계의 과부하 출력이 진동기록치에 미치는 영향에 주의하여야 한다.

⑤ 진동픽업의 연결선은 잡음 등을 방지하기 위하여 지표면에 일직선으로 설치한다.

(3) 감각보정회로 ★중요내용

진동레벨계의 감각보정회로는 별도 규정이 없는 한 V특성(수직)에 고정하여 측정하여야 한다.

02 시료채취 및 관리

(1) 측정점

측정점은 피해가 예상되는 자의 부지경계선 중 진동레벨이 높을 것으로 예상되는 지점을 택하여야 한다. 배경진동의 측정점은 동일한 장소에서 측정함을 원칙으로 한다.

(2) 측정조건

① 일반사항 *중요내용*
  ㉠ 진동픽업(pick-up)의 설치장소는 옥외지표를 원칙으로 하고 복잡한 반사, 회절현상이 예상되는 지점은 피한다.
  ㉡ 진동픽업의 설치장소는 완충물이 없고, 충분히 다져서 단단히 굳은 장소로 한다.
  ㉢ 진동픽업의 설치장소는 경사 또는 요철이 없는 장소로 하고, **수평면을 충분히 확보할 수 있는** 장소로 한다.
  ㉣ 진동픽업은 **수직방향** 진동레벨을 측정할 수 있도록 설치한다.
  ㉤ 진동픽업 및 진동레벨계를 온도, 자기, 전기 등의 외부영향을 받지 않는 장소에 설치한다.

② 측정사항
  ㉠ 측정진동레벨은 대상 진동발생원의 일상적인 사용상태에서 정상적으로 가동시켜 측정하여야 한다.
  ㉡ 배경진동레벨은 대상진동원의 가동을 중지한 상태에서 측정하여야 한다. (단, 대상진동원의 가동 중지가 어렵다고 인정되는 경우에는 배경진동의 측정 없이 측정진동레벨을 대상진동레벨로 할 수 있다.)

(3) 측정시간 및 측정지점 수 *중요내용*

피해가 예상되는 **적절한 측정시각에 2지점 이상의 측정지점 수를 선정·측정**하여 그중 높은 진동레벨을 측정진동레벨로 한다.

03 분석절차

(1) 측정자료 분석

- 측정자료는 다음 경우에 따라 분석·정리하며, 진동레벨의 계산과정에서는 소수점 첫째 자리를 유효숫자로 하고, 대상진동레벨(최종값)은 소수점 첫째 자리에서 반올림한다.
- 다만, 측정진동레벨 측정 시 대상진동의 발생시간이 5분 이내인 경우에는 그 발생시간 동안 측정·기록한다.

① 디지털 진동자동분석계를 사용할 경우 *중요내용*

샘플주기를 1초 이내에서 결정하고 5분 이상 측정하여 자동 연산·기록한 80 % 범위의 상단치인 L_{10} 값을 그 지점의 측정진동레벨 또는 배경진동레벨로 한다.

② 진동레벨 기록기를 사용하여 측정할 경우 *중요내용*

5분 이상 측정·기록하여 다음 방법으로 그 지점의 측정진동레벨 또는 배경진동레벨을 정한다.

　㉠ 기록지상의 지시치에 변동이 없을 때에는 그 지시치

　㉡ 기록지상의 지시치의 변동폭이 5 dB 이내일 때에는 구간 내 최대치부터 진동레벨의 크기순으로 10개를 산술평균한 진동레벨

　㉢ 기록지상의 지시치가 불규칙하고 대폭적으로 변하는 경우에는 아래 L_{10} 진동레벨 계산방법에 의한 L_{10} 값

[L₁₀ 진동레벨 계산방법]

① 5초 간격으로 50회 판독한 판독치를 L_{10} 진동레벨 계산방법 표〈진동레벨 기록지〉의 "가"에 기록한다.

② 레벨별 도수 및 누적도수를 L_{10} 진동레벨 계산방법 표〈진동레벨 기록지〉 "나"에 기입한다.

③ L_{10} 진동레벨 계산방법 표〈진동레벨 기록지〉 "나"의 누적도수를 이용하여 모눈종이 상에 누적도곡선을 작성한 후(횡축에 진동레벨, 좌측 종축에 누적도수를, 우측 종축에 백분율을 표기) 90% 횡선이 누적도곡선과 만나는 교점에서 수선을 그어 횡축과 만나는 점의 진동레벨을 L_{10} 값으로 한다. *중요내용

④ 진동레벨계만으로 측정할 경우 진동레벨을 읽는 순간에 지시침이 지시판 범위 위를 벗어날 때(이때에 진동레벨계의 레벨범위는 전환하지 않음)에는 그 발생 빈도를 기록하여 6회 이상이면 ③에서 구한 L_{10} 값에 2 dB을 더해준다.

진동레벨 기록지

가. 진동레벨 기록판

1	2	3	4	5	6	7	8	9	10

나. 도수 및 누적도수

끝 수		0	1	2	3	4	5	6	7	8	9
40 dB(V)	도 수										
	누적도수										
50 dB(V)	도 수										
	누적도수										
60 dB(V)	도 수										
	누적도수										
70 dB(V)	도 수										
	누적도수										
80 dB(V)	도 수										
	누적도수										
90 dB(V)	도 수										
	누적도수										
100 dB(V)	도 수										
	누적도수										

③ 진동레벨계만으로 측정할 경우

계기조정을 위하여 먼저 선정된 측정위치에서 대략적인 진동의 변화양상을 파악한 후, 진동레벨계 지시치의 변화를 목측으로 5초 간격 50회 판독·기록하여 다음의 방법으로 그 지점의 측정진동레벨 또는 배경진동레벨을 결정한다.

㉠ 진동레벨계의 지시치에 변동이 없을 때에는 그 지시치
㉡ 진동레벨계의 지시치의 변화폭이 5 dB 이내일 때에는 구간 내 최대치부터 진동레벨의 크기순으로 10개를 산술평균한 진동레벨
㉢ 진동레벨계 지시치가 불규칙하고 대폭적으로 변할 때에는 L_{10} 진동레벨 계산방법에 의한 L_{10} 값(다만, L_{10} 진동레벨을 측정할 수 있는 진동레벨계를 사용할 때는 5분간 측정하여 진동레벨계에 나타난 L_{10} 값으로 한다.)

(2) 배경진동 보정

측정진동레벨에 다음과 같이 배경진동을 보정하여 대상진동레벨로 한다.

① 측정진동레벨이 배경진동레벨보다 10 dB 이상 크면 배경진동의 영향이 극히 작기 때문에 배경진동 보정 없이 측정진동레벨을 대상진동레벨로 한다.

② 측정진동레벨이 배경진동레벨보다 3.0~9.9 dB 차이로 크면 배경진동의 영향이 있기 때문에 측정진동레벨에 [배경진동의 영향에 대한 보정표]에 의한 보정치를 보정하여 대상진동레벨을 구한다.

[배경진동의 영향에 대한 보정표]

단위 : dB(V)

차이 (d)	.0	.1	.2	.3	.4	.5	.6	.7	.8	.9
3	-3.0	-2.9	-2.8	-2.7	-2.7	-2.6	-2.5	-2.4	-2.3	-2.3
4	-2.2	-2.1	-2.1	-2.0	-2.0	-1.9	-1.8	-1.8	-1.7	-1.7
5	-1.7	-1.6	-1.6	-1.5	-1.5	-1.4	-1.4	-1.4	-1.3	-1.3
6	-1.3	-1.2	-1.2	-1.2	-1.1	-1.1	-1.1	-1.0	-1.0	-1.0
7	-1.0	-0.9	-0.9	-0.9	-0.9	-0.9	-0.8	-0.8	-0.8	-0.8
8	-0.7	-0.7	-0.7	-0.7	-0.7	-0.7	-0.6	-0.6	-0.6	-0.6
9	-0.6	-0.6	-0.6	-0.5	-0.5	-0.5	-0.5	-0.5	-0.5	-0.5

보정치 $= -10\log(1 - 10^{-0.1d})$, 여기서 d : 측정진동레벨 - 배경진동레벨 *중요내용*

③ 측정진동레벨이 배경진동레벨보다 3 dB 미만으로 크면, 배경진동이 대상진동레벨보다 크므로 ① 또는 ②에 만족되는 조건에서 재측정하여 대상진동레벨을 구하여야 한다.

04 결과보고

(1) 평가

① 진동평가를 위한 보정

구한 대상 진동레벨을 생활진동 규제기준과 비교하여 판정한다.

(2) 측정자료의 기록

진동평가를 위한 자료는 〈생활진동 측정자료 평가표〉에 의하여 기록하며, 측정값에 대한 증빙자료(수기 제외)를 첨부한다.

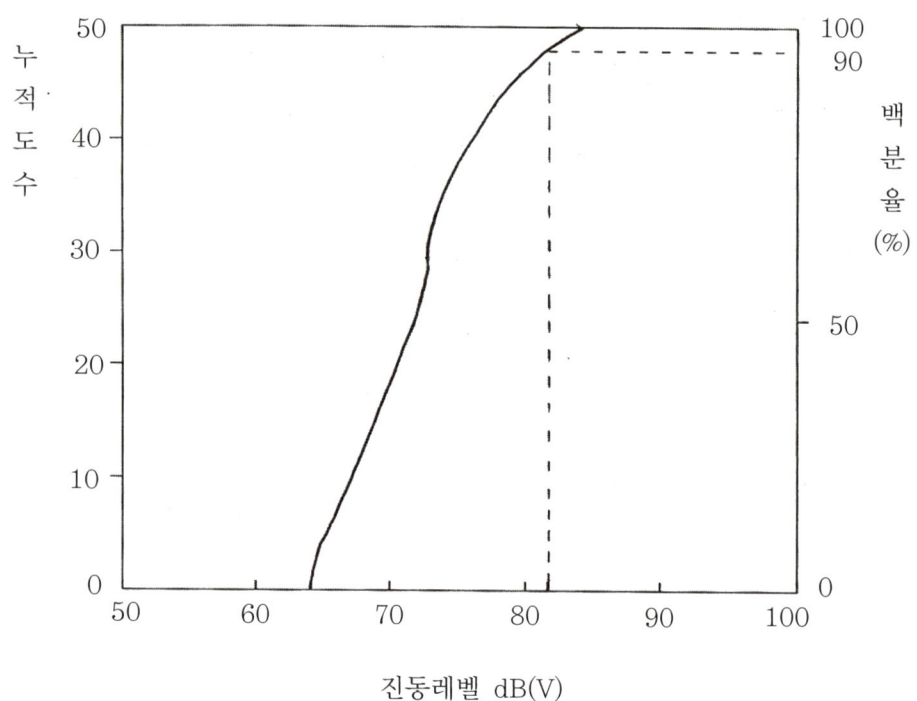

누적도수 곡선에 의한 L_{10} 값 산정 예

L_{10} 값 : 81 dB(V)

생활진동 측정자료 평가표 *중요내용*

작성연월일 :　　　년　월　일

1. 측정연월일	년　월　일　요일	시　　　분부터 시　　　분까지
2. 측정대상업소	소재지 : 명 칭 :	시공회사명 :
3. 사업주등	주소 :　　　　　　성명 :　　　　(인)	
4. 측정자	소속 :　　직명 :　　성명 :　　(인) 소속 :　　직명 :　　성명 :　　(인)	
5. 측정기기	진동레벨계명 : 기록기명 : 기타 부속장치 :	
6. 측정환경	지면조건 : 전자장 등의 영향 : 반사 및 굴절진동의 영향 :	
7. 측정대상의 진동원과 측정지점		

진동발생원	규격	대수	측정지점 약도
			(지역 구분 :　　　)

8. 측정자료 분석결과(기록지 첨부)
　　가. 측정진동레벨 :　　　　　dB(V)
　　나. 배경진동레벨 :　　　　　dB(V)
　　다. 대상진동레벨 :　　　　　dB(V)

[규제기준 중 발파진동 측정방법]

01 분석기기 및 기구

(1) 사용 진동레벨계

환경측정기기의 형식승인·정도검사 등에 관한 고시 중 진동레벨계의 구조·성능 세부기준에 정한 진동레벨계 또는 동등 이상의 성능을 가진 것이어야 한다.

(2) 일반사항

① 진동레벨계와 진동레벨기록기를 연결하여 측정·기록하는 것을 원칙으로 한다. 진동레벨계만으로 측정할 경우에는 최고 진동레벨이 고정(hold)되는 것에 한한다. ◆중요내용

② 진동레벨계의 출력단자와 진동레벨기록기의 입력단자를 연결한 후 전원과 기기의 동작을 점검하고 매회 교정을 실시하여야 한다.

③ 진동레벨계의 레벨레인지 변환기는 측정지점의 진동레벨을 예비조사한 후 적절하게 고정시켜야 한다.

④ 진동레벨계와 진동레벨 기록기를 연결하여 사용할 경우에는 진동레벨계 기록기의 과부하 출력이 진동기록치에 미치는 영향에 주의하여야 한다.

⑤ 진동레벨 기록기의 기록속도 등은 진동레벨계의 동특성에 부응하게 조작한다.

⑥ 진동픽업의 연결선은 잡음 등을 방지하기 위하여 지표면에 일직선으로 설치한다.

(3) 감각보정회로

진동레벨계의 감각보정회로는 별도 규정이 없는 한 V특성(수직)에 고정하여 측정하여야 한다.

02 시료채취 및 관리

(1) 측정점

측정점은 피해가 예상되는 자의 부지경계선 중 진동레벨이 높을 것으로 예상되는 지점을 택하여야 한다. 배경진동의 측정점은 동일한 장소에서 측정함을 원칙으로 한다.

(2) 측정조건

① 일반사항
  ㉠ 진동픽업(pick-up)의 설치장소는 옥외지표를 원칙으로 하고 복잡한 반사, 회절현상이 예상되는 지점은 피한다.
  ㉡ 진동픽업의 설치장소는 완충물이 없고, 충분히 다져서 단단히 굳은 장소로 한다.
  ㉢ 진동픽업의 설치장소는 경사 또는 요철이 없고, 수평면을 충분히 확보할 수 있는 장소로 한다.
  ㉣ 진동픽업은 수직방향 진동레벨을 측정할 수 있도록 설치한다.
  ㉤ 진동픽업 및 진동레벨계를 온도, 자기, 전기 등의 외부영향을 받지 않는 장소에 설치한다.

② 측정사항
  ㉠ 측정진동레벨은 발파진동이 지속되는 기간 동안에 측정하여야 한다.

ⓒ 배경진동레벨은 대상진동(발파진동)이 없을 때 측정하여야 한다.

(3) 측정시간 및 측정지점 수 *중요내용*

작업일지 및 발파계획서 또는 폭약사용신고서를 참조하여 구분하는 각 시간대 중에서 최대발파진동이 예상되는 시각의 진동을 포함한 모든 발파진동을 1지점 이상에서 측정한다.

03 분석절차

(1) 측정자료 분석

- 측정자료는 다음 경우에 따라 분석·정리하며, 진동레벨의 계산과정에서는 소수점 첫째 자리를 유효숫자로 한다.
- 평가진동레벨(최종값)은 소수점 첫째 자리에서 반올림한다.

① 측정진동레벨
　ⓐ 디지털 진동자동분석계를 사용할 때에는 샘플주기를 0.1초 이하로 놓고 발파진동의 발생기간(수초 이내) 동안 측정하여 자동 연산·기록한 최고치를 측정진동레벨로 한다. *중요내용*
　ⓑ 진동레벨기록기를 사용하여 측정할 때에는 기록지상의 지시치의 최고치를 측정진동레벨로 한다.
　ⓒ 최고진동 고정(hold)용 진동레벨계를 사용할 때에는 당해 지시치를 측정진동레벨로 한다.

② 배경진동레벨
　ⓐ 디지털 진동자동분석계를 사용할 경우 *중요내용*
　　샘플주기를 1초 이내에서 결정하고 5분 이상 측정하여 자동 연산·기록한 80 % 범위의 상단치인 L_{10} 값을 그 지점의 배경진동레벨로 한다.

ⓒ 진동레벨기록기를 사용하여 측정할 경우

5분 이상 측정·기록하여 다음 방법으로 그 지점의 배경진동레벨을 정한다.
ⓐ 기록지상의 지시치에 변동이 없을 때에는 그 지시치
ⓑ 기록지상의 지시치의 변동폭이 5 dB 이내일 때에는 구간 내 최대치부터 진동레벨의 크기순으로 10개를 산술평균한 진동레벨
ⓒ 기록지상의 지시치가 불규칙하고 대폭적으로 변할 때에는 L_{10} 진동레벨 계산방법에 의한 L_{10} 값으로 구한다.

ⓒ 진동레벨계만으로 측정할 경우 *중요내용

계기조정을 위하여 먼저 선정된 측정위치에서 대략적인 진동레벨의 변화 양상을 파악한 후, 진동레벨계 지시치의 변화를 목측으로 5초 간격 50회 판독·기록하여 다음의 방법으로 그 지점의 배경진동레벨을 정한다.
ⓐ 진동레벨계의 지시치에 변동이 없을 때에는 그 지시치
ⓑ 진동레벨계의 지시치의 변화폭이 5 dB 이내일 때에는 구간 내 최대치부터 진동레벨의 크기순으로 10개를 산술평균한 진동레벨
ⓒ 진동레벨계 지시치가 불규칙하고 대폭적으로 변할 때에는 L_{10} 진동레벨 계산방법에 의한 L_{10} 값(다만, L_{10} 진동레벨을 측정할 수 있는 진동레벨계를 사용할 때는 5분간 측정하여 진동레벨계에 나타난 L_{10} 값으로 한다.)

[L_{10} 진동레벨 계산방법]

① 5초 간격으로 50회 판독한 판독치를 L_{10} 진동레벨 계산방법 표 〈진동레벨 기록지〉의 "가"에 기록한다.

② 레벨별 도수 및 누적도수를 L_{10} 진동레벨 계산방법 표 〈진동레벨 기록지〉의 "나"에 기입한다.

③ L_{10} 진동레벨 계산방법 표 〈진동레벨 기록지〉 "나"의 누적도수를 이용하여 모눈종이 상에 누적도곡선을 작성한 후(횡축에 진동레벨, 좌측 종축에 누적도수를, 우측 종축에 백분율을 표기) 90 % 횡선이 누적도곡선과 만나는 교점에서 수선을 그어 횡축과 만나는 점의 진동레벨을 L_{10} 값으로 한다.

④ 진동레벨계만으로 측정할 경우 진동레벨을 읽는 순간에 지시침이 지시판 범위 위를 벗어날 때(이때에 진동레벨계의 레벨범위는 전환하지 않음)에는 그 발생빈도를 기록하여 6회 이상이면 ③에서 구한 L_{10} 값에 2 dB을 더해준다.

진동레벨 기록지

가. 진동레벨 기록판

1	2	3	4	5	6	7	8	9	10

나. 도수 및 누적도수

끝 수		0	1	2	3	4	5	6	7	8	9
40 dB(V)	도 수										
	누적도수										
50 dB(V)	도 수										
	누적도수										
60 dB(V)	도 수										
	누적도수										
70 dB(V)	도 수										
	누적도수										
80 dB(V)	도 수										
	누적도수										
90 dB(V)	도 수										
	누적도수										
100 dB(V)	도 수										
	누적도수										

③ 진동레벨계만으로 측정할 경우

계기조정을 위하여 먼저 선정된 측정위치에서 대략적인 진동의 변화양상을 파악한 후, 진동레벨계 지시치의 변화를 목측으로 5초 간격 50회 판독·기록하여 다음의 방법으로 그 지점의 측정진동레벨 또는 배경진동레벨을 결정한다.

㉠ 진동레벨계의 지시치에 변동이 없을 때에는 그 지시치
㉡ 진동레벨계의 지시치의 변화폭이 5 dB 이내일 때에는 구간 내 최대치부터 진동레벨의 크기순으로 10개를 산술평균한 진동레벨
㉢ 진동레벨계 지시치가 불규칙하고 대폭적으로 변할 때에는 L_{10} 진동레벨 계산방법에 의한 L_{10} 값(다만, L_{10} 진동레벨을 측정할 수 있는 진동레벨계를 사용할 때는 5분간 측정하여 진동레벨계에 나타난 L_{10} 값으로 한다.)

(2) 배경진동 보정

측정진동레벨에 다음과 같이 배경진동을 보정하여 대상진동레벨로 한다.

① 측정진동레벨이 배경진동레벨보다 10 dB 이상 크면 배경진동의 영향이 극히 작기 때문에 배경진동 보정 없이 측정진동레벨을 대상진동레벨로 한다.

② 측정진동레벨이 배경진동레벨보다 3.0~9.9 dB 차이로 크면 배경진동의 영향이 있기 때문에 측정진동레벨에 아래의 보정표에 의한 보정치를 보정하여 대상진동레벨을 구한다.

[배경진동의 영향에 대한 보정표]

단위 : dB(A)

차이 (d)	.0	.1	.2	.3	.4	.5	.6	.7	.8	.9
3	-3.0	-2.9	-2.8	-2.7	-2.7	-2.6	-2.5	-2.4	-2.3	-2.3
4	-2.2	-2.1	-2.1	-2.0	-2.0	-1.9	-1.8	-1.8	-1.7	-1.7
5	-1.7	-1.6	-1.6	-1.5	-1.5	-1.4	-1.4	-1.4	-1.3	-1.3
6	-1.3	-1.2	-1.2	-1.2	-1.1	-1.1	-1.1	-1.0	-1.0	-1.0
7	-1.0	-0.9	-0.9	-0.9	-0.9	-0.9	-0.8	-0.8	-0.8	-0.8
8	-0.7	-0.7	-0.7	-0.7	-0.7	-0.7	-0.6	-0.6	-0.6	-0.6
9	-0.6	-0.6	-0.6	-0.5	-0.5	-0.5	-0.5	-0.5	-0.5	-0.5

보정치 $= -10\log(1 - 10^{-0.1d})$, 여기서 d : 측정진동레벨 − 배경진동레벨 **중요내용**

③ 측정진동레벨이 배경진동레벨보다 3 dB 미만으로 크면 배경진동이 대상진동레벨보다 크므로 ① 또는 ②에 만족되는 조건에서 재측정하여 대상진동레벨을 구하여야 한다.

04 결과보고

(1) 평가

① 진동평가를 위한 보정
   ㉠ 구한 대상진동레벨에 시간대별 보정발파횟수(N)에 따른 보정량(+10 log N ; N>1)을 보정하여 평가진동레벨을 구한다. 이 경우, 지발발파는 보정발파횟수를 1회로 간주한다. *중요내용*
   ㉡ 시간대별 보정발파횟수(N)는 작업일지 및 발파계획서 또는 폭약사용신고서 등을 참조하여 발파진동 측정 당일의 발파진동 중 진동레벨이 60 dB(V) 이상인 횟수(N)를 말한다. *중요내용*
   ㉢ 단, 여건상 불가피하게 측정 당일의 발파횟수만큼 측정하지 못한 경우에는 측정 시의 장약량과 같은 양을 사용한 발파는 같은 진동레벨로 판단하여 보정발파횟수를 산정할 수 있다.

(2) 측정자료의 기록

진동평가를 위한 자료는 〈발파진동 측정자료 평가표〉에 의하여 기록하며, 측정값에 대한 증빙자료(수기 제외)를 첨부한다.

누적도수 곡선에 의한 L_{10} 값 산정 예

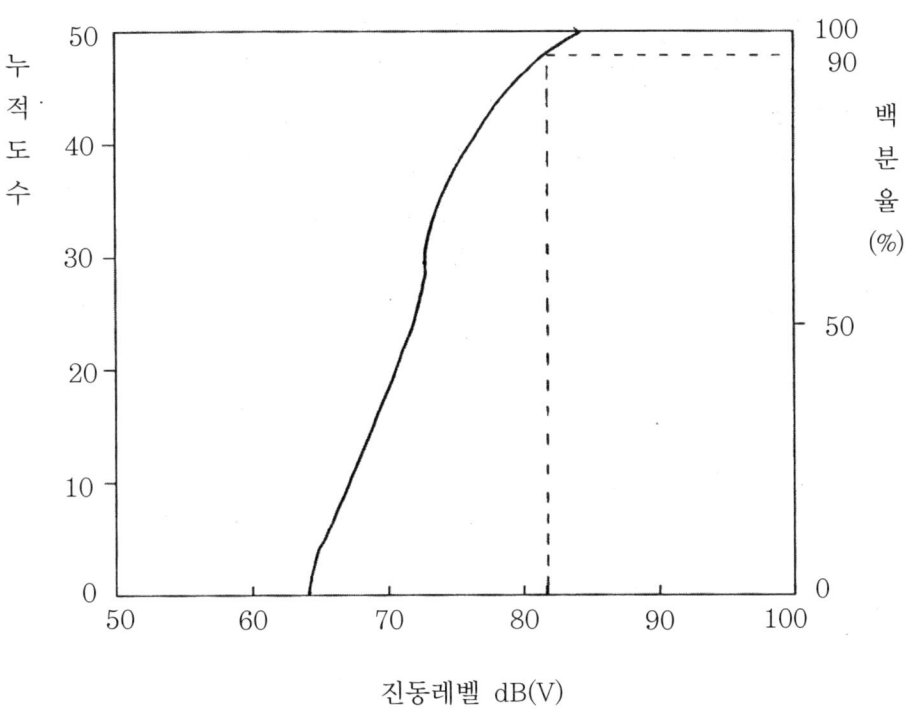

L_{10} 값 : 81 dB(V)

발파진동 측정자료 평가표 *중요내용*

작성연월일 :　　년　월　일

1. 측정연월일	년　월　일　요일	시　　　　　분부터 시　　　　　분까지		
2. 측정대상업소	소재지 : 명　칭 :			
3. 사업주	주소 :　　　　　　　성명 :　　　　(인)			
4. 측정자	소속 :　　　직명 :　　　성명 :　　(인) 소속 :　　　직명 :　　　성명 :　　(인)			
5. 측정기기	진동레벨계명 : 기록기명 : 기타 부속장치 :			
6. 측정환경	지면조건 : 전자장 등의 영향 : 반사 및 굴절진동의 영향 :			
7. 측정대상의 진동원과 측정지점				
폭약의 종류	1회 사용량	발파횟수	측정지점 약도	
	kg	낮 : 밤 :	(지역 구분 :　　　)	

8. 측정자료 분석결과(기록지 첨부)
　　가. 측정진동레벨 :　　　　　dB(V)
　　나. 배경진동레벨 :　　　　　dB(V)
　　다. 대상진동레벨 :　　　　　dB(V)
　　라. 평가진동레벨 :　　　　　dB(V)

[도로교통진동 관리기준 측정방법]

01 분석기기 및 기구

(1) 사용 진동레벨계

환경측정기기의 형식승인·정도검사 등에 관한 고시 중 진동레벨계의 구조·성능 세부기준에 정한 진동레벨계 또는 동등 이상의 성능을 가진 것이어야 한다.

(2) 일반사항

① 진동레벨계와 진동레벨 기록기를 연결하여 측정·기록하는 것을 원칙으로 한다. 진동레벨 기록기가 없는 경우에는 진동레벨계만으로 측정할 수 있다.

② 진동레벨계의 출력단자와 진동레벨 기록기의 입력단자를 연결한 후 전원과 기기의 동작을 점검하고 매회 교정을 실시하여야 한다.

③ 진동레벨계의 레벨레인지 변환기는 측정지점의 진동레벨을 예비조사한 후 적절하게 고정시켜야 한다.

④ 진동레벨계와 진동레벨 기록기를 연결하여 사용할 경우에는 진동레벨계의 과부하 출력이 진동기록치에 미치는 영향에 주의하여야 한다.

⑤ 진동픽업의 연결선은 잡음 등을 방지하기 위하여 지표면에 일직선으로 설치한다.

(3) 감각보정회로

진동레벨계의 감각보정회로는 별도 규정이 없는 한 V특성(수직)에 고정하여 측정하여야 한다.

02 시료채취 및 관리

(1) 측정점
측정점은 피해가 예상되는 자의 부지경계선 중 진동레벨이 높을 것으로 예상되는 지점을 택하여야 한다.

(2) 측정조건

① 일반사항 *중요내용*
  ㉠ 진동픽업(pick-up)의 설치장소는 옥외지표를 원칙으로 하고 복잡한 반사, 회절현상이 예상되는 지점은 피한다.
  ㉡ 진동픽업의 설치장소는 완충물이 없고, 충분히 다져서 단단히 굳은 장소로 한다.
  ㉢ 진동픽업의 설치장소는 경사 또는 요철이 없는 장소로 하고, 수평면을 충분히 확보할 수 있는 장소로 한다.
  ㉣ 진동픽업은 수직방향 진동레벨을 측정할 수 있도록 설치한다.
  ㉤ 진동픽업 및 진동레벨계를 온도, 자기, 전기 등의 외부영향을 받지 않는 장소에 설치한다.

② 측정사항
  요일별로 진동 변동이 적은 평일(월요일부터 금요일 사이)에 당해 지역의 도로교통진동을 측정하여야 한다. 단, 주말 또는 공휴일에 도로교통량이 증가되어 진동피해가 예상되는 경우에는 주말 및 공휴일에 도로교통진동을 측정할 수 있다.

(3) 측정시간 및 측정지점 수 *중요내용*
시간대별로 진동피해가 예상되는 시간대를 포함하여 2개 이상의 측정지점 수를 선정하여 4시간 이상 간격으로 2회 이상 측정하여 산술평균한 값을 측정진동레벨로 한다.

03 분석절차

(1) 측정자료 분석

측정자료는 다음 경우에 따라 분석·정리하며, 진동레벨의 계산과정에서는 소수점 첫째 자리를 유효숫자로 하고, 측정진동레벨(최종값)은 소수점 첫째 자리에서 반올림한다.

① 디지털 진동자동분석계를 사용할 경우

샘플주기를 1초 이내에서 결정하고 5분 이상 측정하여 자동 연산·기록한 80 % 범위의 상단치인 L_{10} 값을 그 지점의 측정진동레벨로 한다.

② 진동레벨기록기를 사용하여 측정할 경우

5분 이상 측정·기록하여 다음 방법으로 그 지점의 측정진동레벨을 정한다.
㉠ 기록지상의 지시치에 변동이 없을 때에는 그 지시치
㉡ 기록지상의 지시치의 변동폭이 5 dB 이내일 때에는 구간 내 최대치부터 진동레벨의 크기순으로 10개를 산술평균한 진동레벨
㉢ 기록지상의 지시치가 불규칙하고 대폭적으로 변하는 경우에는 L_{10} 진동레벨 계산방법에 의한 L_{10} 값

[L₁₀ 진동레벨 계산방법]

① 5초 간격으로 50회 판독한 판독치를 L_{10} 진동레벨 계산방법 표〈진동레벨 기록지〉의 "가"에 기록한다.

② 레벨별 도수 및 누적도수를 L_{10} 진동레벨 계산방법 표〈진동레벨 기록지〉 "나"에 기입한다.

③ L_{10} 진동레벨 계산방법 표〈진동레벨 기록지〉 "나"의 누적도수를 이용하여 모눈종이 상에 누적도곡선을 작성한 후(횡축에 진동레벨, 좌측 종축에 누적도수를, 우측 종축에 백분율을 표기) 90 % 횡선이 누적도곡선과 만나는 교점에서 수선을 그어 횡축과 만나는 점의 진동레벨을 L_{10} 값으로 한다.

④ 진동레벨계만으로 측정할 경우 진동레벨을 읽는 순간에 지시침이 지시판 범위 위를 벗어날 때(이때에 진동레벨계의 레벨범위는 전환하지 않음)에는 그 발생 빈도를 기록하여 6회 이상이면 ③에서 구한 L_{10} 값에 2 dB을 더해준다.

진동레벨 기록지

가. 진동레벨 기록판

1	2	3	4	5	6	7	8	9	10

나. 도수 및 누적도수

끝 수		0	1	2	3	4	5	6	7	8	9
40 dB(V)	도 수										
	누적도수										
50 dB(V)	도 수										
	누적도수										
60 dB(V)	도 수										
	누적도수										
70 dB(V)	도 수										
	누적도수										
80 dB(V)	도 수										
	누적도수										
90 dB(V)	도 수										
	누적도수										
100 dB(V)	도 수										
	누적도수										

③ 진동레벨계만으로 측정할 경우

계기조정을 위하여 먼저 선정된 측정위치에서 대략적인 진동레벨의 변화양상을 파악한 후, 진동레벨계 지시치의 변화를 목측으로 5초 간격 50회 판독·기록하여 다음의 방법으로 그 지점의 측정진동레벨을 정한다.

㉠ 진동레벨계의 지시치에 변동이 없을 때에는 그 지시치
㉡ 진동레벨계의 지시치의 변화폭이 5 dB 이내일 때에는 구간 내 최대치부터 진동레벨의 크기순으로 10개를 산술평균한 진동레벨
㉢ 진동레벨계 지시치가 불규칙하고 대폭적으로 변할 때에는 L_{10} 진동레벨 계산방법에 의한 L_{10} 값(다만, L_{10} 진동레벨을 측정할 수 있는 진동레벨계를 사용할 때는 5분간 측정하여 진동레벨계에 나타난 L_{10} 값으로 한다.)

04 결과보고

(1) 평가

① 진동평가를 위한 보정

구한 측정진동레벨을 도로교통진동의 한도와 비교하여 평가한다.

(2) 측정자료의 기록

진동평가를 위한 자료는 〈도로교통진동 측정자료 평가표〉에 의하여 기록하며, 측정값에 대한 증빙자료(수기 제외)를 첨부한다.

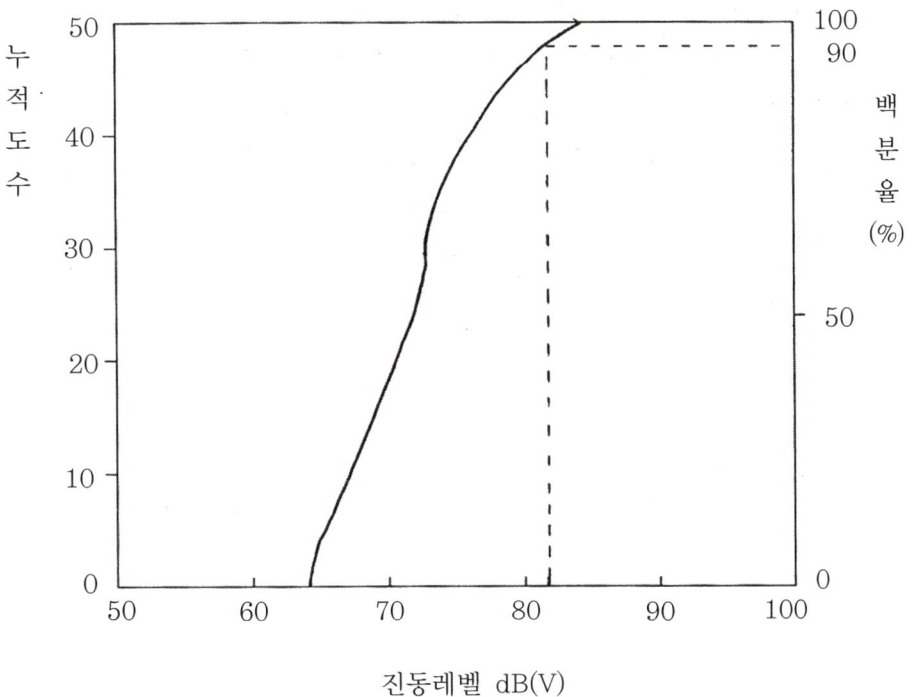

누적도수 곡선에 의한 L_{10} 값 산정 예

L_{10} 값 : 81 dB(V)

도로교통진동 측정자료 평가표 *중요내용*

작성연월일 :   년   월   일

1. 측정연월일	년 월 일 요일	시 분부터 시 분까지
2. 측정대상업소 등	소재지 : 명 칭 :	
3. 관리자		
4. 측정자	소속 : 직명 : 성명 : (인) 소속 : 직명 : 성명 : (인)	
5. 측정기기	진동레벨계명 : 기록기명 : 기타 부속장치 :	
6. 측정환경	지면조건 : 전자장 등의 영향 : 반사 및 굴절진동의 영향 :	

7. 측정대상의 진동원과 측정지점

도로구조	교통특성	측정지점 약도
차 선 수 : 도로유형 : 구 배 : 기 타 :	시간당 교통량 (대/hr) 대형차 통행량 (대/hr) 평균차속 (km/hr)	(지역 구분 :)

8. 측정자료 분석결과(기록지 첨부)
    • 측정진동레벨 :   dB(V)

[철도진동 관리기준 측정방법]

01 분석기기 및 기구

(1) 사용 진동레벨계

환경측정기기의 형식승인·정도검사 등에 관한 고시 중 진동레벨계의 구조·성능 세부기준에 정한 진동레벨계 또는 동등 이상의 성능을 가진 것이어야 한다.

(2) 일반사항

① 진동레벨계와 진동레벨 기록기를 연결하여 측정·기록하는 것을 원칙으로 한다. 진동레벨기록기가 없는 경우에는 진동레벨계만으로 측정할 수 있다.

② 진동레벨계의 출력단자와 진동레벨기록기의 입력단자를 연결한 후 전원과 기기의 동작을 점검하고 매회 교정을 실시하여야 한다.

③ 진동레벨계의 레벨레인지 변환기는 측정지점의 진동레벨을 예비조사한 후 적절하게 고정시켜야 한다.

④ 진동레벨계와 진동레벨 기록기를 연결하여 사용할 경우에는 진동레벨계의 과부하 출력이 진동기록치에 미치는 영향에 주의하여야 한다.

⑤ 진동픽업의 연결선은 잡음 등을 방지하기 위하여 지표면에 일직선으로 설치한다.

(3) 감각보정회로

진동레벨계의 감각보정회로는 별도 규정이 없는 한 V특성(수직)에 고정하여 측정하여야 한다.

02 시료채취 및 관리

(1) 측정점

옥외측정을 원칙으로 하며, 그 지역의 철도진동을 대표할 수 있는 지점이나 철도진동으로 인하여 문제를 일으킬 우려가 있는 지점을 택하여야 한다.

(2) 측정조건

① 일반사항 *중요내용*
  ㉠ 진동픽업(pick-up)의 설치장소는 옥외지표를 원칙으로 하고 복잡한 반사, 회절현상이 예상되는 지점은 피한다.
  ㉡ 진동픽업의 설치장소는 완충물이 없고, 충분히 다져서 단단히 굳은 장소로 한다.
  ㉢ 진동픽업의 설치장소는 경사 또는 요철이 없고, 수평면을 충분히 확보할 수 있는 장소로 한다.
  ㉣ 진동픽업은 수직방향 진동레벨을 측정할 수 있도록 설치한다.
  ㉤ 진동픽업 및 진동레벨계를 온도, 자기, 전기 등의 외부영향을 받지 않는 장소에 설치한다.

② 측정사항
  요일별로 진동 변동이 적은 평일(월요일부터 금요일 사이)에 당해 지역의 철도진동을 측정하여야 한다. 단, 주말 또는 공휴일에 철도통행량이 증가되어 진동피해가 예상되는 경우에는 주말 및 공휴일에 철도진동을 측정할 수 있다.

(3) 측정시간 *중요내용*

기상조건, 열차의 운행횟수 및 속도 등을 고려하여 당해 지역의 1시간 평균 철도통행량 이상인 시간대에 측정한다.

03 분석절차

(1) 열차통과 시마다 최고진동레벨이 배경진동레벨보다 최소 5 dB 이상 큰 것에 한하여 연속 10개 열차(상하행 포함) 이상을 대상으로 최고진동레벨을 측정·기록하고, 그중 중앙값 이상을 산술평균한 값을 철도진동레벨로 한다.

(2) 다만, 열차의 운행횟수가 밤·낮 시간대별로 1일 10회 미만인 경우에는 측정 열차 수를 줄여 그중 중앙값 이상을 산술평균한 값을 철도진동레벨로 할 수 있다.

(3) 진동레벨의 계산과정에서는 소수점 첫째 자리를 유효숫자로 하고, 측정진동 레벨(최종값)은 소수점 첫째 자리에서 반올림한다.

04 결과보고

(1) 평가

① 진동평가를 위한 보정
구한 측정진동레벨을 철도진동의 한도와 비교하여 평가한다.

(2) 측정자료의 기록

진동평가를 위한 자료는 〈철도진동 측정자료 평가표〉에 의하여 기록하며, 측정값에 대한 증빙자료(수기 제외)를 첨부한다.

PART 04

소음·진동 관계 법규

[환경정책 기본법]

정의(법 제3조) *중요내용

1. "환경"이란 자연환경과 생활환경을 말한다.
2. "자연환경"이란 지하·지표(해양을 포함한다) 및 지상의 모든 생물과 이들을 둘러싸고 있는 비생물적인 것을 포함한 자연의 상태(생태계 및 자연경관을 포함한다)를 말한다.
3. "생활환경"이란 대기, 물, 토양, 폐기물, 소음·진동, 악취, 일조(日照), 인공조명, 화학물질 등 사람의 일상생활과 관계되는 환경을 말한다.
4. "환경오염"이란 사업활동 및 그 밖의 사람의 활동에 의하여 발생하는 대기오염, 수질오염, 토양오염, 해양오염, 방사능오염, 소음·진동, 악취, 일조 방해, 인공조명에 의한 빛공해 등으로서 사람의 건강이나 환경에 피해를 주는 상태를 말한다.
5. "환경훼손"이란 야생동식물의 남획(濫獲) 및 그 서식지의 파괴, 생태계질서의 교란, 자연경관의 훼손, 표토(表土)의 유실 등으로 자연환경의 본래적 기능에 중대한 손상을 주는 상태를 말한다.
6. "환경보전"이란 환경오염 및 환경훼손으로부터 환경을 보호하고 오염되거나 훼손된 환경을 개선함과 동시에 쾌적한 환경 상태를 유지·조성하기 위한 행위를 말한다.
7. "환경용량"이란 일정한 지역에서 환경오염 또는 환경훼손에 대하여 환경이 스스로 수용, 정화 및 복원하여 환경의 질을 유지할 수 있는 한계를 말한다.
8. "환경기준"이란 국민의 건강을 보호하고 쾌적한 환경을 조성하기 위하여 국가가 달성하고 유지하는 것이 바람직한 환경상의 조건 또는 질적인 수준을 말한다.

[소음환경기준] *중요내용

Leq dB(A)

지역 구분	적용대상 지역	기준 낮(06:00~22:00)	기준 밤(22:00~06:00)
일반 지역	"가" 지역	50	40
	"나" 지역	55	45
	"다" 지역	65	55
	"라" 지역	70	65
도로변 지역	"가" 및 "나" 지역	65	55
	"다" 지역	70	60
	"라" 지역	75	70

비고
1. 지역 구분별 적용 대상지역의 구분은 다음과 같다.
   가. "가"지역
      1) 「국토의 계획 및 이용에 관한 법률」에 따른 녹지지역
      2) 「국토의 계획 및 이용에 관한 법률」에 따른 보전관리지역
      3) 「국토의 계획 및 이용에 관한 법률」에 따른 농림지역 및 자연환경보전지역
      4) 「국토의 계획 및 이용에 관한 법률」에 따른 전용주거지역
      5) 「의료법」에 따른 종합병원의 부지경계로부터 50m 이내의 지역
      6) 「초·중등교육법」 및 「고등교육법」에 따른 학교의 부지경계로부터 50m 이내의 지역
      7) 「도서관법」에 따른 공공도서관의 부지경계로부터 50m 이내의 지역
   나. "나"지역
      1) 「국토의 계획 및 이용에 관한 법률」에 따른 생산관리지역
      2) 「국토의 계획 및 이용에 관한 법률 시행령」에 따른 일반주거지역 및 준주거지역
   다. "다"지역
      1) 「국토의 계획 및 이용에 관한 법률」에 따른 상업지역 및 같은 항 제2호 다목에 따른 계획관리지역
      2) 「국토의 계획 및 이용에 관한 법률 시행령」에 따른 준공업지역
   라. "라"지역
      「국토의 계획 및 이용에 관한 법률 시행령」에 따른 전용공업지역 및 일반공업지역
2. "도로"란 자동차(2륜 자동차는 제외한다)가 한 줄로 안전하고 원활하게 주행하는 데에 필요한 일정 폭의 차선이 2개 이상 있는 도로를 말한다.
3. 이 소음환경기준은 항공기소음, 철도소음 및 건설작업 소음에는 적용하지 않는다.

[소음·진동관리법]

♂ 정의(법 제2조) 〈중요내용〉

1. "소음(騷音)"이란 기계·기구·시설, 그 밖의 물체의 사용 또는 공동주택 등 환경부령으로 정하는 사람의 활동으로 인하여 발생하는 강한 소리를 말한다.
2. "진동(振動)"이란 기계·기구·시설, 그 밖의 물체의 사용으로 인하여 발생하는 강한 흔들림을 말한다.
3. "소음·진동배출시설"이란 소음·진동을 발생하는 공장의 기계·기구·시설, 그 밖의 물체로서 환경부령으로 정하는 것을 말한다.
4. "소음·진동방지시설"이란 소음·진동배출시설로부터 배출되는 소음·진동을 없애거나 줄이는 시설로서 환경부령으로 정하는 것을 말한다.
5. "방음시설(防音施設)"이란 소음·진동배출시설이 아닌 물체로부터 발생하는 소음을 없애거나 줄이는 시설로서 환경부령으로 정하는 것을 말한다.
6. "방진시설"이란 소음·진동배출시설이 아닌 물체로부터 발생하는 진동을 없애거나 줄이는 시설로서 환경부령으로 정하는 것을 말한다.
7. "공장"이란 「산업집적활성화 및 공장설립에 관한 법률」의 공장을 말한다. 다만, 「도시계획법」에 따라 결정된 공항시설 안의 항공기 정비공장은 제외한다.
8. "교통기관"이란 기차·자동차·전차·도로 및 철도 등을 말한다. 다만, 항공기와 선박은 제외한다.
9. "자동차"란 「자동차관리법」에 따른 자동차와 「건설기계관리법」에 따른 건설기계 중 환경부령으로 정하는 것을 말한다.
10. "소음발생건설기계"란 건설공사에 사용하는 기계 중 소음이 발생하는 기계로서 환경부령으로 정하는 것을 말한다.
11. "휴대용음향기기"란 휴대가 쉬운 소형 음향재생기기(음악재생기능이 있는 이동전화를 포함한다)로서 환경부령으로 정하는 것을 말한다.

[소음·진동배출시설(규칙 제2조의2) : 별표 1] *중요내용*

1. 소음배출시설
   가. 동력기준시설 및 기계·기구
      1) 7.5kW 이상의 압축기(나사식 압축기는 37.5kW 이상으로 한다)
      2) 7.5kW 이상의 송풍기
      3) 7.5kW 이상의 단조기(기압식은 제외한다)
      4) 7.5kW 이상의 금속절단기
      5) 7.5kW 이상의 유압식 외의 프레스 및 22.5kW 이상의 유압식 프레스(유압식 절곡기는 제외한다)
      6) 7.5kW 이상의 탈사기
      7) 7.5kW 이상의 분쇄기(파쇄기와 마쇄기를 포함한다)
      8) 22.5kW 이상의 변속기
      9) 7.5kW 이상의 기계체
      10) 15kW 이상의 원심분리기
      11) 37.5kW 이상의 혼합기(콘크리트프랜트 및 아스팔트랜트의 혼합기는 15kW 이상으로 한다)
      12) 37.5kW 이상의 공작기계
      13) 22.5kW 이상의 제분기
      14) 15kW 이상의 제재기
      15) 15kW 이상의 목재가공기계
      16) 37.5kW 이상의 인쇄기계(활판인쇄기계는 15kW 이상, 옵셋인쇄기계는 75kW 이상으로 한다)
      17) 37.5kW 이상의 압연기
      18) 22.5kW 이상의 도정시설(「국토의 계획 및 이용에 관한 법률」에 따른 주거지역·상업지역 및 녹지지역에 있는 시설로 한정한다)
      19) 37.5kW 이상의 성형기(압출·사출을 포함한다)
      20) 22.5kW 이상의 주조기계(다이케스팅기를 포함한다)
      21) 15kW 이상의 콘크리트관 및 파일의 제조기계
      22) 15kW 이상의 펌프(「국토의 계획 및 이용에 관한 법률」에 따른 주거지역·상업지역 및 녹지지역에 있는 시설로 한정하며, 「화재예방, 소방시설 설치·유지 및 안전관리에 관한 법률 시행령」 제3조에 따른 소화전은 제외한다)
      23) 22.5kW 이상의 금속가공용 인발기(습식신선기 및 합사·연사기를 포함한다)
      24) 22.5kW 이상의 초지기
      25) 7.5kW 이상의 연탄제조용 윤전기
      26) 위의 1)부터 25)까지의 규정에 해당되는 배출시설을 설치하지 아니한 사업장으

　　　　　　로서 위 각 항목의 동력 규모 미만인 것들의 동력 합계가 37.5kW 이상(옵셋인쇄
　　　　　　기계를 포함할 경우 75kW 이상)인 경우(「국토의 계획 및 이용에 관한 법률」에
　　　　　　따른 주거지역·상업지역 및 녹지지역의 사업장으로 한정한다)

참고
위 26)에서 동력합계 37.5kW 이상(옵셋인쇄기계를 포함할 경우 75kW 이상)인 경우란 소음배출시설의 최소동력기준이 7.5kW인 시설 및 기계·기구는 실제동력에 1, 15kW인 시설 및 기계·기구는 실제동력에 0.9, 22.5kW인 시설 및 기계·기구는 실제동력에 0.8, 37.5kW 또는 75kW인 시설 및 기계·기구는 실제동력에 0.7을 각각 곱하여 산정한 동력의 합계가 37.5kW 이상(옵셋인쇄기계를 포함할 경우 75kW 이상)인 경우를 말한다.

　　나. 대수기준시설 및 기계·기구
　　　　1) 100대 이상의 공업용 재봉기
　　　　2) 4대 이상의 시멘트벽돌 및 블록의 제조기계
　　　　3) 자동제병기
　　　　4) 제관기계
　　　　5) 2대 이상의 자동포장기
　　　　6) 40대 이상의 직기(편기는 제외한다)
　　　　7) 방적기계(합연사공정만 있는 사업장의 경우에는 5대 이상으로 한다)

　　다. 그 밖의 시설 및 기계·기구
　　　　1) 낙하해머의 무게가 0.5톤 이상의 단조기
　　　　2) 120kW 이상의 발전기(수력발전기는 제외한다)
　　　　3) 3.75kW 이상의 연삭기 2대 이상
　　　　4) 석재 절단기(동력을 사용하는 것은 7.5kW 이상으로 한정한다)

2. 진동배출시설(동력을 사용하는 시설 및 기계·기구로 한정한다)
　　가. 15kW 이상의 프레스(유압식은 제외한다)
　　나. 22.5kW 이상의 분쇄기(파쇄기와 마쇄기를 포함한다)
　　다. 22.5kW 이상의 단조기
　　라. 22.5kW 이상의 도정시설(「국토의 계획 및 이용에 관한 법률」에 따른 주거지역·상
　　　　업지역 및 녹지지역에 있는 시설로 한정한다)
　　마. 22.5kW 이상의 목재가공기계
　　바. 37.5kW 이상의 성형기(압출·사출을 포함한다)
　　사. 37.5kW 이상의 연탄제조용 윤전기
　　아. 4대 이상 시멘트벽돌 및 블록의 제조기계

참고
소음배출시설 및 진동배출시설의 시설 및 기계·기구의 동력은 1개 또는 1대를 기준으로 하여 산정한다.

[소음·진동방지시설 등(규칙 제3조) : 별표 2] ✚중요내용

1. 소음·진동방지시설
   가. 소음방지시설
      1) 소음기
      2) 방음덮개시설
      3) 방음창 및 방음실시설
      4) 방음외피시설
      5) 방음벽시설
      6) 방음터널시설
      7) 방음림 및 방음언덕
      8) 흡음장치 및 시설
      9) 1)부터 8)까지의 규정과 동등하거나 그 이상의 방지효율을 가진 시설
   나. 진동방지시설
      1) 탄성지지시설 및 제진시설
      2) 방진구시설
      3) 배관진동 절연장치 및 시설
      4) 1)부터 3)까지의 규정과 동등하거나 그 이상의 방지효율을 가진 시설

2. 방음시설
   가. 소음기
   나. 방음덮개시설
   다. 방음창 및 방음실시설
   라. 방음외피시설
   마. 방음벽시설
   바. 방음터널시설
   사. 방음림 및 방음언덕
   아. 흡음장치 및 시설
   자. 가.부터 아.까지의 규정과 동등하거나 그 이상의 방지효율을 가진 시설

3. 방진시설
   가. 탄성지지시설 및 제진시설
   나. 방진구시설
   다. 배관진동 절연장치 및 시설
   라. 가.부터 다.까지의 규정과 동등하거나 그 이상의 방지효율을 가진 시설

[자동차의 종류(규칙 제4조) : 별표 3] _{중요내용}

종류	정의	규모	
경자동차	사람이나 화물을 운송하기 적합하게 제작된 것	엔진배기량이 1,000cc 미만	
승용자동차	사람을 운송하기 적합하게 제작된 것	소형	엔진배기량이 1,000cc 이상이고, 승차인원이 9인승 이하
		중형	엔진배기량이 1,000cc 이상이고, 차량총중량이 2톤 이하이며, 승차인원이 10인승 이상
		중대형	엔진배기량이 1,000cc 이상이고, 차량총중량이 2톤 초과 3.5톤 이하이며, 승차인원이 10인승 이상
		대형	엔진배기량이 1,000cc이상이고, 차량 총중량이 3.5톤 초과이며, 승차인원이 10인승 이상
화물자동차	화물을 운송하기 적합하게 제작된 것	소형	엔진배기량이 1,000cc 이상이고, 차량총중량이 2톤 이하
		중형	엔진배기량이 1,000cc 이상이고, 차량총중량이 2톤 초과 3.5톤 이하
		대형	엔진배기량이 1,000cc 이상이고, 차량총중량이 3.5톤 초과
이륜자동차	자전거로부터 진화한 구조로서 사람 또는 소량의 화물을 운송하기 위한 것	엔진배기량이 50cc 이상이고, 차량총중량이 1천킬로그램을 초과하지 않는 것	

비고
1. 승용차에는 지프(JEEP), 왜건(WAGON) 및 승합차를 포함한다.
2. 화물자동차에는 밴(VAN)을 포함한다.
3. 화물자동차에 해당되는 건설기계의 종류는 환경부장관이 정하여 고시한다.
4. 이륜자동차는 운반차를 붙인 이륜자동차와 이륜자동차에서 파생된 3륜 이상의 최고속도 50km/h를 초과하는 이륜자동차를 포함한다.
5. 전기를 주동력으로 사용하는 자동차에 대한 종류의 구분은 위 표 중 규모란의 차량총중량에 따르되, 차량총중량이 1.5톤 미만에 해당되는 경우에는 경자동차로 분류한다.

[소음발생건설기계의 종류(규칙 제5조) : 별표 4] *중요내용*

1. 굴착기(정격출력 19kW 이상 500kW 미만의 것으로 한정한다)
2. 다짐기계
3. 로더(정격출력 19kW 이상 500kW 미만의 것으로 한정한다)
4. 발전기(정격출력 400kW 미만의 실외용으로 한정한다)
5. 브레이커(휴대용을 포함하며, 중량 5톤 이하로 한정한다)
6. 공기압축기(공기토출량이 분당 2.83세제곱미터 이상의 이동식인 것으로 한정한다)
7. 콘크리트 절단기
8. 천공기
9. 항타 및 항발기

♂ 종합계획의 수립(법 제2조의3)

① 환경부장관은 소음·진동으로 인한 피해를 방지하고 소음·진동의 적정한 관리를 위하여 특별시장·광역시장·특별자치시장·도지사 또는 특별자치도지사(이하 "시·도지사"라 한다)의 의견을 들은 후 관계 중앙행정기관의 장과 협의를 거쳐 소음·진동관리종합계획 (이하 "종합계획"이라 한다)을 5년마다 수립하여야 한다. *중요내용*

② 종합계획에는 다음 각 호의 사항이 포함되어야 한다. *중요내용*
  ❶ 종합계획의 목표 및 기본방향
  ❷ 소음·진동을 적정하게 관리하기 위한 방안
  ❸ 지역별·연도별 소음·진동 저감대책 추진현황
  ❹ 소음·진동 발생이 국민건강에 미치는 영향에 대한 조사·연구
  ❺ 소음·진동 저감대책을 추진하기 위한 교육·홍보 계획
  ❻ 종합계획 추진을 위한 재원의 조달 방안
  ❼ 그 밖에 소음·진동을 줄이기 위하여 필요한 사항

③ 환경부장관은 종합계획의 변경이 필요하다고 인정하면 그 타당성을 검토하여 변경할 수 있다. 이 경우 미리 시·도지사의 의견을 듣고, 관계 중앙행정기관의 장과 협의하여야 한다.

④ 환경부장관은 종합계획을 수립하거나 변경한 경우에는 이를 관계 중앙행정기관의 장 및 시·도지사에게 통보하여야 한다.

☐ 측정망설치계획의 고시(규칙 제7조)

① 환경부장관, 시·도지사가 고시하는 측정망설치계획에는 다음 각 호의 사항이 포함되어야 한다. *중요내용*

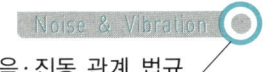

❶ 측정망의 설치시기
❷ 측정망의 배치도
❸ 측정소를 설치할 토지나 건축물의 위치 및 면적
② 측정망설치계획의 고시는 최초로 측정소를 설치하게 되는 날의 3개월 이전에 하여야 한다. *중요내용
③ 시·도지사가 측정망설치계획을 결정·고시하려는 경우에는 그 설치위치 등에 관하여 환경부장관의 의견을 들어야 한다.

♂ 공장 소음·진동배출허용기준(법 제7조)

① 소음·진동 배출시설(이하 "배출시설"이라 한다)을 설치한 공장에서 나오는 소음·진동의 배출허용기준은 환경부령으로 정한다.
② 환경부장관은 환경부령을 정하려면 관계 중앙행정기관의 장과 협의하여야 한다.

[공장소음·진동의 배출허용기준(규칙 제8조) : 별표 5] *중요내용

① 공장소음·진동의 배출허용기준
 1. 공장소음 배출허용기준

[단위 : dB(A)]

대상지역	시간대별		
	낮 (06:00~18:00)	저녁 (18:00~24:00)	밤 (24:00~06:00)
가. 도시지역 중 전용주거지역·녹지지역(취락지구·주거개발진흥지구 및 관광·휴양개발진흥지구만 해당한다), 관리지역 중 취락지구·주거개발진흥지구 및 관광·휴양개발진흥지구, 자연환경보전지역 중 수산자원보호구역 외의 지역	50 이하	45 이하	40 이하
나. 도시지역 중 일반주거지역 및 준주거지역, 도시지역 중 녹지지역(취락지구·주거개발진흥지구 및 관광·휴양개발진흥지구는 제외한다)	55 이하	50 이하	45 이하
다. 농림지역, 자연환경보전지역 중 수산자원보호구역, 관리지역 중 가목과 라목을 제외한 그 밖의 지역	60 이하	55 이하	50 이하
라. 도시지역 중 상업지역·준공업지역, 관리지역 중 산업개발진흥지구	65 이하	60 이하	55 이하

4-11

대상지역	시간대별		
	낮 (06:00~18:00)	저녁 (18:00~24:00)	밤 (24:00~06:00)
마. 도시지역 중 일반공업지역 및 전용공업지역	70 이하	65 이하	60 이하

비고
1. 소음의 측정 및 평가기준은 「환경분야 시험·검사 등에 관한 법률」에 해당하는 분야에 대한 환경오염공정시험기준에서 정하는 바에 따른다.
2. 대상 지역의 구분은 「국토의 계획 및 이용에 관한 법률」에 따른다.
3. 허용 기준치는 해당 공장이 입지한 대상 지역을 기준으로 하여 적용한다.
4. 충격음 성분이 있는 경우 허용 기준치에 −5dB을 보정한다.
5. 관련시간대(낮은 8시간, 저녁은 4시간, 밤은 2시간)에 대한 측정소음발생시간의 백분율이 12.5% 미만인 경우 +15dB, 12.5% 이상 25% 미만인 경우 +10dB, 25% 이상 50% 미만인 경우 +5dB, 50% 이상 75% 미만인 경우 +3dB을 허용 기준치에 보정한다.
6. 위 표의 지역별 기준에도 불구하고 다음 사항에 해당하는 경우에는 배출허용기준을 다음과 같이 적용한다.
   가. 「산업입지 및 개발에 관한 법률」에 따른 산업단지에 대하여는 마목의 허용 기준치를 적용한다.
   나. 「의료법」에 따른 종합병원, 「초·중등교육법」 및 「고등교육법」에 따른 학교, 「도서관법」에 따른 공공도서관, 「의료법」 제3조 제2항 제3호 라목에 따른 요양병원 중 100개 이상의 병상을 갖춘 노인을 대상으로 하는 요양병원 및 「영유아보육법」에 따른 보육시설 중 입소규모 100명 이상인 보육시설(이하 "정온시설"이라 한다)의 부지경계선으로부터 50미터 이내의 지역에 대하여는 해당 정온시설의의 부지경계선에서 측정한 소음도를 기준으로 가목의 허용 기준치를 적용한다.
   다. 가목에 따른 산업단지와 나목에 따른 정온시설의 부지경계선으로부터 50미터 이내의 지역이 중복되는 경우에는 특별자치도지사 또는 시장·군수·구청장이 해당 지역에 한정하여 적용되는 배출허용기준을 공장소음 배출허용기준 범위에서 정할 수 있다.

2. 공장진동 배출허용기준

[단위 : dB(V)]

대상 지역	시간대별	
	낮 (06:00~22:00)	밤 (22:00~06:00)
가. 도시지역 중 전용주거지역·녹지지역, 관리지역 중 취락지구·주거개발진흥지구 및 관광·휴양개발진흥지구, 자연환경보전지역 중 수산자원보호구역 외의 지역	60 이하	55 이하
나. 도시지역 중 일반주거지역·준주거지역, 농림지역, 자연환경보전지역 중 수산자원보호구역, 관리지역 중 가목과 다목을 제외한 그 밖의 지역	65 이하	60 이하
다. 도시지역 중 상업지역·준공업지역, 관리지역 중 산업개발진흥지구	70 이하	65 이하
라. 도시지역 중 일반공업지역 및 전용공업지역	75 이하	70 이하

비고
1. 진동의 측정 및 평가기준은 「환경분야 시험·검사 등에 관한 법률」에 해당하는 분야에 대한 환경오염공정시험기준에서 정하는 바에 따른다.
2. 대상 지역의 구분은 「국토의 계획 및 이용에 관한 법률」에 따른다.
3. 허용 기준치는 해당 공장이 입지한 대상 지역을 기준으로 하여 적용한다.
4. 관련시간대(낮은 8시간, 밤은 3시간)에 대한 측정진동발생시간의 백분율이 25% 미만인 경우 +10dB, 25% 이상 50% 미만인 경우 +5dB을 허용 기준치에 보정한다.
5. 위 표의 지역별 기준에도 불구하고 다음 사항에 해당하는 경우에는 배출허용기준을 다음과 같이 적용한다.
   가. 「산업입지 및 개발에 관한 법률」에 따른 산업단지에 대하여는 라목의 허용 기준치를 적용한다.
   나. 정온시설의 부지경계선으로부터 50미터 이내의 지역에 대하여는 해당 정온시설의 부지경계선에서 측정한 진동레벨을 기준으로 가목의 허용 기준치를 적용한다.
   다. 가목에 따른 산업단지와 나목에 따른 정온시설의부지경계선으로부터 50미터 이내의 지역이 중복되는 경우에는 특별자치도지사 또는 시장·군수·구청장이 해당 지역에 한정하여 적용되는 배출허용기준을 공장진동 배출허용기준 범위에서 정할 수 있다.

② 특별자치도지사 또는 시장·군수·구청장(자치구의 구를 말한다)이 배출허용기준을 정하는 경우에는 지체 없이 환경부장관에게 보고하고 이해관계자가 알 수 있도록 필요한 조치를 하여야 한다.

❏ 특정공사의 사전신고 등(규칙 제21조)

[특정공사의 사전신고 대상 기계·장비의 종류(별표 9)] *중요내용*

1. 항타기·항발기 또는 항타항발기(압입식 항타항발기는 제외한다)
2. 천공기
3. 공기압축기(공기토출량이 분당 2.83세제곱미터 이상의 이동식인 것으로 한정한다)
4. 브레이커(휴대용을 포함한다)
5. 굴착기
6. 발전기
7. 로더
8. 압쇄기
9. 다짐기계
10. 콘크리트 절단기
11. 콘크리트 펌프

[공사장 방음시설 설치기준(별표 10)] *중요내용*

1. 방음벽시설 전후의 소음도 차이(삽입손실)는 최소 7dB 이상 되어야 하며, 높이는 3m 이상 되어야 한다.
2. 공사장 인접지역에 고층건물 등이 위치하고 있어, 방음벽시설로 인한 음의 반사피해가 우려되는 경우에는 흡음형 방음벽시설을 설치하여야 한다.
3. 방음벽시설에는 방음판의 파손, 도장부의 손상 등이 없어야 한다.
4. 방음벽시설의 기초부와 방음판·기둥 사이에 틈새가 없도록 하여 음의 누출을 방지하여야 한다.

참고
1. 삽입손실 측정을 위한 측정지점(음원 위치, 수음자 위치)은 음원으로부터 5m 이상 떨어진 노면 위 1.2m 지점으로 하고, 방음벽시설로부터 2m 이상 떨어져야 하며, 동일한 음량과 음원을 사용하는 경우에는 기준위치(reference position)의 측정은 생략할 수 있다.
2. 그 밖의 경우에 있어서의 삽입손실 측정은 "음향-옥외 방음벽의 삽입손실측정방법"(KS A ISO 10847) 중 간접법에 따른다.

[생활소음·진동의 규제기준(별표 8)] *중요내용*

1. 생활소음 규제기준

(단위 : dB(A))

대상 지역	소음원	시간대별	아침, 저녁 (05:00~07:00, 18:00~22:00)	주간 (07:00~18:00)	야간 (22:00~05:00)
가. 주거지역, 녹지지역, 관리지역 중 취락지구·주거개발진흥지구 및 관광·휴양개발진흥지구, 자연환경보전지역, 그 밖의 지역에 있는 학교·종합병원·공공도서관	확성기	옥외설치	60 이하	65 이하	60 이하
		옥내에서 옥외로 소음이 나오는 경우	50 이하	55 이하	45 이하
	공장		50 이하	55 이하	45 이하
	사업장	동일 건물	45 이하	50 이하	40 이하
		기타	50 이하	55 이하	45 이하
	공사장		60 이하	65 이하	50 이하

나. 그 밖의 지역	확성기	옥외설치	65 이하	70 이하	60 이하
		옥내에서 옥외로 소음이 나오는 경우	60 이하	65 이하	55 이하
	공장		60 이하	65 이하	55 이하
	사업장	동일 건물	50 이하	55 이하	45 이하
		기타	60 이하	65 이하	55 이하
	공사장		65 이하	70 이하	50 이하

비고

1. 소음의 측정 및 평가기준은 「환경분야 시험·검사 등에 관한 법률」에 따른 환경오염공정시험기준에서 정하는 바에 따른다.
2. 대상 지역의 구분은 「국토의 계획 및 이용에 관한 법률」에 따른다.
3. 규제기준치는 생활소음의 영향이 미치는 대상 지역을 기준으로 하여 적용한다.
4. 공사장 소음규제기준은 주간의 경우 특정공사 사전신고 대상 기계·장비를 사용하는 작업시간이 1일 3시간 이하일 때는 +10dB을, 3시간 초과 6시간 이하일 때는 +5dB을 규제기준치에 보정한다.
5. 발파소음의 경우 주간에만 규제기준치(광산의 경우 사업장 규제기준)에 +10dB을 보정한다.
6. 삭제 〈2019.12.31.〉
7. 공사장의 규제기준 중 다음 지역은 공휴일에만 -5dB을 규제기준치에 보정한다.
    가. 주거지역
    나. 「의료법」에 따른 종합병원, 「초·중등교육법」 및 「고등교육법」에 따른 학교, 「도서관법」에 따른 공공도서관의 부지경계로부터 직선거리 50m 이내의 지역
8. "동일 건물"이란 「건축법」에 따른 건축물로서 지붕과 기둥 또는 벽이 일체로 되어 있는 건물을 말하며, 동일 건물에 대한 생활소음 규제기준은 다음 각 목에 해당하는 영업을 행하는 사업장에만 적용한다.
    가. 「체육시설의 설치·이용에 관한 법률」에 따른 체력단련장업, 체육도장업, 무도학원업, 무도장업, 골프연습장업 및 야구장업
    나. 「학원의 설립·운영 및 과외교습에 관한 법률」에 따른 학원 및 교습소 중 음악교습을 위한 학원 및 교습소
    다. 「식품위생법 시행령」에 따른 단란주점영업 및 유흥주점영업
    라. 「음악산업진흥에 관한 법률」에 따른 노래연습장업
    마. 「다중이용업소 안전관리에 관한 특별법 시행규칙」에 따른 콜라텍업

2. 생활진동 규제기준

(단위 : dB(V))

시간대별 대상 지역	주간 (06:00~22:00)	심야 (22:00~06:00)
가. 주거지역, 녹지지역, 관리지역 중 취락지구·주거개발진흥지구 및 관광·휴양개발진흥지구, 자연환경보전지역, 그 밖의 지역에 소재한 학교·종합병원·공공도서관	65 이하	60 이하
나. 그 밖의 지역	70 이하	65 이하

비고
1. 진동의 측정 및 평가기준은 「환경분야 시험·검사 등에 관한 법률」에 해당하는 분야에 대한 환경오염공정시험기준에서 정하는 바에 따른다.
2. 대상 지역의 구분은 「국토의 계획 및 이용에 관한 법률」에 따른다.
3. 규제기준치는 생활진동의 영향이 미치는 대상 지역을 기준으로 하여 적용한다.
4. 공사장의 진동 규제기준은 주간의 경우 특정공사 사전신고 대상 기계·장비를 사용하는 작업시간이 1일 2시간 이하일 때는 +10dB을, 2시간 초과 4시간 이하일 때는 +5dB을 규제기준치에 보정한다.
5. 발파진동의 경우 주간에만 규제기준치에 +10dB을 보정한다.

[교통소음·진동의 관리기준(규칙 제25조) : 별표 11]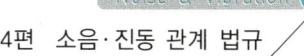

1. 도로

대상지역	구분	한도 주간 (06:00~22:00)	한도 야간 (22:00~06:00)
가. 주거지역, 녹지지역, 보전관리지역, 관리지역 중 취락지구·주거개발진흥지구 및 관광·휴양개발진흥지구, 자연환경보전지역, 학교·병원·공공도서관 및 입소규모 100명 이상의 노인의료복지시설·영유아보육시설의 부지 경계선으로부터 50미터 이내 지역	소음 (Leq dB(A))	68	58
	진동 (dB(V))	65	60
나. 상업지역, 공업지역, 농림지역, 관리지역 중 산업·유통개발진흥지구 및 관리지역 중 가목에 포함되지 않는 그 밖의 지역, 미고시지역	소음 (Leq dB(A))	73	63
	진동(dB(V))	70	65

비고
1. 대상 지역의 구분은 「국토의 계획 및 이용에 관한 법률」에 따른다.
2. 대상 지역은 교통소음·진동의 영향을 받는 지역을 말한다.

2. 철도

대상지역	구분	한도 주간 (06:00~22:00)	한도 야간 (22:00~06:00)
가. 주거지역, 녹지지역, 보전관리지역, 관리지역 중 취락지구·주거개발진흥지구 및 관광·휴양개발진흥지구, 자연환경보전지역, 학교·병원·공공도서관 및 입소규모 100명 이상의 노인의료복지시설·영유아보육시설의 부지 경계선으로부터 50미터 이내 지역	소음 (Leq dB(A))	70	60
	진동 (dB(V))	65	60
나. 상업지역, 공업지역, 농림지역, 관리지역 중 산업·유통개발진흥지구 및 관리지역 중 가목에 포함되지 않는 그 밖의 지역, 미고시지역	소음 (Leq dB(A))	75	65
	진동(dB(V))	70	65

비고
1. 대상 지역의 구분은 「국토의 계획 및 이용에 관한 법률」에 따른다.
2. 대상 지역은 교통소음·진동의 영향을 받는 지역을 말한다.
3. 정거장은 적용하지 아니한다.

PART 05

핵심실전 필수문제

01 음파의 종류 중 '정재파'의 정의를 쓰시오.

> **풀이**
> 정재파(Standing Wave)
> 둘 또는 그 이상의 음파의 구조적 간섭에 의해 시간적으로 일정하게 음압의 최고와 최저가 반복되는 패턴의 파동이다.

🔍 **Reference**

음파의 종류
① 평면파(Plane Wave)
  음파의 파면들이 서로 평행한 파, 즉 파면이 평행이 되는 파동이다.
② 발산파(Diverging Wave)
  음원으로부터 거리가 멀어질수록 더욱 넓은 면적으로 퍼져나가는 파동이다.
③ 구면파(Spherical Wave)
  음원에서 모든 방향으로 동일한 에너지를 방출할 때 발생하는 파동, 즉 파면이 평행이 되는 파동이다.
④ 진행파(Progressive Wave)
  음파의 진행방향으로 에너지를 전송하는 파동이다.

정재파의 확인
① 청각
  귀로 들어 음의 강약을 확인하면, 원래 입사음보다 큰 소리가 들렸다가 작은 소리로 들리는 것으로써 확인한다.
② 소음계
  벽에서 음원 쪽으로 일정 거리씩 이동하면서 매 위치마다에서의 음압레벨을 측정하여 음의 강약을 확인함으로써 정재파를 확인한다.

정재파 대책
① 벽체의 형상 변화 ⇒ 불평형 벽체
② 내벽에 흡음재료 부착
③ 천장에 원추모양의 흡음재나 금속반사판 설치

02 음의 전파과정 중 발생하는 현상 5가지를 쓰시오.

> **풀이**
> ① 회절　② 굴절　③ 간섭
> ④ 반사　⑤ 흡수(투과)

03 음의 회절 및 굴절의 정의를 쓰시오.

풀이

(1) 회절
 음장에 장애물(틈, 구멍)이 있는 경우 장애물 뒤쪽으로 음이 전파되는 현상
(2) 굴절
 음파가 한 매질에서 다른 매질로 통과할 때 음의 진행방향(음선)이 구부러지는 현상

🔍 Reference

회절의 특징
① 파장이 길수록 회절이 잘 되며, 즉 저주파가 고주파에 비해 회절하기가 쉽다.
② 물체가 작을수록(구멍이 작을수록) 회절하기가 쉽다.

굴절에 영향을 미치는 요소
① 온도차에 의한 굴절
  ㉠ 낮에는 지표면의 온도가 상공에 비해 높으므로 음선이 상공 쪽으로 굴절하여 거리감쇠가 커진다.
  ㉡ 밤에는 지표면의 온도가 상공에 비해 낮으므로 음선이 지표면 쪽으로 굴절하여 거리감쇠가 낮시간대에 비해 작으며 소리가 크게 들린다.
② 바람(풍속)차에 의한 굴절
  ㉠ 음원보다 상공의 풍속이 클 때 풍상 측에서는 상공으로 굴절하여 거리감쇠가 커서 음이 작게 들린다.
  ㉡ 음원보다 상공의 풍속이 클 때 풍하 측에서는 지표면으로 굴절하여 거리감쇠가 작아 음이 크게 들린다.

04 '휴겐스의 원리'의 정의를 쓰시오.

풀이

휴겐스의 원리(Huyghens's Principle)
하나의 파면 상의 모든 점이 파원이 되어 각각 2차적인 구면파를 사출하여 그 파면들을 둘러싸는 면이 새로운 파면을 만드는 현상으로 음파가 장애물 뒤로 전달되는 회절현상의 좋은 예이다.

05 '맥놀이'의 정의를 설명하시오.

> **풀이**
> 맥놀이
> 주파수가 약간 상이한 2개의 음원이 만날 때 보강간섭과 소멸간섭이 교대로 이루어져 큰 소리와 작은 소리가 주기적으로 반복되는 현상

06 공기 중의 어떤 음원에서 소리가 콘크리트벽에 수직 입사 시 이 벽체의 반사율은?(단, 콘크리트벽 밀도 $1,100\,kg/m^3$, 영률 $2.0 \times 10^9\,N/m^2$, 공기밀도 $1.2\,kg/m^3$, 공기온도 $20\,℃$)

> **풀이**
> 반사율(α_r)
> $$\alpha_r = \left(\frac{\rho_2 c_2 - \rho_1 c_1}{\rho_2 c_2 + \rho_1 c_1}\right)^2$$
> $\rho_1 c_1 =$ 공기의 고유음향 임피던스
> $$1.2\,kg/m^3 \times [331.42 + (0.6 \times 20\,℃)] = 412.1\,rayls$$
> $\rho_2 c_2 =$ 콘크리트벽의 고유음향 임피던스
> $$\rho_2 = 1,100\,kg/m^3$$
> $$c_2 = \sqrt{\frac{E}{\rho}}$$
> $$= \sqrt{\frac{2.0 \times 10^9}{1,100}} = 1,348.4\,m/sec$$
> $$\rho_2 c_2 = 1,100\,kg/m^3 \times 1,348.4\,m/sec$$
> $$= 1,483,239\,rayls$$
> $$= \left(\frac{1,483,239 - 412.1}{1,483,239 + 412.1}\right)^2 = 0.998$$

07 마스킹 효과의 정의 및 특징 3가지를 쓰시오.

> **풀이**
>
> (1) 마스킹 효과(Masking Effect)
>   어떤 소리가 또 다른 소리를 들을 수 있는 능력을 감소시키는 현상을 소리의 음폐 효과 또는 마스킹 효과라 한다.
>
> (2) 특징
>   ① 주파수가 낮은 음은 높은 음을 잘 마스크하지만 주파수가 높은 음은 낮은 음을 마스크하기가 어렵다.
>   ② 두 음의 주파수가 비슷할 때 마스킹 효과는 더욱 커진다.
>   ③ 두 음의 주파수가 같을 때는 맥동현상에 의해 마스킹 효과가 감소한다.

08 배 위에서 사공이 물속에 있는 잠수부에게 큰소리로 외쳤을 때 음파의 입사각은 60°, 굴절각이 45°였다면 굴절률은?

> **풀이**
>
> $$굴절률 = \frac{입사각}{굴절각} = \frac{\sin\theta_1}{\sin\theta_2} = \frac{\sin 60°}{\sin 45°}$$
> $$= 1.225 \left(= \frac{\sqrt{3}/2}{\sqrt{2}/2} = \sqrt{\frac{3}{2}} \right)$$

09 0℃ 공기 중에서 파장이 0.052 m 인 음의 1주기(sec)는 얼마인가?

> **풀이**
>
> 음의 속도(c)
> $c = \lambda \times f$
> $$f = \frac{c}{\lambda} = \frac{331.42 + (0.6 \times 0℃)}{0.052} = 6,373.46 \, \text{Hz}$$
> $$T = \frac{1}{f} = \frac{1}{6,373.46} = 0.000157 \, \text{sec}$$

10 길이 30 cm의 양단이 열린 관이 공명하는 공명기본음 주파수를 구하시오.(단, 20℃)

> **풀이** 양단 개구관 공명기본음 주파수(f)
>
> $$f = \frac{c}{2L}$$
>
> $c = 331.42 + (0.6 \times t℃) = 331.42 + (0.6 \times 20) = 343.42 \text{ m/sec}$
>
> $L = 0.3 \text{ m}$
>
> $= \dfrac{343.42}{2 \times 0.3} = 572.37 \text{ Hz}$

11 음압의 실효치가 8×10^{-1} N/m²인 음의 세기와 음세기 레벨(dB)을 구하시오.

> **풀이**
>
> (1) 음의 세기(I)
>
> $$I = \frac{P^2}{\rho c} = \frac{(8 \times 10^{-1})^2}{400} = 0.0016 \text{ W/m}^2$$
>
> (문제에서 고유음향 임피던스(ρc)가 주어지지 않으면 400 rayls로 가정하여 계산해도 무방함)
>
> (2) 음세기 레벨(SIL)
>
> $$SIL = 10\log\frac{I}{I_0} = 10\log\frac{0.0016}{10^{-12}} = 92.04 \text{ dB}$$

12 음압의 최대값이 10Pa인 정형평면 진행음파의 세기(W/m^2)는?(단, 고유음향 임피던스는 407rayls)

> **풀이** 음의 세기(I)
> $$I = \frac{P^2}{\rho c}$$
> $$P_{rms} = \frac{P_{max}}{\sqrt{2}} = \frac{10}{\sqrt{2}} = 7.07 \, Pa$$
> $$= \frac{7.07^2}{407} = 0.123 \, W/m^2$$

13 음압의 Peak 값이 $30 \, N/m^2$이라면 음의 압력레벨은?

> **풀이** 음의 압력레벨(SPL)
> $$SPL = 20\log\frac{P}{P_0} \, (dB)$$
> $$P_{rms} = \frac{P_{max}}{\sqrt{2}} = \frac{30}{\sqrt{2}} = 21.2 \, N/m^2$$
> $$= 20\log\frac{21.2}{2 \times 10^{-5}} = 120.5 \, dB$$

14 음의 압력이 10배 증가하면 음압수준은 어떻게 변하는가?

> **풀이** 음의 압력레벨(SPL)
> $$SPL = 20\log\left(\frac{P}{P_0}\right) (dB)$$
> P가 $10P$로 되고 P_0는 동일하므로

$$\frac{SPL_2}{SPL_1} = \frac{20\log\left(\frac{10P}{P_0}\right)}{20\log\left(\frac{P}{P_0}\right)} = 20\log 10$$

$$= 20\,\text{dB}, \text{ 즉 } 20\,\text{dB만큼 증가한다.}$$

15 음의 세기가 $10^{-3}\,\text{W/m}^2$이고, 공기의 임피던스가 $400\,\text{rayls}$라면 $SPL(\text{dB})$은?

풀이 음의 압력레벨(SPL)

$$SPL = 20\log\frac{P}{P_0}\,(\text{dB})$$

$$I = \frac{P^2}{\rho c}$$

$$P = \sqrt{\rho c \times I} = \sqrt{400 \times 10^{-3}} = 0.632\,\text{N/m}^2$$

$$= 20\log\frac{0.632}{2 \times 10^{-5}} = 90\,\text{dB}$$

16 표준상태에서 점음원으로부터 $10\,\text{m}$ 떨어진 지점의 음압실효치가 $0.5\,\text{N/m}^2$일 때, 이 음원의 음향파워(Watt)는?(단, 반자유공간으로 가정한다.)

풀이 음향파워(W)

$$W = I \times S$$

$$I = \frac{P^2}{\rho c} = \frac{0.5^2}{400} = 6.25 \times 10^{-4}\,\text{W/m}^2$$

$$S = 2\pi r^2 = 2 \times 3.14 \times 10^2 = 628\,\text{m}^2$$

$$= (6.25 \times 10^{-4}) \times 628 = 0.39\,\text{Watt}$$

17 음의 강도레벨이 50 dB에서 53 dB로 증가하면 음의 세기는 몇 % 변화하는가?

풀이

$$(\%) = \frac{I_2 - I_1}{I_1} \times 100$$

$$SIL_1 = 10\log\frac{I_1}{10^{-12}} = 50, \quad I_1 = 1 \times 10^{-7}\,\mathrm{W/m^2}$$

$$SIL_2 = 10\log\frac{I_2}{10^{-12}} = 53, \quad I_2 = 1.99 \times 10^{-7}\,\mathrm{W/m^2}$$

$$= \frac{(1.99 \times 10^{-7}) - (1 \times 10^{-7})}{1 \times 10^{-7}} \times 100 = 99.53\% \,(\fallingdotseq 100\%)$$

18 음향출력이 0.95 W인 작은 음원이 단단하고 평탄한 지상에 있을 경우, 음원으로부터 5 m 떨어진 지점의 음세기(W/m²)는?

풀이

음향출력(W)

$$W = I \times S$$

$$I = \frac{W}{S}$$

$W = 0.95\,\mathrm{Watt}$

$S(\text{반자유공간}) = 2\pi r^2 = 2 \times 3.14 \times 5^2 = 157\,\mathrm{m^2}$

$$= \frac{0.95}{157} = 0.006\,\mathrm{W/m^2}$$

19 출력이 0.15 Watt인 작은 점음원으로부터 100 m 떨어진 지점에서의 음압수준(dB)은?(단, 무지향성, 자유공간)

풀이 점음원, 자유공간
$$SPL = PWL - 20\log r - 11\,(\text{dB})$$
$$PWL = 10\log\frac{W}{10^{-12}} = 10\log\frac{0.15}{10^{-12}} = 111.76\,\text{dB}$$
$$r = 100\,\text{m}$$
$$= 111.76 - 20\log 100 - 11 = 60.76\,\text{dB}$$

20 반경 10m의 무지향성 음원이 지면에 있다. 이 음원의 표면으로부터 20m 떨어진 곳의 SPL이 80dB이었다면 음향파워는 몇 W인가?

풀이 점음원, 반자유공간
$$PWL = SPL + 20\log r + 8\,(\text{dB})$$
$$= 80 + 20\log(10+20) + 8 = 117.54\,\text{dB}$$
$$117.54 = 10\log\frac{W}{10^{-12}}$$
$$W = 10^{11.75} \times 10^{-12} = 0.56\,\text{Watt}$$

21 대기 중 공기입자의 피크입자속도가 6.32×10^{-3} m/sec일 때 SPL(dB)은?(단, 공기밀도 1.25 kg/m³, 음속 344 m/sec로 가정한다.)

풀이 입자속도(v)
$$v = \frac{P}{\rho c}$$
$$P = v \times \rho c = (6.32\times10^{-3}) \times (1.25\times344) = 2.717\,\text{N/m}^2$$

$$SPL = 20\log\frac{P}{P_0} = 20\log\frac{2.717/\sqrt{2}}{2\times 10^{-5}} = 99.7\,\text{dB}$$

22 음원을 무지향성 점음원으로 가정할 때, 다음 각각의 경우 음압레벨이 어떻게 변화되겠는가?

(1) 음압이 3배로 될 때

(2) 음원으로부터 거리가 3배로 될 때

풀이

(1) 음압이 3배로 될 때 $(P = 3P)$

$$SPL = 20\log\left(\frac{3P}{P_0}\right)$$
$$= 20\log\left(\frac{P}{P_0}\right) + 20\log 3$$
$$= SPL + 9.5\,\text{dB}$$

즉, 기존보다 음압이 3배 증가하면 9.5dB 증가한다.

(2) 음원으로부터 거리가 3배될 때 $(r = 3r)$

$SPL = PWL - 20\log r - 11$에서 거리가 3배 증가하면
$$SPL = PWL - 20\log 3r - 11$$
$$= SPL - 20\log 3$$
$$= SPL - 9.5\,\text{dB}$$

즉, 기존보다 거리가 3배 증가하면 9.5dB 감소한다.

23 음압레벨이 110 dB인 음파가 가로 6 m, 세로 3 m인 창문을 통과할 때, 이 창을 통과한 음의 음향출력(Watt)을 구하시오.

풀이 음의 압력레벨(SPL)

$SPL = PWL - 10\log s\,(\text{dB})$

$PWL = SPL + 10\log s = 110 + 10\log(6 \times 3) = 122.6\,\text{dB}$

$PWL = 10\log \dfrac{W}{10^{-12}}$

$122.6 = 10\log \dfrac{W}{10^{-12}}$

$W = 10^{12.26} \times 10^{-12} = 1.82\,\text{Watt}$

24 PWL이 90 dB인 A점음원(무지향성)이 지면에 놓여 있고, 이로부터 10 m 떨어진 곳에 위치한 B점음원 한 개의 SPL이 70 dB로 측정되었다. B음원이 있는 지점에서 A음원과 B음원의 SPL 합계는?(단, B점음원은 2개이다.)

풀이

(1) A점음원의 SPL_1(점음원, 반자유공간)

$SPL_1 = PWL - 20\log r - 8\,(\text{dB})$
$= 90 - 20\log 10 - 8 = 62\,\text{dB}$

(2) B점음원의 SPL_2

$SPL_2 = 10\log(10^7 + 10^7) = 73\,\text{dB}$

(3) 음압레벨의 합(L_P)

$L_P = 10\log(10^{6.2} + 10^{7.3}) = 73.3\,\text{dB}$

25 출력이 0.1 Watt인 작은 점음원으로부터 50 m 떨어진 지점에서의 SPL(dB)은?(단, 구면파 전파조건)

> **풀이** 점음원, 자유공간
> $SPL = PWL - 20\log r - 11\,(\text{dB})$
> $PWL = 10\log \dfrac{W}{10^{-12}} = 10\log \dfrac{0.1}{10^{-12}} = 110\,\text{dB}$
> $r = 50\,\text{m}$
> $= 110 - 20\log 50 - 11 = 65\,\text{dB}$

26 어떤 공장의 벽체규격이 가로 10 m, 세로 5 m이다. 벽면 외부 1 m 지점에서의 SPL이 95 dB이라면, 20 m 떨어진 지점에서의 dB은?

> **풀이** 단변($a=5$), 장변($b=10$), 거리($r=20$)
> $r > \dfrac{b}{3}$; $20 > \dfrac{10}{3}$ 이므로
> $SPL_1 - SPL_2 = 20\log\left(\dfrac{3r}{b}\right) + 10\log\left(\dfrac{b}{a}\right)(\text{dB})$
> $SPL_2 = SPL_1 - 20\log\left(\dfrac{3r}{b}\right) - 10\log\left(\dfrac{b}{a}\right)(\text{dB})$
> $= 95 - 20\log\left(\dfrac{3 \times 20}{10}\right) - 10\log\left(\dfrac{10}{5}\right)$
> $= 76.4\,\text{dB}$

27 어떤 공장의 기계실 내부에 흡음매트공사를 적용한 결과, 실내흡음력이 25 m²에서 125 m²로 증가되었다면 실내소음 저감량(dB)은 얼마인가?

> **풀이** 실내소음 저감량(NR)
> $$NR = 10\log\frac{A_2(\text{대책 후})}{A_1(\text{대책 전})}(\text{dB}) = 10\log\frac{125}{25} = 7\,\text{dB}$$

28 음향파워레벨 90 dB인 기계 5대와 95 dB인 기계 3대를 동시에 가동시킬 때 파워레벨이 얼마인 기계를 한 대 가동시킨 것과 같은가?

> **풀이** 합성소음도($L_{(\text{합})}$)
> $$L_{(\text{합})} = 10\log(10^{\frac{L_1}{10}} + 10^{\frac{L_2}{10}} + \cdots + 10^{\frac{L_n}{10}})(\text{dB})$$
> $$= 10\log[(5\times 10^9) + (3\times 10^{9.5})]$$
> $$= 101.61\,\text{dB}$$
> 즉, PWL 101.61 dB 한 대를 가동시킨 것과 같다.

29 음압파형이 다음 그림과 같을 때 SPL(dB)은?

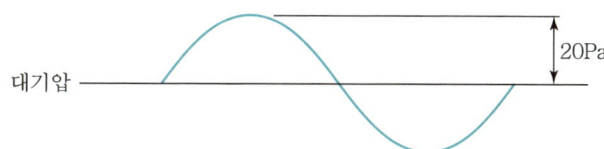

> **풀이** 음압레벨(SPL)
> $$SPL = 20\log\frac{P}{P_0}$$
> $$P_0 = 2\times 10^{-5}\,\text{Pa}$$
> $$P = \frac{P_{\max}}{\sqrt{2}} = \frac{20}{\sqrt{2}} = 14.14\,\text{Pa}$$
> $$= 20\log\frac{14.14}{2\times 10^{-5}} = 117\,\text{dB}$$

30 어떤 한 대의 기계로부터 발생하는 음을 그 음원으로부터 일정거리 떨어진 지점에서 측정했더니 80 dB이었다. 다음에 동일한 여러 대를 동시에 작동시켜 발생된 음을 전과 동일한 지점에서 측정하였더니 86 dB이었다. 이때 동시에 작동시킨 기계의 대수는?

풀이 동일소음도(L_1) n개의 합성소음도($L_{(합)}$)
$(L_{(합)}) = L_1 + 10\log n$
$L_{(합)} - L_1 = 10\log n$
$(86 - 80)\text{dB} = 10\log n$
$n = 10^{0.6} = 3.98 (\fallingdotseq 4\text{대})$

31 지향지수가 4.5 dB일 때 지향계수는 얼마인가?

풀이 지향지수(DI)
$DI = 10\log Q (\text{dB})$
$Q = 10^{\frac{DI}{10}} = 10^{\frac{4.5}{10}} = 2.82$

32 음원으로부터 15 m 지점의 평균음압레벨이 120 dB이고, 등거리에서 특정지향 방향의 음압레벨이 125 dB이라면 지향계수는?

풀이 (1) 지향지수(DI)
$DI = SPL_\theta - \overline{SPL} = 125 - 120 = 5\,\text{dB}$

(2) 지향계수(Q)
$DI = 10\log Q$
$Q = 10^{\frac{DI}{10}} = 10^{\frac{5}{10}} = 3.16$

33 PWL이 100 dB인 점음원을 천장의 모퉁이에 설치한 경우와 천장의 중앙에 설치한 경우 5 m 되는 지점에서의 SPL의 차이를 구하시오.

풀이

(1) 천장의 모퉁이($Q=8$)
$$SPL_1 = PWL - 20\log r - 11 + DI$$
$$= 100 - 20\log 5 - 11 + 10\log 8 = 84.05\,\text{dB}$$

(2) 천장의 중앙($Q=2$)
$$SPL_2 = PWL - 20\log r - 11 + DI$$
$$= 100 - 20\log 5 - 11 + 10\log 2 = 78.03\,\text{dB}$$

(3) SPL의 차이
$$SPL_1 - SPL_2 = 84.05 - 78.03 = 6.02\,\text{dB}$$

34 선음원에서 발생되는 소음이 15 m 떨어진 곳에서 SPL이 100 dB이라면 45 m 떨어진 지점에서의 SPL은?

풀이 선음원의 거리감쇠
$$SPL_1 - SPL_2 = 10\log\left(\frac{r_2}{r_1}\right)(\text{dB})$$
$$SPL_2 = SPL_1 - 10\log\left(\frac{r_2}{r_1}\right)$$
$$= 100 - 10\log\left(\frac{45}{15}\right) = 95.2\,\text{dB}$$

35 점음원의 출력이 3배로 증가함과 동시에 음원과 측정지점과의 거리도 3배로 되면 SPL은 어떻게 변화하는가?

> **풀 이**
>
> 음압레벨변화(ΔdB)
>
> $\Delta dB = 10\log\dfrac{W}{W_0} - 20\log\dfrac{r}{r_0} = 10\log 3 - 20\log 3 = -4.77\,dB$
>
> 즉, 4.77 dB 감소한다.

36 점음원에서 한 방향으로 같은 일직선 상에 A, B, C 3개의 측정지점을 설정하였다. 음원에서 거리가 A=100 m, B=400 m, C=1,000 m일 때, AB 구간의 거리감쇠는 BC 구간의 거리감쇠보다 얼마만큼 큰지 구하시오.

> **풀 이**
>
> (1) AB 간 거리감쇠
>
> $20\log\dfrac{r_2}{r_1} = 20\log\dfrac{400}{100} = 12\,dB$
>
> (2) BC 간 거리감쇠
>
> $20\log\dfrac{r_2}{r_1} = 20\log\dfrac{1,000}{400} = 8\,dB$
>
> (3) AB 간이 BC 간보다 4 dB(12−8)만큼 크다.

37 공장 내 지면 위에 발전기가 있는데, 여기서 발생하는 소음은 15 m 떨어진 곳에서 80 dB이었다. 이것을 70 dB로 낮추려면 이 발전기를 얼마나 이동시켜야 하는가?(단, 대지와 지면에 대한 흡수는 무시한다.)

> **풀이** 점음원의 거리감쇠
>
> $SPL_1 - SPL_2 = 20\log\dfrac{r_2}{r_1}$
>
> $80 - 70 = 20\log\dfrac{r_2}{15}$
>
> $r_2 = 10^{\frac{10}{20}} \times 15 = 47.4\,\text{m}$
>
> 문제에서는 이동시켜야 하는 거리를 묻고 있으므로
> $r_2 - r_1 = 47.4 - 15 = 32.4\,\text{m}$

38 압력이 $0.1\,\text{N/m}^2$일 때 평균에너지 밀도(J/m^3)는 얼마인가? (단, 기온 25℃, $\rho c = 408\,\text{rayls}$)

> **풀이** 음의 평균에너지 밀도(E)
>
> $E = \dfrac{I}{c}\,(\text{J/m}^3)$
>
> $I = \dfrac{P^2}{\rho c} = \dfrac{(0.1)^2}{408} = 2.45 \times 10^{-5}\,\text{W/m}^2$
>
> $c = 331.42 + (0.6 \times t℃) = 331.42 + (0.6 \times 25) = 346.42\,\text{m/sec}$
>
> $= \dfrac{2.45 \times 10^{-5}}{346.42} = 7.0 \times 10^{-8}\,\text{J/m}^3$

39 1/5 옥타브밴드 대역 주파수분석기에서 중심주파수가 2,000 Hz인 주파수밴드폭 및 %밴드폭을 구하시오.

풀이

(1) 주파수밴드폭(b_w)

$$b_w = f_c(2^{\frac{n}{2}} - 2^{-\frac{n}{2}}) = 2{,}000(2^{\frac{1/5}{2}} - 2^{-\frac{1/5}{2}}) = 277.5\,\text{Hz}$$

(2) %밴드폭($\%b_w$)

$$\%b_w = \frac{b_w}{f_c} \times 100 = \frac{277.5}{2{,}000} \times 100 = 13.9\%$$

40 어떤 벽체의 투과손실값이 42 dB이라면, 이 벽체의 투과율은?

풀이

투과손실(TL)

$$TL = 10\log\frac{1}{\tau}\,(\text{dB})$$

$$\tau = 10^{-\frac{TL}{10}} = 10^{-\frac{42}{10}} = 6.3 \times 10^{-5}$$

41 중심주파수가 500 Hz인 경우 차단주파수를 구하시오. (단, 1/3 옥타브필터 기준)

풀이

차단주파수는 하한주파수와 상한주파수의 범위

(1) 중심주파수(f_c)

$$f_c = \sqrt{1.26}\,f_L$$

$$f_L(\text{하한주파수}) = \frac{f_c}{\sqrt{1.26}} = \frac{500}{\sqrt{1.26}} = 445.4\,\text{Hz}$$

$$f_c = \sqrt{f_L \times f_U}$$

$$f_U(\text{상한주파수}) = \frac{f_c^{\,2}}{f_L} = \frac{500^2}{445.4} = 561.3\,\text{Hz}$$

(2) 차단주파수

445.4~561.3 Hz

42

차음재를 이용하여 투과음 세기를 입사음 세기의 $\frac{1}{100}$로 줄이고자 할 때, 이 차음재의 투과손실(dB)은?

> **풀이** 투과손실(TL)
>
> $TL = 10\log\frac{1}{\tau}$ (dB)
>
> $\tau = \frac{1}{100}$
>
> $TL = 10\log\left(\dfrac{1}{\frac{1}{100}}\right) = 10\log 100 = 20\,\text{dB}$

43

공장 외벽의 전체 면적은 40 m²로서 창문(15 m²)이 한쪽에 설치되어 있다. 각각 투과손실이 40 dB과 15 dB이라면 이 외벽의 TL(dB)은?

> **풀이** 총합투과손실($\overline{TL}$)
>
> $\overline{TL} = 10\log\frac{1}{\overline{\tau}} = 10\log\dfrac{S_1 + S_2}{S_1\tau_1 + S_2\tau_2}$ (dB)
>
> | 구분 | 면적(m²) | 투과손실(dB) | 투과율 |
> |---|---|---|---|
> | 외벽 | 25 | 40 | $10^{-\frac{40}{10}}$ |
> | 창문 | 15 | 15 | $10^{-\frac{15}{10}}$ |
>
> $\overline{TL} = 10\log\dfrac{25 + 15}{(25 \times 10^{-4}) + (15 \times 10^{-1.5})} = 19.2\,\text{dB}$

44 벽면이 콘크리트벽(면적 60 m², $TL=45$ dB), 유리창(면적 20 m², $TL=25$ dB) 및 환기구(면적 2 m², $TL=0$ dB)로 구성되어 있다. 이 벽면의 총합투과손실 (dB)은?

> **풀이** 총합투과손실($\overline{TL}$)
> $$\overline{TL}=10\log\frac{1}{\tau}=10\log\left(\frac{\sum S_i}{\sum S_i \tau_i}\right)(\text{dB})$$
>
> | 구분 | 면적(m²) | 투과손실(dB) | 투과율 |
> |---|---|---|---|
> | 콘크리트벽 | 60 | 45 | $10^{-\frac{45}{10}}$ |
> | 유리 | 20 | 25 | $10^{-\frac{25}{10}}$ |
> | 환기구 | 2 | 0 | $10^{-\frac{0}{10}}$ |
>
> $$\overline{TL}=10\log\left(\frac{60+20+2}{(60\times10^{-4.5})+(20\times10^{-2.5})+(2\times10^{-0})}\right)$$
> $$=16.1\,\text{dB}$$

45 콘크리트벽(면적=30 m², $TL=40$ dB)과 유리창(면적=3 m², $TL=20$ dB)으로 구성되어 있는 벽체의 총합투과손실(dB)과 유리창이 1 m²만큼 open되었을 때 총합투과손실(dB)을 구하시오.

> **풀이** (1) 유리창 open 전 총합투과손실($\overline{TL}$)
> $$\overline{TL}=10\log\left(\frac{\sum S_i}{\sum S_i \tau_i}\right)$$
> $$=10\log\left(\frac{30+3}{(30\times10^{-4})+(3\times10^{-2})}\right)=30\,\text{dB}$$

(2) 유리창 open 후 총합투과손실($\overline{TL}$)

$$\overline{TL} = 10\log\left(\frac{30+2+1}{(30\times 10^{-4})+(2\times 10^{-2})+(1\times 1)}\right)$$

(open $\Rightarrow \tau=1$의 의미)

$= 15.1\,\text{dB}$

46 어떤 공장의 벽체가 다음과 같이 구성되어 있다. 이때 이 벽체의 총합투과손실을 구하고, 2개소의 창(면적은 같음) 중 1개소를 콘크리트벽 구조로 할 경우 총합투과손실(dB)을 구하시오.

구분	창문(2개소)	출입문	콘크리트벽
면적(m^2)	10	4	46
투과손실(TL)	20	10	45

풀이

(1) 총합투과손실($\overline{TL}$)

$$\overline{TL} = 10\log\frac{1}{\tau} = 10\log\left(\frac{\sum S_i}{\sum S_i \tau_i}\right)(\text{dB})$$

$$= 10\log\left(\frac{10+4+46}{(10\times 10^{-2})+(4\times 10^{-1})+(46\times 10^{-4.5})}\right)$$

$= 20.8\,\text{dB}$

(2) 2개소의 창 중 1개소를 콘크리트벽 구조로 할 경우 총합투과손실

$$\overline{TL} = 10\log\left(\frac{5+4+46+5}{(5\times 10^{-2})+(4\times 10^{-1})+(46\times 10^{-4.5})+(5\times 10^{-4.5})}\right)$$

$= 21.2\,\text{dB}$

47

벽체가 콘크리트벽(면적 = 100 m², TL = 40 dB)과 유리창(면적 = 40 m², TL = 15 dB)으로 구성되어 있는데, 이 유리창의 30%가 파손되었을 때의 총합투과손실(dB)은?

[풀이] 총합투과손실($\overline{TL}$)

$$\overline{TL} = 10\log\frac{1}{\tau} = 10\log\left(\frac{\sum S_i}{\sum S_i \tau_i}\right) (\text{dB})$$

유리창 30% 파손 의미 : 유리창 면적 40m² 중 30%, 즉 12m²가 open 된 것과 같은 의미이므로 투과율은 1을 적용한다.

$$\overline{TL} = 10\log\left(\frac{100 + 28 + 12}{(100 \times 10^{-4}) + (28 \times 10^{-1.5}) + (12 \times 10^{-0})}\right)$$

$$= 10.4 \, \text{dB}$$

48

공기의 고유음향 임피던스가 400rayls이고, 물의 고유음향 임피던스가 1.48×10^6 rayls이면 공기에서 물로 음이 투과 시 투과손실(dB)은?

[풀이] 투과손실(TL)

$$TL = 10\log\frac{1}{\tau} (\text{dB})$$

$$\tau = \frac{4(\rho_2 c_2 \times \rho_1 c_1)}{(\rho_2 c_2 + \rho_1 c_1)^2} = \frac{4(1.48 \times 10^6 \times 400)}{(1.48 \times 10^6 + 400)^2} = 1.08 \times 10^{-3}$$

$$= 10\log\frac{1}{1.08 \times 10^{-3}} = 29.7 \, \text{dB}$$

49 2개의 방 사이에 면적 20 m² 되는 벽으로 칸막이가 설치되어 있는데, 이때 이 벽의 투과손실은 40 dB이다. 음원실에서 100 dB의 소음이 발생되고 있을 때, 칸막이를 통하여 전달되는 수음실에서의 음압레벨(dB)은?(단, 수음실의 흡음력 40 m², 수음실에서의 음압레벨은 직접음과 반사음에 의한 영향을 모두 고려한다.)

[풀이] 수음실에서의 음압레벨(SPL_2)

$$SPL_2 = SPL_1 - TL + 10\log\left(\frac{1}{4} + \frac{S_w}{R_2}\right)(\text{dB})$$

$SPL_1 = 100\,\text{dB}$
$TL = 40\,\text{dB}$
$S_w = 20\,\text{m}^2$
$R_2 = 40\,\text{m}^2$

$$= 100 - 40 + 10\log\left(\frac{1}{4} + \frac{20}{40}\right) = 58.75\,\text{dB}$$

50 30 m×10 m의 공장벽으로부터 수직거리 40 m 떨어진 지점이 부지경계선이다. 공장 내벽 근처의 소음도는 90 dB이고 부지경계선에서의 소음규제기준이 50 dB일 때, 이를 달성하기 위한 공장벽의 투과손실(dB)은?

[풀이] 공장 외벽 근처의 소음도(SPL_1)를 면음원으로 구하면

$r > \frac{b}{3}\left(40 > \frac{30}{3}\right)$ 성립, 이에 따른 관계식(SPL_1)

$$SPL_1 = SPL_2 + 20\log\left(\frac{3r}{b}\right) + 10\log\left(\frac{b}{a}\right)(\text{dB})$$

$$= 50 + 20\log\left(\frac{3 \times 40}{30}\right) + 10\log\left(\frac{30}{10}\right) = 66.8\,\text{dB}$$

$TL = NR - 6\,(\text{dB})$
$\quad = (90 - 66.8) - 6 = 17.2\,\text{dB}$

51 벽체 외부로부터 확산음이 입사될 때 이 확산음의 음압레벨은 120 dB이었다. 이 실내의 흡음력은 30 m²이고, 벽의 투과손실은 30 dB, 벽의 면적이 12 m²라면 실내의 음압레벨(dB)은?

> **풀이** 실내의 음압레벨(SPL_2)
>
> $$SPL_2 = SPL_1 - TL - 10\log\left(\frac{A_2}{s}\right) + 6 \,(\text{dB})$$
>
> $SPL_1 = 120\,\text{dB}$
> $TL = 30\,\text{dB}$
> $A_2 = 30\,\text{m}^2$
> $s = 12\,\text{m}^2$
>
> $$= 120 - 30 - 10\log\left(\frac{30}{12}\right) + 6 = 92\,\text{dB}$$

52 평균흡음률이 0.20, 실내의 전 표면적이 450 m²인 중앙에 100 dB인 음원이 있다. 이 음원의 실내평균 음압수준(dB)은?(단, 확산음장 기준)

> **풀이** 확산음장에서의 SPL
>
> $$SPL = PWL + 10\log\left(\frac{4}{R}\right)(\text{dB})$$
>
> $$= PWL - 10\log R + 6$$
>
> $$R = \frac{\overline{\alpha} \cdot S}{1 - \overline{\alpha}} = \frac{0.20 \times 450}{1 - 0.20} = 112.5\,\text{m}^2$$
>
> $$= 100 - 10\log 112.5 + 6 = 85.5\,\text{dB}$$

53 비교적 큰 공장 내부에 PWL이 110 dB인 무지향성 소형 음원이 있다. 이 음원은 공장 실내의 두 면이 만나는 곳에 놓여 가동되고 있다. 공장 내부의 실정수가 25 m²일 때, 음원으로부터 20 m 지점에서의 음압레벨(dB)은?

> **풀이** 반확산음장법(공장)에 의한 음압레벨(SPL)
>
> $$SPL = PWL + 10\log\left(\frac{Q}{4\pi r^2} + \frac{4}{R}\right)(\text{dB})$$
>
> $PWL = 110\,\text{dB}$
> $Q = 4$ (두 면이 만나는 지점)
> $R = 25\,\text{m}^2$
> $r = 20\,\text{m}$
>
> $= 110 + 10\log\left(\dfrac{4}{4 \times 3.14 \times 20^2} + \dfrac{4}{25}\right) = 102.1\,\text{dB}$

54 20 m×30 m×5 m의 공장 바닥의 중앙에 80 dB인 기계를 설치하려고 한다. 이 기계(무지향성) 중심에서 5 m 떨어진 곳의 SPL(dB)은?(단, 실내의 $\bar{\alpha} = 0.25$)

> **풀이** 반확산음장법(공장)에 의한 음향레벨(SPL)
>
> $$SPL = PWL + 10\log\left(\frac{Q}{4\pi r^2} + \frac{4}{R}\right)(\text{dB})$$
>
> $PWL = 80\,\text{dB}$
> $Q = 2$ (바닥 중앙)
> $r = 5\,\text{m}$
> $R = \dfrac{\bar{\alpha} \cdot S}{1 - \bar{\alpha}} = \dfrac{0.25 \times 1,700}{1 - 0.25} = 566.7\,\text{m}^2$
> $S = (20 \times 30) \times 2 + (20 \times 5 \times 2) + (30 \times 5 \times 2) = 1,700\,\text{m}^2$
>
> $= 80 + 10\log\left(\dfrac{2}{4 \times 3.14 \times 5^2} + \dfrac{4}{566.7}\right) = 61.3\,\text{dB}$

55 공장 내의 실정수를 200 m² 에서 800 m² 로 개선하였을 때 음원에서 20 m 위치의 감음효과를 구하시오.(단, 음원의 위치는 공중)

풀이

(1) 실정수 200m² 인 경우의 음압레벨(SPL_1)

$$SPL_1 = PWL + 10\log\left(\frac{Q}{4\pi r^2} + \frac{4}{R}\right)(\text{dB})$$

$$= PWL + 10\log\left(\frac{1}{4 \times 3.14 \times 20^2} + \frac{4}{200}\right)$$

$$= PWL - 16.95(\text{dB})$$

(2) 실정수 800m² 인 경우의 음압레벨(SPL_2)

$$SPL_2 = PWL + 10\log\left(\frac{1}{4 \times 3.14 \times 20^2} + \frac{4}{800}\right)$$

$$= PWL - 22.84(\text{dB})$$

(3) SPL_1 과 SPL_2 의 차

$$22.84 - 16.95 = 5.89\,\text{dB}$$

56 가로 50 m, 세로 25 m, 높이 10 m의 체육관 중앙 바닥에 PWL 120 dB의 무지향성 점음원이 있으며, 이 체육관의 평균흡음률이 0.15일 때, 직접음과 반사음이 같은 지점의 거리와 그곳의 $SPL(\text{dB})$ 은?

풀이

(1) 실반경(r)

$$r = \sqrt{\frac{Q \cdot R}{16\pi}}$$

$Q = 2$(중앙 바닥)

$$R = \frac{\overline{\alpha} \cdot S}{1 - \overline{\alpha}} = \frac{0.15 \times 4{,}000}{1 - 0.15} = 705.9\,\text{m}^2$$

$$S = (50 \times 25) \times 2 + (50 \times 10 \times 2) + (25 \times 10 \times 2) = 4{,}000\,\text{m}^2$$

$$r = \sqrt{\frac{2 \times 705.9}{16 \times 3.14}} = 5.3\,\text{m}$$

(2) 음압레벨(SPL)

$$SPL = PWL + 10\log\left(\frac{Q}{4\pi r^2} + \frac{4}{R}\right)$$
$$= 120 + 10\log\left(\frac{2}{4 \times 3.14 \times 5.3^2} + \frac{4}{705.9}\right) = 100.5\,\text{dB}$$

57 실의 규격이 30 m×30 m×2 m인 중앙 바닥에 음향파워 0.1 W의 무지향성 음원이 있다. 이 음원으로부터 10 m 떨어진 지점의 음에너지 밀도(J/m³)는?(단, 평균흡음률은 0.2이고, 음속은 340 m/sec이다.)

풀이 음에너지 밀도(δ)

$$\delta = \delta_d + \delta_r$$
$$= \frac{QW}{4\pi r^2 c} + \frac{4W}{cR}\,(\text{J/m}^3)$$

$$R = \frac{\overline{\alpha} \cdot S}{1 - \overline{\alpha}} = \frac{0.2 \times 2{,}040}{1 - 0.2} = 510\,\text{m}^2$$

$$S = (30 \times 30 \times 2) + (30 \times 2 \times 4) = 2{,}040\,\text{m}^2$$

$$= \frac{2 \times 0.1}{4 \times 3.14 \times 10^2 \times 340} + \frac{4 \times 0.1}{340 \times 510} = 2.78 \times 10^{-6}\,\text{J/m}^3$$

58 벽체 외부로부터 확산음이 수직입사할 때 이 확산음의 음압레벨은 110dB이다. 실내의 흡음력이 30m²이고, 벽의 투과손실이 30dB, 벽의 면적이 20m²이면 실내의 음압레벨(dB)은?

> **풀이** 실내의 음압레벨(SPL_2)
>
> $SPL_2 = SPL_1 - TL - 10\log\left(\dfrac{A_2}{s}\right) + 6\,(\text{dB})$
>
> $\quad SPL_1 = 110\,\text{dB}$
> $\quad TL = 30\,\text{dB}$
> $\quad A_2 = 30\,\text{m}^2$
> $\quad s = 20\,\text{m}^2$
>
> $\quad = 110 - 30 - 10\log\left(\dfrac{30}{20}\right) + 6 = 84.24\,\text{dB}$

59 바닥 면적이 5 m×7 m이고, 높이가 3 m인 방이 있다. 바닥, 벽, 천장의 흡음률이 각각 0.1, 0.2, 0.3일 때, 이 방의 평균흡음률은?

> **풀이** 평균흡음률($\overline{\alpha}$)
>
> $\overline{\alpha} = \dfrac{S_\text{바}\alpha_\text{바} + S_\text{벽}\alpha_\text{벽} + S_\text{천}\alpha_\text{천}}{S_\text{바} + S_\text{벽} + S_\text{천}}$
>
> $\quad S_\text{바} = 5 \times 7 = 35\,\text{m}^2$
> $\quad S_\text{벽} = (5 \times 3 \times 2) + (7 \times 3 \times 2) = 72\,\text{m}^2$
> $\quad S_\text{천} = 5 \times 7 = 35\,\text{m}^2$
>
> $\quad = \dfrac{(35 \times 0.1) + (72 \times 0.2) + (35 \times 0.3)}{35 + 72 + 35} = 0.2$

60
실정수가 200 m²인 실내 중앙 바닥 위에 설치되어 있는 소형기계의 PWL이 100 dB이라고 한다. 기계로부터 15 m 떨어진 지점의 SPL(dB)은?

풀이 반확산음장의 음압레벨(SPL)

$$SPL = PWL + 10\log\left(\frac{Q}{4\pi r^2} + \frac{4}{R}\right)(\text{dB})$$

$PWL = 100\,\text{dB}$
$Q(\text{중앙 바닥}) = 2$
$r = 15\,\text{m}$
$R = 200\,\text{m}^2$

$$= 100 + 10\log\left(\frac{2}{4 \times 3.14 \times 15^2} + \frac{4}{200}\right) = 83.16\,\text{dB}$$

61
공장 내 소형기계를 운전했을 때 어느 정도 떨어진 지점의 음압레벨이 75 dB이었다. 기계의 옆에 파워레벨 90 dB이 되는 기준음원을 가동시켰을 때, 같은 측정점의 음압레벨이 65dB이었다면 이 기계의 파워레벨(dB)은?

풀이 대상기계의 파워레벨(PWL_m)

$$PWL_m = PWL_s + (\overline{SPL_m} - \overline{SPL_s})(\text{dB})$$

PWL_s(이미 알고 있는 기준음원의 음향파워레벨) = 90 dB
$\overline{SPL_m}$(기준음원으로부터 r(m) 떨어진 반구면상의 평균음압레벨)
　　= 75 dB
$\overline{SPL_s}$(기준음원으로부터 r(m) 떨어진 반구면상($\overline{SPL_m}$ 측정 시
　　와 동일한 위치)의 평균음압레벨) = 65 dB
$= 90 + (75 - 65) = 100\,\text{dB}$

62 30 phon의 소리와 60 phon의 소리가 합해지면 몇 sone의 크기로 들리는가?

> **풀이** 음의 크기 sone
> $$S = 2^{\frac{L_L - 40}{10}} \text{ (sone)}$$
>
> ① 30phon
> $$S = 2^{\frac{30-40}{10}} = 0.5 \text{ sone}$$
>
> ② 60phon
> $$S = 2^{\frac{60-40}{10}} = 4 \text{ sone}$$
>
> ③ sone의 합 = 0.5 + 4 = 4.5 sone

63 70 phon의 소리는 50 phon의 소리에 비해 몇 배 더 크게 들리는가?

> **풀이** phon은 음의 대소관계만 나타내므로 phon을 sone으로 변환
>
> ① 70phon
> $$S = 2^{\frac{70-40}{10}} = 8 \text{ sone}$$
>
> ② 50phon
> $$S = 2^{\frac{50-40}{10}} = 2 \text{ sone}$$
>
> ③ sone의 비
> $$\frac{8 \text{ sone}}{2 \text{ sone}} = 4$$
> 즉, 70 phon은 50 phon보다 4배 더 크게 들린다.

64 청감보정회로의 기준이 되는 주파수는?

풀이 $1,000\,\text{Hz}\,(1\,\text{kHz})$

65 청감보정회로의 A특성, B특성, C특성에 상응하는 음의 크기레벨은?

풀이 ① A특성 : 40 phon, ② B특성 : 70 phon, ③ C특성 : 85 phon

Reference
- A-보정회로(A특성)는 인간의 주관적 반응과 잘 맞아 가장 많이 이용되며, 저주파음을 크게 낮추는 특성을 가진다.
- C-보정회로(C특성)는 전 주파수영역에 걸쳐 평탄한 특성을 가진다.

66 소음계의 A 및 C 특성회로를 사용하여 같은 소음원을 측정한 결과와 다음과 같을 때 그 음의 주성분 주파수를 쓰시오.

(1) dB(A)=dB(C)

(2) dB(A)≪dB(C)

풀이
(1) dB(A)=dB(C) ⇒ 고주파가 주성분
(2) dB(A)≪dB(C) ⇒ 저주파가 주성분

67 다음 용어의 정의를 쓰시오.

(1) phon
(2) sone

(1) phon
음의 크기 레벨을 나타내는 단위로서 1,000Hz를 기준으로 해서 나타낸 dB을 phon이라 한다.
(2) sone
소음의 감각량을 나타내는 단위로서 1,000Hz의 순음이 음의 세기레벨 40dB의 음일 때 1sone이라 한다.

68 100 sone은 몇 phon인가?

음의 크기 레벨(L_L)
$L_L = 33.3 \log S + 40 = 33.3 \log 100 + 40 = 106.6 \, \text{phon}$

69 옥타브밴드 중심주파수 500 Hz, 1,000 Hz, 2,000 Hz, 4,000 Hz의 청력손실이 각각 20 dB, 15 dB, 25 dB, 20 dB이라 할 때 평균청력손실(dB)은?(단, 6분법 평균청력손실 계산법 적용)

평균청력손실(6분법)
$6분법 = \dfrac{a + 2b + 2c + d}{6} (\text{dB}) = \dfrac{20 + (2 \times 15) + (2 \times 25) + 20}{6} = 20 \, \text{dB}$

70 어떤 실내의 옥타브대역 SPL이 500 Hz에서 60 dB, 1,000 Hz에서 62 dB, 2,000 Hz에서 63 dB, 4,000 Hz에서 65 dB일 때 $PSIL$은?

> **풀이** 우선회화방해레벨($PSIL$)
> $$PSIL = \frac{1}{3}(L_{500} + L_{1,000} + L_{2,000})(\text{dB}) = \frac{1}{3}(60 + 62 + 63) = 61.7 \text{ dB}$$

71 백색잡음(White Noise)의 정의를 쓰고 그림으로 나타내시오.

> **풀이** 백색잡음
> 가청주파수 대역에서 단위주파수 대역(1Hz)에 포함되는 강도가 주파수에 관계없이 일정한 음, 즉 모든 단위주파수에서 음압레벨이 일정한 음이다.
>
> (그래프: SPL(파워스펙트럼 밀도) vs f, 단위주파수별 일정한 수평선)

72 산업기계에서 발생하는 기류음 및 고체음의 방지대책을 각각 4가지씩 쓰시오.

> **풀이**
> (1) 기류음 방지대책
>   ① 분출유속의 저감
>   ② 관의 곡률완화
>   ③ 밸브의 다단화
>   ④ 소음기나 흡음챔버 부착
>
> (2) 고체음 방지대책
>   ① 가진력 억제
>   ② 공명방지
>   ③ 방사면 축소 및 제진처리
>   ④ 방진(차진)

73
고속가스가 대기 중으로 분출될 때 분출구에 가까운 곳 및 멀리 떨어진 곳에서의 주파수성분을 개구부 직경(d)과 개구부로부터의 거리(r)로 나타내시오.

풀이
① 가까운 곳 : $r < 4d$: 고주파가 주성분
② 먼 곳 : $5d < r < 10d$: 저주파가 주성분

🔍 Reference

분출음의 대책
① 저주파음 : 분출구에 확산기(Diffuser)를 부착하여 가스의 흐름을 분산 또는 충돌시킴
② 고주파음 : 흡음덕트 및 팽창형 소음기를 부착

74
'공명'의 정의를 쓰시오.

풀이 2개의 진동체의 고유진동수가 같을 때 한쪽을 울리면 다른 쪽도 울리는 현상

75
다음 경우의 지향계수 및 지향지수를 구하시오.
(1) 음원이 자유공간에 있을 때
(2) 음원이 바닥 위에 있을 때
(3) 음원이 두 면이 접하는 구석에 있을 때
(4) 음원이 세 면이 접하는 구석에 있을 때

풀이

(1) 음원이 자유공간(공중)에 있을 때
　① 지향계수(Q) = 1
　② 지향계수(DI) = $10\log Q$ = $10\log 1$ = $0\,dB$

(2) 음원이 바닥 위(반자유공간)에 있을 때
　① 지향계수(Q) = 2
　② 지향지수(DI) = $10\log Q$ = $10\log 2$ = $3\,dB$

(3) 음원이 두 면이 접하는 구석에 있을 때
　① 지향계수(Q) = 4
　② 지향지수(DI) = $10\log Q$ = $10\log 4$ = $6\,dB$

(4) 음원이 세 면이 접하는 구석에 있을 때
　① 지향계수(Q) = 8
　② 지향지수(DI) = $10\log Q$ = $10\log 8$ = $9\,dB$

76 소형기계가 공장바닥 위에 놓여서 가동될 때보다 세 벽이 만나는 모서리에 놓여서 가동될 때의 음에너지 밀도 변화는?

풀이
① 공장바닥의 지향계수(Q) = 2
② 세 벽이 만나는 곳의 지향계수(Q) = 8
음에너지 밀도 변화
$\dfrac{8}{2}$ = 4배 증가

77 '역2승법칙'을 간단히 설명하시오.

풀이 자유음장에서 점음원으로부터 거리가 2배 멀어질 때마다 음압레벨이 6dB씩 감소하는 현상

78 다음은 기상조건에 따른 공기흡음에 의해 일어나는 감쇠치에 대한 설명이다. ( ) 안을 채우시오.

공기흡음에 의한 감쇠치는 주파수가 (①), 기온이 (②), 습도가 (③) 커진다.

풀이
① 커질수록
② 낮을수록
③ 낮을수록

79 기상조건에 따른 감쇠식 $A_a = 7.4 \times \left(\dfrac{f^2 \times r}{\phi}\right) \times 10^{-8} (\text{dB})$에서 f, r, ϕ를 나타내시오.

풀이
① f : 주파수(Hz)
② r : 음원과 관측점 간 거리(m)
③ ϕ : 상대습도(%)

80 옴-헬름홀츠(Ohm-Helmholtz)의 법칙을 간단히 설명하시오.

풀이

옴-헬름홀츠의 법칙
인간의 귀는 순음이 아닌 여러 가지 복잡한 소리(파형)를 들어도 각기 순음의 성분으로 분해하여 들을 수 있다는 능력을 갖고 있어 각 주파수성분의 진폭이 서로 다른 음질로 듣게 된다는 법칙

81 사람의 청각기관에서 내이, 중이, 외이의 음전달매질을 쓰시오.

풀이

음의 전달매질
① 내이 : 액체
② 중이 : 고체
③ 외이 : 기체

82 저주파음 및 초음파의 발생원을 각각 3개씩 쓰시오.

풀이

(1) 저주파음 발생원
 ① 대형 회전기계
 ② 댐의 방류
 ③ 항공기

(2) 초음파 발생원
 ① 제트엔진
 ② 고속드릴
 ③ 세척장비

83 소음공해의 일반적 특징 5가지를 쓰시오.

> **풀이** 소음공해의 특징
> ① 듣는 사람에 따라 주관적이다.
> ② 축적성이 없다.
> ③ 감각공해이다.
> ④ 국소, 다발적이다.
> ⑤ 다른 공해에 비해서 불평발생(민원) 건수가 많다.

84 소음이 인체에 미치는 영향에 관한 내용이다. 다음 ( ) 안에 알맞은 말을 쓰시오.

> 혈압이 (①)지고, 맥박이 (②)하며, 말초혈관이 (③)된다. 또한, 호흡횟수는 (④)하고, 호흡깊이는 (⑤)한다.

> **풀이** ① : 높아   ② : 증가
> ③ : 수축   ④ : 증가
> ⑤ : 감소

85 회화방해레벨(SIL)의 정의를 쓰시오.

> **풀이** SIL
> 소음을 600~1,200 Hz, 1,200~2,400 Hz, 2,400~4,800 Hz의 3개의 밴드로 분석한 음압레벨을 산술평균한 값이다.

86 우선회화방해레벨(*PSIL*)의 정의를 쓰시오.

풀이

PSIL
소음을 1/1 옥타브밴드로 분석한 중심주파수 500, 1,000, 2,000 Hz의 음압레벨을 산술평균한 값이다.

87 소음평가지수(*NRN*)의 정의 및 보정인자 5가지를 쓰시오.

풀이

(1) 소음평가지수(*NRN*)
    소음을 청력장해, 회화장해, 소란스러움의 3가지 관점에서 평가하는 지표

(2) 보정인자
    ① 음의 스펙트라   ② 피크펙타
    ③ 반복성   ④ 습관성
    ⑤ 계절

88 주야 평균소음레벨(L_{dn})의 정의를 쓰시오.

풀이

주야 평균소음레벨(L_{dn})
하루의 매시간당 등가소음도를 측정한 후 야간의 매시간 측정치에 10dB의 벌칙레벨을 합산한 후 파워평균한 레벨이다.

89 소음평가 용어의 각 명칭을 쓰시오.

(1) NRN
(2) SIL
(3) NNI
(4) PNL

> **풀이**
> (1) NRN : 소음평가지수
> (2) SIL : 회화방해레벨
> (3) NNI : 항공소음 평가지수
> (4) PNL : 감각소음레벨

90 항공기 소음시간 보정치인 1일간 항공기의 등가통과횟수(N)의 식을 쓰고 $N_1 \sim N_4$를 설명하시오.

> **풀이** 항공기 등가통과횟수(N)
> $N = N_2 + 3N_3 + 10(N_1 + N_4)$
> N_1 : 0시에서 07시까지의 비행횟수
> N_2 : 07시에서 19시까지의 비행횟수
> N_3 : 19시에서 22시까지의 비행횟수
> N_4 : 22시에서 24시까지의 비행횟수

91
1일 동안의 평균 최고소음도가 95dB(A)이고, N_1, N_2, N_3, N_4 항공기 통과횟수가 각각 50, 300, 40, 10회일 때 1일 단위의 WECPNL(dB)은?

풀이

1일 단위 WECPNL(dB) = $\overline{L}_{max} + 10\log N - 27$

$\overline{L}_{max} = 95\,dB(A)$

$N = N_2 + 3N_3 + 10(N_1 + N_4)$
$= 300 + (3 \times 40) + 10(50 + 10) = 1,020$

$= 95\,dB(A) + 10\log 1,020 - 27$
$= 98.08\,WECPNL(dB)$

92
소음의 음향파워레벨 측정법 4가지를 쓰시오.

풀이

음향파워레벨 측정법
① 자유음장법
② 확산음장법
③ 반확산음장법
④ 치환법

93
근음장과 원음장의 구별방법을 간략히 쓰시오.

풀이

음원에서 거리가 2배 멀어질 때마다 음압레벨이 6dB씩 감소되는 것을 역2승법칙이라 하는데, 이 역2승법칙이 시작되는 위치부터 원음장이라 하고 음원에서부터 역2승법칙이 적용되지 않는 위치까지를 근음장이라 한다.

94. 다음 용어를 간단히 설명하시오.
(1) 역2승법칙
(2) 확산음장

풀이

(1) 역2승법칙
자유음장에서 음원으로부터 거리가 2배 멀어지면 음압레벨이 6dB 감소하는 현상이다.

(2) 확산음장
단위체적당 음에너지가 일정한 음장, 즉 음향에너지 밀도가 어느 위치에서나 일정한 음장으로 잔향실이 대표적이다.

95. 무향실을 간단히 설명하고 무향실의 용도 3가지를 쓰시오.

풀이

(1) 무향실
자유공간에서처럼 음원으로부터 거리가 멀어짐에 따라 일정하게 감쇠되는 역2승법칙이 성립하도록 인공적으로 만든 실, 즉 음의 반사가 0에 가깝게 설계한 실을 말한다.

(2) 무향실의 용도
① 음원의 방사지향성 측정
② 음원의 음향파워레벨 측정
③ 각종 재료의 차음성능 측정

96 잔향실을 간단히 설명하고 잔향실의 용도 3가지를 쓰시오.

[풀이]

(1) 잔향실
실내 표면의 흡음률을 0에 가깝게 하여 표면에 입사한 음을 완전히 반사시켜 확산음장이 형성되도록 만들어진 실을 말한다.

(2) 잔향실의 용도
① 흡음률 측정
② 음향출력 측정
③ 투과손실 측정

97 다음 내용을 소음대책 순서로 나타내시오.

① 수음점에서 실태조사
② 소음이 문제되는 지점(수음점)의 위치 확인
③ 수음점에서의 규제기준 확인
④ 문제주파수의 발생원 탐사
⑤ 적정방지기술의 선정
⑥ 시공 및 재평가
⑦ 대책의 목표레벨 설정

[풀이] 소음대책 순서
② → ① → ③ → ⑦ → ④ → ⑤ → ⑥

98 소음방지 대책 중 소음발생원 대책 및 전파경로 대책을 각각 4가지씩 쓰시오.

[풀이]

(1) 소음발생원 대책
① 소음기 사용
② 방진처리
③ 발생원 자체의 유속저감, 마찰력감소, 공진방지

④ 음향출력의 저감

(2) 전파경로 대책
① 흡음　　② 차음
③ 거리감쇠　④ 지향성 변환

99 소음도 범위별 빈도율이 다음과 같을 때 등가소음도(L_{eq})는?

- 70~75 dB(A) : 25%
- 75~80 dB(A) : 60%
- 지시판 위쪽 : 15%

풀이 등가소음도(L_{eq})

$$L_{eq} = 10\log \sum_{i=1}^{n} \left(\frac{1}{100} \times 10^{\frac{L_i}{10}} \times f_i\right) [\text{dB(A)}]$$

$$= 10\log\left[\frac{1}{100}(10^{7.25} \times 25 + 10^{7.75} \times 60)\right]$$

$$= 75.8\,\text{dB(A)}$$

지시판 위쪽 빈도율이 10% 이상 ⇒ 보정치 +2 dB(A) 고려

∴ $75.8 + 2 = 77.8\,\text{dB(A)}$

100 가로, 세로, 높이가 각각 6 m, 10 m, 3 m인 작업장의 바닥, 벽, 천장의 흡음률이 각각 0.02, 0.31, 0.4이다. 천장에 흡음처리를 하여 흡음률을 0.65로 증가시켰을 때, 이 작업장 내부의 평균흡음률 증가량은?

풀이 (1) 천장흡음률 증가 전 평균흡음률($\overline{\alpha_1}$)

$S_\text{바} = 6 \times 10 = 60\,\text{m}^2$

$$S_{벽} = (6 \times 3 \times 2) + (10 \times 3 \times 2) = 96\,\text{m}^2$$

$$S_{천} = 6 \times 10 = 60\,\text{m}^2$$

$$\overline{\alpha}_1 = \frac{(60 \times 0.02) + (96 \times 0.31) + (60 \times 0.4)}{60 + 96 + 60} = 0.254$$

(2) 천장흡음률 증가 후 평균흡음률($\overline{\alpha}_2$)

$$\overline{\alpha}_2 = \frac{(60 \times 0.02) + (96 \times 0.31) + (60 \times 0.65)}{60 + 96 + 60} = 0.324$$

(3) 증가량($\Delta\alpha$)

$$\Delta\alpha = \overline{\alpha}_2 - \overline{\alpha}_1 = 0.324 - 0.254 = 0.07$$

---

101 22 m×11 m×5 m의 홀에 50명의 청중이 있으며 이 홀의 sabin 흡음률이 천장 0.2, 벽 0.15, 바닥 0.18이다. 잔향시간(sec)을 구하시오.(단, 청중 1인당 흡음력은 0.5 sabin으로 한다.)

풀이

잔향시간(T)

$$T = \frac{0.161 \times V}{A}\,(\text{sec})$$

$$V = 22 \times 11 \times 5 = 1{,}210\,\text{m}^3$$

$$A = S \cdot \overline{\alpha}$$

$$S = (22 \times 11 \times 2) + (22 \times 5 \times 2) + (11 \times 5 \times 2) = 814\,\text{m}^2$$

$$\overline{\alpha} = \frac{(242 \times 0.2) + (330 \times 0.15) + (242 \times 0.18)}{242 + 330 + 242} = 0.17$$

$$A = 814 \times 0.17 = 138.38\,\text{m}^2$$

청중흡음력 $= 0.5\,\text{m}^2/1\text{인} \times 50\text{인} = 25\,\text{m}^2$

$$T = \frac{0.161 \times 1{,}210}{(138.38 + 25)} = 1.19\,\text{sec}$$

102 15 m×20 m×2.5 m인 실이 있다. 이 실의 잔향시간이 1.5 sec일 때 실정수(m^2)는?

풀이 실정수(R)

$$R = \frac{\bar{\alpha} \cdot S}{1 - \bar{\alpha}} (m^2)$$

$$T = \frac{0.161 \times V}{S \times \bar{\alpha}}$$

$$\bar{\alpha} = \frac{0.161 \times V}{S \times T} = \frac{0.161 \times 750}{775 \times 1.5} = 0.103$$

$V = 15 \times 20 \times 2.5 = 750 \, m^3$

$S = (15 \times 20 \times 2) + (15 \times 2.5 \times 2) + (20 \times 2.5 \times 2)$
$\quad = 775 \, m^2$

$T = 1.5 \, sec$

$$R = \frac{0.103 \times 775}{1 - 0.103} = 89.0 \, m^2$$

103 어떤 작업장의 체적이 750 m^3, 표면적이 180 m^2, 벽면의 평균흡음률이 0.26이면 잔향시간(sec)은?

풀이 잔향시간(T)

$$T = \frac{0.161 \times V}{A} = \frac{0.161 \times V}{S \cdot \bar{\alpha}}$$

$$= \frac{0.161 \times 750}{180 \times 0.26} = 2.58 \, sec$$

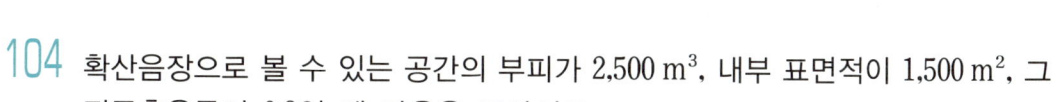

104 확산음장으로 볼 수 있는 공간의 부피가 2,500 m³, 내부 표면적이 1,500 m², 그 평균흡음률이 0.3일 때 다음을 구하시오.

(1) 실내음선의 평균 자유전파경로
(2) 실정수
(3) 잔향시간
(4) 실내에 PWL 120 dB인 음원을 설치 시 실내의 평균음압레벨

[풀이]

(1) 평균 자유전파경로(P)
$$P = \frac{4V}{S} = \frac{4 \times 2,500}{1,500} = 6.67 \text{ m}$$

(2) 실정수(R)
$$R = \frac{\overline{\alpha} \cdot S}{1 - \overline{\alpha}} = \frac{0.3 \times 1,500}{1 - 0.3} = 642.9 \text{ m}^2$$

(3) 잔향시간(T)
$$T = \frac{0.161 \times V}{S \cdot \overline{\alpha}} = \frac{0.161 \times 2,500}{1,500 \times 0.3} = 0.89 \text{ sec}$$

(4) 실내 평균음압레벨(SPL)
$$SPL = PWL + 10\log\left(\frac{4}{R}\right)$$
$$= 120 + 10\log\left(\frac{4}{642.9}\right) = 97.9 \text{ dB}$$

105 9 m×10 m×6 m이고 2초의 잔향시간을 갖는 잔향실 내에 소음원을 가동시킨 후 측정한 평균음압레벨이 110 dB이었다. 이 소음원의 음향파워(Watt)는?

> **풀이** 실내음향 파워레벨(PWL)
>
> $$PWL = SPL - 10\log\left(\frac{4}{R}\right)$$
>
> $$R = \frac{S \cdot \overline{\alpha}}{1-\overline{\alpha}} = \frac{0.106 \times 408}{1-0.106} = 48.4\,\text{m}^2$$
>
> $$\overline{\alpha} = \frac{0.161\,V}{S \times T}$$
>
> $$= \frac{0.161 \times (9 \times 10 \times 6)}{[(9\times 10 \times 2)+(9\times 6\times 2)+(10\times 6\times 2)]\times 2}$$
>
> $$= 0.106$$
>
> $$= 110 - 10\log\left(\frac{4}{48.4}\right) = 120.83\,\text{dB}$$
>
> $$PWL = 10\log\frac{W}{10^{-12}}$$
>
> $$120.83 = 10\log\frac{W}{10^{-12}}$$
>
> $$W = 10^{12.083} \times 10^{-12} = 1.21\,\text{Watt}$$

106 공간이 큰 공장의 바닥면 한가운데 설치되어 있는 소형기계의 PWL이 95 dB이고, 이 기계로부터 5 m 떨어진 지점의 SPL이 75 dB라면 실내의 실정수(m^2)는?

> **풀이** 공장(반확산음장)의 음압레벨(SPL)
>
> $$SPL = PWL + 10\log\left(\frac{Q}{4\pi r^2} + \frac{4}{R}\right)$$
>
> $$75 = 95 + 10\log\left(\frac{2}{4\times 3.14 \times 5^2} + \frac{4}{R}\right)$$
>
> $$10^{-2} = \left(\frac{2}{314} + \frac{4}{R}\right)$$
>
> $$R = 1,101.7\,\text{m}^2$$

107 어떤 공장 내 소음대책으로 다공질 흡음재료를 벽체와 천장부에 각각 적용하였다. 작업장 규격은 20 L×10 W×5 H(m)이고, 대책 전 바닥, 벽체 및 천장부의 평균흡음률은 각각 0.01, 0.03, 0.1이었다면 잔향시간비 및 대책 전후에 따른 실내소음 저감량을 계산하시오.(단, 다공질 흡음재료 평균흡음률은 0.55로 한다.)

[풀이]

① 대책 전 잔향시간(T_1)

$$T_1 = \frac{0.161 \times V}{S \cdot \overline{\alpha}}$$

$$S = S_{바} + S_{벽} + S_{천} = 200 + 300 + 200 = 700 \, \text{m}^2$$

$$S_{바} = 20 \times 10 = 200 \, \text{m}^2$$

$$S_{벽} = (20 \times 5 \times 2) + (10 \times 5 \times 2) = 300 \, \text{m}^2$$

$$S_{천} = 20 \times 10 = 200 \, \text{m}^2$$

$$V = 20 \times 10 \times 5 = 1,000 \, \text{m}^3$$

$$\overline{\alpha} = \frac{(200 \times 0.01) + (300 \times 0.03) + (200 \times 0.1)}{200 + 300 + 200} = 0.0442$$

$$= \frac{0.161 \times 1,000}{700 \times 0.0442} = 5.2 \, \text{sec}$$

② 대책 후 잔향시간(T_2)

$$\overline{\alpha} = \frac{(200 \times 0.01) + (300 \times 0.55) + (200 \times 0.55)}{200 + 300 + 200} = 0.396$$

$$T_2 = \frac{0.161 \times 1,000}{700 \times 0.396} = 0.58 \, \text{sec}$$

③ 잔향시간비 $= \dfrac{\text{대책 전 잔향시간}}{\text{대책 후 잔향시간}} = \dfrac{T_1}{T_2} = \dfrac{5.2}{0.58} = 8.97$

④ 실내소음 저감량(NR)

$$NR = 10 \log \frac{A_2}{A_1} = 10 \log \frac{S_2 \cdot \overline{\alpha_2}}{S_1 \cdot \overline{\alpha_1}}$$

$$= 10 \log \frac{700 \times 0.396}{700 \times 0.0442} = 9.5 \, \text{dB}$$

108 소음제어를 위한 자재류 흡음재, 차음재, 제진재, 차진재의 기능 및 용도를 간단히 쓰시오.

> **[풀이]**
> (1) 흡음재
>   ① 기능 : 음에너지를 열에너지로 변환
>   ② 용도 : 잔향음의 에너지 저감(실내 음향효과 개선)
> (2) 차음재
>   ① 기능 : 음에너지 감쇠(음을 차단하여 외부로 나가지 않도록 함)
>   ② 용도 : 음의 투과율을 저감(투과손실 증가)
> (3) 제진재
>   ① 기능 : 진동에너지의 변환(음의 진동을 억제하여 음의 발생을 줄임)
>   ② 용도 : 진동 판넬의 음에너지 저감 및 공기전파음의 공진진폭 저감
> (4) 차진재
>   ① 기능 : 구조적 진동과 진동전달력 저감
>   ② 용도 : 전달률 저감

109 흡음재와 차음재, 제진재와 차진재의 차이점을 간단히 서술하시오.

> **[풀이]**
> (1) 흡음재와 차음재의 차이점
>   ① 흡음재는 경량이며, 내부에 통로가 있는 다공성으로 음에너지를 열에너지로 전환시키는 기능을 갖는다.
>   ② 차음재는 중량으로 기공이 없어야 하며, 음에너지를 감쇠시켜 음의 투과를 억제시키는 기능을 갖는다.
> (2) 제진재와 차진재의 차이점
>   ① 제진재는 신축성이 큰 자재로 진동 판넬에 부착하여 진동에너지를 열에너지로 변환시키는 기능을 갖는다.
>   ② 차진재는 회전기계류 등의 탄성지지에 사용되는 것으로 진동전달률을 저감시키는 기능을 갖는다.

110 잔향시간의 정의를 쓰시오.

> **풀이** 잔향시간
> 실내에서 음원을 끈 순간부터 직선적으로 음압레벨이 60dB(에너지 밀도가 10^{-6} 감소) 감쇠되는 데 소요되는 시간

111 평균흡음률을 구하는 방법 3가지를 쓰시오.

> **풀이** 평균흡음률을 구하는 방법
> ① 재료별 면적과 흡음률 계산에 의한 방법
> ② 잔향시간 측정에 의한 방법
> ③ 표준음원에 의한 방법

112 재료의 흡음률 측정방법을 음의 입사 측면에서 2가지로 구분하여 쓰시오.

> **풀이** 흡음률의 측정방법
> ① 수직입사 흡음률 측정법 : 정재파(관내)법
> ② 난입사 흡음률 측정법 : 잔향실법

113 다음 흡음재의 흡음 특성(감음 특성)을 쓰시오.
    (1) 다공질형 흡음재
    (2) 판(막)진동형 흡음재
    (3) 공명흡음재

(1) 다공질형 흡음재의 흡음 특성 : 중·고음역
(2) 판(막)진동형 흡음재의 흡음 특성 : 저음역
(3) 공명흡음재의 흡음 특성 : 저음역

114 다공질형 흡음재의 종류를 5가지 쓰시오.

다공질형 흡음재 종류
① 석면　　　　② 암면
③ 섬유　　　　④ 발포재료
⑤ 유리솜

115 다공질형 흡음재에 관한 내용이다. (　　) 안을 채우시오.

시공 시에는 벽면에 바로 부착하는 것보다 입자속도가 최대로 되는 (①)파장의 홀수배 간격으로 배후공기층을 두고 설치하면 음파의 운동에너지를 가장 효율적·경제적으로 열에너지로 전환시킬 수 있으며, (②)의 흡음률도 개선된다.

풀이　① $\dfrac{1}{4}$
　　　② 저음역

116 NRC의 정의 및 관련식을 쓰시오.

풀이

(1) 소음저감계수(NRC)
   NRC는 1/3 옥타브대역으로 측정한 중심주파수 250, 500, 1,000, 2,000 Hz에서의 흡음률의 산술평균치

(2) 관련식
   $$NRC = \frac{1}{4}(\alpha_{250} + \alpha_{500} + \alpha_{1,000} + \alpha_{2,000})$$

117 다음 (   ) 안에 알맞은 말을 쓰시오.

다공질재료의 표면을 다공판으로 피복할 때에는 개구율은 (①)% 이상으로 하고 공명흡음의 경우에는 (②)%의 범위로 하는 것이 좋다.

풀이

① 20
② 3~20

118 실내흡음대책에 의해 기대할 수 있는 경제적인 감음량의 한계는 일반적으로 얼마인가?

풀이 5~10 dB

119 단일벽의 일치효과를 간략히 설명하시오.

[풀이]

일치효과

벽체에 음파가 입사하면 음압의 강약에 의해 소밀파가 벽체에 발생하게 되는데, 이로 인해 벽체에 굴곡진동이 발생한다. 만약 입사음의 파장과 굴곡파의 파장이 일치하면 벽체의 굴곡과 진폭은 입사파의 진폭과 동일하게 진동하는 일종의 공진상태가 되어 차음성능이 현저히 저하되는데, 이를 일치효과라 한다.

120 음향투과등급(STC)의 정의 및 평가방법(한계기준) 2가지를 쓰시오.

[풀이]

(1) STC

잔향실에서 1/3 옥타브밴드 대역으로 측정한 차음자재의 투과손실을 단일숫자로 나타낸 것이다. 즉, 차음자재의 차음 특성을 나타낸다.

(2) 한계기준
① 기준곡선 밑의 각 주파수대역별 투과손실과 기준곡선값의 차의 산술평균이 2 dB 이내이어야 한다.
② 단 하나의 투과손실값도 기준곡선 밑으로 최대 차이가 8 dB을 초과해서는 안된다.

121 수직입사 흡음률 측정법에서 입사음 및 반사음의 진폭이 4×10^{-1} Pa 및 3×10^{-1} Pa일 때, 정재파비 및 흡음률은?

[풀이]

(1) 정재파비(n)

$$n = \frac{P_{\max}}{P_{\min}} = \frac{A+B}{A-B} = \frac{(4 \times 10^{-1}) + (3 \times 10^{-1})}{(4 \times 10^{-1}) - (3 \times 10^{-1})} = 7$$

(2) 흡음률(α_t)

$$\alpha_t = \frac{4}{n+\frac{1}{n}+2} = \frac{4}{7+\frac{1}{7}+2} = 0.44$$

122 1/3 옥타브밴드로 측정한 각 중심주파수에서의 흡음률이 다음 표와 같을 때 NRC 값은?

중심주파수(Hz)	125	250	500	1,000	2,000	4,000
흡음률(α)	0.25	0.28	0.75	0.85	0.86	0.76

풀이 소음저감계수(NRC)

$$NRC = \frac{1}{4}(\alpha_{250} + \alpha_{500} + \alpha_{1,000} + \alpha_{2,000})$$

$$= \frac{1}{4}(0.28 + 0.75 + 0.85 + 0.86) = 0.685$$

123 질량법칙을 만족하는 영역에서 면밀도가 8.0 kg/m² 인 벽체에 1,000 Hz 순음이 통과 시 이 벽체의 투과손실(dB)은?(단, 수직입사 조건)

풀이 수직입사 시 투과손실(TL)

$$TL = 20\log(m \cdot f) - 43 \text{ (dB)}$$

$$= 20\log(8 \times 1,000) - 43 = 35 \text{ dB}$$

124 밀도가 1,200 kg/m³인 벽체(두께 : 25 cm)에 500 Hz의 순음이 통과 시 이 벽체의 투과손실(dB)은?(단, 음파는 벽면에 난입사한다.)

> **풀이** 난입사 시 투과손실(TL)
> $TL = 18\log(m \cdot f) - 44\,(\text{dB})$
> $m(\text{면밀도}) = \text{밀도}(\text{kg/m}^3) \times \text{두께}(\text{m})$
> $\qquad = 1,200\,\text{kg/m}^3 \times 0.25\,\text{m} = 300\,\text{kg/m}^2$
> $\quad = 18\log(300 \times 500) - 44 = 49.2\,\text{dB}$

125 균질의 단일벽 두께를 3배로 할 경우 일치효과의 한계주파수는 몇 배로 되겠는가?(단, 기타 조건은 일정하다.)

> **풀이** 일치주파수(f_c)
> $f_c = \dfrac{c^2}{2\pi h \sin^2\theta} \cdot \sqrt{\dfrac{12 \cdot \rho(1-\sigma^2)}{E}}$
> 기타 조건은 일정하므로
> $f_c \fallingdotseq \dfrac{1}{h} \fallingdotseq \dfrac{1}{3}$
>
> 즉, 두께를 3배로 하면 일치주파수는 $\dfrac{1}{3}$이 된다.

126 투과손실은 중심주파수 대역에서는 질량법칙에 따라 변한다. 음파가 단일벽면에 수직입사 시 면밀도가 1.5배 증가하면 투과손실은 어떻게 변화하는가?

풀이 수직입사 시 투과손실(TL)
$TL = 20\log(m \cdot f) - 43\,(\text{dB})$
  면밀도만 고려하므로
$= 20\log 1.5$
$= 3.5\,\text{dB}$, 즉 $3.5\,\text{dB}$만큼 증가한다.

127 중공이중벽의 공기층 두께가 30 cm이고, 두 벽의 면밀도가 각각 150 kg/m², 200 kg/m²라 할 때, 저음역에서의 공명투과 주파수는 약 몇 Hz 정도에서 발생하는가?

풀이 두 벽의 면밀도가 다를 때($m_1 \neq m_2$) 공명투과 주파수(f_r)
$f_r = 60\sqrt{\dfrac{m_1 + m_2}{m_1 \times m_2} \cdot \dfrac{1}{d}}\,(\text{Hz})$
$= 60\sqrt{\dfrac{150 + 200}{150 \times 200} \times \dfrac{1}{0.3}} = 11.8\,\text{Hz}$

128 1.0 m×2.0 m 출입문의 투과손실을 20 dB 이상으로 설치하고자 한다면, 출입문 주위 틈새의 면적은 몇 m² 이하로 해야 하는가?(단, 틈새 이외의 차음성능은 충분히 크다고 가정한다.)

풀이 $SPL_1 - SPL_2 = 10\log n\,(\text{dB})$, n은 전체 면적의 $\dfrac{1}{n}$ 틈새면적

$20 = 10\log n$, $n = 10^{\frac{20}{10}} = 100$
출입문 면적(S_1) $= 1.0 \times 2.0 = 2.0\,\text{m}^2$

틈새의 면적을 S_2라 하면

$$\frac{1}{n} = \frac{1}{100} = \frac{S_2}{S_1 + S_2} = \frac{S_2}{2.0 + S_2}$$

$100 S_2 = 2.0 + S_2$

$S_2 = 0.02 \, \text{m}^2$

129 공장실내의 소음을 저감시키고자 한다. 저감 전의 실정수 $R_1 = 100 \, \text{m}^2$이고, 저감 후 실정수 $R_2 = 300 \, \text{m}^2$로 개선되었다고 할 때, 이 공장실내의 흡음 전후의 소음저감량은?

풀이 소음저감량(NR)

$$NR = 10 \log \frac{R_2}{R_1} \, (\text{dB}) = 10 \log \frac{300}{100} = 4.7 \, \text{dB}$$

130 밀도가 $110 \, \text{kg/m}^3$이고 두께 2.5 mm인 얇은 판을 벽체로부터 6 cm의 공기층을 두어 판진동을 할 수 있도록 시공할 경우, 진동에 의한 흡음주파수는?(단, 기온은 20 ℃이다.)

풀이 흡음주파수(f)

$$f = \frac{60}{\sqrt{m \cdot d}}$$

m = 밀도×두께
$\quad = 110 \, \text{kg/m}^3 \times 0.0025 \, \text{m} = 0.275 \, \text{kg/m}^2$

$d = 0.06 \, \text{m}$

$$= \frac{60}{\sqrt{0.275 \times 0.06}} = 467.1 \, \text{Hz}$$

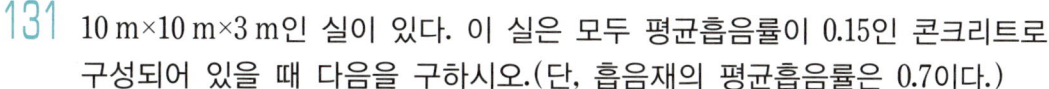

131 10 m×10 m×3 m인 실이 있다. 이 실은 모두 평균흡음률이 0.15인 콘크리트로 구성되어 있을 때 다음을 구하시오.(단, 흡음재의 평균흡음률은 0.7이다.)

(1) 흡음처리 전의 흡음력(m^2)

(2) 천장만 흡음처리한 후의 감음량(dB)

풀이

(1) 흡음처리 전의 흡음력(A)

$A = S \cdot \overline{\alpha}$

$S = (10 \times 10 \times 2) + (10 \times 3 \times 4) = 320 \, m^2$

$= 320 \times 0.15 = 48 \, m^2$

(2) 천장만 흡음처리한 후의 감음량(ΔL)

처리 후 평균흡음률(α')

$\alpha' = \dfrac{(100 \times 0.7) + (120 \times 0.15) + (100 \times 0.15)}{320} = 0.322$

$\Delta L = 10 \log \dfrac{R_2}{R_1} = 10 \log \dfrac{(1-\alpha)\alpha'}{(1-\alpha')\alpha}$

$= 10 \log \dfrac{(1-0.15) \times 0.322}{(1-0.322) \times 0.15} = 4.3 \, dB$

132 소음을 옥타브밴드 대역별로 측정하였더니 중심주파수 4,000 Hz에서 가장 높은 음압레벨이 측정되었다. 흡음형 소음기를 이용하여 소음대책을 수립하고자 한다면 경제적으로 가장 최적의 흡음재 두께(cm)는?(단, 20℃ 기준)

풀이

① 입사파 파장의 $\dfrac{1}{4}$ 위에 부착하는 것이 바람직하다.

② 음의 속도(c)

$c = \lambda \cdot f$

$\lambda = \dfrac{c}{f}$

$$= \frac{331.42+(0.6\times 20℃)}{4,000} = 0.0858\,\text{m}$$

③ 최적 흡음재 두께(t)

$$t = \frac{\lambda}{4} = \frac{0.0858}{4} = 0.021\,\text{m}\,(2.1\,\text{cm})$$

133 그림과 같이 무한 방음벽을 설치하였다. 음원이 1,000 Hz를 방출하고 있을 때, 음파의 경로차(m) 및 회절감쇠치(dB)를 구하시오.(단, 회절감쇠치는 $10\log N + 10$을 적용한다.)

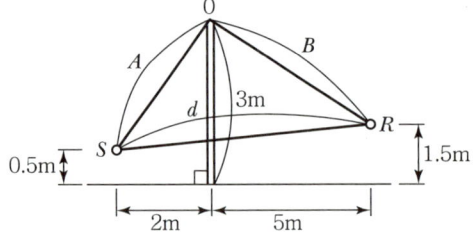

풀이

(1) 경로차(δ)

$\delta = A + B - d$

$A = \sqrt{2^2 + (3-0.5)^2} = 3.2\,\text{m}$

$B = \sqrt{5^2 + (3-1.5)^2} = 5.22\,\text{m}$

$d = \sqrt{7^2 + (1.5-0.5)^2} = 7.07\,\text{m}$

$\delta = 3.2 + 5.22 - 7.07 = 1.35\,\text{m}$

(2) 회절감쇠치(L_d)

$L_d = 10\log N + 10$

$N = \dfrac{\delta \cdot f}{170} = \dfrac{1.35 \times 1,000}{170} = 7.94$

$= 10\log 7.94 + 10 = 19.0\,\text{dB}$

134
중심주파수 250 Hz로부터 15 dB 이상의 소음을 차단할 수 있는 방음벽을 설계하고자 한다. 음원에서 수음점까지의 벽의 설치에 따른 전파경로의 차가 0.95 m라 할 때, 중심주파수 250 Hz에서의 Fresnel Number는?

> **풀이**
>
> Fresnel Number(N)
>
> $N = \dfrac{\delta \cdot f}{170}$
>
> $\delta(\text{경로차}) = 0.95\,\text{m}$
>
> $f = 250\,\text{Hz}$
>
> $= \dfrac{0.95 \times 250}{170} = 1.39$

135
반무한 방음벽의 직접음 회절감쇠치가 13 dB(A), 반사음 회절감쇠치가 18 dB(A)이고, 투과손실치가 21 dB(A)일 때 이 벽에 의한 삽입손실치는 몇 dB(A)인가?

> **풀이**
>
> 삽입손실치(ΔL_I)
>
> $\Delta L_I = -10\log(10^{-\frac{L_d}{10}} + 10^{-\frac{L_{d'}}{10}} + 10^{-\frac{TL}{10}})$
>
> $L_d(\text{직접음 회절감쇠치}) = 13\,\text{dB(A)}$
>
> $L_{d'}(\text{반사음 회절감쇠치}) = 18\,\text{dB(A)}$
>
> $TL(\text{투과손실치}) = 21\,\text{dB(A)}$
>
> $= -10\log(10^{-\frac{13}{10}} + 10^{-\frac{18}{10}} + 10^{-\frac{21}{10}}) = 11.3\,\text{dB(A)}$

136
음압레벨이 100 dB(음원으로부터 1 m 이격지점)인 점음원으로부터 20 m 떨어진 지점에서 소음으로 인한 문제가 발생되어 방음벽을 설치하였다. 방음벽에 의한 회절감쇠치가 10 dB이고 방음벽의 투과손실이 15 dB이라면 수음점의 $SPL(\text{dB})$은?

풀이 거리감쇠+삽입손실치의 결합문제이다.
$$SPL_2 = \left(SPL_1 - 20\log\frac{r_2}{r_1}\right) + 10\log(10^{\frac{-\Delta L}{10}} + 10^{\frac{-TL}{10}})\,(\text{dB})$$
$$= \left(100 - 20\log\frac{20}{1}\right) + 10\log(10^{-\frac{10}{10}} + 10^{-\frac{15}{10}}) = 65.2\,\text{dB}$$

137 소음기의 성능을 나타내는 방법(용어) 5가지를 쓰시오.

풀이 소음기 성능표시
① 삽입손실치(IL : Insertion Loss)
② 동적 삽입손실치(DIL : Dynamic Insertion Loss)
③ 감쇠치(ΔL : Attenuation)
④ 감음량(NR : Noise Reduction)
⑤ 투과손실치(TL : Transmission Loss)

138 소음기의 성능을 나타내는 다음 용어의 정의를 설명하시오.

(1) 삽입손실치

(2) 동적 삽입손실치

(3) 투과손실치

풀이 (1) 삽입손실치
소음원에 소음기를 부착하기 전후의 공간상의 어떤 특정위치에서 측정한 음압레벨의 차와 그 측정위치로 정의함

(2) 동적 삽입손실치

정격유속 조건하에서 소음원에 소음기를 부착하기 전과 후의 공간상의 어떤 특정위치에서 측정한 음압레벨의 차와 그 측정위치로 정의함

(3) 투과손실치

소음기를 투과한 음향출력에 대한 소음기에 입사된 음향출력의 비로 정의함

> **Reference**
> - 감쇠치 : 소음기 내 두 지점 사이의 음향파워의 감쇠치로 정의함
> - 감음량 : 소음기가 있는 그 상태에서 소음기의 입구 및 출구에서 측정된 음압레벨의 차로 정의함

139 소음기의 성능을 나타내는 방법 중 삽입손실치(IL)를 그림으로 나타내시오.

[풀이]

삽입손실치(IL)

$IL = SPL_1 - SPL_2 \text{(dB)}$

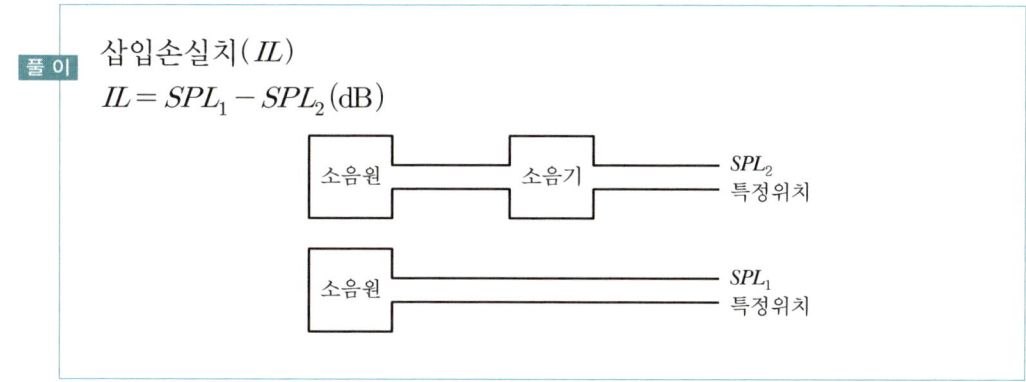

140 소음기의 네 종류를 쓰고, 각각에 대해 감음(감쇠) 특성을 설명하시오.

> **풀이** 소음기 종류 및 감음 특성
> ① 흡음덕트형 소음기
>   감음 특성 : 중·고음역
> ② 팽창형 소음기
>   감음 특성 : 저·중음역
> ③ 간섭형 소음기
>   감음 특성 : 저·중음역의 탁월주파수
> ④ 공명형 소음기
>   감음 특성 : 저·중음역의 탁월주파수

141 흡음덕트형 소음기에서 최대 감음주파수를 식으로 나타내시오.

> **풀이** 최대 감음주파수의 범위
> $$\frac{\lambda}{2} < D < \lambda$$
> 여기서, λ : 대상음의 파장(m)
> D : 덕트의 내부 직경(m)

142 간섭형 소음기와 공명형 소음기의 원리를 쓰고 그림으로 나타내시오.

> **풀이** (1) 간섭형 소음기
>   음의 통로구간을 둘로 나누어 각각의 경로차를 반파장 $\left(\frac{\lambda}{2}\right)$에 가깝게 하는 구조, 즉 서로 간의 위상차에 의해 소리의 에너지가 감쇠되는 원리

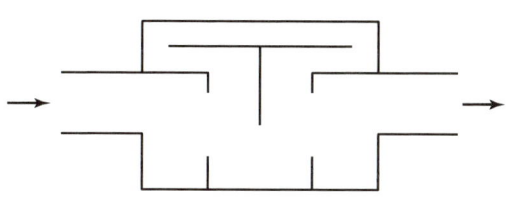

(2) 공명형 소음기

　　헬름홀츠 공명기의 원리를 응용한 것으로 공명주파수에서 감음하는 방식으로 관로 도중에 구멍을 판 공동과 조합한 구조, 즉 내관의 작은 구멍과 그 배후 공기층이 공명기를 형성하여 흡음하는 원리

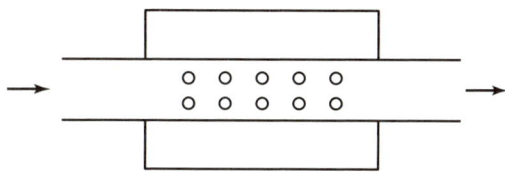

143 소음기에 요구되는 일반적인 특성 4가지를 쓰시오.

> **풀이** 소음기에 요구되는 특성
> ① 저음역의 감쇠능력이 있어야 한다.
> ② 흡음재는 불연성이며 내구성이 있어야 한다.
> ③ 공기저항이 비교적 작아야 한다.
> ④ 소음기 내부에서 기류에 의한 발생음이 생기지 않아야 한다.

144 단순팽창형 소음기에서 (1) 단면적비가 클수록, (2) 팽창부의 길이가 커질수록 투과손실은 어떻게 되는지 쓰시오.

> **풀이**
> (1) 단면적비(m)가 클수록
>   투과손실치는 커진다.
>
> (2) 팽창부의 길이(L)가 커질수록
>   최대투과손실은 변화가 없으나 통과대역의 수가 증가한다.

145 소음을 흡음덕트를 이용하여 감음시키고자 한다. 덕트의 길이는 3 m이며, 사각형 덕트이고 가로, 세로가 각각 20 cm×40 cm이다. 덕트로 사용된 재료의 잔향실법에 의한 흡음률이 0.5일 때 감음량(dB)을 구하시오.(단, $K=1.05\alpha^{1.4}$를 적용한다.)

> **풀이** 감음량(ΔL)
>
> $$\Delta L = K \cdot \frac{P \cdot L}{S} \text{ (dB)}$$
>
> $K = 1.05\alpha^{1.4} = 1.05 \times 0.5^{1.4} = 0.397$
> $P = (0.2 \times 2) + (0.4 \times 2) = 1.2 \text{ m}$
> $S = 0.2 \times 0.4 = 0.08 \text{ m}^2$
> $L = 3 \text{ m}$
>
> $= 0.397 \times \dfrac{1.2 \times 3}{0.08} = 17.9 \text{ dB}$

146 직경 30 cm, 길이 2 m인 원형 덕트 내부에 흡음률이 0.55이고, 두께가 2.5 cm인 흡음재를 부착하였다. 감음량(dB)을 구하시오.

풀이 감음량(ΔL)

$$\Delta L = K \cdot \frac{P \cdot L}{S} \text{ (dB)}$$

$K = \alpha - 0.1 = 0.55 - 0.1 = 0.45$

$P = \pi D = 3.14 \times 0.25 = 0.785 \text{ m}$

$S = \dfrac{\pi D^2}{4} = \dfrac{3.14 \times 0.25^2}{4} = 0.049 \text{ m}^2$

$L = 2 \text{ m}$

$= 0.45 \times \dfrac{0.785 \times 2}{0.049} = 14.4 \text{ dB}$

147 어떤 흡음재료를 이용하여 내경 30 cm, 길이 3 m의 원형직관 흡음덕트를 만들었다. 이 덕트의 감쇠량이 15dB일 때 다음에 답하시오.

(1) 동일 흡음재료를 사용하여 내경 40 cm, 길이 4 m의 덕트로 할 경우 감쇠량 (dB)은?

(2) 이때 사용된 흡음재료의 흡음률은?

풀이 (1) 감쇠량(ΔL)

우선 감음계수 K를 구하면

$$\Delta L = K \cdot \frac{P \cdot L}{S} = K \cdot \frac{\pi D L}{\frac{\pi}{4} D^2} = \frac{4KL}{D}$$

$15 = \dfrac{4 \times K \times 3}{0.3}, \quad K = 0.375$

$\Delta L = \dfrac{4KL}{D} = \dfrac{4 \times 0.375 \times 4}{0.4} = 15 \text{ dB}$

(2) 흡음률(α)
 $K = \alpha - 0.1$
 $\alpha = K + 0.1 = 0.375 + 0.1 = 0.475$

148 흡음덕트에 의해 감음하고자 한다. 원형 덕트의 내면에 흡음물을 부착했을 때의 지름을 30 cm, 흡음률은 0.35의 것을 이용한다고 하고, 이 흡음덕트에서 20 dB을 감음하기 위해서 필요한 최소한의 길이(m)는?

풀이 감음량(ΔL)

$$\Delta L = K \cdot \frac{P \cdot L}{S} \text{ (dB)}$$

$$L = \frac{\Delta L \times S}{K \times P}$$

$\Delta L = 20 \text{ dB}$

$S = \dfrac{\pi D^2}{4} = \dfrac{3.14 \times 0.3^2}{4} = 0.0706 \text{ m}^2$

$K = \alpha - 0.1 = 0.35 - 0.1 = 0.25$

$P = \pi D = 3.14 \times 0.3 = 0.942 \text{ m}$

$= \dfrac{20 \times 0.0706}{0.25 \times 0.942} = 6 \text{ m}$

149 팽창형 소음기의 입구 및 팽창부의 직경이 각각 40 cm, 140 cm일 경우, 기대할 수 있는 최대투과손실(dB)은?(단, 대상주파수는 한계주파수보다 작다 ; $f < f_c$)

풀이 최대투과손실(TL)

$$TL = \frac{D_2}{D_1} \times 4 \text{ (dB)} = \frac{140}{40} \times 4 = 14 \text{ dB}$$

150 기계의 토출단에서 방사되는 음을 20 dB만큼 감음하려고 소음기를 부착하여 내경을 측정하였더니 30 cm×20 cm의 장방형 덕트로 길이는 3 m였다. 어느 정도의 흡음률을 갖는 흡음물을 부착하여야 하는가?(단, 흡음물의 두께는 2 cm로 한다.)

풀이 감음량(ΔL)

$$\Delta L = K \cdot \frac{P \cdot L}{S} \, (\text{dB})$$

$$K = \frac{\Delta L \times S}{P \times L}$$

$\Delta L = 20 \, \text{dB}$
$S = 0.26 \times 0.16 = 0.0416 \, \text{m}^2$
$P = (0.26 + 0.16) \times 2 = 0.84 \, \text{m}$
$L = 3 \, \text{m}$

$$= \frac{20 \times 0.0416}{0.84 \times 3} = 0.33$$

$K = \alpha - 0.1$
$\alpha = K + 0.1 = 0.33 + 0.1 = 0.43$

151 팽창부의 길이가 40 cm인 단순팽창형 소음기에서 최대투과손실이 일어나는 최저주파수는?(단, 소음기 내부의 온도는 40 ℃이다.)

풀이 TL이 최대가 될 때

$$L = \frac{\lambda}{4} = \frac{c/f}{4}$$

$$f = \frac{c}{4L} = \frac{331.42 + (0.6 \times 40\text{℃})}{4 \times 0.4} = 222.1 \, \text{Hz}$$

152 그림과 같이 내경 5 cm, 두께 2 mm인 관끝 무반사 관의 도중에 직경 10 mm의 작은 구멍이 20개 뚫린 관을 내경 15 cm, 길이 30 cm의 공동과 조합할 때의 공명주파수는?(단, $c = 340$ m/sec)

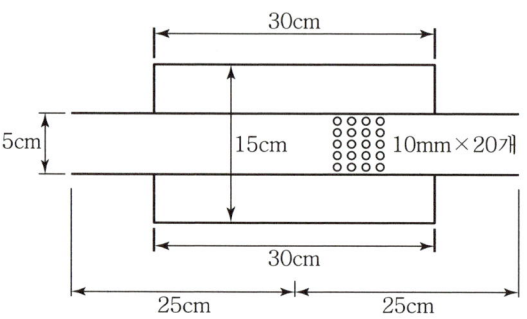

풀이 공명주파수(f_r)

$$f_r = \frac{c}{2\pi}\sqrt{\frac{A}{l \cdot V}} \text{ (Hz)}$$

A(목의 단면적) $= \dfrac{3.14 \times 1^2}{4} \times 20 = 15.7 \text{ cm}^2$

l(목의 두께) = 내관 두께 + (구멍의 반지름 × 1.6)
$= 0.2 + (0.5 \times 1.6) = 1.0 \text{ cm}$

V(공동부피) $= 30\left[\dfrac{3.14 \times 15^2}{4} - \dfrac{3.14 \times (5+0.4)^2}{4}\right]$
$= 4{,}612.03 \text{ cm}^3$

$= \dfrac{34{,}000}{2 \times 3.14}\sqrt{\dfrac{15.7}{1.0 \times 4{,}612.03}} = 315.9 \text{ Hz}$

153 단면 팽창비가 15, 팽창부 길이가 50 cm인 단순팽창형 소음기에서 200 Hz 음의 투과손실(dB)은?(단, 음속 340 m/sec)

풀이 투과손실(TL)

$$TL = 10\log\left[1 + \frac{1}{4}\left(m - \frac{1}{m}\right)^2 \sin^2 KL\right] \text{ (dB)}$$

$$m = 15$$
$$K = \frac{2\pi f}{c} = \frac{360° \times 200}{340} = 211.765°$$
$$L = 0.5\,\text{m}$$
$$= 10\log\left[1 + \frac{1}{4}\left(15 - \frac{1}{15}\right)^2 \sin^2(211.765 \times 0.5)\right]$$
$$= 10\log[1 + (55.75 \times 0.9251)] = 17.2\,\text{dB}$$

154 음원을 밀폐할 경우 주의사항 5가지를 쓰시오.

음원 밀폐 시 유의사항
① 방진　　　② 차음　　　③ 흡음
④ 환기　　　⑤ 개구부 소음

155 방음 Lagging의 정의를 쓰시오.

방음 Lagging
송풍기, 덕트, 파이프의 외부 표면에서 소음이 방사될 때 진동부에 제진대책을 마련한 후 흡음재를 부착하고 그 다음에 차음재로 마감하는 방법

156 공해진동 진동수 및 진동역치의 범위를 나타내시오.

① 공해진동 진동수의 범위 : 1~90Hz
② 진동역치의 범위 : 55±5dB

> **Reference**
>
> 공해진동의 대상으로 문제가 되는 진동가속도레벨의 범위는 60~80 dB이고, 진동역치란 진동을 겨우 느낄 수 있는 정도의 진동레벨값이다.

157 20 Hz 주파수의 정현진동 진동속도 파형의 최대치가 0.0009 m/sec이다. 가속도 최대치를 구하시오.

[풀이] 가속도진폭(a)

$$a = A\omega^2 = A\omega \cdot \omega = v_{max} \cdot \omega = v_{max} \cdot (2\pi f)$$
$$= 0.0009 \times (2 \times 3.14 \times 20) = 0.113 \, m/sec^2$$

158 진동변위 $x = 3\sin\left(0.7t + \dfrac{\pi}{6}\right)$로 표시되는 조화진동에서 $t = 2.0$초일 때 진동속도를 구하시오. (단, 이 식의 각도는 rad이다.)

[풀이] 진동속도(v)

$$v = 3 \times 0.7 \cos\left(0.7t + \dfrac{\pi}{6}\right)$$
$$= 3 \times 0.7 \cos\left(0.7 \times 2.0 + \dfrac{\pi}{6}\right) = 1.8 \, m/sec$$

159 조화진동운동이 10 cm의 변위진폭, 2.0 초의 주기를 가질 때 최대진동속도(cm/sec)는?

풀이 최대진동속도(v_{max})
$$v_{max} = A \cdot \omega$$
$$= A \times (2\pi f) = A \times \left(\frac{2\pi}{T}\right)$$
$$= 10 \times \left(\frac{2 \times 3.14}{2.0}\right) = 31.4 \, cm/sec$$

160 정현진동의 진동변위를 $x = A\sin\omega t$라 할 때, 진동속도(v)를 sin 함수로 나타내시오.

풀이 진동속도(v)
$$v = A\omega\cos\omega t = A\omega\sin\left(\omega t + \frac{\pi}{2}\right)$$

161 질량 10 g의 물체가 진폭 3 cm의 조화운동을 하고 있다. 이 물체의 최대속도가 2 m/sec라 하면 진동 중심에서 5 cm의 점에 있어서의 가속도진폭(m/sec²)은?

풀이 조화운동의 변위(x), 속도(v)
$$x = 3\sin\omega t$$
$$v = 3\omega\cos\omega t$$
$$v_{max} = 200 \, cm/sec = 3\omega$$
$$\omega = \frac{200}{3} = 66.7 \, rad/sec$$
$$a_{max} = A\omega^2$$
$$= 5 \times 66.7^2 = 22,244.45 \, cm/sec^2 \, (222.44 \, m/sec^2)$$

162 $X_1 = 3\cos 65t$, $X_2 = 4\cos 65t$, $X_3 = 5\cos 65t$, $X_4 = 6\cos 65t$인 4개의 진동이 동시에 일어날 때 이 합성진동의 최대진폭(cm)은?(단, 진폭의 단위는 cm로 하고, t는 시간변수이다.)

> **풀이**
> $x = A\sin\omega t + B\sin\omega t + C\sin\omega t + D\sin\omega t$
> 최대진폭 $= \sqrt{A^2 + B^2 + C^2 + D^2}$
> $= \sqrt{3^2 + 4^2 + 5^2 + 6^2} = 9.27\,\text{cm}$

163 주기가 2.8초인 단진자의 길이(m)는?

> **풀이**
> 단진자의 주기(T)
> $T = 2\pi\sqrt{\dfrac{l}{g}}$
> $l = g \times \left(\dfrac{T}{2\pi}\right)^2$
> $= 9.8 \times \left(\dfrac{2.8}{2 \times 3.14}\right)^2 = 1.95\,\text{m}$

164 진동가속도 진폭의 피크치가 4.0 m/sec²일 때 진동가속도레벨(dB)을 구하시오.(단, 진동가속도 기준치는 ISO 기준으로 한다.)

> **풀이**
> 진동가속도레벨(VAL)
> $VAL = 20\log\left(\dfrac{A_{\text{rms}}}{A_r}\right)(\text{dB}) = 20\log\left(\dfrac{4/\sqrt{2}}{10^{-6}}\right) = 129\,\text{dB}$

165 $x_1 = \sin 30t$와 $x_2 = \sin 33t$를 합성하면 맥놀이 현상이 일어난다. 이때 맥놀이 주기는?

> **풀이** 맥놀이 주기(T)
> $$T = \frac{2\pi}{\omega_2 - \omega_1} = \frac{2 \times 3.14}{33 - 30} = 2.1 \sec$$

166 주파수 25Hz인 상하진동의 속도파형 전진폭이 0.0003 m/sec이다. 이 정현진동의 가속도진폭(m/sec²), 가속도레벨(dB), 진동레벨(dB(V))을 구하시오.

> **풀이**
> (1) 가속도진폭(A_{max})
> $$A_{max} = v_{max} \cdot \omega$$
> $$= \frac{0.0003}{2} \times (2 \times 3.14 \times 25) = 0.023 \, \text{m/sec}^2$$
>
> (2) 가속도레벨(VAL)
> $$VAL = 20 \log \frac{A_s}{A_r} \, (\text{dB}) = 20 \log \left(\frac{0.023/\sqrt{2}}{10^{-5}} \right) = 64.2 \, \text{dB}$$
>
> (3) 진동레벨(VL)
> $$VL = VAL + W_n \, [\text{dB(V)}]$$
> $\quad W_n$: 진동주파수별 인체감각 보정치
> $\quad\quad 8 \leq f \leq 90$일 때 $a = 0.125 \times 10^{-5} \times f$
> $\quad\quad\quad\quad = 0.125 \times 10^{-5} \times 25 = 0.000031$
> $$W_n = -20 \log \left(\frac{0.000031}{10^{-5}} \right) = -9.8 \, \text{dB}$$
> $VL = 64.2 - 9.8 = 54.4 \, \text{dB(V)}$

167 각진동수에 의한 인체의 반응에서 1차 및 2차 공진현상을 유발하는 진동수는?

풀이
① 1차 공진현상 : 3~6 Hz
② 2차 공진현상 : 20~30 Hz

168 원판 중심에서 2.0 m 떨어진 위치에 25 kg의 불균형 물체가 놓여 있어 진동이 발생하여 이를 방진하려 한다. 원판이 1,200 rpm으로 회전한다면 대응방향(원판 중심으로부터) 160 cm 지점에 붙어야 할 추의 무게(kg)는?

풀이
$mr = m'r'$
$25 \times 2.0 = m' \times 1.6$
$m' = \dfrac{50}{1.6} = 31.25 \text{ kg}$

169 진동발생원 방진대책 5가지를 쓰시오.

 발생원 대책
① 가진력 저감   ② 불평형력의 균형
③ 탄성지지   ④ 동적 흡진
⑤ 기초중량의 부가 및 경감

170 다음은 진동방지대책에 관한 내용이다. 순서대로 나열하시오.

> ① 수진점의 진동규제기준 확인 ② 저감 목표레벨을 정함
> ③ 진동이 문제되는 수진점의 위치 확인 ④ 적정 방지대책 선정
> ⑤ 수진점 일대의 진동실태 조사 ⑥ 발생원의 위치와 발생기계 확인
> ⑦ 시공 및 재평가

풀이 ③ → ⑤ → ① → ② → ⑥ → ④ → ⑦

171 다음 운동방정식을 그리시오.

$$2m\ddot{x} + \left(\frac{C_1 C_2}{C_1 + C_2}\right)\dot{x} + kx = \sin\omega t$$

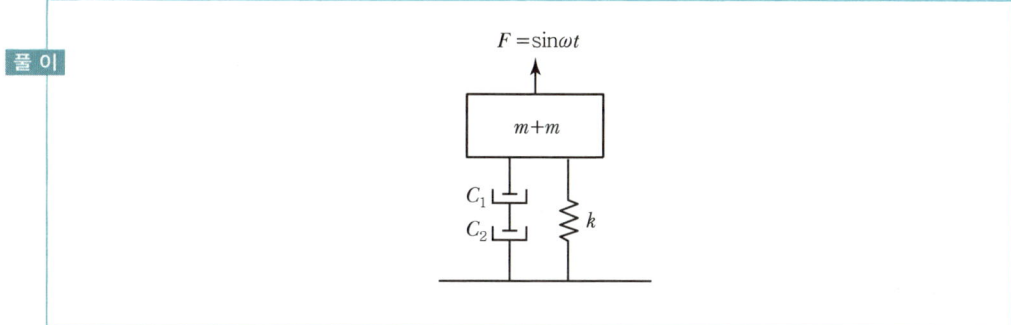

172 중량이 25 N이고 스프링 정수가 12.2 N/cm인 진동계의 고유진동수는?

풀이 고유진동수(f_n)

$$f_n = \frac{1}{2\pi}\sqrt{\frac{k}{m}}\ (\text{Hz})$$

$$= \frac{1}{2\pi}\sqrt{\frac{k \cdot g}{W}} = \frac{1}{2\pi}\sqrt{\frac{12.2 \times 980}{25}} = 3.48\,\text{Hz}$$

173 스프링과 질량으로 구성된 진동계에서 스프링의 정적 처짐이 30 mm였다면 이 계의 주기(sec)는?

> **풀이** 주기(T)
> $$T = \frac{1}{f_n} \text{(sec)}$$
> $$f_n = 4.98\sqrt{\frac{1}{\delta_{st}}} = 4.98\sqrt{\frac{1}{3.0}} = 2.87\,\text{Hz}$$
> $$= \frac{1}{2.87} = 0.35\,\text{sec}$$

174 비감쇠이고 외력이 있는 경우의 운동방정식은?

> **풀이** 비감쇠 강제진동
> $$m\ddot{x} + kx = f(t)$$

175 질량 0.5 kg인 물체가 스프링에 매달려 있다. 이 스프링의 스프링 정수가 0.165 N/mm일 경우 고유진동수와 정적 변위량(cm)을 구하시오.

> **풀이** (1) 고유진동수(f_n)
> $$f_n = \frac{1}{2\pi}\sqrt{\frac{k}{m}}\,\text{(Hz)}$$
> $$k = 165\,\text{N/m}$$
> $$m = 0.5\,\text{kg}$$
> $$= \frac{1}{2\pi}\sqrt{\frac{165}{0.5}} = 2.89\,\text{Hz}$$

(2) 정적 변위량(δ_{st})

$$f_n = 4.98\sqrt{1/\delta_{st}}$$

$$\delta_{st} = \left(\frac{4.98}{f_n}\right)^2 = \left(\frac{4.98}{2.89}\right)^2 = 2.97\,\text{cm}$$

176 기계가 1,200 rpm에서 심한 진동을 발생시킨다. 이 진동을 방지하기 위해서 감쇠가 없는 동흡진기를 사용하고자 한다. 이 흡진기의 무게를 45 Newton으로 할 때 사용해야 할 스프링의 강성(N/cm)은?

풀이 고유진동수(f_n)

$$f_n = \frac{1}{2\pi}\sqrt{\frac{k \cdot g}{w}}\,(\text{Hz})$$

1,200 rpm에서 공진현상($f_n = f$) : f(강제진동수)

$$f_n = \frac{1,200\,\text{rpm}}{60} = 20\,\text{Hz}$$

$$20 = \frac{1}{2\pi}\sqrt{\frac{k \times 980}{45}}$$

$$k = 724.4\,\text{N/cm}$$

177 4 ton의 기계를 스프링으로 4변 지지하였더니 정적 처짐이 2.5 cm 발생하였다. 이 스프링의 스프링 정수(kg/cm)는?

풀이 스프링 정수(k)

$$k = \frac{W_{mp}}{\delta_{st}} = \frac{4,000/4}{2.5} = 400\,\text{kg/cm}$$

178 스프링 상수가 각각 k_2, k_1인 스프링이 그림과 같이 연결되어 질량 $2m$인 물체를 지지하고 있다. 이 자유진동의 고유진동수는?

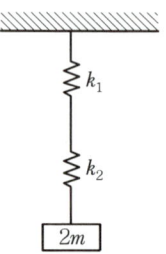

풀이 k_1, k_2가 직렬로 연결된 경우의 등가 스프링 상수(k_{eq})

$$k_{eq} = \frac{k_1 k_2}{k_1 + k_2}$$

$$f_n = \frac{1}{2\pi} \sqrt{\frac{k_1 k_2}{2m(k_1 + k_2)}}$$

179 그림과 같은 진동계가 진동할 때 주기를 구하시오.

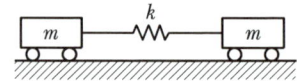

풀이 다음 그림과 같이 표현할 수 있다.

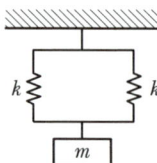

$$k_{eq} = k + k = 2k$$

$$f_n = \frac{1}{2\pi} \sqrt{\frac{2k}{m}}$$

$$T = 2\pi \sqrt{\frac{m}{2k}}$$

180 스프링 상수 $k_1 = 15\text{N/m}$, $k_2 = 30\text{N/m}$인 두 스프링을 그림과 같이 직렬로 연결하고 질량 5kg을 매달았을 때 수직방향 진동의 고유진동수는?

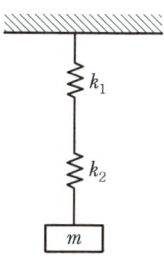

풀이 고유진동수

$$f_n = \frac{1}{2\pi}\sqrt{\frac{k}{m}}$$

$$k(\text{등가 스프링 상수}) = \frac{k_1 k_2}{k_1 + k_2} = \frac{15 \times 30}{15 + 30} = 10\,\text{N/m}$$

$$= \frac{1}{2\pi}\sqrt{\frac{10}{5}} = 0.23\,\text{Hz}$$

181 다음 그림에서 k_{eq}는?

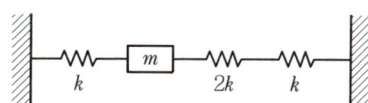

풀이 다음 그림과 같이 표현할 수 있다.

① 직렬 $k_{eq} = \dfrac{k \times 2k}{k + 2k} = \dfrac{2k^2}{3k} = \dfrac{2}{3}k$

② 총 $k_{eq} = \dfrac{2}{3}k + k = \dfrac{5}{3}k$

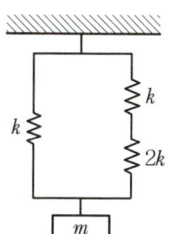

182 감쇠자유진동(부족감쇠)을 하는 진동계에서 진폭이 4사이클 후에 50% 감소되었다면 이 계의 대수감쇠율은?

풀이 대수감쇠율(Δ)

$$\Delta = \frac{1}{n}\ln\left(\frac{x_1}{x_4}\right)$$

- 진폭이 50% 감쇠 ⇒ x_1(첫 번째 진폭) = 1일 때, x_4(네 번째 진폭)은 $0.5x_1$이 된다. 즉, $x_4 = 0.5x_1$
- n은 진폭의 사이클 수 ⇒ 4

$$= \frac{1}{4}\ln\left(\frac{x_1}{0.5x_1}\right) = \frac{1}{4}\ln 2 = 0.173$$

183 방진고무 위에 설치된 기계가 1,650 rpm에서 10.2%의 전달률을 가질 때 평행상태에서 방진고무의 정적 처짐량(cm)은?

풀이 정적 처짐량(δ_{st})

$$f_n = 4.98\sqrt{\frac{1}{\delta_{st}}}$$

$$\delta_{st} = \left(\frac{4.98}{f_n}\right)^2$$

$T = \dfrac{1}{\left(\dfrac{f}{f_n}\right)^2 - 1}$ 이고, $f = \dfrac{1,650\,\text{rpm}}{60} = 27.5\,\text{Hz}$ 이므로 $T = 0.102$

$$f_n = \sqrt{\frac{T}{1+T}} \times f = \sqrt{\frac{0.102}{1+0.102}} \times 27.5 = 8.36\,\text{Hz}$$

$$= \left(\frac{4.98}{8.36}\right)^2 = 0.35\,\text{cm}$$

184 진동계에서 감쇠계수의 정의를 쓰고 수식으로 표현하시오.

풀이

(1) 감쇠계수(C_e)
   질량 m의 진동속도(v)에 대한 스프링의 저항력(F_r)의 비를 감쇠계수라 한다.

(2) 수식
   $$감쇠계수(C_e) = \frac{F_r}{v} \, (\text{N} \cdot \text{s/cm})$$

185 감쇠가 계(System)에서 갖는 기능 3가지를 쓰시오.

풀이

감쇠의 기능
① 기초로의 진동에너지 전달의 감소
② 공진 시에 진동진폭의 감소
③ 충격 시의 진동이나 자유진동을 감소

186 진동계에서 대수감쇠율의 정의를 쓰고 수식으로 표현하시오.

풀이

(1) 대수감쇠율(Δ)
   자유진동의 진폭이 줄어드는 정도를 나타낸다.

(2) 수식
   $$대수감쇠율(\Delta) = \frac{2\pi\xi}{\sqrt{1-\xi^2}} \quad (단, \, \xi : 감쇠비)$$

187 $2\ddot{x}+3\dot{x}+5x=0$의 진동계에서 감쇠비 및 대수감쇠율을 구하시오.

풀이

(1) 감쇠비(ξ)

$$\xi = \frac{c}{2\sqrt{m \cdot k}}$$

$m=2,\ c=3,\ k=5$

$$= \frac{3}{2\sqrt{2 \times 5}} = 0.4743$$

(2) 대수감쇠율(Δ)

$$\Delta = \frac{2\pi\xi}{\sqrt{1-\xi^2}} = \frac{2 \times 3.14 \times 0.4743}{\sqrt{1-0.4743^2}} = 3.38$$

188 탄성블록 위에 설치된 기계가 2,400 rpm으로 운전되고 계의 무게는 700 N이다. 이 계를 6개의 스프링으로 평형지지하여 96 % 차진율을 얻고자 할 때, 스프링 1개당의 스프링 정수(N/cm)는?(단, 감쇠비는 무시한다.)

풀이

전달률(T)

$T = 1 - \text{차진율} = 1 - 0.96 = 0.04$

$$T = \frac{1}{\eta^2 - 1}$$

$0.04 = \dfrac{1}{\eta^2 - 1}$, $\eta = 5.1$

$$\eta = \frac{f}{f_n} = \frac{2,400/60}{f_n} = 5.1$$

$f_n = 7.84\,\text{Hz}$

$$f_n = \frac{1}{2\pi}\sqrt{\frac{k \cdot g}{W}}$$

$$k = \frac{(2\pi f_n)^2 \cdot W}{g} = \frac{(2 \times 3.14 \times 7.84)^2 \times 700}{980} = 1,731.5\,\text{N/cm}$$

1개당 스프링 정수 $= \dfrac{1,731.5}{6} = 288.58\,\text{N/cm}$

189 질량 100 kg인 기계가 용수철 상수 80 kgf/cm의 스프링으로 지지되어 있으며 진동속도 10 cm/sec당 3 kgf의 저항을 받고 있을 때의 감쇠계수, 임계감쇠계수, 감쇠비는?

[풀이]

(1) 감쇠계수(C_e)

$$C_e = \frac{F_r}{v} = \frac{3\,\text{kg}_f}{10\,\text{cm/sec}} \times \frac{9.8\,\text{N}}{1\,\text{kg}_f} = 2.94\,\text{N}\cdot\text{sec/cm}$$

(2) 임계감쇠계수(C_c)

$$C_c = 2\sqrt{m\cdot k}$$

$m = 100\,\text{kg}$

$$k = \frac{80\,\text{kg}_f}{\text{cm}} = \frac{80\,\text{kg} \times 9.8\,\text{m/s}^2}{\text{cm} \times 1\,\text{m}/100\,\text{cm}} = 78{,}400\,\text{kg/sec}^2$$

$$= 2\sqrt{100\,\text{kg} \times 78{,}400\,\text{kg/sec}^2}$$

$$= 5{,}600\,\text{kg/sec} \times \frac{1\,\text{N}}{100\,\text{kg}\cdot\text{cm/sec}^2} = 56.0\,\text{N}\cdot\text{s/cm}$$

(3) 감쇠비(ξ)

$$\xi = \frac{C_e}{C_c} = \frac{2.94}{56.0} = 0.0525$$

190 감쇠비가 0.25인 감쇠 자유진동에서 감쇠 고유진동수는 비감쇠 고유진동수의 몇 배인가?

[풀이] 감쇠진동의 고유진동수($f_n{}'$)

$$f_n{}' = f_n\sqrt{1-\xi^2}$$

$$\frac{f_n{}'}{f_n} = \sqrt{1-\xi^2} = \sqrt{1-0.25^2}$$

$$= 0.97\,\text{배}$$

191 4개의 스프링에 의해 지지된 진동계가 있다. 이 계의 강제진동수 및 고유진동수를 15 Hz, 5 Hz라 하면 스프링에 의한 차진율(%)은?

풀이

① 차진율(%) = (1 − 전달률) × 100
② 전달률(T)
$$T = \frac{1}{\eta^2 - 1} = \frac{1}{\left(\dfrac{f}{f_n}\right)^2 - 1} = \frac{1}{\left(\dfrac{15}{5}\right)^2 - 1} = 0.125$$
③ 차진율(%) = (1 − 0.125) × 100 = 87.5%

192 어떤 기계를 방진고무 위에 설치할 때 정적 처짐량이 2 mm였다. 이 기계에서 발생하는 기진력의 각진동수가 $\omega = 230$ rad/sec일 때 진동전달률은?(단, 감쇠는 무시함)

풀이

전달률(T)
$$T = \frac{1}{\left(\dfrac{f}{f_n}\right)^2 - 1}$$

$\omega : 2\pi f = 230 \text{rad/sec}, \ f = \dfrac{230}{2\pi} = 36.6\,\text{Hz}$

$f_n = 4.98\sqrt{\dfrac{1}{\delta_{st}}} = 4.98\sqrt{\dfrac{1}{0.2}} = 11.13\,\text{Hz}$

$= \dfrac{1}{\left(\dfrac{36.6}{11.13}\right)^2 - 1} = 0.10$

193 중량 500 N인 기계를 탄성지지하여 20 dB의 방진효과를 얻기 위한 진동전달률은?

> **풀이** 방진효과$(\Delta V) = 20\log\dfrac{1}{T}$ (dB)
>
> $20 = 20\log\dfrac{1}{T}$
>
> $T = 0.1$

194 무게가 100 N인 기계가 1,800 rpm으로 운전되고 있다. 이 기계를 방진재료로 사용할 때 진동전달률을 0.03으로 하고자 한다면, 이 방진재료의 정적 수축량 (cm)은 얼마인가?

> **풀이** 강제진동 방진재료 수축량(δ_{st})
>
> $\delta_{st} = \dfrac{(1+T) \times 24.8}{Tf^2}$ (cm)
>
> $T = 0.03$
>
> $f = \dfrac{1,800\,\text{rpm}}{60} = 30\,\text{Hz}$
>
> $= \dfrac{(1+0.03) \times 24.8}{0.03 \times 30^2} = 0.95\,\text{cm}$

195 무게 500N의 기계가 스프링 상수 800 N/cm인 스프링으로 지지되어 있다. 이 기계가 1,800 rpm으로 운전하고, 감쇠비가 0.2일 때 기초에 전달되는 진동전달률은?

> **풀이** 진동전달률(T)
>
> $T = \dfrac{\sqrt{1+(2\xi\eta)^2}}{\sqrt{(1-\eta^2)^2+(2\xi\eta)^2}}$

$$\eta = \frac{f}{f_n} = \frac{30}{6.3} = 4.76$$

$$f = \frac{1{,}800\,\text{rpm}}{60} = 30\,\text{Hz}$$

$$f_n = \frac{1}{2\pi}\sqrt{\frac{k \cdot g}{w}} = \frac{1}{2\pi}\sqrt{\frac{800 \times 980}{500}} = 6.3\,\text{Hz}$$

$$= \frac{\sqrt{1 + (2 \times 0.2 \times 4.76)^2}}{\sqrt{(1 - 4.76^2)^2 + (2 \times 0.2 \times 4.76)^2}} = 0.099$$

196 강제각진동수 ω와 고유각진동수 ω_n의 크기에 따른 진동제어요소를 들고 대책을 기술하시오.

[풀이]

① $\omega \ll \omega_n^2$
- 진동제어요소 : 스프링 강도(스프링 정수)
- 대책 : 응답진폭의 크기 $X(\omega) = \dfrac{F_0}{k}$ 이므로 스프링 정수 k를 크게 하여 진동을 제어

② $\omega \gg \omega_n^2$
- 진동제어요소 : 진동계의 질량
- 대책 : 응답진폭의 크기 $X(\omega) = \dfrac{F_0}{m\omega^2}$ 이므로 계의 질량 m을 증가시켜 진동을 제어

③ $\omega = \omega_n^2$
- 진동제어요소 : 스프링 감쇠정수(저항)
- 대책 : 응답진폭의 크기 $X(\omega) = \dfrac{F_0}{C_e \omega}$ 이므로 스프링 저항 C_e를 증가시켜 진동을 제어

197 고유진동수에 대한 강제진동수의 비 $\left(\dfrac{f}{f_n}\right)$가 다음과 같을 때, 감쇠비에 따른 외력과 전달력의 크기를 비교하고 방진대책상 감쇠비는 어떻게 해야 좋은가를 기술하시오.

(1) $\dfrac{f}{f_n} < \sqrt{2}$

(2) $\dfrac{f}{f_n} > \sqrt{2}$

[풀이] (1) $\dfrac{f}{f_n} < \sqrt{2}$

① 전달력은 외력보다 대부분 크며, 감쇠비가 클수록 전달력은 작아진다.
② 감쇠비가 클수록 좋다.

(2) $\dfrac{f}{f_n} > \sqrt{2}$

① 전달력은 외력보다 항상 작으며, 감쇠비가 작을수록 전달력도 작아진다.
② 감쇠비가 작을수록 좋다.

198 방진대책 시 고려하는 고유진동수에 대한 강제진동수의 비 $\left(\dfrac{f}{f_n}\right)$가 다음과 같을 때 진동전달력과 외력의 관계를 나타내시오.

(1) $\dfrac{f}{f_n} = 1$

(2) $\dfrac{f}{f_n} < \sqrt{2}$

(3) $\dfrac{f}{f_n} = \sqrt{2}$

(4) $\dfrac{f}{f_n} > \sqrt{2}$

[풀이] (1) $\dfrac{f}{f_n} = 1$

① 공진상태(전달률 최대)
② 전달력은 최대로 되며 외력보다 훨씬 커진다.

(2) $\dfrac{f}{f_n} < \sqrt{2}$

① 전달력 > 외력
② 전달력은 외력보다 항상 크다.

(3) $\dfrac{f}{f_n} = \sqrt{2}$

① 전달력 = 외력

(4) $\dfrac{f}{f_n} > \sqrt{2}$

① 전달력 < 외력
② 전달력은 외력보다 항상 작다.

199 방진설계 시에 고려하여야 하는 제반인자 6가지를 쓰시오.

[풀이] 탄성지지 설계인자
① 강제진동수
② 고유진동수
③ 진폭
④ 스프링 정수
⑤ 방진재료의 정적 수축량
⑥ 감쇠비

200 진동대책 중 동적 흡진을 간단히 설명하시오.

> **풀이** **동적 흡진**
> 진동계에서 공진 발생 시 본 진동계 이외에 별도의 부가질량, 부가스프링으로 이루어진 별도의 진동계를 구성하여 본 진동계의 진폭을 저감시키는 것을 말한다.

201 탄성지지 설계에 대한 설명이다. ( ) 안에 알맞게 쓰시오.

> 방진대책은 가능한 한 고유진동수에 대한 강제진동수의 비는 (①)이 되게 설계하는 것이 좋으며, 부득이 $\dfrac{f}{f_n} < \sqrt{2}$ 로 될 때에는 (②)이 되게 설계하는 것이 바람직하다.

풀이 ① $\dfrac{f}{f_n} > 3$ ② $\dfrac{f}{f_n} < 0.4$

202 방진재료의 정확한 사용을 위해 사용되는 동적 배율의 식을 쓰고, 방진고무의 경우 두 인자의 관계를 나타내시오.

> **풀이** (1) 동적 배율(α)
>
> $$\alpha = \dfrac{k_d}{k_s}$$
>
> 여기서, k_s : 정적 스프링 상수
> k_d : 동적 스프링 상수
>
> (2) 방진고무인 경우의 관계
> $k_d > k_s$

203
진동의 전파경로 차단을 위한 방진재료 금속스프링, 방진고무, 공기스프링의 진동계에 적용되는 고유진동수 범위를 쓰시오.

> **풀이**
> ① 금속스프링 : 4 Hz 이하
> ② 방진고무 : 4 Hz 이상
> ③ 공기스프링 : 1 Hz 이하

204
다음 방진고무의 영률에 따른 동적 배율을 쓰시오.

> **풀이**
> ① 영률 20 N/cm² : 1.1
> ② 영률 35 N/cm² : 1.3
> ③ 영률 50 N/cm² : 1.6

205
방진고무의 장점 5가지를 쓰시오.

> **풀이**
> 방진고무의 장점
> ① 형상의 선택이 비교적 자유로워 소형이나 중형 기계에 많이 사용한다.
> ② 압축, 전단, 나선 등의 사용방법에 따라 1개로 3축 방향 및 회전방향의 스프링 정수를 광범위하게 선택할 수 있다.
> ③ 고무 자체의 내부마찰에 의해 저항을 얻을 수 있어 고주파진동의 차진에 양호하다.
> ④ 내부감쇠 저항이 크기 때문에 댐퍼가 필요하지 않다.
> ⑤ 진동수비가 1 이상인 방진영역에서도 진동전달률이 크게 증대하지 않는다.

🔍 Reference

방진고무의 단점
① 내부마찰에 의한 발열 때문에 열화가능성이 크다.
② 내유, 내열, 내노화, 내열팽창성 등이 약하다.
③ 저온에서는 고무가 경화되므로 방진성능이 저하한다.
④ 공기 중의 O_3(오존)에 의해 산화된다.

사용상 주의사항
① 정하중에 따른 수축량은 10~15% 이내가 좋다.
② 변화는 가능한 균일하게 하고 압력의 집중을 피한다.
③ 일반적 사용온도는 50℃ 이하로 한다.
④ 신장응력의 작용을 피한다.
⑤ 고유진동수가 강제진동수의 1/3 이하인 것을 택하고, 적어도 70% 이하로 해야 한다.

206 금속스프링의 코일스프링에서 일어나는 현상인 Surging(서징) 현상에 대하여 간단히 서술하시오.

 코일스프링 자신의 탄성진동의 고유진동수가 외력의 진동수와 공진하는 상태로 이 진동수에서는 방진효과가 현저히 저하된다.

207 금속스프링의 장점 5가지를 쓰시오.

 금속스프링의 장점
① 환경요소(온도, 부식, 용해 등)에 대한 저항성이 크다.
② 제품의 균일성, 하중 특성의 직진성, 즉 뒤틀리거나 오므라들지 않는다.
③ 최대 변위가 허용된다.
④ 저주파차진에 좋다.
⑤ 가격이 비교적 안정적이고 하중의 대소에도 불구하고 사용 가능하다.

🔍 **Reference**

금속스프링의 단점
① 감쇠가 거의 없고 공진 시에 전달률이 매우 크다.
② 고주파 진동 시 단락된다. 즉, 고주파영역에서 서징 현상이 발생한다.
③ 로킹(Rocking)이 일어나지 않도록 주의하여야 한다.

208 금속스프링의 단점을 보완할 수 있는 대책 4가지를 쓰시오.

풀이 금속스프링 단점의 보완대책
① 스프링의 감쇠비가 작을 때는 스프링과 병렬로 댐퍼를 넣는다.
② Rocking Motion을 억제하기 위해서는 스프링의 정적 수축량이 일정한 것을 사용한다.
③ 기계 무게의 1~2배 무게의 가대를 부착시킨다.
④ 계의 중심을 낮게 하고 부하(하중)가 평형분포되도록 한다.

209 공기스프링의 장점 5가지를 쓰시오.

풀이 공기스프링의 장점
① 설계 시에 스프링의 높이, 스프링 정수, 내하력(하중)을 각각 독립적으로 자유롭고 광범위하게 선정할 수 있다.
② 높이조정밸브를 병용하면 하중의 변화에 따른 스프링의 높이를 조절하여 기계의 높이를 일정하게 유지할 수 있다.
③ 하중의 변화에 따라 고유진동수를 일정하게 유지할 수 있다.
④ 부하능력이 광범위하고 자동제어가 가능하다.
⑤ 고주파진동의 절연 특성이 가장 우수하고 방음효과도 크다.

> **Reference**
>
> 공기스프링의 단점
> ① 구조가 복잡하고 시설비가 많이 소요된다.
> ② 압축기 등 부대시설이 필요하다.
> ③ 공기 누출의 위험이 있다.
> ④ 사용진폭이 작은 것이 많으므로 별도의 댐퍼가 필요한 경우가 많다.

210
제진합금의 종류 중 대표적인 쌍전형이며 두드려도 소리가 나지 않는 금속의 명칭 및 그 금속의 성분 5가지를 함유량 순서대로 쓰시오.

풀이
① 금속 : Sonoston
② 성분순서 : Mn > Cu > Al > Fe > Ni

211
금속 자체에 진동흡수력을 갖는 제진합금의 종류 4가지를 쓰시오.

풀이
제진합금의 종류
① 전위형
② 복합형
③ 강자성형
④ 쌍전형

212 특성 임피던스가 35×10^6 kg/m² · s인 금속관 플랜지 접속부에 특성 임피던스 3.5×10^4 kg/m² · s인 고무를 넣어 진동절연할 때 진동감쇠량(dB)은?

풀이 진동감쇠량(ΔL)

$$\Delta L = -10\log(1 - T_r)$$

$$T_r = \left(\frac{Z_2 - Z_1}{Z_2 + Z_1}\right)^2 \times 100$$

$$= \left(\frac{35 \times 10^6 - 3.5 \times 10^4}{35 \times 10^6 + 3.5 \times 10^4}\right)^2 \times 100 = 0.996 \,(99.6\%)$$

$$= -10\log(1 - 0.996) = 24 \, \text{dB}$$

213 진동수 6 Hz의 표면파($n = 0.5$)가 전파속도 110 m/sec로 내부감쇠정수가 0.05인 지반을 전파할 때 진동원으로부터 40 m 떨어진 지점의 진동레벨(dB)은? (단, 진동원에서 3 m 떨어진 지점의 진동레벨은 92 dB이다.)

풀이 진동레벨 감쇠식(VL_r)

$$VL_r = VL_0 - 8.7\lambda(r - r_0) - 20\log\left(\frac{r}{r_0}\right)^n (\text{dB})$$

$$\lambda = \frac{2\pi h f}{v_s} = \frac{2 \times 3.14 \times 0.05 \times 6}{110} = 0.0171$$

$$= 92 - [8.7 \times 0.0171(40 - 3)] - \left[20\log\left(\frac{40}{3}\right)^{0.5}\right]$$

$$= 75.2 \, \text{dB}$$

214
PWL 85 dB인 기계 10대를 동시에 가동하면 몇 dB의 PWL을 갖는 기계 1대를 가동시키는 것과 같은가?

풀이 합성소음도 계산으로 풀면

$$PWL = 10\log\left(10^{\frac{PWL}{10}} \times n\right) = 10\log(10^{8.5} \times 10) = 95\,\text{dB}$$

215
크기가 5 m×4 m인 창 외부로부터 SPL 100 dB의 음이 입사되고 있다. 이 벽면의 TL이 30 dB이고, 실내의 흡음력이 20 m²일 때, 실내의 음압레벨(dB)은?

풀이 실내의 음압레벨(SPL_2)

$$SPL_2 = SPL_1 - TL - 10\log\left(\frac{A_2}{s}\right) + 6\,(\text{dB})$$

$$= 100 - 30 - 10\log\left(\frac{20}{5\times 4}\right) + 6 = 76\,\text{dB}$$

216
날개 수가 4개인 송풍기가 90,000 cycle/hr로 운전되고 있을 때 기본음 주파수는?

풀이 기본음 주파수(f)(=날개 통과음 주파수)

$$f = n \times \frac{\text{rpm}}{60} \,(\text{강제진동수 개념 의미})$$

n : 날개 수(4)

$$\text{rpm} : \frac{90,000\,\text{cycle}}{(\text{hr}\times 60\,\text{min/hr})} = 1,500\,\text{rpm}$$

$$= 4 \times \frac{1,500}{60} = 100\,\text{Hz}$$

217 'Dead Spots'의 정의를 쓰시오.

> **풀이** 직접음과 반사음의 시간차가 0.05초가 되어 두 가지 소리로 들리게 되므로 명료도가 저하되는 위치를 말한다.

218 원형 흡음덕트의 흡음계수(K)가 0.29일 때, 직경 85 cm, 길이 3.5 m인 덕트에서의 감쇠량(dB)은?(단, 덕트 내 흡음재료의 두께는 무시한다.)

> **풀이** 감쇠량(ΔL)
>
> $\Delta L = K \cdot \dfrac{P \cdot L}{S}$ (dB)
>
> $K = 0.29$
>
> $L = 3.5 \, \text{m}$
>
> $P = \pi D = 3.14 \times 0.85 \, \text{m} = 2.67 \, \text{m}$
>
> $S = \dfrac{\pi D^2}{4} = \dfrac{3.14 \times 0.85^2}{4} = 0.57 \, \text{m}^2$
>
> $= 0.29 \times \dfrac{2.67 \times 3.5}{0.57} = 4.75 \, (\text{dB})$

219 A 차음재료의 TL이 40 dB이라면 입사음의 세기는 투과음의 세기의 몇 배가 되겠는가?

> **풀이** $TL = 10 \log \dfrac{1}{\tau}, \ \tau = 10^{-\frac{TL}{10}}$
>
> $\tau = \dfrac{\text{투과음의 세기}}{\text{입사음의 세기}} = 10^{-4} = \dfrac{1}{10,000}$
>
> 입사음의 세기는 투과음의 세기의 10,000배가 된다.

220 40 m×12 m인 콘크리트벽의 투과손실은 47 dB이며 이 벽의 중앙에 크기 3 m×7 m의 문을 달아 총합투과손실이 38 dB이 되게 하고자 할 때 이 문의 투과손실(dB)은?

풀이 총합투과손실($\overline{TL}$)

$$\overline{TL} = 10\log\frac{1}{\overline{\tau}} = 10\log\left(\frac{\sum S_i}{\sum S_i \tau_i}\right)(\text{dB})$$

$$38 = 10\log\left[\frac{480}{(459 \times 10^{-4.7}) + (21 \times 10^{-\frac{TL}{10}})}\right]$$

$$10^{-\frac{TL}{10}} = 0.0032$$

$$TL = -\log 0.0032 \times 10 = 24.95 \text{ dB}$$

221 운동방정식 $2\ddot{x} + 25x = 9\sin 3t$로 표시되는 진동계의 정상상태 진동의 진폭(cm)은 얼마인가?

풀이 비감쇠 강제진동 진폭(x_0)

$$x_0 = \frac{F_0}{k - mw^2} = \frac{9}{25 - (2 \times 3^2)} = 1.29 \text{ cm}$$

222 다음 그림에서 $m = 80$ kg, $k = 5 \times 10^6$ N/m, 질량 m에서는 $F(t) = 10\sin 220t$ N의 힘이 작용한다. 이때 질량 m의 동적 변위 진폭(mm)은?

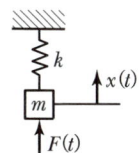

[풀이] 비감쇠 강제진동 운동방정식

$m\ddot{x} + kx = F_0 \sin\omega t$

동적 변위 진폭(x_0)

$x_0 = \dfrac{F_0}{k - m\omega^2}$

$= \dfrac{10}{5 \times 10^6 - (80 \times 220^2)} = 8.87 \times 10^{-6} \, \text{m} \, (8.87 \times 10^{-3} \, \text{mm})$

223 100 kg의 질량을 갖는 기계가 1,800 rpm으로 회전하고 있다. 회전 시 불평형력이 작용하여 같은 스프링 2개를 병렬연결하여 방진효과 20dB을 얻고자 한다. 이때 스프링 1개의 스프링 정수는 얼마인가?

[풀이] 방진효과(ΔV)

$\Delta V = 20 \log \dfrac{1}{T}$

$T = 10^{-\frac{\Delta V}{20}} = 10^{-\frac{20}{20}} = 0.1$

진동수비(η)

$T = \dfrac{1}{\eta^2 - 1}$

$0.1 = \dfrac{1}{\eta^2 - 1}$, $\eta = 3.3$

$\eta = \dfrac{f}{f_n}$, $f_n = \dfrac{1,800/60}{3.3} = 9.1 \, \text{Hz}$

스프링 정수(k)

$f_n = \dfrac{1}{2\pi} \sqrt{\dfrac{k}{m}}$

$$k = m \times \left(\frac{f_n}{0.159}\right)^2 = 100 \times \left(\frac{9.1}{0.159}\right)^2 = 327,558 \, \text{N/m}$$

1개당 스프링 정수 $= \dfrac{327,558}{2} = 163,779 \, \text{N/m} \, (163.8 \, \text{kN/m})$

224 실효압력이 $0.25 \, \text{N/m}^2$일 때 실내평균 음향에너지 밀도(J/m^3)는?(단, $\rho c = 418$ rayls, $c = 340 \, \text{m/s}$)

[풀이] 평균 음향에너지 밀도(I)

$$I = \frac{p^2}{\rho c^2} = \frac{p^2}{\rho c \times c} = \frac{0.25^2}{418 \times 340} = 4.4 \times 10^{-7} \, \text{J/m}^3$$

225 공기밀도 및 음속이 $1.25 \, \text{kg/m}^3$, $340 \, \text{m/sec}$이고, 공기 중의 피크(Peak) 입자속도가 $5.58 \times 10^{-3} \, \text{m/s}$일 때, $SPL(\text{dB})$은?

[풀이] 음의 압력레벨(SPL)

$$SPL = 20 \log \frac{p}{p_0} \, (\text{dB})$$

$$p = v \cdot \rho c = \left(\frac{5.58 \times 10^{-3}}{\sqrt{2}}\right) \times (1.25 \times 340) = 1.67 \, \text{N/m}^2$$

$$= 20 \log \frac{1.67}{2 \times 10^{-5}} = 98.4 \, \text{dB}$$

226
반사율이 1인 바닥 위에 있는 점음원을 중심으로 반경 5.5 m의 반구면 상의 음의 세기가 6.8×10^{-4} W/m²일 때 이 점음원의 음향출력(Watt)은?

> **풀이** 점음원 반자유공간에 위치
> $w = I \times S = I \times 2\pi r^2 = (6.8 \times 10^{-4}) \times (2 \times 3.14 \times 5.5^2) = 0.13 \, \text{Watt}$

227
도로변에서 측정한 소음도가 $L_{10} = 73$ dB(A), $L_{50} = 62$ dB(A), $L_{90} = 50$ dB(A)일 때 소음공해레벨(dB(NP))은?(단, 순간레벨의 분포가 정규레벨에 가깝다고 본다.)

> **풀이** 소음공해레벨(L_{NP})
> $L_{NP} = L_{eq} + 2.56\sigma \, \text{dB(NP)}$
> $\quad\quad = L_{eq} + (L_{10} - L_{90})$
> $\quad\quad = L_{50} + \dfrac{(L_{10} - L_{90})^2}{60} + (L_{10} - L_{90})$
> $\quad\quad = 62 + \dfrac{(73-50)^2}{60} + (73-50) = 93.8 \, \text{dB(NP)}$

228
40 phon의 소리와 60 phon의 소리를 합하면 몇 sone의 크기로 들리는가?

> **풀이**
> ① 40 phon
> $S = 2^{\frac{L_L - 40}{10}} = 2^{\frac{40-40}{10}} = 1 \, \text{sone}$
>
> ② 60 phon
> $S = 2^{\frac{L_L - 40}{10}} = 2^{\frac{60-40}{10}} = 4 \, \text{sone}$

sone은 합, 비의 관계를 나타낼 수 있으므로
1 sone + 4 sone = 5 sone

229 스프링에 매달려 있는 한 질량체가 주파수 10 Hz, 진폭 8 mm로 진동할 때 질량체의 속도 진폭(m/sec)은?

풀이 속도 진폭($V_{\max}$)
$V_{\max} = A \times w = A \times (2\pi f) = 0.008 \times (2 \times 3.14 \times 10) = 0.502 \, \text{m/sec}$

230 단일벽면에 일정주파수의 순음이 난입사한다. 이 벽의 면밀도가 원래의 2배가 되고 입사주파수는 원래의 1/2로 변화될 때 투과손실의 변화량은?(단, 다른 조건은 동일하다고 간주한다.)

풀이 난입사 시 단일벽 투과손실(TL)
$TL = 18 \log(m \cdot f) - 44 \, (\text{dB})$

① 면밀도가 2배인 경우
$TL = 18 \log 2 = 5.42 \, \text{dB}(증가)$

② 입사주파수가 1/2인 경우
$TL = 18 \log 0.5 = -5.42 \, \text{dB}(감소)$

투과손실은 변화 없음

231 진동하는 금속면을 고무로 제진하였다. 이때 두 면에서의 파동에너지의 반사율이 90 %였을 때 진동감쇠량(dB)은?

> **풀이** 진동감쇠량(ΔL)
> $\Delta L = -10\log(1-T_r) = -10\log(1-0.9) = 10\,\text{dB}$

232 음향파워가 10 W인 열차가 운행되고 있다. 철도에서 500 m 떨어진 주택가(전달경로상에 장애가 없는 경우)에서의 음압레벨(dB)은?(단, 무지향성 반자유공간에 있는 선음원 기준)

> **풀이** 반자유공간, 선음원의 음압레벨(SPL)
> $SPL = PWL - 10\log r - 5\,(\text{dB})$
> $PWL = 10\log\dfrac{10}{10^{-12}} = 130\,\text{dB}$
> $= 130 - 10\log 500 - 5 = 98\,\text{dB}$

233 자유공간 내에 무지향성 점음원이 있다. 이 점음원으로부터 4 m 떨어진 지점의 음압레벨이 80 dB이라면 이 음원의 음향파워레벨(dB)은?

> **풀이** 자유공간, 점음원의 음향파워레벨(PWL)
> $PWL = SPL + 20\log r + 11 = 80 + 20\log 4 + 11 = 103\,\text{dB}$

234 다음은 인체의 귓구멍(외이도)을 나타낸 그림이다. 이때 공명기본음 주파수 대역은?(단, 음속은 340 m/s이다.)

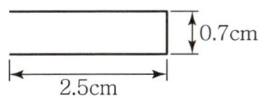

> **풀이** 외이도는 일단 개구관, 공명기본음 주파수(f)
> $$f = \frac{C}{4L} = \frac{340}{4 \times 0.025} = 3,400 \, \text{Hz}$$

235 면밀도가 각각 100 kg/m², 150 kg/m²인 중공이중벽과 면밀도가 250 kg/m²인 단일벽의 투과손실이 25 Hz에서 일치한다고 할 때, 이중벽의 공기층 두께는 실용식 사용 시 몇 cm가 되겠는가?

> **풀이** $\sqrt{2} f_r$의 주파수에서 질량법칙과 일치하는 투과손실을 갖는다.
> $$\sqrt{2} f_r = 25$$
> $$f_r = \frac{25}{\sqrt{2}} = 17.7 \, \text{Hz}$$
> 저음역 공명주파수(f_r) : 실용식
> $$f_r = 60 \sqrt{\frac{m_1 + m_2}{m_1 \times m_2} \cdot \frac{1}{d}}$$
> $$17.7 = 60 \sqrt{\frac{100 + 150}{100 \times 150} \cdot \frac{1}{d}}$$
> $$d = 0.19 \, \text{m} \, (19 \, \text{cm})$$

236 가로 20 m, 세로 20 m, 높이 3 m인 방 중앙바닥에 PWL 90 dB인 무지향성 점음원이 놓여 있다. 이 음원으로부터 10 m 지점에서의 음향에너지밀도(W·sec/m³)는?(단, 실내의 평균흡음률은 0.15, 음속은 340 m/sec)

[풀이] 음향에너지밀도(δ)

$$\delta = \delta_d + \delta_r = \frac{QW}{4\pi r^2 C} + \frac{4W}{RC}$$

$$R = \frac{\overline{\alpha} \cdot S}{1-\overline{\alpha}} = \frac{0.15 \times 1{,}040}{1-0.15} = 183.5 \, \text{m}^2$$

$$S = (20 \times 20 \times 2) + (20 \times 3 \times 4) = 1{,}040 \, \text{m}^2$$

$$Q = 2$$

$$PWL = 10\log\frac{W}{10^{-12}}$$

$$90 = 10\log\frac{W}{10^{-12}}$$

$$W = 10^{-12} \times 10^9 = 0.001 \, \text{Watt}$$

$$= \frac{2 \times 0.001}{4 \times 3.14 \times 10^2 \times 340} + \frac{4 \times 0.001}{183.5 \times 340}$$

$$= 6.8 \times 10^{-8} \, \text{W} \cdot \text{sec/m}^3$$

237 발전용으로 사용되는 터빈의 파워레벨은 140 dB로서 전기자동차에 비하면 70 dB이 높다고 한다. 이때 터빈의 음향파워는 전기자동차의 몇 배인가?

[풀이] 터빈의 음향파워(W_1)

$$PWL_1 = 10\log\frac{W_1}{10^{-12}}$$

$$140 = 10\log\frac{W_1}{10^{-12}}$$

$$W_1 = 10^{14} \times 10^{-12} = 10^2 \, \text{Watt}$$

전기자동차의 음향파워(W_2)

$$PWL_2 = 10\log\frac{W_2}{10^{-12}}$$

$$(140-70) = 10\log\frac{W_2}{10^{-12}}$$

$$W_2 = 10^7 \times 10^{-12} = 10^{-5} \, \text{Watt}$$

$$\frac{PWL_1}{PWL_2} = \frac{10^2}{10^{-5}} = 10^7$$

238 음원기기를 실내면적 1 m²인 실내에서 흡음률이 같은 9 m²의 실내로 옮겼을 때 실내소음 저감량(dB)은?(단, 실내의 평균 흡음률은 0.3보다 작다.)

풀이 소음저감량(ΔL)

$$\Delta L = 10\log\frac{9}{1} = 9.5 \, \text{dB}$$

239 한 근로자가 서로 다른 장소 세 곳에서 작업하고 있다. 88 dB(A) 장소에서 2시간, 92 dB(A) 장소에서 3시간 작업을 하였으며, 3시간 동안은 소음에 폭로되지 않은 장소에서 작업했다면 소음폭로평가(NER)는?(단, 88 dB(A)에서는 6시간, 92 dB(A)에서는 6시간의 폭로시간이 허용된다.)

풀이 소음폭로평가(NER)

$$NER = \frac{C_1}{T_1} + \frac{C_2}{T_2} + \frac{C_3}{T_3} = \frac{2}{6} + \frac{3}{6} + 0 = \frac{5}{6}$$

240 어떤 단순 조화진동의 변위진폭은 0.1 mm, 최대가속도는 10 m/s²이다. 이 운동의 진동수(f)는?

> **풀이**
> 최대가속도(a_{max})
> $a_{max} = Aw^2 = A \times (2\pi f)^2$
> $10 = 0.0001 \times (2 \times 3.14 \times f)^2$
> $f = \dfrac{\sqrt{10/0.0001}}{2 \times 3.14} = 50.4\,\text{Hz}$

241 지표면 진동파를 전파속도 및 에너지비의 순서대로 나타내시오.

> **풀이**
> ① 전파속도 : P파 > S파 > R파
> ② 에너지비 : R파 > S파 > P파

242 레일리파(Rayleigh Wave)의 정의를 쓰시오.

> **풀이**
> 레일리파
> 지표면을 원통상으로 전파하는 표면파이며 에너지비는 약 67%로 가장 크고 전파속도는 가장 느리다. 또한 지표면에서는 그 진폭이 $\sqrt{r}$ (r : 거리)에 반비례하여 거리가 2배로 되면 3dB 감소하며 공해진동에 문제가 되는 주 파동이 레일리파이다.

243 계수여진 진동을 간략히 설명하시오.

계수여진 진동
가진력의 주파수가 그 계의 고유진동수의 2배로 될 때 진동이 크게 발생하며, 그 대표적인 예로는 그네가 있고, 대책으로는 질량 및 스프링 특성의 시간적 변동을 없애는 것 및 고유진동수가 강제진동수의 2배로 되는 것을 피하는 것이다.

244 가진원 자체가 에너지원이 되어 발생하는 자려진동의 예와 대책 3가지를 쓰시오.

(1) 자려진동 예
    바이올린 현의 진동

(2) 대책
    ① 자려력 제거
    ② 감쇠력 부여
    ③ 마찰부분의 윤활

245 소음·진동공정 시험방법 중 '배경소음' 및 '평가소음도'의 정의를 쓰시오.

배경소음
측정소음의 측정위치에서 대상소음이 없을 때 시험기준에서 정한 측정방법으로 측정한 소음도 및 등가소음도 등을 말한다.

평가소음도
대상소음도에 보정치를 보정한 후 얻어진 소음도를 말한다.

246. 소음·진동공정 시험방법 중 소음계의 기본구성도를 그리고 각각 명칭을 쓰시오.

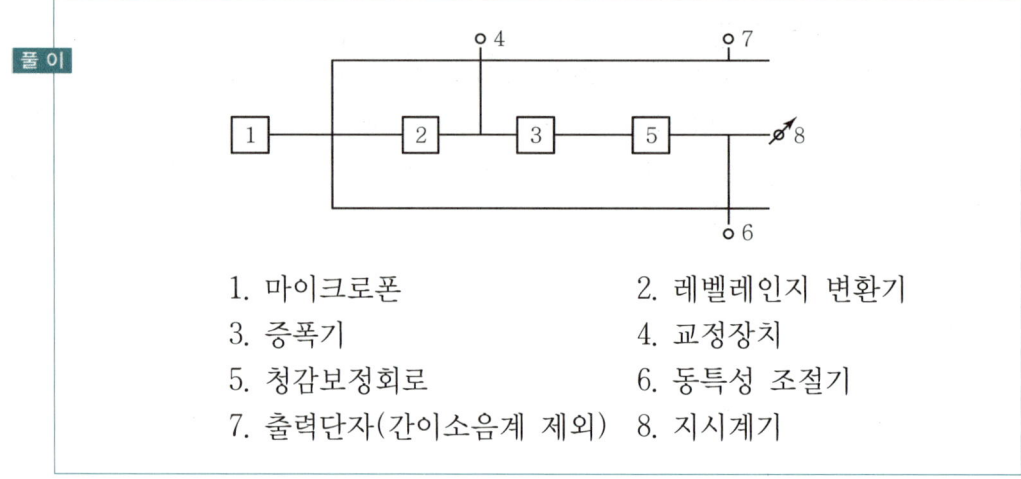

1. 마이크로폰
2. 레벨레인지 변환기
3. 증폭기
4. 교정장치
5. 청감보정회로
6. 동특성 조절기
7. 출력단자(간이소음계 제외)
8. 지시계기

247. 어떤 공장의 측정소음도가 90 dB(A)이고, 배경소음도가 83 dB(A)인 경우 보정치(dB(A))를 구하시오.

배경소음 보정 시 우선 측정소음도와 배경소음의 차이(d)를 구한다.
측정소음도[90 dB(A)] - 배경소음도[83 dB(A)] = 7 dB(A)
보정치 $= -10\log(1-10^{-0.1d}) = -10\log[1-10^{-(0.1\times 7)}] = -0.97\,dB(A)$

248. A공장 가동 시 측정한 측정소음도가 62 dB(A)이고, 배경소음도가 59 dB(A)이었다면 이 공장의 대상소음도(dB(A))는?

측정소음도와 배경소음도의 차이
62 dB(A) - 59 dB(A) = 3 dB(A)
대상소음도 = 측정소음도 - 보정치

$$\text{보정치} = -10\log(1-10^{-0.1d})$$
$$= -10\log[1-10^{-(0.1\times 3)}] = 3.02\,\text{dB(A)}$$
$$= 62 - 3.02 = 59\,\text{dB(A)}$$

249 발파소음 평가 시, 대상소음도에 시간대별 보정발파횟수에 따른 보정량을 보정하여야 한다. 시간대별 평균발파횟수가 5회일 경우 보정하여야 하는 보정량(dB)을 구하시오.

풀이
$$\text{보정량} = +10\log N\,(N: \text{시간대별 평균발파횟수})$$
$$= +10\log 5 = 7\,\text{dB}$$

250 낮시간대에 A지점에서 2시간 간격으로 1시간씩 2회 측정한 철도 소음도가 65 dB(A)과 74 dB(A)이었다면 A지점에서의 철도소음도(dB(A))를 구하시오.

풀이 낮시간대에는 2시간 간격을 두고 1시간씩 2회 측정하여 산술평균한다.
$$\text{철도소음도} = \frac{65+74}{2} = 69.5\,\text{dB(A)}$$

251 배경소음보다 10 dB 이상 큰 항공기소음의 평균지속시간이 63초일 때 보정량($WECPNL$)을 구하시오.

풀이
$$\text{보정량} = +10\log \frac{\overline{D}}{20} = +10\log\left(\frac{63}{20}\right) = 4.98(\fallingdotseq 5)\,WECPNL$$

252
1일 동안의 평균최고소음도가 89 dB(A)이고, N_1, N_2, N_3, N_4 항공기 통과횟수가 각각 50, 300, 40, 10회일 때 1일 단위의 $WECPNL$(dB)은?

풀이 1일 단위 $WECPNL(\text{dB}) = \overline{L}_{\max} + 10\log N - 27$
$$[N = N_2 + 3N_3 + 10(N_1 + N_4)$$
$$= 300 + (3 \times 40) + 10(50 + 10) = 1{,}020]$$
$$= 89\,\text{dB(A)} + 10\log 1{,}020 - 27$$
$$= 92.08\,WECPNL(\text{dB})$$

253
7일간 항공기소음의 일별 WECPNL이 90, 91, 95, 93, 88, 78, 72인 경우 7일간의 평균 $WECPNL$은?

풀이 m일간 평균 $WECPNL(\overline{WECPNL})$
$$\overline{WECPNL} = 10\log\left[(1/m)\sum_{i=1}^{m} 10^{0.1\,WECPNLi}\right]$$
$$= 10\log\left[\frac{1}{7}(10^{9.0} + 10^{9.1} + 10^{9.5} + 10^{9.3} + 10^{8.8} + 10^{7.8} + 10^{7.2})\right]$$
$$= 90.65\,WECPNL$$

254
소음·진동공정 시험방법 중 진동레벨계의 기본구성도를 그리고 각각 명칭을 쓰시오.

풀이

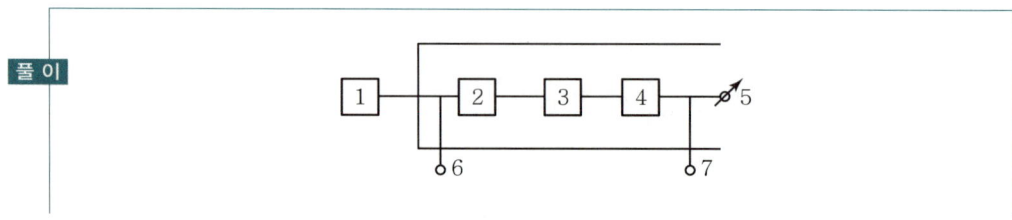

1. 진동픽업
2. 레벨레인지 변환기
3. 증폭기
4. 감각보정회로
5. 지시계기
6. 교정장치
7. 출력단자

255 어떤 공장의 부지경계선에서 단조기를 가동하기 전과 후의 진동레벨이 79 dB(V) 및 82 dB(V)이었다. 단조기의 진동레벨(dB(V))을 구하시오.

풀이 측정진동레벨과 배경진동레벨의 차이
$82\,dB(V) - 79\,dB(V) = 3\,dB(V)$
대상진동레벨＝측정진동레벨 － 보정치
$\quad$ 보정치 $= -10\log(1 - 10^{-0.1 \times 3}) = 3\,dB(V)$
$\quad = 82 - 3 = 79\,dB(V)$

소음·진동 기사·산업기사 실기

| 발행일 | 2015. 2. 20 초판발행
2018. 4. 20 개정1판1쇄
2020. 10. 30 개정2판1쇄
2023. 5. 30 개정3판1쇄
2025. 1. 30 개정4판1쇄

저 자 | 서영민
발행인 | 정용수
발행처 | 예문사

주 소 | 경기도 파주시 직지길 460(출판도시) 도서출판 예문사
T E L | 031) 955 - 0550
F A X | 031) 955 - 0660
등록번호 | 11 - 76호

- 이 책의 어느 부분도 저작권자나 발행인의 승인 없이 무단 복제하여 이용할 수 없습니다.
- 파본 및 낙장은 구입하신 서점에서 교환하여 드립니다.
- 예문사 홈페이지 http://www.yeamoonsa.com

정가 : 32,000원

ISBN 978-89-274-5692-6 13530